智能制造工程理论与实践

马玉山　著

机械工业出版社

本书从智能制造的使命、企业运营目标及智能制造需求、智能制造实践理论、智能制造系统软件、智能制造实践与路径、智能制造实施成效评估等几个方面对智能制造进行阐述。

希望本书能够帮助和指导广大中小离散制造企业加深对智能制造内容的理解，结合企业自身发展历程和数字化车间建设内容，分析、研究、规划和实施本企业的智能制造系统的建设工程。

图书在版编目（CIP）数据

智能制造工程理论与实践/马玉山著．—北京：机械工业出版社，2021.1（2023.1重印）

ISBN 978-7-111-67456-6

Ⅰ.①智…　Ⅱ.①马…　Ⅲ.①智能制造系统　Ⅳ.①TH166

中国版本图书馆CIP数据核字（2021）第012293号

机械工业出版社（北京市百万庄大街22号　邮政编码100037）

策划编辑：王玉鑫　责任编辑：王玉鑫

责任校对：王　欣　张　薇　封面设计：鞠　杨

责任印制：常天培

固安县铭成印刷有限公司印刷

2023年1月第1版第4次印刷

170mm×230mm · 27.5印张 · 379千字

标准书号：ISBN 978-7-111-67456-6

定价：98.00元

电话服务　　　　　　　　　网络服务

客服电话：010-88361066　　机　工　官　网：www.cmpbook.com

010-88379833　　机　工　官　博：weibo.com/cmp1952

010-68326294　　金　书　网：www.golden-book.com

机工教育服务网：www.cmpedu.com

前　言

吴忠仪表有限责任公司（以下简称吴忠仪表）是中国控制阀行业的龙头企业，具有60年工业化历程和30年信息化经验，在智能制造的实施过程中，从实践到理论，以理论指导实践，经历了CIMS（Computer Integrated Manufacturing System，计算机集成制造系统）工程、“两甩”工程、“两化”融合、“两化”深度融合、数字化车间、智能工厂以及端对端的全面智能制造，获得了大量的经验，也引发了大量思考；同时学习汲取政府相关部门、高等院校、研究院所、社团组织等领导、专家关于智能制造的理论和观点，百家争鸣，百花开放，极大地丰富了对智能制造相关理论、理念、观点的理解和认识。本书以吴忠仪表实施智能制造的实践为背景，从企业智能制造需求出发，凝练了相关理论，总结了相关经验，提升了关键技术，希望对其他企业实施智能制造有所帮助。

当前，我国制造企业面临着巨大的转型压力，以及人力资源成本压力激增、企业运营绩效不高、利润率低、缺乏有效的业务管理和数据管理体系、无法快速应对市场变化、创新能力不足、自动化设备及生产线缺乏柔性、上下游企业之间缺乏协作、信息不透明等一系列问题。同时，制造企业产能过剩、竞争激烈、低成本竞争策略已经走到了尽头。制造企业面临的这些困境，根本问题是企业在质量、成本、效率、效益等关键竞争力要素上失去了优势，迫切需要通过产业变革来彻底改变这种局面。随着客户个性化需求日益增长，新一代信息技术、物联网、协作机器人、增材制造、大数据、人工智能、移动互联网、预测性维护、机器视觉等新兴技术迅速兴起，为制造企业推进智能工厂建设提供了良好的技术支撑，通过智能制造来革命性改变企业目前遇到的困境，从根本上提升企业关键竞争力要素是我国制造企业的现实需求。

智能制造的整体成效取决于其是否全面得以实施，任何单一技术和局部实施都只能取得阶段性目标。因此，企业为了获得综合竞争力，就必须从技术、管理、制造、装备、物料五个维度全面实施智能制造，在新一轮工业革命中占据主导地位，取得竞争优势。智能制造的终极目标是提升企业关键竞争力，实现质量更好、成本更低、效率更高、效益更好。终极目标达成的效果与智能工厂建设程度密切相关，新时代智能工厂建设程度的考量突破于传统工厂过度依赖自动化和信息化，要紧密结合新时代智能工厂的特征、要求、目标，从自动化、精益化、数字化、信息化、网络化、柔性化、可视化和智能化八个层面分别评估技术、管理、制造、装备和物料五个维度的建设成熟度。

作者在与很多业内专家、同事以及朋友的讨论中获益匪浅，在吴忠仪表智能制造建设过程中不断思考，不断总结，不断提升。作者由此有很多心得，更有很多体会，也有了写作本书的动机，与大家分享实施智能制造的感想和感悟。感谢吴忠仪表团队成员在日常业务中的付出以及提出的建议和意见，感谢智能制造系统实施推进过程中的工作人员不断开发、推进和践行作者关于智能制造的理念。尤其感谢郭伟和李彦梅，作者在与他们的多次讨论中不断地完善和丰富了思路。

作　者

目　录

第1章 智能制造的使命

1.1 智能制造定位

企业是智能制造（Intelligent Manufacture，IM）的承载主体，企业制造过程主要涉及生产、采购、设计、工艺、人力资源、企业管理、质量控制、财务管理、存货控制等业务，智能制造就是针对企业在制造环节通过自动化、精益化、数字化、信息化、柔性化、网络化、可视化实现智能化的过程，区别于智能产品、智能装备、智能服务等其他智能活动。所以，智能制造主要应该涉及智能工厂的范畴，包括：在技术上，以PLM（Product Lifecycle Management，产品全生命周期管理）为纽带的二维、三维CAD（Computer Aided Design，计算机辅助设计）、CAM（Computer Aided Manufacturing，计算机辅助制造）、CAPP（Computer Aided Process Planning，计算机辅助工艺设计）、CAE（Computer Aided Engineering，计算机辅助工程）的设计、工艺、工装、刀具及相关BOM（Bill of Material，物料清单）；在管理上，以ERP（Enterprise Resource Planning，企业资源计划）、OA（Office Automation，办公自动化）、SCM（Supply Chain Management，供应链管理）等资源利用和效率为主的管理系统，实现资源高效利用；在装备上，以数控设备、加工中心、在线检测设备、AGV（Automated Guide Vehicle，自动导引运输车）、三坐标测量仪、3D

打印、立体仓库等与智能制造相关的硬件，为智能制造提供硬件支撑；在物料上，由于物料成本在任何企业的成本构成上都占相当大的比例，因此必须将物料的初时状态、加工过程、周转效率等纳入智能制造研究范畴；在制造上，以 MES（Manufacturing Execution System，制造执行系统）、APS（Advanced Planning and Scheduling，高级计划与排程）、CPS（Cyber Physical System，信息物理系统）等软件系统提高生产制造效率和保证质量控制有效。智能制造的目的就是从根本上提升企业关键竞争力，并实现质的变化，最终推动产业变革。本著作围绕智能制造所涵盖的范围，从实践中总结出相关理论，以理论指导实践，深刻揭示智能制造的使命、企业智能制造需求、相关实践理论、关键技术支撑以及实施路径和方法等。

智能制造的显著特征如下：

1）大批量个性化定制。随着消费者对产品个性化需求日益明显，多品种、小批量的生产模式被现代企业广泛采用。企业制造的每一件产品都具有用户要求的独特个性化特征，这种个性化需求对生产过程中的质量控制和生产效率都提出更高要求，必须依托于精益化管理体系、柔性化制造技术、数字化基础环境、网络化协同手段，最终通过智能化决策来实现。同一条生产线上同时生产出多种不同规格的零部件，质量一致性得以保证，生产效率接近大批量模式下产出水平，生产成本大幅降低。

2）柔性化和自动化能满足大规模定制的装备需求。与柔性对应的词是刚性，专机属于刚性设备，适合于单一产品的大批量流水作业。为了满足大批量个性化定制，装备和软件系统的柔性非常重要，既要满足不同规格、形状、功能、大小的零部件加工，还要保持流水线的效率水平，结合企业的产品和生产特点，持续提升生产、检测和工厂物流的自动化程度。产品品种少、生产批量大的企业实现高度自动化，乃至建立黑灯工厂；多品种、小批量的企业根据产品特点，通过典型工艺、典型装备实现人机效率最大化，适应多品种的混线生产。同时，智能工厂不一定是无人工厂，而是少人化和人机协作的工厂，推进智能工厂也不是简单地实现机器换人，对于装备制造行业，机加工不一定是刚性的自动化生产线，更多的要建立柔性制造系统。设备通过工艺装备快速地自适应于其他不同的产品类型，无须等待，无须停产。根据被生产的产品动态地改变工作指令，动态地进行信息挑选、过滤和显示，动态地进行生产调度。根据目标产品，归纳成典型工艺，同时选择相对应的典型装备，最大程度提升设备加工制造范围和柔性能力。

3）制造资源身份唯一化。智能工厂中全部装备和物料都有明确的身份信息，都有自己的名称、地址和属性，从而可以建立制造资源的标识体系，“一物一码、一序一标”。这些资源知道什么时候、哪条生产线或哪个工艺过程需要它们，物料通过自动化物流设备到达各自的目的地，被设备识别后，设备实时调用所需要的全部加工信息进行加工，通过测量设备进行自动化检测，可以现场及时发现并迅速剔除不合格产品，并进行不合格原因分析、纠正和改进。设备和物料之间甚至可以直接交流，从而自主决定后续的生产步骤，组成一个分布式、高效和灵活的实体虚拟系统。

4）生产过程可视化。通过生产过程数据化、信息系统数据化等，实现生产现场的可视化和透明化。可视化的主要内容包括生产计划、制造执行、质量检测、项目组织等信息。每一个人都可以直接在线获取所有生产有关的信息。通过可视化，实时监控生产数据，并客观评估设备的使用状态。同时，通过可视化实现预测性维护，降低成本，提升运行效率，改进产品质量。此外，系统用户根据自身需求，在系统中自定义数据汇总视图，开展更有针对性的讨论与分析。

5）产品质量的一致性、稳定性明显增强。产品质量由技术人员通过装备、刀具、工装、在线检测装置等手段确保质量的稳定性和一致性，克服人为因素，检验测量过程全部数字化，人为的废品很少，所有质量控制点的信息都可以在线控制、读取、调用。在通过专业检测设备检出次品时，不仅要能够自动与合格品分流，而且能够通过 SPC（Statistical Process Control，统计过程控制）等软件分析出现质量问题的原因，充分体现出好的产品质量是设计出来的。

6）全面实现网络化。硬件设备之间、软件系统之间、设备与软件系统互联互通，能够实现设备与设备互联（Machine to Machine，M2M）。通过与设备控制系统集成，以及外接传感器等方式，由 SCADA（Supervisory Control and Data Acquisition，数据采集与监控系统）实时采集设备的状态、生产完工信息、质量信息，并通过应用 RFID（Radio Frequency Identification，无线射频技术）、条码（一维和二维）等技术，实现生产过程的可追溯。

7）管理类、工具类与大量具有行业针对性的工业软件并存。PLM、ERP、MES、APS 等工业软件可实现生产现场的可视化和透明化。通过数字化工厂仿真软件，进行设备和生产线布局、工厂物流、人机工程等仿真，确保工厂结构合理。在推进数字化转型的过程中，必须确保工厂的数据安全及设备和自动化系统安全。

8）精益生产（Lean Production，LP）理念充分体现在智能制造上。精益生产理念能够实现按零件组织生产和按订单组织装配，保证份合同的齐套性，减少在制品库存，消除浪费。推进智能制造可充分利用企业资源，结合企业产品和工艺特点提高制造效率。在研发阶段大力推进标准化、模块化和系列化，奠定推进精益生产的基础。

9）智能化充分体现。在自动化、精益化、数字化、信息化、网络化、柔性化、可视化的基础上，各个环节产生的海量数据需要通过人工智能、大数据分析等手段进行处理来促进智能化的实现，推动智能制造持续提升。

10）注重环境友好，实现绿色制造。能够及时采集设备和生产线的能源消耗，实现能源高效利用。在危险和存在污染的环节，优先用机器人替代人工，能够实现废料的回收和再利用。

1.1.1 国家定义

目前，国际和国内尚没有关于智能制造的准确概念。我国制造强国战略从国家层面确定了我国建设制造强国的总体战略，明确提出以新一代信息技术与制造业深度融合为主线，以推进智能制造为主攻方向，实现我国由制造大国向制造强国的转变。同时，中华人民共和国工业和信息化部（以下简称工业和信息化部）组织的2015年智能制造试点示范专项行动实践方案中指出，智能制造是基于新一代信息技术，贯穿设计、生产、管理、服务等制造活动各个环节，具有信息深度自感知、智慧优化自决策、精准控制自执行等功能的先进制造过程、系统与模式的总称。可见智能制造不仅关注产品全生命周期管理，而且扩展到供应链、订单、资产等全生命周期管理，是一个覆盖更宽泛领域和技术的“超级”系统工程概念。

智能制造是当前制造技术的重要发展方向，是先进制造技术与信息技术的深度融合。通过对产品全生命周期中设计、加工、装配及服务等环节的制造活动进行知识表达与学习、信息感知与分析、智能优化与决策、精准控制与执行，实现制造过程、制造系统与制造装备的知识推理、动态传感与自主决策。智能制造在制造各个环节中通过模拟人类专家的智能活动，进行分析、判断、推理、构思和决策，以延伸或取代制造环境中人工化的脑力劳动工作，将制造自动化、数字化扩展为网络化、柔性化、可视化和智能化，是世界各国抢占新一轮科技发展制高点的重要途径。

随着2012年美国工业互联网、2013年德国工业4.0、2015年“中国制造2025”等国家制造战略的提出，社会进入智能制造模式。智能制造突出了知识在制造活动中的价值地位，而知识经济又是继工业经济之后的主体经济形式。智能制造成为未来经济发展过程中制造业重要的生产模式。

智能制造包括制造对象的智能化、制造过程的智能化、制造工具的智能化三个不同层面。制造对象的智能化，即制造出来的产品与装备是智能的，如制造的智能家电、智能汽车等智能化产品；制造过程的智能化，即要求产品的设计、加工、装配、检测、服务等每个环节都具有智能特性；制造工具的智能化，即通过智能机床、智能工业机器人等智能制造工具，帮助实现制造过程自动化、精益化、智能化，进一步带动智能装备水平的提升。

智能制造是指由具有人工智能的机器和人类专家共同组成的人机一体化智能制造系统（Intelligent Manufacturing System，IMS）。理论上讲，智能制造系统在制造过程中可以进行智能活动，如交互体验、自我分析、自我判断、自我决策、自我执行、自我适应等，就如同制造过程有了“大脑”指挥系统。

智能制造系统基于智能制造技术，综合应用人工智能技术、信息技术、自动化技术、制造技术、并行工程、生命科学、现代管理技术和系统工程理论与方法，在国际标准化和互换性的基础上，使得整个企业制造系统中的各个子系统分别智能化，并使制造系统成为网络集成的高度自动化的制造系统。

1.1.2 中国制造2025

为了实现由制造大国向制造强国转变，国务院于2015年5月8日公布了强化高端制造业的国家战略规划“中国制造2025”。“中国制造2025”要求坚持走中国特色新型工业化道路，以促进制造业创新发展为主题，以提质增效为中心，以加快新一代信息技术与制造业深度融合为主线，以推进智能制造为主攻方向，以满足经济社会发展和国防建设对重大技术装备的需求为目标，强化工业基础能力，提高综合集成水平，完善多层次多类型人才培养体系，促进产业转型升级，培育有中国特色的制造文化，实现制造业由大变强的历史跨越。简言之，“中国制造

2025”的核心是智能制造。

“中国制造2025”的战略目标是立足国情，立足现实，力争通过“三步走”实现制造强国的战略目标。

第一步：力争用10年时间，迈入制造强国行列。

第二步：到2035年，我国制造业整体达到世界制造强国阵营中等水平。

第三步：中华人民共和国成立100年时，制造业大国地位更加巩固，综合实力进入世界制造强国前列。制造业主要领域具有创新引领能力和明显竞争优势，建成全球领先的技术体系和产业体系。

“中国制造2025”将分类开展流程制造、离散制造、智能装备和产品、智能制造新业态新模式、智能化管理、智能化服务等重点行动。

第一，针对生产过程（包括流程制造、离散制造）的智能化，特别是生产方式的现代化、智能化。在以智能工厂为代表的流程制造、以数字化车间为代表的离散制造方面分别进行试点示范项目。其中，在流程制造领域，重点推进石化、化工、冶金、建材、纺织、食品等行业，示范推广智能工厂或数字矿山运用；在离散制造领域，重点推进机械、汽车、航空、船舶、轻工等行业。

第二，针对产品的智能化，体现在以信息技术深度嵌入为代表的智能装备和产品试点示范。把芯片、传感器、仪表、软件系统等智能化产品嵌入智能装备中，使产品具备动态存储、感知和通信能力，实现产品的可追溯、可识别、可定位。在包括高端芯片、新型传感器、机器人等在内的行业中，进行智能装备和产品的集成应用项目。

第三，针对制造业中模式与形态的智能化，通过工业互联网进行赋能。在以个性化定制、网络协同开发、电子商务为代表的智能制造新业态新模式推行试点示范。例如，在家用电器、汽车等与消费相关的行业开展个性化定制试点，在钢铁、食品、稀土等行业开展电子商务及产品信息追溯试点示范。

第四，针对管理的智能化。在物流信息化、能源管理智慧化上推进智能化管理试点，从而将信息技术与现代管理理念融入企业管理。

第五，针对服务的智能化，以在线监测、远程诊断、云服务为代表的智能服务试点示范。服务的智能化，既体现为企业如何高效、准确、及时挖掘客户的潜在需求并实时响应，也体现为产品交付后对产品实现线上线下（Online to Offline，O2O）服务，实现产品的全生命周期管理。

上述五个方面，纵向来看，贯穿于制造业生产的全周期；横向来看，基本囊括了中国制造业中的传统优势项目；综合来看，重大智能装备以及与新业态新模式相关的偏服务化制造业将是重点。

1.1.3 专家定义

欧阳劲松教授解读《智能制造发展规划（2016—2020 年）》中关于智能制造的描述：智能制造是基于新一代信息技术与先进制造技术深度融合，贯穿于设计、生产、管理和服务等制造活动的各个环节，具有自感知、自学习、自决策、自执行和自适应等功能的新型生产方式。但从实践看来，“自感知、自学习、自决策、自执行和自适应”的制造高级阶段对制造业而言仍难以企及，德国专家预测“德国工业4.0”尚需要 15 ~ 20 年的时间来实现。因此，鉴于我国智能制造水平参差不齐的现状，如何规划好适用于我国智能制造现状的发展路径成为重点。

机械行业资深专家沈烈初认为，数字化、网络化和智能化制造中，数字化是基础，网络化是传输数据的工具，智能化是一个复杂的巨型系统工程。其认为数字化、网络化和智能化是手段，不是目的。数字化、网络化和智能化大体可分为三大类：第一类是装备产品的数字化、网络化和智能化控制；第二类为装备产品生产制造过程中实施数字化、网络化和智能化优化管理，即提高质量，降低成本，缩短交货期，提高效率与效益，进行绿色制造等；第三类即产品的供给方要采用数字化、网络化和智能化的手段，为用户（需求侧）使用在役装备产品进行维保服务、在线监测和定期的健康状态检测，指导用户最佳使用供方提供的产品。

中国工程院院士李培根等于2003年提出了“敏捷化智能制造系统”的概念，给出了面向智能制造的生产系统重构与控制方法，指出：制造系统是包含从原材料供给到销售服务的所有制造过程及其所涉及的硬件和有关软件所组成的具有特定功能的一个有机整体。其中，硬件包含人员、生产设备、材料、能源和各种辅助装置，软件包括制造理论、管理方法、制造技术和制造信息等。敏捷制造的基本组织形态是虚拟企业，即由盟主企业联合其他资源互补的合作伙伴及时响应市场机遇而结成的动态联盟。由于虚拟企业中盟主本身的生产资源有限，能力有限，为了将新产品迅速推向市场，更快地实现预期的市场地位，往往通过转包加工等形式，寻求具备相应能力的合作伙伴，或是从效率与成本考虑，选择具有最低成本的合作企业，形成更具竞争力的价值链的制造系统。

中国工程院制造业研究室研究员、大数据专家董景成等认为，智能制造作为制造技术和信息技术深度融合的产物，相关范式的诞生和演变发展与数字化、网络化和智能化的特征紧密联系，这些范式从其诞生之初就具有数字化特征，计算机集成制造、网络化制造、云制造和智能化制造等具有网络化特征，而未来融入新一代人工智能的智能化制造则具有智能化特征。根据智能制造数字化、网络化和智能化的基本技术特征，智能制造可总结归纳为三种基本范式：数字化制造——第一代智能制造、数字化网络制造——“互联网＋”制造或第二代智能制造、数字化网络化智能化制造——新一代智能制造。智能制造是一个大系统，内部和外部均呈现出前所未有的系统“集成”特征，从组织维度来看，智能制造主要体现在智能单元、智能系统以及系统之系统三个层面；从价值维度来看，主要体现在产品、制造和服务三个层面；从技术维度来看，主要体现在数字化制造、数字化网络化制造、数字化网络化智能化制造三个层面。

智能通常被理解为“人认识客观事物并运用知识解决实际问题的能力往往通过观察、记忆、想象、思维、判断等表现出来”。美国纽约大学 P. K. Wright 教授与 Carnegie-Mellon 大学的 D. A. Bourne 教授于 1988 年出版了智能制造领域的第一部专著 Manufacturing Intelligence。他们提出智能制造的目的是通过集成知识工程、制造软件系统、机器人视觉和机器人控制来对制造技工们的技能与专家知识进行建模，以使智能机器在没有人工干预的情况下进行小批量生产。

日本通产省机械信息产业局元岛直树认为：“在具有国际可互换性的基础上，使订货、销售、开发、设计、生产、物流、经营等部门分别智能化，并按照能灵活应对制造环境变化等原则，使整个企业网络集成化。”智能制造主要研究开发的目标：一是企业整个制造工作的全面智能化，取代部分人的脑力劳动，强调整个企业生产经营过程大范围的自组织能力；二是信息制造智能的集成和共享。

Peter Drucker（彼得·德鲁克）作为 Ceneral Motors（通用汽车公司）的长期顾问和20世纪50年代杰出的管理学先驱，很早就认识到了知识的重要性。“知识的生产力已经成为提高生产率的关键。知识是一门为经济提供生产源的产业。”

智能，通常认为是知识和智力的总和，知识是智能的基础，智力是指获取和运用知识求解的能力。面向未来，智能将广泛运用于制造业，成为智能制造。

1.1.4 企业定义

智能制造首先是实体经济产业升级的解决方案，在一定的历史时期一定的竞争环境下转型升级的使能技术，根本目标是要落到实体上。智能制造是软硬结合的，硬是指装备和物料，软是指技术、管理、制造。

智能制造，制造是主语，智能是定语。所以，先要解释制造系统，从而把业务边界弄清楚，制造系统包含什么，这样才能明确在哪些方面要进行智能化改造。制造系统是指为达到预定制造目的而构建的物理的组织系统，是由制造过程、硬件、软件和相关人员组成的具有特定功能的一个有机整体。其中，制造过程包括产品的市场分析、设计开发、工艺规划、加工制造以及控制管理等过程，硬件包括厂房设施、生产设备、产品原材料、工具材料、能源以及各种辅助装置，软件包括各种制造理论与技术、制造工艺方法、控制技术、测量技术、制造信息及精益管理等，相关人员是指从事对物料准备、信息流监控以及对制造过程的决策和调度等作业的人员。

国际著名制造系统工程专家、日本东京大学的一位教授指出："制造系统可从三个方面来定义。①制造系统的结构方面：制造系统是一个包括人员、生产设施、物料加工设备和其他附属装置等各种硬件的统一整体；②制造系统的转变方面：制造系统可定义为生产要素的转变过程，特别是将原材料以最大生产率变为产品；③制造系统的过程方面：制造系统可定义为生产的运行过程，包括计划、实施和控制。"综合上述几种定义，可将制造系统定义如下：

制造系统是制造过程及其所涉及的硬件、软件和人员所组成的一个将制造资源转变为产品或半成品的输入/输出系统，它涉及产品生命周期（包括市场分析、产品设计、工艺规划、加工过程、装配、运输、产品销售、售后服务及回收处理等）的全过程或部分环节。其中，硬件包括厂房、生产设备、工具、刀具、计算机及网络等。软件包括制造理论、制造技术（制造工艺和制造方法等）、管理方法、制造信息及其有关的软件系统等。制造资源包括狭义制造资源和广义制造资源，狭义制造资源主要指物能资源，包括原材料、毛坯、半成品、能源等；广义制造资源还包括硬件、软件、人员等。

从制造系统的定义可知，在结构上，制造系统是由制造过程所涉及的硬件、软件以及人员所组成的一个统一整体；在功能上，制造系统是一个将制造资源转变为成品或半成品的输入/输出系统；在过程方面，制造系统包括市场分析、产品设计、工艺规划、制造实施、检验出厂、产品销售等制造的全过程。

我们常把智能制造与转型升级联系在一起，但对一个企业来说，智能制造常常指的是技术层面的问题，转型升级是企业战略方面的事情。从理论上说，转型升级就是对组织、流程、业务等要素的重构。

我们有时把智能制造简单地定义为“CT（Communication Technology，通信技术）在工业领域的深度应用”。所谓“深度应用”，主要就是伴随转型升级和重构，而不是单单服务于现有业务。强调这些的背景是：基础技术提供的新机会在这里。这也是从技术手段角度定义智能制造。还可以从企业的外部表现或结果、目标来定义，如提升企业的快速响应能力。

从业务角度看，互联网的作用是提高协同能力；从经济学角度看，互联网的作用是提高资源配置能力。按照熊彼特的观点，创新就是企业家的资源配置。所以，智能制造是企业家主导的、与技术密切相关的创新活动，表现为“转型升级这种战略活动，需要有业务或者商业模式的创新来保证、需要由企业家推动”。然而，“信息集成”则是从IT技术角度为“协同”奠定基础，“协同”本身属于业务范畴，IT如何集成则要符合OT（Operational Technology，运营技术）的要求。特别地，协同过程先要规范成“业务流程”，才能标准化，进而实现智能化。事实上，流程本身就是一种知识。

协同的结果是快速响应，从实现的原理角度看，则表现为智能原理的应用。这样，“智能制造”才与“智能”这个概念挂上钩。“智能”基本的三个要素是“感知、决策、执行”。互联网提升了“感知和执行”能力，故而促进了智能制造。在互联网背景下，这个理论再次彰显出生命力，通过“共享和重用”，互联网帮助人们对更多的资源进行配置。配置过程就是决策过程，使得资源配置优化的空间增大了，故而价值性增强。与此同时，优化配置的难度也因此而增大，故而人们往往需要机器帮助人来配置资源。

智能制造的瓶颈往往是经济可行性。经济可行性包括效益和成本两个部分。前面说的资源配置是效益的来源之一。效益从何而来呢？中长期是转型升级带来的效益，短期内是管理水平提升带来的效益。

智能制造可以显著提升管理水平。互联网可以实现“扁平化”“远程化”；大数据实现“透明化”、智能算法让人避免淹没在大数据的海洋中。由于历史的原因，智能制造的机会往往在于管理与控制的融合，就是指找到管理中的问题，利用精益管理、6 西格玛、PDCA（Plan Do Check Act，计划、推行、检查、处理）等方法从 OT 角度发现价值，然后再从数字化、智能化的角度推进，让价值落地，这也是从技术经济可行性角度考虑的。所谓标准化、流程化、精益化是智能化的基础，就是这个智能制造的另外一部分价值来源与成本的降低，大数据让知识获取的成本降低，工业互联网平台让管理和持续改进的成本降低。

本书认为，智能制造是指在网络化、数字化、信息化制造系统（如数字化车间）的基础上，引入相关的人工智能技术，使既有制造系统得到更加柔性、精细、实时、优质的制造过程能力。

制造工业的各个环节以一种高度柔性与高度集成的方式，通过计算机及其软件（如基于 Agent 的智能化软件执行过程）来模拟人类专家的（关于分析与决策的）部分智能活动，利用智能感知、智能推理、智能学习和智能行动中的某个或某些智能技术进行分析、判断、构思和决策，旨在利用企业既有先进制造系统知识来取代或延伸制造环境中人的部分先进脑力劳动，进而促进制造企业人类专家的制造智能知识得到收集、存储、应用、完善、共享、继承与发展。

因此，企业有必要在数字化车间的基础上，将智能制造系统中的人工智能技术及其应用作为构造、测试和支持上述定义的某种模型，并据此分析出一种可实验、可设计、可运用和评估的一种制造科学的技术和方法。与此观点相呼应的，是可以把智能制造系统中的人工智能软件开发（如 Agent）看作一种实验：向现实的数字化车间提出问题，进而对这些问题给出新的解决方案。

1.1.5 智能制造的内涵

所谓制造智能，就是充分挖掘制造活动中的知识，以制造系统中软件及工业 App 的研发与应用为知识挖掘的突破口，实现基于知识发现、知识认知及基于知识的推理能力。

智能感知与测控网络是智能制造的核心内容，通过知识工程技术和计算智能技术，实现“感知 - 行为”的获取，进而实现生产过程全程的闭环反馈控制和低能耗制造，升级企业“多小型”生产组织模式的能力和水平。

智能制造的内涵是：调节制造资源的配置，以满足“多小型”按订单生产组织方式的需要；追求在满足客户需求前提下的最优质量 - 成本和效率 - 效益绩效。另外，支撑智能制造的是智能制造装备，这些装备须具有感知、决策、执行等功能，其主要技术特征有：①对装备运行状态和环境的实时感知、处理和分析能力；②根据装备运行状态变化的自主规划、控制和决策能力；③对故障的自诊断自修复能力；④对自身性能劣化的主动分析和维护能力；⑤参与网络集成和网络协同的能力。

实现智能制造系统的三个原理如下：

1）新的时间管理原理：将车间的时间管理纳入数字化范畴，将人体工程学系统和仿真规划相互融合起来，以真实的数据为基础进行快速而准确的时间规划。

2）新的产能管理原理：把提升产能作为整个工厂的准备过程，借助于多层级软件技术工具，使这种理念成为常态。

3）新的过程管理原理：在全面的网络化基础上，实现“分散 + 离散 + 互联”，驱动生产过程在多生命周期并行机制下提速运行，使离散制造执行像流程工业那样自动调节、循环。

有书根据智能制造系统的三个新的原理，提出应用于智能制造系统的三类 Agnet 智能软件，以此充实智能制造系统的软件体系结构。另外，引入 Agent 技术支持智能制造系统，企业需要构建 Agent 平台，该平台也是由不同企业基于共同产品展开合作的基础，同时也是智能制造企业的智能装备（如移动机器人）在共同生产网络中得以运行的基础。

1.2 各国智能制造发展布局

在全球经济格局正在加速调整的时期，第四次工业革命（即工业 4.0）已经悄然来袭。制造业作为经济发展的脊梁，各国都在思考并重新布局制造业的发展，如从德国的工业 4.0 到美国的工业互联网战略，从日本新一轮的工业价值链部署到中国的中国制造 2025 战略。

1.2.1 德国工业 4.0 战略

2013 年 4 月，德国首提工业 4.0 战略。2019 年 2 月 5 日，德国正式发布《国家工业战略 2030》，明确提出在某些领域德国需要拥有国家及欧洲范围的旗舰企业。

德国工业 4.0 是 4.0 的发源地，也是 4.0 的焦点，该战略提出的起因是要在制造业格局发生改变的时期能抵抗美国制造业的重振，也能压制中国制造业低成本的竞争，保住其制造业霸主地位。德国将工业 4.0 纳入《高技术战略 2020》中，工业 4.0 正式成为一项国家战略，而且正计划制定推进工业 4.0 的相关法律，把工业 4.0 从一项产业政策上升为国家法律。德国工业 4.0 在很短的时间内得到了来自党派、政府、企业、协会、院所的广泛认同，并取得一致共识。

这个共识就是：德国要用CPS使生产设备获得智能，使工厂成为一个实现自律分散型系统的“智能工厂”。那时，云计算不过是制造业中的一个使用对象，不会成为掌控生产制造的中枢所在。

德国工业4.0中的智能制造：德国工业4.0的概念包含由集中式控制向分散式增强型控制的基本模式转变，目标是建立一个高度灵活的个性化和数字化的产品与服务的生产模式。在这种模式中，传统的行业界限将消失。其核心内容可以总结为：建设一个网络（CPS），研究两大主题（智能工厂、智能生产），实现三大集成（纵向集成、横向集成、端到端集成），推进三大转变（生产由集中向分散转变、产品由趋同向个性转变、用户由部分参与向全程参与转变）。

1.2.2 美国工业4.0的挑战

2019年2月7日，美国发布了由总统特朗普亲自主持制定的未来工业发展规划，将人工智能、先进的制造业技术、量子信息科学和5G技术列为“推动美国繁荣和保护国家安全”的四项关键技术。在白宫官网上，这份规划的标题是《美国将主宰未来工业》。

首先，美国是工业3.0时代的集大成者，工业3.0是信息技术革命，美国在这方面遥遥领先全球，不仅是德国，乃至整个欧洲都丧失了全球信息通信产业发展的机遇。例如，在信息产业最活跃的互联网领域，全球市值最大的20个互联网企业中没有欧洲企业，欧洲的互联网市场基本被美国企业垄断，德国副总理兼经济和能源部长加布里尔曾说，德国企业的数据由美国硅谷的四大科技企业把持。

工业3.0时期，全球信息产业蓬勃发展，但欧洲企业节节败退。当前，美国的互联网以及ICT（Information and Communication Technology，信息和通信技术）巨头与传统制造业领导厂商携手，GE、思科、IBM、AT&T、英特尔等80多家企业成立了工业互联网联盟，正重新定义制造业的未来，并在技术、标准、产业化等方面做出一系列前瞻性布局，工业互联网已成为美国先进制造伙伴计划的重要任务之一。欧洲及德国对新兴产业创新能力及对未来发展前景表现出了一种深深的忧虑。

美国工业互联网中的智能制造：美国工业互联网的主要含义是在现实世界中，机器、设备和网络能在更深层次与信息世界的大数据和分析连接在一起，带动工业革命和网络革命两个革命性的转变。其三个核心元素是智能机器、先进分析方法以及工作中的人。在华盛顿举办的“21世纪智能制造的研讨会”指出，智能制造是对先进智能系统的强化应用，使得新产品的迅速制造、产品需求的动态响应以及对工业生产和供应链网络的实时优化成为可能。

1.2.3 日本精益制造的延续

2019年4月11日，日本政府概要发布了2018年度《制造业白皮书》，指出在生产第一线的数字化方面，应充分利用人工智能的发展成果，加快技术传承和节省劳力。其目的是配合机器人和物联网，成为推进制造业升级的三大支柱，主要寻求建立一个生态系统，让全行业所有企业共同受益。在日本的制造文化里，人的价值最重要，对人的信任远胜于对设备、数据和系统的信任，所有的自动化、数字化、智能化也都是基于如何帮助人更好地工作为目的的。该战略理念延续了日本精益制造思想。

日本精益制造源于20世纪50年代的丰田公司。受限于日本当时的资源条件，在借鉴福特汽车流水线生产方式的基础上，丰田汽车创造了独特的生产组织形式——精益。当前，日本在精益的基础上建立企业间的产品制造价值链，并将这种价值链延伸到企业内部，实现“互联工厂”。与工业4.0相比，两者都是将着力点放在了价值链上，但没有强调是动态、自组织、自治的，是基于互联网、基于精益，实现全要素、全产业链、全价值链的全面连接，形成全新的工业制造和服务体系。区别在于工业4.0强调支持大批量个性化定制生产组织模式，日本精益制造一直强调的是一种基于精益的计划。

1.2.4 中国工业4.0的机遇

对中国制造业来说，实现从量变到质变的提升转变，抢占这一轮变革的先机和主动权，将是中国迈向制造强国的必由之路。

德国机械设备制造业联合会主席在日本曾说，德国和日本应携手应对中国制造业的挑战；德国《世界报》网站也报道称中国机械制造业严重威胁德国制造业。

德国对付中国制造业的法宝，是用柔性生产带来的成本优势碾压中国的人力成本优势。说到这里，我们有必要先好好剖析自己，工业4.0时代中国的优势是什么？

这是最好的时代，中国迎来了智能制造发展的破局时刻。作为先进制造业后来者，中国制造正在以中国速度和中国智慧奋力追赶，以期实现高质量发展，由大变强，后发先至。

“中国制造2025”中的智能制造：2015年工业和信息化部相关文件中给出“智能制造”的一个描述性的概念：智能制造是基于新一代信息技术，贯穿设计、生产、管理、服务等制造活动各个环节，具有信息深度自感知、智慧优化自决策、精准控制自执行等功能的先进制造过程、系统与模式的总称。智能制造具有以智能工厂为载体、以关键制造环节智能化为核心、以端到端数据流为基础、以网络互联为支撑等特征，可有效缩短产品研制周期，降低运营成本，提高生产效率，提升产品质量，降低资源能源消耗。

1. 中国企业对第四次工业革命满怀信心，对投身智能制造乐观而不迟疑

2016年和2017年，麦肯锡连续两次对中美德日四国400多家

企业领袖进行了智能制造问卷调研，面对同样一个问题："与一年前相比，你对智能制造潜力的态度有何变化?"结果显示，中国企业对智能制造抱有极大的热情和期待，远比美德日企业乐观：86%的中国受访企业相信智能制造的潜在价值，比例远高于美德日三个发达经济体的企业。与此同时，美德日三国企业对智能制造的悲观程度的比例均呈现上升态势，而中国企业恰恰相反，持悲观态度的比例由15%降至11%。整体而言，中国企业对第四次工业革命满怀信心，对投身智能制造乐观而不迟疑；美国和德国企业普遍感受到的是迷茫和不确定。

2. 向德国学习：根基扎实的智能制造

德国的高端工业装备和自动化生产线是举世闻名的，在装备制造业享有傲视群雄的地位。同时，德国人严谨务实的风格，理论研究与工业应用的结合也非常紧密。可以说德国智能制造的核心竞争力是先进设备和生产系统。在德国工业4.0的战略框架中最重要的词是"整合"，包括纵向整合、横向整合及端到端整合，从而将德国在制造体系所积累的知识资产集成为一套最佳的设备和生产系统解决方案，通过不断优化的生产效率和效益实现领先。

3. 像日本学习：精益是企业的核心价值

在日本的制造文化里，人的价值最重要，对人的信任远胜于对设备、数据和系统的信任，所有的自动化、数字化、智能化也都是基于如何帮助人更好地工作为目的的。因而在智能制造领域，日本企业谈论的不是机器换人或无人工厂，更加关注的是在人的工作中嵌入智能产品的微观价值。其相关研发的主要精力集中于产品的IoT（Internet of Things，物联网）化和人工智能应用，识别工业互联网各行业各价值节点的用户痛点与诉求，专研能够解决现场问题、创造业务新价值的"点状"产品。向日本学习，学的就是“直道超车”，即以用户为中心打磨智能产品，用务实的工匠精神提供用户所需要的实际功能。

基恩士是全世界最好的机器视觉企业之一，也是日本以工匠专研精神塑造智能产品的缩影。基恩士是全球率先提供人工智能机器识别技术的企业，这源自其对于客户业务痛点与核心需求的长期关注。基恩士认识到只有人工智能视觉产品才能从根本上解决现有问题，取得行业定价权，于是大力投入研发，依据用户实际场景量身定制了人工智能及物联网功能模块，推出了新一代视觉解决方案。该企业产品以其独有的技术解决了其他产品无法解决的现场问题，牢牢占据机器视觉高端高利润。2018 年，基恩士在中国市场的收入是第二名的近五倍，常年维持70%左右的毛利率。其增长的背后就是工匠精神孕育的智能产品价值。

4. 向美国学习：数据和平台驱动的智能服务

作为第三次技术革命的发源地，美国在信息技术领域积累深厚，拥有全世界最顶尖的信息技术企业和研发团队。因此，在智能制造诞生伊始，美国就提出了“工业互联网”概念，将数据的整合和使用作为战略重点，通过制定通用的工业互联网标准，利用互联网激活传统的生产制造过程，促进物理世界和信息世界的融合。

美国智能制造的核心是充分挖掘数据的价值，即利用其在大数据、芯片、物联网、人工智能等“软服务”上的强大实力，实现真正的工厂智能化，典型案例包括数字化资产管理、预见性维护、数字化业绩管理等。向美国学习，学的就是“换道超车”，建立数据采集、传输、管理、分析及应用的物联网架构，用数据驱动工业智能服务的模式创新，成就企业主业以外的新赛道——新兴业务增长点。

总体而言，中国制造业并没有如德国等发达国家那样由第三次工业革命逐渐过渡到第四次工业革命。中国虽然制造业规模最大，但是行业水平参差不齐，很多中国企业仍处于工业2.0，甚至更低的水平。同时，种种挑战也给中国制造业的前景带来隐忧。但是，中国制造的强国之梦并不遥远。敏而好学、兼容并蓄是“中国智慧”，勤于奋斗、后发先至是“中国速度”，脱虚向实、万众创新是“中国创造”。我们坚信，中国制造业的高质量发展将会创造下一个中国奇迹。

1.3 什么是工业4.0

1.3.1 四次工业革命的历程

工业4.0就是第四次工业革命，革命的主导力量就是智能。要理解什么是工业4.0，首先应该知道工业1.0、工业2.0、工业3.0各个阶段的生产模式、企业状况及标志。

1. 第一次工业革命

18世纪60年代中期，从英国发起的技术革命是技术发展史上的一次巨大变革，它开创了以机器代替手工工具的时代。这不仅是一次技术改革，更是一场深刻的社会变革。这场革命是以发明、改进和使用机器开始的，以蒸汽机作为动力机被广泛使用为标志的。这一次技术革命和与之相关的社会关系的变革，被称为第一次工业革命或者产业革命。

从生产技术方面来说，工业革命使工厂制代替了手工工场，用机器代替了手工劳动；从社会关系来说，工业革命使依附于落后生产方式的自耕农阶级消失了，工业资产阶级和工业无产阶级形成和壮大起来；从关键竞争力来说，生产效率发生革命性的变化，原来低效率的手工劳动被“革命”掉了。

2. 第二次工业革命

19 世纪最后 30 年和 20 世纪初，科学技术的发展突飞猛进，各种新技术、新发明层出不穷，并迅速应用于工业生产，大大促进了经济的发展，被称为近代历史上的第二次工业革命。世界由“蒸汽时代”进入“电气时代”。在这一时期里，一些发达资本主义国家的工业总产值超过了农业总产值。

工业重心由轻纺工业转为重工业，出现了电气、化学、石油等新兴工业部门。由于 19 世纪 70 年代以后发电机、电动机相继发明，以及远距离输电技术的出现，电气工业迅速发展起来，电力在生产和生活中得到广泛的应用。

内燃机的出现及广泛应用，为汽车和飞机工业的发展提供了可能，也推动了石油工业的发展。

化学工业是这一时期新出现的工业部门，从 19 世纪 80 年代起，人们开始从煤炭中提炼氨、苯、人造燃料等化学产品，塑料、绝缘物质、人造纤维、无烟火药也相继发明并投入了生产和使用。原有的工业部门如冶金、造船、机器制造以及交通运输、电信等部门的技术革新加速进行。

从技术方面来看，电气技术的出现，使得装备可以实现自动化；从产业变革方面来看，产品的质量从设备层面得以保证，产品的一致性、可靠性大大提高，实现了自动化生产；从关键竞争力来说，生产效率和产品质量发生革命性的变革，之前单纯的机械化工厂作业方式被淘汰。

3. 第三次工业革命

从 20 世纪四五十年代以来，电子计算机、微电子技术、航天技术等领域取得重大突破，标志着新的科学技术革命的到来。这次科技革命被称为第三次工业革命。

它产生了一大批新型工业，第三产业迅速发展，其中最具划时代意义的是电子计算机的迅速发展和广泛运用，从而开辟了信息时代。它也带来了一种新型经济——知识经济，知识经济发达程度的高低已成为各国综合国力竞争中成败的关键所在。

第三次工业革命是人类文明史上继蒸汽技术革命和电力技术革命之后科技领域里的又一次重大飞跃。它以电子计算机、空间技术和生物工程的发明和应用为主要标志，是一场涉及信息技术、新能源技术、新材料技术、生物技术、空间技术和海洋技术等诸多领域的信息控制技术革命。

这次工业革命不仅极大地推动了人类社会经济、政治、文化领域的变革，而且也影响了人类的生活方式和思维方式，使人类社会生活和人的现代化向更高境界发展。

对于工业企业，从生产技术方面来说，随着信息技术的发展，在自动化的基础上，可以实现更大更多生产线大规模连续作业的技术保障；从社会关系来说，流水线取代了单机作业，生产成本大大降低，产品价格大幅降低，物质实现社会各阶层大量普及；从企业关键竞争力来说，生产效率、产品质量和制造成本又一次发生革命性的变化，成本高、价格缺乏竞争力的企业和产品被迫退出市场竞争。

4. 第四次工业革命

从第一次工业革命开始至今已经有200多年，从机器代替手工的革命、电气技术的自动化时代代替单纯机械化革命到以计算机技术为代表的信息技术革命，技术的变革使世界产生翻天覆地的变化。而第四次工业革命是建立在自动化与信息化基础上的更广泛、更深入应用的自动化、数字化、精益化、信息化、柔性化、网络化、可视化和智能化技术。

数字化双胞胎是指对工厂的所有生产设备、生产的产品以及提供支持的全业务流程（供应商管理、质量管理）等建立一套计算机系统里的数字化虚拟工厂，然后通过各种手段保持虚拟工厂与实际工厂的相关设备与产品的状态实时跟踪、更新，从而在系统里虚拟工厂就可以快速监控实体工厂的一切，并通过对虚拟工厂下达指令来改变实体工厂的运作。这样管理与技术人员不在工厂中，也可以实时、全面地知晓并控制实体工厂的一切事物，可以在计算机前坐等产品的生产。

工业机器人的广泛应用，会越来越多地替代重复的操作岗位。一个岗位被替换为机器人后，人需要做的就是向它输入指令，让机器执行生产过程，直到出现故障后进行维保。随着技术的进步，工业机器人的可靠性越来越高，替代范围也会越来越广，当需要维护的频率降到一年只需要几次时，就可以通过维护工程师的出差方式解决。机器人甚至会替代工厂所有的岗位，自动维保机器人可以检修维护工厂设备，保障产线正常运行。那时，完全可以通过网络将数据包发送给远在千里之外的机器人。

由可移动的机器人或AGV小车等将原材料送进全自动生产流水线，由固定式机械臂和全自动生产设备制造产品。通过数字化双胞胎技术，采集每一个环节的所有数据，对整个生产过程进行实时监控，适时做出干预。随着收集的数据越来越多，一些针对特定事件的处理就可以交给人工智能去完成。一开始，这种判断是程序预先设置好的（也是现在已经实现的），如产品在经过焊接炉后进行检测，发现焊接点质量不合格，向系统发出质量失败信号，基于人工智能技术的决策系统收到该信号后就可以给移动式机器人下达指令，将该问题件拿出生产流程单独处理。

通过对大数据的挖掘和机器的自主学习，人工智能就可以做一些更复杂的决策工作。例如，通过查阅数据库，分析质量问题重新焊接后的修复率，判断重新焊接修复零件缺陷还是直接报废，或是使用其他手段，从而发出最恰当的处置指令。这种基于历史数据的处置方式可能比人工判断更为恰当。随着人工智能技术的完善和发展，以及数据库的完善，需要人去干预的活动会越来越少。最终智能工厂的也许就是真正的智能工厂了。

使用5G通信技术超高速的数据传输效率，不仅及时，而且可以做到即时的数据传输和反馈。

至于这些海量数据的安全储存、快速查询与分析需求，云技术完全可以胜任。例如，西门子的MindSphere将各种来自用户的指令与需求、设备的信息数据储存在云端，可以在任何一个客户端随时调用，不用担心数据丢失，或者海量无法筛选，更不用考虑硬盘损坏情况。将信息数据储存在云端，由专业机构统一管理和维护也是分工细化、集中处理的一种方向。

对于工业企业，从生产技术方面来说，随着智能技术的发展，在信息技术、自动化技术的基础上，智能技术的发展，为实现柔性、大规模定制、混线生产、虚拟与现实、人工智能、5G等技术提供了保障；从社会关系来说，柔性化的大规模定制将取代流水线生产方式，生产效率不低于流水线生产效率，生产成本继续降低，产品质量进一步提高；从企业关键竞争力来说，生产效率、产品质量和制造成本又一次发生革命性的变化，最关键的是企业效益得以充分保证，企业有更多的资金投入研发，持续提升企业核心竞争力，那些没有效益的企业必将退出市场竞争。

四次工业革命中，智能制造是第四次工业革命的产物，各国对于工业革命有自己的国家定位，如中国是智能制造、德国是工业4.0、美国是工业互联网、日本是精益制造升级等。

1.3.2 四次工业革命的企业形态

工业革命的主体是企业，企业作为社会责任体，将诸多的社会责任内化到企业目标之中，通过质量与成本的平衡、效率与效益的平衡为社会创造价值是不变的追求。在四次工业革命的变迁中，以服装制造为例的质量、成本、效率和效益的演变如图 1-1 所示。

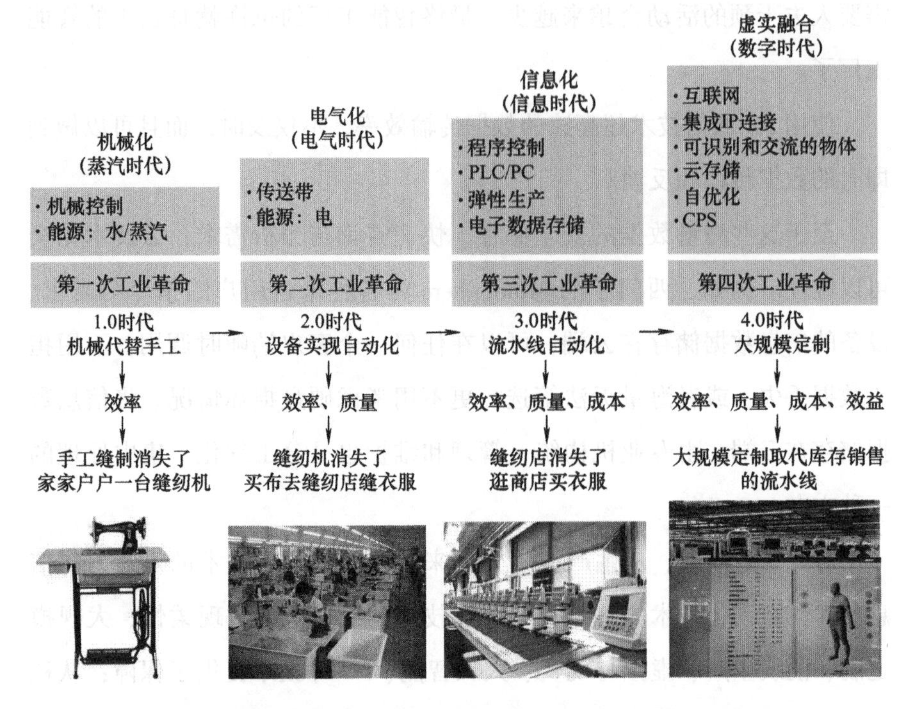

图 1-1　以服装制造为例的质量、成本、效率和效益的演变

工业1.0 的标志是以蒸汽机、纺织机为核心技术的轻工业，主要代表国家是英国，解决了效率问题。

工业2.0 的标志是以电气化、化学应用、内燃机为核心技术的重工业产业，主要代表国家是德国和美国，解决了效率和质量问题。

工业3.0 的标志是以信息技术为核心技术的流水线作业，在效率进一步提高、质量进一步提升的同时，成本大大降低。

工业4.0 的标志是大规模定制，将明显提升企业效益，达到质量与成本平衡、效率与效益平衡的状态，将实现质量更好、成本更低、效率更高、效益更好的企业终极目标。

生产制造过程追求的目标是不变的，即以更低的成本满足更加个性化的需求。一般而言，低成本需要以大规模生产为支撑，而个性化需要以小批量生产为支撑。从目前的整体情况来看，未来可能会出现两种趋势：一种是沿用大规模集中化生产方式，但个别企业通过进一步降低生产成本从而抵消满足个性化需求导致的成本上涨，实现成本不变甚至降低与产品更具个性化的平衡，最终赢得竞争并引发其他企业跟进，向大规模定制生产转型；另一种是转向小批量分散化生产方式，个别企业甚至消费者自身能够显著减少小批量分散化生产与大规模集中化生产之间的成本差距，从而实现成本不变或者稍有提高与产品完全个性化之间的平衡，最终成为主流生产制造方式，向分散化个性生产转型。这两种模式都是 C2B（Consumer to Business，消费者到企业）模式，其本质是一个智能化、网联网、定制化的工业模式，从消费端直接拉动研发、供应链和制造环节，最终生产出个性化的产品。

纺织业自发端以来，从来都是以人类文明发展和技术进步为动力，不断获得生产力跨越式地解放。进入蒸汽化时代，纺织工业以大规模机械化和利用蒸汽动力成为第一次产业革命的标志；电气化时代，纺织工业又率先通过电气化改造实现了大批量生产，带来了速度和效率的跨越，实现第二次革命；进入第三次革命以来，流水线作业生产在提质增效（率）降本等方面取得了显著成效，然而这种模式造成大量库存积压，利润难以得到保障。至此，按库存生产的模式无法满足市场多元化需求，用户需求多元化程度加深，服装行业订单小批量、多品种趋势越来越明显，因此服装企业需要快速适应市场需求变化，以保证质量，满足客户个性化需求，同时提高企业效益。

在新的产业革命大背景下，人民生活水平的提高加快了日常生活审美化进程，对衣着商品的技术品质和文化品位要求增强，使纺织行业的品牌价值创新成为新的增长空间，先进的纺织企业都先后进入大规模定制时代，通过大规模定制减少了库存积压问题，降低了样衣成本，降低人员、能耗、物耗能本，提高了质量，提高了生产效率，同样也提高了效益。

1.3.3 工业4.0的内涵

自2013年4月德国正式推出工业4.0起，工业4.0这一名称已深入人心。德国人将软件开发中常用的版本命名方法引入工业革命的划分中，让大家对历史上四次工业革命有了清晰的认识。大多数人知道工业4.0指的是第四次工业革命，但对哪些行业可能消失、哪些企业可能被取代、哪些企业可能又出现了，却没有一个很清晰具体的认识。

当然，工业4.0在德国也只是对工业未来的愿景，是一场还未发生的、预计会发生的革命。另外，这种愿景是一种基于直觉、想象力、逻辑推理、个人经验、专业背景、德国独特的社会环境等因素的定性的描述。所以，我们每个人对工业4.0的理解和实践也都有很大的想象空间，结合各自行业背景开展理论研究和业务实践。但是不管大家如何理解，革命的属性不会改变，那就是影响企业关键竞争力的主要因素将会推动企业实现变革。

2013年的德国白皮书《确保德国制造业的未来：实施战略行动工业4.0的建议》中有如下表述：在制造环境中，垂直网络化、端到端工程化，以及由越来越多智能产品和系统构成的跨越整个价值网络的水平集成，引发了工业化第四个阶段的到来——工业4.0。这种改变，应该是有累计效应的，要包容前三个阶段的成果。

2016年1月，德国工业4.0官方发布了报告《实施工业4.0战略》，给出了工业4.0的定义："术语工业4.0代表第四次工业革命，是与产品生命周期相对应的整个价值流的下一阶段的组织与控制方式。这个产品生产周期，是基于不断增加的个性化客户期望，范围从产品初始想法、订单、开发、生产、交付给终端用户，到回收以及相关服务。"

同时，德国工业4.0的官方发布的工作报告《基于应用场景的研究路线图概貌》中给出了九个应用场景。这九大应用场景如下：

1）订单控制的生产（Order-Controlled Production，OCP）。

2）具有适配能力的工厂（Adaptable Factory，AF）。

3）自组织适应性物流（Self-organising Adaptive Logistics，SAL）。

4）基于价值的服务（Value-Based Services，VBS）。

5）交付产品的透明性与适配能力（Transparency and Adaptability of delivered Products，TAP ）。

6）生产中对员工支持（Operator Support in Production，OSP）。

7）用于智能生产的智能产品开发（Smart Product Development for Smart Production，SP2）。

8）创新性产品开发（Innovative Product Development，IPD）。

9）循环经济（Circular Economy，CRE）。

这九大应用场景基本上能够表述清楚工业4.0是什么，要做什么，要取代什么，要研发什么样的新技术，现行法律法规要做出什么样的改变，对劳动力能力有哪些新需求，会取得什么样的益处，等等。这些应用场景，无论是数量上、内涵上还是命名上，随着德国人的认识的不断深化，也处于不断的发展变化之中。

总之，实施工业4.0，现有的条件还不具备，还需进行大量的创新性的技术研究，还需在法律法规、安全、劳动力与技能等方方面面做出重大改变。工业4.0时代，小规模的定制化生产模式不仅将逐步取代传统大规模量产，而且在物流技术上也将迎来新的产业变革。未来，在智能物联网的强大支持下，大数据将得到充分利用，所有的商品都配有感应器，物流配送将实现透明化。买家无须再查询是否发货、订单什么时候到达下一个站点，而是可以直接实时在线远程监造。

工业4.0是人类社会发展的必然趋势，是产业变革的必经之路。在工业互联网的强大支撑下，必将引发企业关键竞争力的革命性变化，将制造业推向全新的竞争世界。工业加工、制造业生产的整个产业链会越来越精细化，产业链上下游、供应链并存于一个信息系统之内，各环节实现扁平化运作，任何信息都会被其他环节的相关工作人员知晓，所有的管理环节都会实现透明化。不仅如此，在大数据的存储记录中，优秀的管理人员会运用最好的数据建模，进行最佳数据核算来实现利润最大化，全方位无死角地高效管理每一个角落，将运营每一个环节的成本都降到最低，真正贯彻生产的柔性化。

1. 资源配置效率更高

工业4.0的目标，是实现定制化智能生产，在公司内部，将企业资源人、机、料、法、环的效率充分发挥，实现资源效率的最大化。工业4.0时代，我们要想实现上述目标，工业加工、制造业生产、物流配送等环节就必须优化资源，才能实现高效率的资源配置。

具体地，从工业4.0的意义上来讲，智能制造应该涵盖整个制造的产品全生命周期，工业4.0不是工业3.0时代MES、ERP、SCM、PLM、CRM（Customer Relationship Management，客户关系管理）等系统的简单集成或更新换代，而是借助新技术（机器人、认知计算、物联网、大数据等）在多个维度对企业及价值链的革命性整合、重塑与创新。工厂不再是“黑盒子”，而是清晰透明的服务提供方——不只是工厂，各参与方的各种能力都以API（Application Program Interface，应用程序接口）的方式来发布、被调用、接受监管，从而形成一个开放、灵活、自主、优化的合作体系。

工业4.0产品意味着产品全生命周期乃至价值链、全生态系统的变革，在变革的过程中，最重要的是数据的洞察过程。企业做认知计算和人工智能的分析要依赖于数据，数据是基础。然后通过大数据分析、云计算、物联网、移动互联网等技术及其他与安全相关的管理方案帮助企业管理人员做决策。只有通过大数据、认知计算、移动互联网、物联网等新技术的共同作用，才能实现跨界和全球化互联互通的协同，形成集制造和服务于一体的智慧工厂价值网络。利用机器人技术具备的自动化执行能力和认知计算所带来的认知能力，可以轻松地解决工业4.0时代智慧工厂的问题。

2. 生产周转速度更快

通过认知技术对智慧工厂的生产现状进行分析，保留关键必要的环节，淘汰冗余的环节，并针对一般的环节进行效率提升和有效监控，从而大大提高现有生产环节的利用效率。通过对库存和在制与当月生产量的分析，控制最低库存和最小在制，进而加快生产的周转速度。

3. 产品质量更好、更稳定

通过认知技术对生产过程、设备工况、工艺参数等信息进行实时采集，对产品质量、缺陷进行检测和统计；在离线状态下，利用机器学习技术挖掘产品缺陷与物联网历史数据之间的关系，形成控制规则；在在线状态下，通过增强学习技术和实时反馈控制生产过程，减少产品缺陷，同时集成专家经验，改进学习结果。

4. 所有设备都预见性维护

提前达到预见性维护，通过认知技术提前预测故障的发生，及时干预避免业务中断，可降低维修成本，同时有效减少故障，保障业务连续。

随着认知技术的不断发展，不断演化出的新应用可以被用来配合工作，帮助工人提高生产效率并得到更好的结果。认知技术的应用可以同人类劳动互补，发掘出一些能有效弥补人类技能短缺的认知技术能力来实现智慧工厂的生产效率的提升和成本的降低。

5. 智能制造的数据流

相比数字化车间，智能制造系统的数据流更为丰富和复杂。这是因为智能制造系统比既有系统具有更加快捷、实时和精细的数据流，企业应特别注重开发数据处理系统和功能，防止大部分工作时间花费在信息的搜索上。

为此，必须进行研究、实践如下课题：

1）基于企业 ERP、MES 等生产过程相关系统的数据，降低生产过程信息成本。

2）基于 CPS 的数据融合和数据分析。

3）人与机器之间的数据交互与知识应用。

4）智能制造过程中的混合服务。

5）生产过程物流系统。

1.4 为什么要工业 4.0

1.4.1 国际竞争

制造业作为经济发展的脊梁，各国都在思考并重新布局制造业的发展。德国是传统的科技和工业强国，长期以来把工业作为国家经济的基石，在新一轮产业技术革命中，面对国际市场竞争，面临：①老龄化社会带来的劳动力减少；②资源匮乏，能效仍需提升；③产业转移带来的国内制造业空心化；④发展中国家技术实力不断增强；⑤经济全球化中，需要对市场做出快速响应；⑥需要根据消费者需求，实现差异化、个性化的生产；⑦保持制造业国际领先地位所需的标准化；⑧制造业占据全国 GDP（Gross Domestic Product，国内生产总值）的 25%、出口总额的 60%，影响极大。基于对新型产业创新能力的忧虑、对传统产业竞争优势的忧虑、对国家产业战略发展的忧虑，为了抓住德国工业的优势及机遇，保持制造业的领先地位，德国将工业 4.0 纳入国家战略中发展。

美国重拾制造业，即再工业化，是美国在重新审视近几十年来去工业化，导致产业空心化，致使美国霸权力量下降，动摇美国霸权根基后的重大政策调整。2013 年 6 月，通用电气（GE）提出了工业互联网概念，与德国明确提出的工业 4.0 战略有异曲同工之妙，被称为美国版工业 4.0。其旨在将虚拟网络与实体连接，形成更具有效率的生产系统；希望用互联网激活传统工业，保持制造业的长期竞争力。

中国作为世界制造大国，随着人力资源成本压力激增、企业运营绩效不高、利润率低和研发投入低，创新能力不足，可持续发展动力不强、高污染、高能耗、缺乏有效的业务管理和数据管理体系、无法快速应对市场变化、质量达不到国际水准和可靠性不高、亟待拓展制造服务和创新商业模式、上下游企业之间缺乏协作等一系列问题扑面而来，迫切需要制造业通过智能制造实现升级。

1.4.2 供给侧

目前我国供给侧面临诸多问题：不少产品供给量过多且质量不高，多种生产要素的成本上升，供给与需求相互不匹配。工业 4.0 侧重的是产品制造和供给，但其实注重的是供给和需求的匹配，使智能化制造更好地满足消费者对产品品质、多样性和个性化的要求。因此，我国产业从供给侧的角度，通过智能制造提升企业质量、成本、效率、效益这些关键竞争力非常必要。

1）加强产品质量。德国制造的优势不在价格，而在于质量，在于德国进行产品生产和销售的专有技术、专业知识和完善的售后服务。由于高质量，德国 30% 以上的出口商品都没有竞争对手，自然可以维持垄断、高价，获得高利润。我国由于自主创新能力不强，产品的技术含量不高，自主创新的高技术产品和德国有很大差距，国际竞争压力巨大。我国企业喜打“价格战”，出口产品利润薄弱，难以维持企业研发投入和可持续发展，最终自己打败了自己。因此，我国工业企业迫切需要通过智能制造，运用工业物联网、云计算、大数据、工业机器人、

3D技术、知识工作自动化、工业网络安全、虚拟现实和人工智能等技术手段，以质取胜，我国产品不应再延续廉价低质的名号，要扭转这一局势，价高质更优。

2）提升生产的标准化水平。我国的标准很多，有国内、美国、日本和德国等标准，但缺乏统一的工业标准，导致模块间对接不畅。我国要实现工业4.0，需要统一的工业标准。若自己制定标准，则要在实践中不断积累经验，因而会付出较高的成本，耗时耗力。我国目前选择了德国标准并大规模引进，紧跟新一轮的产业发展潮流，推出中国制造2025。谁是标准的制定者，谁就占有先机，发达国家的标准已成熟且居于行业领先地位，可考虑直接引进，在引进消化、吸收、学习的基础上，通过企业实践，尽快形成我们自己的智能制造标准。

3）推进中小企业国际竞争。我国中小企业数量众多，但对于工业4.0不具优势，面临优胜劣汰的大调整。国内中小企业抗风险能力弱，创新能力不足，需要借助智能制造对中小企业实施供给侧改革，大力支持国内中小企业的发展，促进企业公平竞争，涌现出更多的“隐形冠军”，鼓励中小企业在智能制造道路上大胆实践。

4）提高劳动力生产率。据世界银行公布的数据，德国2014年人口8089万，GDP 3.85万亿美元，人均4.8万美元，可见德国劳动力单位产出率之高。德国秉持的“工匠精神”是其实现工业4.0的后盾，也是我国供给侧中产业转型需借鉴的地方。德国教育模式多是师徒制，使得技艺能够更好地被传承和突破。“工匠精神”和师徒制让德国制造精益求精，成为高品质的象征。我国劳动力的供需存在结构性失调，技术要求较高的行业劳动力供给不足，技术含量较低的行业劳动力供给过多。工业4.0需要企业的真正决策者是高素质的人才，而不是机器，自动化的核心还是从人的角度出发，满足人的需求，不是机器替代人，而是机器为人服务，德国工业4.0的实现离不开高素质的劳动力。我国劳动人民要勤劳，更要有智慧，低技术含量的工作不需要太多的劳动力，可以充分提高技术密集度，释放劳动力，通过高技术含量的生产需要推动高素质劳动力的形成，有了高素质的劳动力才能有更多的创新，才能生产高品质的产品，才能提高全员劳动生产率，在世界范围内才有更强的竞争力。

5）降低制造和流通成本。德国工业4.0减少制造和运输成本尤为显著，中间环节大大减少，直接将人、设备与产品实时联通，工厂接受消费者订单后直接备料生产，省去了销售和流通环节，这势必会降低流通成本。我国实施供给侧改革也要关注企业成本的降低，结合自身实际情况，做好实际规划，从物流、信息流、资金流入手，先把供给侧的制造成本降下来。

6）提高企业效益。德国工业4.0建立大数据环境下的智能工厂，云计算和大数据对内部信息化的完善是企业实现智能制造的必然条件。我国供给侧改革要调整供需错配问题，产品供给侧可利用云计算技术和大数据分析，以避免生产的盲目性。云计算和大数据的有效利用能够提供个性化的产品、技术或服务，而这正是消费者所需要的。之前我国供给侧的产品供给不考虑消费者需求的结果是严重的产能过剩和消费者选择的有限。消费者的喜好和潜在的需求可以通过大数据分析出，云计算和大数据推动下的工业4.0对量产有更精准的控制，可直接分析消费者的订单。企业对原料的采购和库存也可利用云计算和大数据，以降低原料采购成本。销售环节使用大数据分析，目标性更强。云计算技术和大数据分析应广泛地应用于我国的各个产业，全面推动和消费者需求的匹配度，降低企业成本。工业4.0不是抹杀多样化，而是通过大数据分析满足消费者需求的多样化，扩大有效供给，避免产能和库存的进一步过剩。

7）多种形式的创新。德国工业4.0本身就是创新的产物，德国对创新极为重视，德国工业4.0所蕴含的创新不仅是技术上的，还有生产方式和思想观念等方面的创新。多种形式的创新可使一个国家在生产要素供给的硬约束下，生产可能性边界外移，保持经济稳定增长。推动制造业创新，做到和需求相匹配，提高效率并增加长远收益。为创新主体提供适宜创新的外部制度环境，为创新提供补贴等适度的激励机制，加强知识产权保护，提高创新主体的创新收益。

1.4.3 需求侧

随着人们生活水平的不断提高，人们开始追求差异化、定制化的产品和服务。定制最早起源于服装行业，意思是为个别客户量身剪裁，后来逐步扩展到皮鞋、家具、酒、茶、首饰等其他行业。客户不会长期购买一个标准化产品。在客户的购买协议中，不仅包括价格、数量、具体的可追溯的生产批次，还包括从售后服务到产品认证一系列的客户自定义的性能和约束。

目前，定制生产模式已经在越来越多的行业中得到广泛应用。汽车行业中，定制已经逐步取代传统销售方式，成为一种新的趋势。奥迪公司是汽车企业中率先开展定制服务的企业之一，早在1983年就成立了全资子公司——奥迪Quattro有限公司，其目前已经成为独立、个性化系列产品的代名词。奥迪Quattro有限公司通过提供Audiexclusive个性化定制式服务，赋予每一款车型独有的个性。在内饰方面，消费者可以选择不同颜色、不同材质的皮革、木板、地毯等，并按照个性化自由设计组合；在现代通信技术与设备方面，消费者可以选择不同类型的信息娱乐通信设备，包括带有电视和DVD（Digital Video Disc，数字视频光盘）的后座娱乐系统或带有传真电话和互联网连接的MFCU通信系统等；在运动性能方面，消费者可以选择不同性能的发动机，以及Sline运动套件，包括前后保险杠、车尾扰流板、运动化的轮毂、设计独特的座椅、驾驶者信息系统、黑色装饰车顶、运动方向盘、配有穿孔黑色真皮材料的变速箱换档杆、黑色真皮变速箱换档杆罩和制动手柄等。2013年奥迪公司在北京建立亚洲首家 AudiCity，正式开启“个性化定制服务”。与过去简单意义上对厂家已经定义好的固定车型进行颜色和简单配置的重新选择不同，奥迪公司在国内实现了轿车真正意义上的定制化生产，在包括设计、制造在内的各个环节都实现了真正的定制化。

在家电行业中，定制已经成为企业转型升级的重要方向。随着年轻用户逐渐成为家电消费的主体，越来越多的消费者希望能够彰显自己鲜明的个性主张，追求科技、时尚、舒适、个性的生活。在这种情况下，海尔、美的、LG、三星、博世、西门子等家电企业纷纷推出家电产品定制服务，满足消费者的个性化需求。消费者不仅可以定制家电的外观，如尺寸、大小、形状、图案、颜色等，而且可以对家电的性能配置进行组合，去掉不必要配置，增加自己偏爱的性能，如自由组合遥控按键、增加远程操控等。海尔是在国内率先开展家电定制的企业，2011 年便推出了统帅电器这一全新的品牌，专门定位于家电定制。经过几年的发展，统帅电器已经具有较高的品牌知晓度，在消费者心目中也形成了良好的品牌形象。事实上，家电定制也是中国家电企业摆脱“红海”，进入“蓝海”的重要尝试。由于产能过剩较为严重，因此家电企业之间竞争十分激烈。企业通过打“价格战”所能实现的销量增长已十分有限。在这种情况下，家电企业将定制作为商业模式创新的重要方向，希望以此重新定义顾客需求和市场结构，并在竞争中占得先机。

不仅在传统产业中，在新兴产业发展中定制同样扮演着重要角色。移动健康产业是最近几年新兴起的高科技产业，主要是将移动通信技术应用于医疗保健领域，为消费者提供一对一的健康护理和健康医疗服务。对消费者来讲，移动健康产业与传统医疗保健产业的最大不同在于定制化的广泛应用。一是消费者可以根据自身需求，灵活地在服务提供商提供的服务模块中进行定制。例如，消费者可以定制一项或几项专业的健康护理服务，利用可穿戴移动终端设备对身体数据进行实时采集，将数据传回信息存储和处理中心，并通过专业化的监测分析，为用户提早设置健康预警管理。二是消费者可以对可移动终端进行个性化定制。可移动终端可以是手机、汽车、手表、眼镜、帽子、服装、手套等多种形式，而且式样颜色也可以大相径庭、尽显个性，消费者根据自身个性化需求自由选择。三是消费者可以将保健服务与定制医疗结合起来，将数据传输给医疗服务平台，定制包括远程诊断、PERS（个人救助系统）、信息管理等方面的服务。预计未来几年里，移动健康产业会面临着爆炸性增长。这不仅是因为移动健康产业充分利用了大数据、云计算和云存储等技术创新，而且更重要的是带来了商业模式创新，为消费者提供了更加便利的定制化服务，从而推动了新技术的商业化。

目前，技术的发展、消费文化的变迁，以及市场结构的变化正加速改变着企业的竞争规则。被广泛关注的德国制造4.0战略，将定制化作为未来制造业发展的重要趋势。在这种趋势下，标准化生产将逐步转向定制化生产，刚性生产系统将逐步转向可重构的柔性制造系统，工厂化生产将逐步转向社会化生产，而且顾客与企业之间的界限也将越来越模糊，顾客不仅是消费者，更是设计者和生产者。无论是新兴产业还是传统产业，只有能够高效率地为顾客提供定制化产品的企业才能够在竞争中取胜。对于中国企业来讲，为适应这种竞争规则变化，必须要将定制作为实施企业商业模式创新，获取竞争优势的重要手段。

总之，随着人们消费观念的成熟，消费水平的提升，消费方式的转变，消费者正在步入理性消费阶段。当消费者在市场上找不到合意的商品后，就希望能借助企业为自己定制。由于消费者直接参与产品的设计，因此制造的产品与顾客的需求更吻合，顾客满意度更高。所以，实施定制化管理是消费市场发展的需要。

1.5 智能制造使命

随着我国经济发展进入新常态，经济增速换档、结构调整阵痛、增长动能转换等相互交织，长期以来主要依靠资源要素投入、规模扩张的粗放型发展模式已难以为继。党的十九大明确提出，我国经济已由高速增长阶段转向高质量发展阶段，正处在转变发展方式、优化经济结构、转换增长动力的攻关期，建设现代化经济体系是跨越关口的迫切要求和我国发展的战略目标。建设现代化经济体系必须把发展经济的着力点放在实体经济上，把提高供给体系质量作为主攻方向，显著增强我国经济质量优势。2008 年世界金融危机后，欧美发达国家纷纷推行“再工业化”战略、“高端制造业回流”计划和东南亚、墨西哥等发展中国家利用廉价劳动力吸纳国际制造低端产业的“双重挤压”下，在人口红利消退、能源与环保压力增大、土地资源成本攀升等国内外形势变化的背景下，全球制造业竞争格局加剧，依托初级要素专业化战略形成的粗放型发展方式无力支撑中国经济高速增长，加快发展动力转换成为经济发展转型的主要任务。2015 年 5 月，我国提出“中国制造 2025”，并推出大力发展战略性新兴产业、先进制造业以及传统产业改造升级等战略，从区域发展战略上部署了东北振兴、京津冀协调发展、长江中下游经济带、粤港澳大湾区建设以及新一轮西部大开发战略等。虽然我国初步形成了以战略性新兴产业为先导、先进制造业为主体的工业结构，但是没有从根本上扭转“中国制造”在全球价值链的地位。中美贸易摩擦进一步凸显了中国制造业的关键核心技术受制于人，在发达国家主导的全球价值链上处于被支配地位，在国际竞争尤其是贸易争端中处于不利地位的现实。只有实现制造业全球价值链升级，才能有效地实现高质量发展，形成可持续发展动力。2020 年政府工作报告中明确指出，“发展工业互联网，推进智能制造”。助推实体经济与传统产业数字化转型成为新的历史使命与时代机遇，对于推进我国制造业供给侧结构性改革，培育经济增长新动能，提升制造业的国际竞争力，构建新型制造体系，促进制造业向中高端迈进，实现制造强国具有重要意义，是时代赋予智能制造的使命。

在生产方式方面，互联网推动制造业大规模个性化定制，生产过程全面实现高效率柔性化制造，人－机效率得以最大化发挥，生产组织精益高效，生产计划完全扁平管理，所有参与计划执行者实时了解生产动态，促使制造业数字化、网络化和智能化发展。

在商业模式方面，端对端全流程实现信息化和数字化，供需信息无缝集成，实现在线远程实时监造，生产过程质量信息随生产进度及时呈现，智能选型和数字化交付形成线上线下市场营销新模式，真正实现产品全生命周期管理和服务。

在价值链方面，互联网优化制造业价值链结构，提升运行效率以及促进各环节融合发展。生产过程运行效率高，生产占用资金少；所有订单定制生产，没有库存积压；通过大数据、人工智能、边缘计算等技术手段实现智能化，生产效率不断优化改进。

在管理方式方面，通过全员在线绩效评价系统和管理推进系统，将制度执行和管理改善结合起来，全面提升企业管理水平，实现企业高效高质量运行。互联网更新传统制造企业管理理念，完善制造企业信息化管理系统，形成制造企业扁平化管理组织。

第2章

企业运营目标及智能制造需求

2.1 企业运营

2.1.1 企业是什么

企业就是运用有限的资源（人力资源、固定资产、流动资产、技术手段、管理制度等），通过管理和创新在不断满足市场需求的过程中创造更多价值，从而实现经济增长的运营实体。企业的目的就是创造市场需求，是市场决定了企业是什么，只有市场将企业的产品消化了，才能将企业的资源转变为财富，才会推动企业的发展。企业致力于推动管理，创造性开展各项经营活动，设定具体目标，调动企业资源，增强企业内生发展动力，实现预期达到的绩效，效益是检验企业绩效的重要指标。企业致力于推动创新，创新不只是企业达到市场目标的手段，创新也表现在更新更好的产品上、表现在更低的价格上、表现在更好的产品质量上、表现在创造市场寻找产品的新用途上、表现在更快更及时的交付上、表现在更大的利润空间上。

1. 企业发展的源动力——创新与高质量发展

企业发展依赖手段各不相同。劳动密集型企业依靠大量低成本的劳动力来实现预期的绩效，一旦这种资源不复存在或产品价格降低，企业就步入困境难以生存；资金密集型企业依靠大量自有资金或银行贷款支撑企业运营，一旦资金链出现问题，企业经营就像落潮的大船搁浅在河滩上；资源密集型企业依靠天然的资源优势和垄断实现企业被动发展，一旦资源优势不再，企业将无法维持发展；环境污染型企业依靠以牺牲环境为代价，不履行企业社会责任，依靠减少治理成本维持企业发展是不可持续的；技术密集型企业依靠独有技术和差别化技术获得发展机会和优势，但必须始终保持这种优势才能持续发展；成本密集型企业，其材料成本或制造成本占据企业收入的主要部分，依靠大量的存货和庞大的固定资产维持企业运营，经济增加值很低；市场机会型企业，偶然赶上市场需求的机会才可得以生存，市场机会没有了企业又回到原来状态。以上种种企业不能说没有竞争力，至少在特定条件下，企业仍然可以生存下去。但是，我们今天谈到的企业是在市场竞争中，能够真正具备竞争优势，不论在资源条件的优势还是劣势环境下依然能够保持强劲发展动力的企业，其源动力就在于创新和高质量发展，创新是企业发展的不竭动力，利用企业资源，通过先进的管理理念和科技手段催生企业发展的内生动力。

2. 企业经营的驱动力——顾客满意度

企业业绩提高的首要驱动力是顾客满意度，需要注意的是，大多数顾客满意度指标衡量工作都是通过调查进行的，如果客户满意度调查对象的样本空间选择不合理，就会导致调查结果未能真实反映客户满意度状况。这种情况下，顾客满意度在企业日常经营中需要通过到底有多少顾客会持续不断地愿意买你的产品来衡量。

因此，企业需要从顾客的角度评估所有的经营活动。在企业经营环节中，顾客满意度通常与订货指标、回款指标并行用来量化销售人员考核指标。然而，随着客户对产品个性化要求的提高，对项目过程监管要求的提高，客户参与到产品销售、选型、设计、生产、检测全环节，顾客满意度也随之体现在各个环节中。同时，也需要注意，不能为客户提供不必要的创造附加值、需要客户付出更多资金在短期内无法转换成收益的服务，因为为顾客提供和他们想要的相比，既不多也不少的产品和服务是产品制造商和顾客双方都满意的状态。

2.1.2 企业运营的核心业务

企业经营的实务体现在所有的业务流程之中。企业的主要业务流程包括人、财、物、产、供、销、存、技、服、质，指人力资源、财务管理、资产管理、生产制造、供应链、营销、存货、研发、服务、质量。这是企业内部管理的平台，企业的资源要在这个平台上体现出来，企业各项管理工作要围绕这个平台来开展。

1. 产品开发与数据管理

产品开发是将新发明的产品技术向最终的设计转换的过程，设计过程是一个融合了艺术的过程，优秀的设计都能够将艺术和科学有效地结合起来，实现艺术向现实的转化。因此，产品开发不仅包括设计过程，更多的还要考虑市场营销、工艺实现方法、成本分析、生产制造、供应商、质量控制以及未来服务保证手段等。企业必须持续不断地进行新产品开发，没有新产品，企业就没有前进的动力，就无法迎接来自市场的竞争与挑战。摆在企业管理者面前的不是要不要设计新产品的问题，而是如何设计新产品的问题，对产品的开发和设计进行充分的研究，生产适合市场需求的产品才是企业真正应该关注的。新产品开发是综合思考的过程，新产品要建立在对市场进行充分深入的分析、对企业的竞争力合理评价、对生产需求和现实生产能力客观估计的基础上，包括新产品的品牌概念设计、目标群体的确定和目标市场的划分、投资的财务影响等方面。

产品开发要面向市场，产品的最初立足点也是市场的需求，企业的技术创新如果没有考虑到市场的需要，不仅会丢失市场，而且会丢失企业发展的机会成本，使企业丧失进一步发展的资本。对于顾客的需求，主要从两方面展开：第一，质量是产品的根本，顾客最重视的也是产品的质量。优良的产品可以为企业引来忠实的顾客。著名的丰田汽车公司通过倾听顾客的心声，分析顾客的需求，大幅度缩短了设计的时间，降低了60%的设计成本。他们的经验是，把顾客的需求信息用矩阵的形式表现出来，按照顾客要求的强度和重要性对矩阵进行编排，帮助企业做出合理的决策。第二，价值分析和价值工程，其目的在于满足顾客需要的同时，以较少的成本赢得更大的产出，是一种降低成本的有效方法。产品开发在满足市场需求的前提下，首先要进行国内外现状分析，在分析的基础上提出产品开发的创新点、主要研究内容和各种产品开发创意，对各种不同的产品设计创意进行适当的筛选。筛选的目的在于从产品创意中选择成本最低的创意，尽量避免过高生产成本的方案和经济资源的浪费。筛选的过程中主要有三个方面的标准：生产标准、销售标准和财务标准。生产标准是从技术的角度考虑产品创意的可行性，因为产品创意的选择必须以企业现有的设施和设备、现有的生产能力为基础，所以生产标准的核心就在于保证企业现有的生产能力能够实现这种产品的创意；销售标准主要从市场角度对产品创意进行选择，不仅要对这种新产品的市场前景和市场影响因素进行客观的预测，而且还要考虑到新产品对原有产品和其他竞争厂商的影响；财务标准是从成本和盈利能力的角度进行分析，用一些财务指标对产品创意进行衡量，如投资需求、投资回报率、企业将来的获利能力等。这些标准往往通过量化的手段加以确定，形成了企业自己的评价体系。

现代制造企业最根本的问题是增强自主创新能力和竞争能力，而产品的自主开发能力则是企业根本的能力。随着计算机技术的发展和CAD、CAE、CAPP、CAM系统的广泛应用，制造企业中的产品开发能力和设计质量得到了有效的提高。企业要增强产品开发能力，需要有效地管理、控制和使用产品生命周期中的各种信息，有效地组织和管理企业的各种数据资源，使产品生命周期中的市场信息、产品数据、技术文档、工作流程、工程更改、项目信息和质量信息等都能够得到集成和共享，推动企业产品生产、物流和销售等业务过程的协同和信息系统的应用集成。

企业产品技术的数据管理需要解决以下问题：

1）产品数据庞大但缺乏有效的管理。目前企业的电子文档都保存在工程技术人员的个人计算机中，导致文档格式不统一、数据分散查找困难、数据之间缺乏关联性等。更严重的是，这些数据没有得到安全保护，可以随意地复制和删除，或因计算机的故障而永远丢失。因此，需要提高产品数据和管理水平，确保数据的完整性、高效性和安全性。

2）系统之间的集成不充分，信息不及时、不准确、不共享。这种不充分会导致“信息孤岛”问题。要想使各个信息系统发挥出最大的潜能，就必须从全局的观点来规划数据，使制造环节的人、财、物、产、供、销、存、技、服、质等业务形成一个有机的整体，让各系统之间的数据得以交换。并行工程不仅要求支撑技术能够支持多学科领域专家群体协同工作，而且要求把产品信息与开发过程有机地集成起来，做到正确的时刻，把正确的信息，以正确的形式传送给正确的人，以便人们及时做出正确的决策。另外，各级领导需要信息时，根据权限可以透明地调用所需的信息。这也是智能制造最基本的信息管理要求。

3）业务间的协同性差。面对全球经济一体化、顾客需求个性化以及产品交货高速化的经济时代，产品开发与生产之间、与供应商之间以及与顾客之间的结合越来越紧密。要适应这一经济特征，必须提供强大的协同系统，以满足当前的智能制造需求。

PLM是为了满足制造企业对产品生命周期信息管理的需求而产生的一种新的管理模式。它是指一类软件和服务，提供产品整个生命周期中，包括产品需求、设计开发、流程计划、生产制造、采购销售、质量保证、售后服务等信息的描述和管理，支持产品生命周期中企业内部和外部的资源共享，实现以产品为核心的协同开发、制造和管理。管理功能覆盖整个产品生命周期各阶段的业务，管理的信息种类繁多并且数据常有动态变化，涉及许多复杂的事务处理流程，不仅要管理来自各阶段的顾客需求、战略策划、概念设计、详细设计、工艺设计、试制、试验、生产准备、供应链、维护支持等各种信息，又要集成CAD、CAE、CAM、ERP、SCM、CRM等各种应用工具。

PLM是智能制造的数据源头，也是端对端向前延伸与用户数据对接的重要节点。在定制业务开始之初，首先拿到的是客户需求的数据表，根据数据表开展选型和报价，在满足客户技术要求的情况下，竞标后获得订单，通过项目审核进入制造环节，开始智能制造数据共享。因此，PLM是智能制造所有系统的数据纽带。

2. 生产计划调度组织

生产计划是根据企业的生产能力合理地安排生产实现满足订单交货要求的一项工作。生产计划的数据来源于销售基于订单生成的数据，生产计划根据这些数据，并会同采购、产品设计和工艺以及车间等部门进行评审。特别是针对产品参数的合同技术条件评审，这关系到后续生产计划编制中的订单参数调整，消除计划排产错误，减少成品或半成品的积压。还要基于产品生命周期，收集全程监控生产计划执行情况和产品入库信息，及时获取订单变更事项，启动订单变更流程，并据此及时调整生产计划。生产计划要考虑库存，根据计划需求、现有库存、已预支库存和最低库存等来计算物料需求，生产计划系统生成的零件加工任务、成品组装任务等计划数据是库存入库和出库的依据。

1）产能计划。产能计划是企业管理者非常关注的工作，关系到企业的长远总体发展，因此制订和分析产能计划是企业决策的主要部分，在预测市场的需求能力基础上，根据生产能力规划企业的长远发展就是产能计划的内容。产能计划的作用在于：

① 生产能力边界构成了企业产出增长的最高界限，即企业只有在现有生产能力的范围内安排生产，即使市场的需求已经非常高，如果生产能力达不到，对于企业而言也无法转化成为现实的生产。

② 生产能力对企业的运作成本也有影响。理想的最低成本只有生产能力与市场需求相匹配时才会出现，否则会造成产能过剩，增加产品成本。而现实中的需求时常会发生巨大的波动，生产能力又可能在一定时期内无法满足需求，这时就需要对生产能力进行整体筹划。

③ 生产能力越大，生产产品的单位成本越低，增加单位产品生产所需耗费的成本相对比较低。

④ 生产能力对企业的竞争能力也有影响，如果企业具有富余的生产能力，在市场需求突然增加时，企业就能够迅速加大生产，满足市场需要。

2）生产能力的定义和度量。我们一般认为生产能力决定了企业可以生产产品的最高界限，尽管这种说法是正确的，但是并不准确，在具体的研究中，生产能力一般有两层含义：①设计生产能力，根据生产系统设计的要求，可以实现的最大产出；②有效生产能力，在考虑一定的产品组合、设备维修等方面之后可以实现的最大可能产出。工艺改进能够在现有生产能力的基础上进一步提高产出，这是一项可以持续提高产出的技术手段。当然，根据不同的行业部门和企业，生产能力的度量方法也不尽相同。

3）生产能力计划的制订。制订生产能力计划时主要考虑以下几方面因素：

① 生产能力计划要符合柔性系统的要求。现代企业并不要求巨大的固定资产投入，而更希望自己的投入是可以尽快收回的，所以发明了柔性生产系统。整个生产能力计划也要求符合柔性生产系统的要求，主要包括：柔性工厂，这种工厂的机器设备、厂房建筑乃至所有的东西都是可以改变的；柔性生产过程，员工再生产过程中可以以非常低的费用转换生产；柔性工人，在柔性生产系统中，所有的工人都是一人多能，都经过许多方面的培训，可以同时胜任多种工作，而且能够在团队中实现灵活的合作。

② 充分考虑生产能力的变化和市场需求的关系，避免生产能力不足造成的阻塞和生产能力大起大落对企业造成的影响，维持整个生产的平稳发展。如果企业生产能力的扩大过快，会造成设备拆卸和工人岗位转换投入过大，导致整个工厂运作停滞；反之，如果企业生产能力不变，无法满足市场需求，会造成企业市场份额的丧失。所以，要对两方面的影响进行综合的权衡。

③ 生产能力保证企业生产系统的均衡发展。在考虑生产能力时，不仅要考虑生产能力同外部需求的匹配关系，还要考虑生产系统的各个环节之间的配套关系，如果只是某个环节生产能力扩大，会造成整个系统运作不平衡和某种零部件的积压，从而增大企业成本。

在生产能力确定时，这三个方面的因素是必须考虑的。

4）主生产计划。主生产计划源于对企业中期需求的预测，后来发展成为对企业中期目标确定的生产计划，主要涉及生产产品的品种和类别、企业的人员总数、库存总量的问题。主生产计划决定了企业的具体作业计划的制订，同时它也建立在企业生产战略和总体生产能力计划的基础之上。主生产计划的研究内容可以表述为：在一定的计划区间内，已知每个时段的需求预测数量，以在生产计划期内成本最小化为目标，确定不同时段的产品生产数量、生产中的库存量和需要的员工总数。

5）生产计划的策略。生产计划的制订受到内外两方面因素的影响。其中，内部因素包括企业的库存量、现有的劳动力、当前的生产能力等，外部因素包括市场需求量、现有所能够提供的原材料、竞争者的情况等。由于不同因素的影响，企业所面对的需求也在不断变化。需求的变动有三种状态：需求超过了企业的生产能力、需求与企业的生产能力相匹配、需求低于企业生产能力。面对变化的需求，企业需要研究各种因素，并且尽量使市场需求和企业的生产能够一致，或者说，使企业的生产符合市场需求的需要。对于外部因素所影响的需求变化，企业可以通过两方面的行动来满足：一方面，通过市场营销和生产的配合，在需求低迷时通过促销刺激需求，在需求高涨时促销活动相应减少；另一方面，随需求的波动调整生产产品的品种。这些外部因素大多是企业无法控制的，企业在制订生产计划时，还要关注对内部因素的控制，把内部因素看成企业调节生产的变量。根据内部因素在可控制性方面存在的差异，生产能力一般不会变化，而库存资金往往是变动的。所以，为了平衡劳动力水平、库存和订货，生产计划的策略主要包括以下几个方面：

① 通过弹性工作时间和弹性工作人数的方法保证稳定的劳动力水平。变动的劳动时间可以使产量同订货量匹配起来，保持劳动力人数的稳定，同时也避免生产中的大起大落。

② 如果企业非常容易就可以雇用到经过培训的熟练工人，企业就可以在订货变动时随时雇用和解雇工人。然而这种策略的缺点在于，当订单数量减少时，工人的工作效率会下降，因为他们会担心在订单完成时就会面临失业。

③ 平准化生产策略。通过采用积压订单、减少销售量或浮动库存的方式来消除剩余产品或缺货，使得劳动力水平和产出水平保持稳定。这种策略中员工可以有稳定的工作时间，但是也增加了库存成本，库存产

品有可能无法满足变化的市场需求。

④ 分包策略。这可以不纳入企业的生产计划，管理人员将产品的某些部分用分包的方式交给其他厂家生产，分包数量的大小和市场需求的变动有关。但是，如果分包关系不稳固，会对企业的稳定生产产生负面的影响。

6）生产计划制订的技术方法。

第一，非正式计算方法。首先要了解生产计划设计的几个成本，它们包括：

① 基本生产成本，表示在计划期内生产某一种产品的固定成本和变动成本之和，包括劳动力成本（直接的或间接的）以及正常的或加班的工资。

② 与生产率相关的成本，如培训和解雇人员的成本。当然，通过雇用临时工可以消除这种成本。

③ 推迟交货的成本，企业在预定的交货期无法交货会对企业的信誉造成影响，严重的会影响销售收入，但是这种成本往往是难以计算的。

④ 库存成本，由于库存对资金的占用，这部分资金无法用于其他用途所产生的机会成本。

企业一般运用非正式的计算方法对各种生产策略的成本进行比较，从中确定成本相对小的方案进行选择。

第二，制订生产计划的数学方法。随着对生产计划研究的深入，利用数学制订更精确的生产计划。

① 线性规划方法，把每个时期的需求量作为目标，将获得产品的各种手段作为供给的来源，运用矩阵模型来进行规划。

② 线性决策规划方法。运用求解一系列成本近似函数的二次方乘积的方法，寻求正常工资、招聘和解聘、加班工作和库存变更之间最有效的解决方案。

第三，模拟模型。利用计算机建立模型，通过对模型进行多次条件测试，得到解决问题最合理的可行性方案。

7）生产计划的基本原则。

① 最少项目原则。用最少的项目数进行生产计划的安排。如果生产计划中的项目数过多，就会使预测和管理都变得困难。

② 独立具体原则。要列出实际的、具体的可构造项目，而不是一些项目组或计划清单项目。这些产品可分解成可识别的零件或组件。生产计划应该列出实际的要采购或制造的项目，而不是计划清单项目。

③ 关键项目原则。列出对生产能力、财务指标或关键材料有重大影响的项目。对生产能力有重大影响的项目是指那些对生产和装配过程起重大影响的项目；对财务指标而言，指的是与公司的利润效益最为关键的项目。

④ 全面代表原则。计划的项目应尽可能全面代表企业的生产产品，反映关于制造设施，特别是瓶颈资源或关键工作尽可能多的信息。

⑤ 适当裕量原则。留有适当余地，并考虑预防性维修设备的时间。可把预防性维修作为一个项目安排在生产计划中。

⑥ 适当稳定原则。生产计划制订后在有效的期限内应保持适当稳定，那种只按照主观愿望随意改动的做法，将会引起系统原有合理的正常的优先级计划的破坏，削弱系统的计划能力。

3. 企业管理

管理是企业的一项具体职能，就向技术、生产、质量、销售等一样是一个活生生的具体业务，不是一个临时机构。另外，管理在企业所有职能中起着统领全局的作用，企业各项工作只有在高效的管理基础上才能取得理想的绩效，管理不仅体现在企业整体经营工作上，也体现在所有职能和业务部门的具体工作中，起着“四两拨千斤”的作用。管理也是一门学问，它将企业有限的资源通过高效的管理转变为无限的经营绩效，如果没有管理，企业的各项资源就不可能形成合力，就不能产生更好的经济效益。管理也是企业生产力，管理通过其基本职能（计划、组织、指挥、协调和控制)，充分调动企业各方面的工作积极性，有效率和有效果地完成各项经营工作。

在企业日常运营管理中，面对日益复杂的市场需求，及时做出正确的决策是企业管理者必须面对的任务。管理者首先要全面了解和掌握企业内部各项管理资源，充分利用和调动这些资源发挥作用，通过先进管理理念和信息化、数字化、精益化等手段，做出精准的判断和决策，指挥各项管理工作有序开展。企业管理者的决策要经过缜密的推理分析后在众多替代方案中选择最佳的替代方案，其过程应该具有合理性、策略性和灵活性。这样的决策一般要经过三个阶段：情报、设计和选择。更详细的过程为：陈述决策目的、设定目标、按目标的重要性将其分类、形成替代方案、针对目标评估替代方案、做尝试性选择、评估替代方案的不利后果、做出最后的选择。

在智能制造阶段，企业管理更多地依靠信息化的手段来实现管理的计划、组织、指挥、协调和控制，推进企业各项工作快速向前发展。

1）管理科学与工程技术是构成企业管理软件功能的核心要素。首先要明确的一点是，企业管理软件虽然是一套计算机应用系统，但绝不是单纯的计算机技术单方面的事情。企业管理软件必须是计算机技术与企业管理思想相互融合的产物。企业管理软件的目的是要在企业管理的各个环节应用信息技术，加快企业管理过程中信息的传递、加工和处理速度，使这些信息资源得到可靠的保存和有效的利用，及时为企业管理工作者提供决策的依据，促进企业管理水平的提高。离开工业工程原理和先进制造理论的支撑，企业管理软件系统很难达到预期的效果，甚至贻害无穷。当然，也不可因噎废食。在当今信息高度密集的现代企业的经营运作过程中，企业管理如果离开企业管理软件的参与和支持，管理者的先进理念就只能停留在口号上。

2）将企业管理的先进思想固化到企业管理软件之中。企业管理软件发展到今天，从 MIS、MRP、MRP II 到 ERP 等一连串名称的变化上不难发现，企业管理软件称谓的变迁是紧紧伴随企业管理思想理念的发展成熟而变化的。不管称谓如何变化，是物流规划还是协作支持，万变不离其宗的是如何利用计算机技术将企业信息流、物流、资金流等各要素更好地进行科学合理的配置，用软件工具来自动、及时地处理各类数据，解决企业管理中的数据采集、加工、存储、传递、分析和应用等方面的实际问题，在固化到企业信息系统中的软件作用下，实现企业管理和运作的规范化、科学化和制度化。这才是企业管理软件的精髓和作用。

4. 成本核算

成本是企业生产经营活动中所消耗的各种资源的综合表现，是决定企业长期、可持续发展的关键要素，它贯穿于企业经营活动的各个环节，是全面、真实反映企业经营状况、技术水平和管理水平的重要指标。成本是企业为实现一定经济目的而耗费的本钱，是企业为生产商品和提供劳务等所耗费物化劳动或劳动中必要劳动的价值的货币表现。质量成本、效率成本、风险成本、环保成本和安全成本等对象范围的合理确定，有助于量化和控制由于管理不善等原因导致的损失，特别是那些隐性的成本项目也都纳入了规范的成本核算方法之中，从而克服会计准则中“多因一果”的成本核算的弊端，通过数据库和数据集成技术暴露出管理不善造成的成本费用，及时采取有效控制。

成本核算业务是核算企业生产经营过程中的各项成本数据。传统意义上的成本核算主要是核算每月各生产经营部门所发生的支出费用，是一个基于财务制度要求的会计核算行为，主要是为财务报表等提供数据支持。成本核算作为支撑企业取得成本竞争优势的手段，可以优化企业资源的利用，降低产品的成本费用，使企业更好地适应市场竞争环境，还可以为企业决策者提供实时掌握本企业产品定额成本水平和精确度的工具，根据定额成本确定毛利率水平，制定最具竞争力的销售价格，实现企业扩大市场份额、增加经济效益的目的，使企业以最低的成本消耗获取最大的经营利润。

成本管理是现代企业管理的重要组成部分，渗透到了企业的各个领域、各个环节之中。为了加强企业的成本管理工作，提高企业的经济效益，必须遵循一定的原则，从多层面、多角度、多种方法来建立企业的成本核算体系，以优化企业的成本控制流程来减少大量烦琐的日常核算与核对工作。在市场经济环境下，经济效益始终是企业追求的首要目标。企业成本管理工作中要树立科学的成本效益观念，立足于开源重于节流，逐渐由传统的“节约节省”型转变为“效益优先”型。同时，在企业的重点成本单位，建立“成本最优化”的管理理念，全面分析和估算交易前、交易中和交易后的成本构成情况，树立基于供应链的全局意识，谋划最小成本下的最大利益。

5. 库存与在制

库存是以支持生产经营为目的的，保障生产业务正常运行而存储的各种物料，包括原材料和在制品、维修件和生产消耗品、成品和备件等。不论什么企业，都要或多或少地储备一些物资，所谓的“零库存”只是企业外部协作环境无忧、内部管理高效、资金运转流畅的一种理想状态和追求目标。库存和在制品严重影响流动资金状况，库存数量过大、库存的维持时间过长会给企业经营与管理带来很大风险，一旦企业库存物资占用了企业的大量流动资金，就会严重影响企业的生产经营活动。因此，库存管理的目标应该是减少库存量、降低库存金额、追求零库存。

库存，意味着物料的积压、资金的占用，同时需要花费人力、物力、财力进行保管，这无疑要增加企业的各项费用开支、提高成本。因此，企业应保有一个最佳库存水平：既能很好地满足物资需求、保障供应，又可以降低库存总成本。借助信息技术管理库存，可以获得如下优势：

1）有利于企业的资金周转。利用基于网络环境下，且与其他管理软件有着数据集成的库存管理软件，可以及时、准确地将各个库房的物资及其资金占用情况、流动信息等提供给企业领导或其他相关人员。这无疑有助于库房物资的合理储备与高效运转，甚至某些物资完全可以做到真正意义上的零库存。同时，也使得企业的生产经营活动更为灵活、主动，企业可以把用于储备原材料、半成品、成品等不合理的资金占用转变为有效、可用的流动资金投入企业的再生产，让企业的“血液循环系统”能够通畅无阻地运转起来，甚至可使企业的经营活动向更高、更新的阶段发展。

2）保障产品销售的交货期。对于以销定产的企业，因企业无法预知各类产品的市场需求情况和实际订货情况，为了能较好地应付市场的需求变化，企业必须保持一定数量的库存，以备如有较大量的产品订货时，企业能够按期或提前交货，以保持或提高企业在市场中的信誉度。

3）维持生产活动的稳定。企业可以按销售订单与销售预测安排生产计划，并制订采购计划，下达采购订单。采购的物品需要一定的提前期，该提前期是根据统计数据或者是在供应商生产稳定的前提下制定的，但存在一定的风险，有可能拖后而延迟交货，最终影响企业的正常生产，造成生产的不稳定。为了降低这种风险，企业就会增加材料的库存量，这样就从库存方面保证了连续不断的生产需要。

4）有助于企业物料的平衡。企业在采购材料、生产用料、在制品及销售物品的物流环节中，库存起着重要的平衡作用。采购的材料应根据库存能力（资金占用等），协调来料收货入库，同时对生产部门的领料应考虑库存能力、生产线物流情况（场地、人力等）平衡物料发放，并协调在制品的库存管理。

5）提升仓库管理水平。采用条码等技术有助于库房管理工作的细化和深入，并能促进入出库的方便、快捷和准确，间接地提升财务结账效率。有鉴于此，管理系统在开发设计时就考虑到采用条码技术，这使得库管员的上账工作效率得以极大的提高且无差错，而库管员则有更多的时间和精力用于入、出库实物的核对，库存实物的清点与分置摆放，库房环境的清理等工作。

6）与销售和运作计划相结合。利用计算机网络及应用系统，可以得到及时准确的数据，如有关现有库存、到货量、库存空间和交通工具的各种可利用资源的数据，进而更加严密地编制计划和严格地监督各项活动，从而能够快速地回答客户的提问，提高工作效率，使客户满意。

库存管理是企业物料管理的核心，是企业为了生产、销售等经营管理活动需要而对计划存储、流通的有关物品进行的相应管理，如对存储的物品进行接收、发放、存储保管等一系列的管理活动。不同企业可根据管理模式、产品特点、资金状况以及物料来源等采取适宜、高效的库存管理策略。

1）建立完备的企业库存管理体系，实现高效的库存管理模式和策略是企业库存管理中的一个核心问题。而如何实施正确的库存管理模式和策略，改善存货管理和采购预测，增加盈利能力，实现高效的库存管理，则是现代企业不断探究的课题，也是现代企业急需解决的问题。

2）库存管理的最佳状态应该是既按质、按量、按品种规格及时成套地供应所需要的物资，又要保证库存资金最小，达到数量控制、质量控制和成本控制的目的。这完全是一个多因素的科学动态管理过程，既要保证企业不间断、有节奏地进行生产经营活动，又要及时补充不断消耗的物资储备。

3）一个企业要想对物资采取合理、科学储备和降低存储费用的高效管理，就必须结合本企业的具体情况，科学而灵活地运用物料管理方法，确定最佳保险储备量，须有精确的计划、需与优质供应商建立友好而真诚的合作伙伴关系，并对库存物资进行精确管控。

4）企业新产品的研发和试制或其他物料领用过程中都需要消耗现有库存的物料，同时根据采购计划的要求，又会有物料源源不断地补充进来。同时，要保证库存物资任何时刻的账、卡、物相一致，就必须对物料进货、发用等一系列传递过程中的动态变化进行信息化管理。

6. 采购管理

企业的采购管理工作相当重要，并且也非常繁杂。相当多的企业采购人员经常因采购工作中的一些琐事而影响了采购工作的效率，关注点集中在物品供应的数量、价格以及供应时间上，几乎没有时间与精力去研究采购市场详细情况，根本无法建立企业的稳固、高效率和低成本的供应链。

采购工作的目标就是要为企业提供生产与管理所需的各种物料，采购与企业的各个部门都有密切的关系。从合适的地方、以最优的价格得到合适的物料、合适的数量以及合适的交货时间地点等都是采购应关心的问题。采购是购买生产产品所需的原辅材料、劳务所进行的计划、实施、控制和分析等一列活动的总称。采购管理的目的是合理地规范企业的采购行为，建立稳定的供货渠道和畅通的供应链体系，选择合适的供应商（right vender）、适当的质量（right quality）、适当的时间（right time）、适当的数量（right quantity）、适当的价格（right price），从市场获得较好性价比的物资及劳务，保障企业生产经营的高速运转并取得较好的效益。一个好的采购管理系统对产品提前或正常交货起着至关重要的作用，同时也为企业决策者对采购资金的掌握、对企业采购成本的控制提供重要的决策信息。

采购管理就是对采购业务过程进行组织、实施与控制的管理过程，即采购计划下达、采购单生成、采购单执行、到货接收、检验入库、采购发票的收集到采购结算的采购活动的全过程。采购管理在企业生产经营流程中的地位十分重要，一般制造企业物流时间为总时间的90%，产品成本构成中的60%～70%与采购业务直接相关，因此做好采购管理工作是降低产品成本的主要途径；采购计划准时完成是销售订单及时交付的保障；良好的供应商管理对企业尤为重要，只有供货商顺畅地供应物料，才不会造成停工待料；进料品质的稳定是提高产品品质的前提；交货数量和交货期的准确是保障公司对客户的承诺基础；对当前许多敏捷制造模式的装配型生产企业，供应链管理的水平甚至决定了企业的发展速度。

企业采购管理的职能主要有制定采购策略，加强供应商管理、采购基础管理、采购业务管理，采购工作评价与分析。

制定采购策略就是通过跨部门的运作，对不同供应商采取差异化的策略、方法、业务流程及政策规则，以期降低公司采购的物料、商品及服务的总成本，并经由系统化的流程建立，达到持续改善的目的。企业在制定采购策略时往往要成立矩阵式组织，组织中包括采购、生产、财务、技术、质量等专业人员，分析市场行情，掌握本企业生产经营活动物资需求情况，把握采购物资和供应商、外加工单位等市场资源动向，收集供应商信息和采购价格信息，结合采购业务进行分析，经过反复论证，制定最终策略。

新形势下的采购管理方式是把采购提升到战略的位置考虑，提出战略采购管理，这种模式是基于与供应商建立“战略合作模式”的采购管理，是以最低总成本建立业务供给渠道的过程，而不是以最低采购价格获得当前所需原料的简单交易。战略采购管理系统充分平衡企业内部和外部的优势，以双赢采购为宗旨，注重与供应商长期战略合作关系。与传统的采购方式不同，战略采购把主要的精力放在优化供方的工作上。通过优选分供方，根据不同的物资情况同供应商制定差异化的采购模式；降低分供方的数量，发展/整合供应商；鼓励供应商与企业技术进步的同步发展；加强采购策略/流程方案的优化和监督实施；用更多的时间和精力对供应市场进行分析和研究，从而提高整体采购的能力。

采购期量标准是根据不同供应商、不同物资采购过程经历的时间，确定不同供应商、不同物资的最大采购周期、最小采购周期和平均采购周期；根据生产经营及物资供应方情况确定采购的经济批量，并根据实际情况变化及时进行调整；根据企业的物料消耗水平确定各种物料的最大库存量、最小库存量和安全库存量。采购期量标准是制订采购计划的重要依据。合理的期量标准是确定采购间隔期，满足安全库存，减少运费和仓储费用，保障生产供给，降低采购成本的基础。

采购业务管理是针对日常采购工作运行全过程的管理，其内容包括制订需求计划、制订采购计划、询价管理、采购方式选择、退货处理等。企业采购战略的落实、供应链体系的建立和优化、供应商管理和激励政策的兑现等都必须在采购业务执行过程中实现。

1）制订需求计划。制订需求计划是采购活动的第一个环节，在请购过程中，要由使用部门直接提出所需物料明细和用量，经过部门领导审核后报采购部门，采购部门对使用部门的物料需求进行合并和汇总，作为制订采购计划的依据。需求管理可以控制越权或超范围请购。

2）制订采购计划。采购部门根据各使用部门的物料需求，结合库存情况，编制各种原材料和零部件的采购计划、零部件的委托加工计划，以保证产品生产的需求；连续不间断生产类型的企业可根据安全库存、订货点等信息产生采购需求。辅助材料、低值易耗品、修理用备件、办公用品等可将请购项目合并产生采购需求，需求汇总产生采购计划。制订采购计划是保证当期采购物资同生产需求在结构和总量上平衡、资金流出和流入匹配的关键环节。

3）询价管理。除了收集各种供应商的报价、查询企业历史采购价格外，还可以从各种媒体上收集有关物品的报价并长期积累，建立价格监控查询体系，帮助企业设立采购限价，同时可以了解市场价格的变化情况和趋势，结合各种价格进行比价采购。

4）采购方式选择。企业按照重要程度、采购难易程度、价值大小对采购物资进行分类管理，便于企业针对不同物料类别采取相应的采购方式，提高采购工作效率，降低采购成本。

5）到货管理。供应商的物品到货后要及时收货、验货、入库处理，如供应商交付情况与合同不符，应及时办理退货、索赔、让步放行处理；同时，记录相关信息，如到货时间、到货数量、实收数量等，这些数据将作为对供应商评价的主要内容。对于需进行检验的采购物品，经质检部门检验后，根据质检部门的检验结果入库。到货管理是供应商管理日常管理信息采集的主要渠道。

6）退货处理。在生产过程中发现材料质量问题，需对供应商退货，要及时进行相关退货业务处理，追溯责任进行索赔，记入该供应商日常管理台账，要求供应商进行整改并限时提供反馈。

7）付款管理。根据到货物资验收入库结果，与发票核对相符后，财务部门要及时进行应付账款账务处理，如货到票未到按照暂估入库方法进行账务处理，这样企业才能获得完整的账龄和欠款资料。企业可以按照欠款情况和订单付款要求制订付款计划，经过资金平衡和必要的审批手续就可以办理付款事宜。

在采购活动中，企业和供应商的交易依据是双方共同签署的采购合同。采购订单的物料明细来源于采购计划。为了保护企业利益，首先，企业应该根据不同物料、不同采购方式制定规范的合同模板；其次，要制定不同授权级别的审批流程，因为合同签署是控制采购活动的关键，通常企业领导在合同上签字时，对合同涉及的物品单价、供应商的选择是否合适等方面只能根据采购部门的汇报来决定，缺乏可供正确决策的数据，所以准确的价格情报、客观合理的供应商信息对合同的批准至关重要；最后，订单管理的重点之一是采购订单的执行跟踪，目的是确保按照订单的要求保质、保量、准时交付。

在现代企业管理中，掌握信息就掌握了经营的主动权，采购管理的每个环节都需要准确的数据进行评价，采用翔实的数据进行分析，找到管理的短板，响应市场的变化，建立具有行业竞争的供应链体系，提高企业核心竞争力。

7. 设备管理

（1）设备管理是生产过程产能的关键保障

设备管理直接影响企业管理的各个方面。在现代化的企业里，企业的计划、交货期、生产监控等各方面的工作无不与设备管理密切相关，生产设备成为产能保障的关键因素之一。在有限的企业资源约束下，提高企业生产总量，应以提升企业生产效率为手段。在设备资源约束下，高设备利用率意味着高生产效率。一般情况下，如果生产过程中的所有设备均正常运行，即设备具有很高的可利用率与完好率，那么生产过程的管理较为容易：只需评估设备加工能力，均衡机器的生产压力，以及提升物料储运设备的运行速度，确保工件流的顺畅，即可提升设备利用率，达到所需的生产率。然而，生产设备总是出现各种类型的机械故障，而且这些故障往往都是难以预测的，设备问题干扰生产过程，致使生产计划和制造执行不断地调整，以降低生产损失；严重时，将导致局部，甚至整个生产线的瘫痪。

（2）设备管理直接关系企业产品的质量

在现代工业生产中，生产设备不仅是生产过程的产能保障，也是产品质量保障。如果生产设备维护没有得到足够重视，那么产品质量难以保障，产品品牌与企业信誉也会受损。同时，产品质量问题引起的投诉与赔偿也是企业必须承担的经济后果。企业采用严格的质量检测手段和产品质量控制方法来避免存在质量问题的产品进入市场，但是一定程度上只能提高进入市场上产品的质量，只能将质量问题引起的市场损失转换成企业内部的生产效率损失，不能从根本上降低产品质量问题为企业带来的经济损失。如若解决产品质量问题，应从设备维护入手，因为“高质量的产品是生产出来的，检测只是发现存在质量缺陷的产品”。

(3) 设备管理水平的高低直接影响产品制造成本的高低

设备管理对生产过程的产能保障与产品质量具有重要意义，同时设备管理水平的高低也直接影响产品制造成本。无论是设备的非计划停机造成的生产效率损失，还是设备加工精度不足引起的产品质量缺陷，都会为企业带来不必要的加工成本。但是，过度地设备维护不但会使设备维护成本增加，而且过度占用设备加工时间，影响生产任务顺利执行。只有建立科学的、精细化的设备管理制度，严格遵守设备点检、保养标准，增强设备的预防性维护和预测性维护能力，使设备完好率与故障率保持在合理水平，才能降低设备维护问题引起的加工成本。

(4) 设备管理关系到安全生产和环境保护

设备安全管理是设备管理与安全管理的综合管理形式，它们之间是一种互相渗透、密不可分的关系。设备管理是生产过程管理的一个重要组成部分，将对生产安全以及企业自身带来一系列的影响。因而，为了确保生产设备的安全运行，必须抓好设备管理，从源头上抓起，遏制事故的发生。

现代企业实施以资源的高效利用和循环使用为核心，以减量化、再利用、资源化为原则，以低消耗、低排放、高效率为基本特征，符合可持续发展理念的循环经济模式。设备管理以设备（零部件）全寿命周期设计和管理为指导，以节能、节材和环保为标准，不但能够修复改造失效设备零部件和提高设备使用性能，还能实现改善工厂环境、安全性、环保性等绿色维修的目的。

(5) 设备管理影响企业竞争力

在很多工业企业中，设备及其备品备件所占用的资金往往占到企业全部生产资金的50%以上。另外，随着科学技术的进步以及对设备使用要求的提高，设备在自身的性能方面有了很大发展，形成了许多与现代工业相适应的特点，了解这些特点将有助于对设备的管理，从而提升企业竞争力。现代设备的发展具有以下特点：

1）高速化。随着市场竞争的加剧，生产周期的缩短，对设备加工速度的要求也越来越高。

2）连续化。为了适应生产过程连续性的要求，减少设备加工中不必要的中断，设备的连续加工能力也成为现代设备的一个重要特点。

3）自动化。随着设备制造技术的提高，自动控制设备被大量地应用于企业中，已部分替代以至全部替代手工操作。

4）电子化。目前在机器设备中大量采用电子技术，企业的设备正逐步走向数控化。

5）多能化。单一功能的设备已不能适应现代生产发展的需要，一机多能，提高设备利用率已成为重要的发展方向，加工中心、FMC（Flexible Manufacturing Cell，柔性制造单元）、FMS（Flexible Manufacturing System，柔性制造系统）的出现即是十分显著的例证。

6）精密化。随着对产品性能和质量要求的提高，对某些设备的制造与加工精度也提出了更高要求。

7）两极化。某些设备出现大型复杂化趋势，而另一些设备则朝着小型简易化发展。

正是由于现代设备具有的这些特点，对现代企业的设备管理提出了相应的要求。只有进行科学合理的现代化管理，才能使现代设备的优越性充分发挥出来，使企业具有很强的竞争力。

(6) 量刃具工装管理的重要意义

在机械加工中，由机床、刀具、夹具、工件四要素组成的工艺系统是一个相互联系、相互影响的整体，对机械加工的效果起着决定性的作用。量刃具工装是指夹具、刀具、量具（检具）、辅具（如吊具）等在加工中不可缺少的工具。传统的刀具、夹具的设计与维护，在资料检索、分析计算、绘图、编制技术文件等方面都是由人工方式完成的。这不仅需要较多的人力和较长的设计周期，而且计算精度和设计质量的提高也受到限制。近年来，科学技术发展迅速，产品更新换代加速，这都相应地要求采用自动化技术加速生产准备。计算机技术在工艺装备设计与制造中的应用不仅可以大大缩短设计周期，提高设计质量和效率，而且可以节省许多人力，使得工装设计人员从繁忙的劳动中解放出来，去从事更有创造性的活动，把工装设计工作提高到新水平。

8. 企业质量管理

质量管理（Quality Management，QM）：确定质量方针、目标和职责并在质量体系中通过诸如质量策划、质量控制、质量保证和质量改进使其实施的全部管理职能的所有活动。

质量方针（Quality Policy，QP）：由组织的最高管理者正式发布的该组织总的质量宗旨和质量方向。

质量体系（Quality System，QS）：为实施质量管理所需的组织结构、程序、过程和资源。

质量保证（Quality Assurance，QA）：为了提供足够的信任表明实体能够满足质量要求，而在质量体系中实施并根据需要进行证实的全部有计划和有系统的活动。

质量控制（Quality Control，QC）：为达到质量要求所采取的作业技术和活动。

质量策划（Quality Planning）：确定质量以及采用质量体系要素的目标和要求的活动。

质量计划（Quality Plan）：对特定的项目、产品或合同规定由谁及何时应使用哪些程序和相关资源的文件。

ITP（Inspection and Test Plan，检验及试验计划）即质量计划文件，是制造企业开工前应提交给用户（监理）的一个文件，主要涉及工程中需要控制的项目。ITP 的作用通常分内部作用和外部作用，其中内部作用有以下 3 种：

1）作为测试计划的结果，让相关人员和开发人员来评审。

2）存储计划执行的细节，让测试人员进行同行评审。

3）存储计划进度表、测试环境等更多的信息。

ITP 的外部作用是为顾客提供一种信心，通常向顾客交代有关测试过程、人员的技能、资源、使用的工具等信息。

质量管理在企业的质量活动方面是一个最大范畴的概念，它涵盖了质量体系、质量保证和质量控制。其中，质量体系是质量管理的组织、程序及资源等的规范化、系统化，是质量管理的钢；质量保证和质量控制是质量管理的具体实施方式与手段。

质量体系可分两种类型：①质量管理体系，即供方不论是处于合同环境还是非合同环境中，或者同时处于两种环境之中，在供方内部为了实施连续有效的质量控制所建立的内部质量体系；②质量保证体系，即供方在合同环境下，为了实施需方规定的某产品或服务的外部质量要求，并向需方证实质量保证能力的质量体系。质量保证体系不是供方自身开展质量管理的固有需要，而是为了满足第二方或第三方要求供方提供其质量保证能力的各种证据的需要。当产品或服务类型不同，以及需方要求不同时，供方必须提供若干个不同的质量保证体系。但在供方内部一般总是按其主导产品或服务建立一个总的质量管理体系。当不同的产品或服务有差异时，可制订相应的质量计划，对质量控制过程做出规定。内部质量管理体系应具有广泛的覆盖面，质量保证体系的规定和要求一般通过内部质量管理体系来落实和实施。质量体系要素是构成质量体系的基本单元，质量体系要素有两类：一类是质量各阶段的质量职能活动，从营销质量、设计和规范质量、采购质量、过程质量、过程控制和产品验证，一直到生产后的活动；另一类是质量活动中不包括的间接质量职能活动，如质量体系的财务考虑、质量记录、人员、产品安全、统计方法的应用、不合格品的控制、纠正措施、组织机构与职责和质量体系审核与评审等。

制造企业建立质量管理体系后，质量管理的任务就是逐步完善并有效运行质量管理体系，即在产品质量形成全过程的各个环节上，对管理体系的组织结构、程序、过程和资源实施系统控制，保证质量目标的实现。按照产品的生产过程以及产品质量和质量成本的形成过程，企业管理可分为生产前、生产中和生产后三个阶段。三个阶段当中，质量管理的工作内容主要是设计试制过程的质量管理、制造过程的质量管理、辅助生产和生产服务过程的质量管理、使用过程的质量管理等几个方面。

1）设计试制过程的质量管理。产品开发包括发展新产品和改进老产品，其设计试制过程的工作内容有市场调研、试验研究、制订方案、产品设计、工艺设计、工装设计与制造、试制与验证等，即产品正式投入批量生产之前的调查研究和全部生产技术准备过程。设计试制过程是产品质量形成过程的起始环节。如果设计试制过程的质量管理工作没有做好，产品的功能、性能结构等定位不当，那么其后的工艺和生产中的努力都将是徒劳无益的。不仅影响产品质量，也影响投产后的生产秩序和经济效益。因此，设计试制过程的质量管理是质量管理的起点，是以后各环节质量管理卓有成效的前提。设计试制过程质量管理的目标是满足来自用户和制造两个方面的双向要求。一方面，通过对大量情报的系统分析，识别和确认用户对新产品的明确的或潜在的要求，准确界定新产品质量特性，尽可能降低未来市场风险；另一方面，要满足制造要求的符合性，如产品结构的工艺性、标准化水平、消耗及成本、试制周期、生产效率等制造方面对设计工作的要求，为制造过程的质量管理奠定良好的基础。

2）制造过程的质量管理。制造过程是产品质量的直接形成过程。制造过程质量管理的目标是保证实现设计阶段对质量的控制意图，其任务是建立一个受控制状态下的生产系统，即要使生产过程能够稳定地、持续地生产符合设计要求的产品。产品投产以后能否保证达到设计质量标准，不仅和生产过程的技术水平有关，还和生产过程的质量管理水平有关。制造过程的质量管理应当抓好以下几方面的工作：

① 严格贯彻执行工艺规程，保证工艺质量。制造过程的质量管理就是要使影响产品质量的每个因素都处在稳定的受控制状态。因此，各道工序都必须严格贯彻执行工艺操作规程，确保工艺质量，禁止违规操作。

② 做好均衡生产和现场5S（Seiri、Seiton、Seiso、Seiketsu、Shitsuke，整理、整顿、清扫、清洁、素养）。均衡而有节奏的生产过程，以及良好的生产秩序和整洁的工作场所代表了企业经营管理的基本素质。均衡生产和现场5S是保证产品质量、消除质量事故隐患的重要途径，也是质量管理不可缺少的组成部分。

③ 策划技术检验，把好工序质量关。实行全面质量管理，贯彻预防为主的方针，根据技术标准的规定，对原材料、在制品、外购件、产成品以及工艺过程的质量进行严格的质量检验，保证不合格的原材料不投产、不合格的零部件不转序、不合格的产成品不出厂。质量检验的目的不仅仅是发现问题，还要为改进工序质量、加强质量管理提供信息。因此，技术检验是制造过程质量控制的重要手段，也是不可或缺的重要环节，尤其在智能制造过程中，应认真策划技术检验，将检验工作与智能制造有机地结合起来，保障生产节拍高效顺畅地进行下去。

④ 掌握质量动态。为了真正发挥制造过程质量管理的预防作用，要

全面、准确、及时地掌握制造过程各个环节的质量状况和发展动态。建立和健全各质量信息源的实时记录工作和企业质量管理体系相适应的质量信息系统（Quality Information System，QIS）。

⑤ 加强不合格品的管理。不合格品的管理是企业质量体系的一个要素，对不合格品管理的目的是对不合格品做出及时处理，如返工、返修、降级或报废，但更重要的是及时了解制造过程中产生不合格品的系统因素，以便采取相应措施，使制造过程处于受控状态。因此，不合格品管理工作要做到三个“不放过”，即没找到责任和原因“不放过”、没找到防患措施“不放过”、当事人没受到批评教育“不放过”。在智能制造过程中，这三个“不放过”依然适用。

⑥ 做好工序质量控制。制造过程各工序是产品质量形成的最基本环节，要保证产品质量，防止出现不合格品，就必须做好工序质量控制工作。工序质量控制工作主要有三个方面：

第一，针对生产工序或工作中的质量关键因素建立质量管理点。

第二，在企业内部建立以班组或加工岛为单位的质量看板，每天针对前一天出现的质量问题进行讨论和学习，持续改进和提高。

第三，智能制造过程更多的要依赖于设备，所以工序质量控制的重点将逐步转移到有效控制设备工作状态上来。

3）辅助生产和生产服务过程的质量管理。辅助生产过程为基本生产过程提供辅助产品和工业性劳务，前者包括基本生产中需要的动力、工具、刀具、量具、模具等，后者包括设备维修服务等。生产服务过程则为基本生产和辅助生产提供各种生产服务活动，如供应、保管、运输等工作。两者既是基本生产过程正常进行的条件，又是基本生产过程质量保证的重要因素。辅助生产和生产服务过程的质量管理是企业质量管理体系的重要组成部分，其任务是为制造过程实现优质、高产、低耗创造必要的条件。

4）使用过程的质量管理。由于市场竞争日趋激烈，现代质量管理关注的重点已不再局限于产品的制造过程，制造过程之前的设计质量和之后的服务质量对于产品质量及市场竞争力的重要作用已被越来越多的企业所认识。产品使用过程的质量管理既是企业质量管理工作的最终目标，又是企业质量管理工作的出发点。企业的质量管理工作必须从产品的生产制造过程延伸到它的使用服务过程。产品使用过程的质量管理必须突出为用户服务的原则，抓好以下三个方面的工作：

① 积极开展技术服务工作，如编制产品使用说明书；采取各种形式传授产品安装、使用和维修技术，提供易损件图样，供应用户所需备品备件；设立售后服务队伍，加强服务工作；对复杂产品，为用户提供安装调试方面的技术指导。

② 进行使用效果和使用要求方面的调查。

③ 认真处理出厂产品的质量问题，切实履行对产品实行“三包”的质量承诺。

在智能制造实施过程中，质量管理从来都不是由一套独立的系统来管理质量，都是将设计试制、制造过程、辅助生产和生产服务、使用过程和产品质量成本的核算与管理等业务融入相关的管理系统和业务系统之中。

9. 准时生产

JIT（Just In Time，准时生产）生产管理方法是由日本丰田汽车公司的大野耐一首先提出来的，用于将生产过程中的存货准确及时地输送到组装线上，以避免库存积压、占用资金、物流不通畅的现象发生。借助于这种方法产生的利益包括提高现金流量（降低了存货水平的结果）和质量控制水平（发现和弥补前一生产工序缺陷的结果）。它的基本思想就是按照必要的时间、必要的数量生产必要的产品或零部件，这也就是JIT一词所要表达的本来含义。这种生产方式的核心是追求一种零库存生产系统或使库存达到最小的生产系统。零库存生产，即在整个生产过程中不需要库存，这种生产方式是不同于传统生产组织方式的一种新兴生产方式，为此而开发了包括“看板”在内的一系列具体方法，并逐渐形成了一套独具特色的生产经营体系。JIT的基本目标是寻求消除企业生产各个方面的浪费，包括员工关系、供应商关系、技术水平及原材料和库存的管理。JIT已经成为一种生产的哲理，在生产管理中得到了普遍应用。

JIT生产方式的发展历程如下。第二次世界大战以后，日本确立了通过工业化实现全民就业的全国性目标。从那时起，日本汽车工业经历了一个“技术设备引进—消化吸收国产化—建立自己的规模生产体制—高度成长—强化国际竞争力—出口增大—全球战略”这样的过程。在当时，美国汽车工业已经达到了相当的规模，而日本的汽车工业刚开始起步。当时，福特汽车公司的一个工厂汽车日产量就达7000辆，而丰田汽车公司从其创立（1937年）直至1950年的总产量仅为2650辆。美国的汽车工业也是当时先进生产方式的代表，产生于1914年的福特流水线生产方式的核心管理思想是依照“单品种大批量生产，以批量降低成本，以成本的降低进一步带来批量的扩大”这样的方式发展起来的。在T型车的生产过程中所创立的批量化生产方式奠定了现代汽车工业生产的基础，揭开了现代化大生产的序幕。福特所创立的“生产标准化原理”以及“移动装配法原理”在生产技术史上也具有重要的地位。然而，日本人并没有选择当时最先进的美国生产方式，因为丰田汽车公司发现两个问题：第一个是国内市场较小，对各个品种的需要非常复杂，如果采用大批量的生产方式，会面临生产过剩的可能；第二个是战后的日本国家力量虚弱，国库空虚，不可能有大量的外汇和资金进口最先进的生产技术和设备。他们发现，只能走出日本人自己生产汽车的一个新途径。这条新途径的起点是消除浪费，因为经过研究发现，日本的生产率仅仅是美国的1/9，并不是日本的工人不行，而是在整个生产过程中存在着非常大的浪费，消除生产过程中的浪费就成为研究JIT生产方式的出发点。在这种历史背景下，1953 年，日本丰田公司的副总裁大野耐一综合了单件生产和批量生产的特点和优点，创造了一种在多品种小批量混合生产条件下高质量、低消耗的生产方式，即 JIT。JIT 生产方式就是顺应这样的时代要求，作为一种在多品种小批量混合生产条件下高质量、低消耗地进行生产的方式在实践中被创造出来。20 世纪 50 年代以来，尤其是 70 年代石油危机过后，采用 JIT 生产方式的丰田汽车公司的经营绩效与其他汽车制造企业的经营绩效相比逐渐显现出优势。丰田公司实行 JIT 生产方式后，生产汽车的时间缩短为 1.6 辆/(人·天)，等于美国生产时间的 42%，瑞典的 34%，联邦德国的 60%。1970 年，丰田汽车公司的流动资金周转率达到 63 次，而美国仅有 6 次。美国在世界产出中所占的份额从 1960 年的 52.9% 下降到 1979 年的 36.29%，而与此同时，因对生产现场管理特别重视而闻名于世的日本占世界产出的份额却稳步上升。

JIT 生产方式及优越性开始引起人们的注意，从而开始了对 JIT 生产方式的研究。作为一种生产管理技术，其是各种手段和方法的集合，而且这些手段和方法从各个方面来实现其基本目标。因此，JIT 生产方式具有一种反映其目标与方法之间关系的体系。该体系中包括 JIT 生产方式的基本目标以及实现这些目标的手段和方法，也包括这些目标与各种手段、方法之间的相互内在联系。JIT 生产方式的最终目标与企业的经营目的是一致的，就是获取利润。为了实现这个最终目标，“降低成本”就成为基本目标。在美国汽车工业最为辉煌的福特时代，降低成本主要是依靠单一品种的大规模成批量生产来实现的。日本在 20 世纪 60 年代以及 70 年代初的经济高度成长期，由于需求不断增加，采取大批量生产也取得了良好的效果，在这样的情况下，严密的生产计划和细致的管理并没有太大的意义，即使出现生产日程频繁变动、工序间在制品储存不断增加、间接作业过大等问题，只要能保证质量，企业就可以进行大量生产，从而得到丰厚的利润。但是，在多品种小批量生产情况下，生产日程的频繁变动会影响生产的运作，也需要严密的管理方法。因此，JIT生产方式力图通过“彻底排除浪费”来达到这一目标。

“浪费”的最早定义来自丰田公司，日本是消除浪费信仰者，浪费被定义为“除对生产不可缺少的最小数量的设备、原材料、零部件和工人之外的任何东西”，即不会带来任何附加价值的诸因素。这其中，最主要的有生产过剩（库存）引起的浪费、人员利用上的浪费以及不良产品引起的浪费。因此，为了排除这些浪费，就相应地产生了适时生产、配置作业人数以及保证质量这样的问题。具体地，日本人定义了七种浪费，分别如下：

① 过量生产的浪费。过量生产是指当前并不需要的产品提前生产出来。对于无库存生产而言，这是一种严重的浪费，过量的生产不仅占用了制造资源，而且占用了过多的生产时间和生产空间以及过量的劳动，这些将挤占正常的工作量。

② 等待时间造成的浪费。等待时间是指工人无事可做，生产中存在空闲时间的情况。对于无库存生产，就需要针对这种情况找出原因并且消除空闲。

③ 搬运造成的浪费。如果将物料先搬运到仓库，然后从仓库再搬运到工作地点，无库存管理认为这种重复的搬运也是一种浪费。

④ 工艺流程造成的浪费。在工艺流程选择时，如果工艺流程不合理，也会导致浪费，不合理的工艺流程造成生产周期延长和生产成本的抬高。

⑤ 库存造成的浪费。过量库存是无库存管理关注的重点，它是指过量生产导致的额外的库存空间、库存费用以及额外的利息支出等。消除过量库存的重要方式是消除过量生产。

⑥ 寻找造成的浪费。工人在生产过程中还需要花费时间寻找操作工具，这本身就意味着一种浪费，因为寻找时间的增多就意味着生产时间的减少。

⑦ 产品缺陷造成的浪费。由于产品缺陷造成产品退回或者报废，表明原有的生产该产品的时间是一种浪费，同时延长了生产周期。

JIT 的核心目标就是消除生产过程中的浪费，JIT 的具体目标应该包括以下几个方面：

① 废品量最低（零废品）。JIT 要求消除各种引起不合理的因素，减少在每个工序中形成废品的可能性，在加工过程中每一工序都要求达到最高水平。

② 库存量最低（零库存）。JIT 认为，库存是生产系统设计不合理、生产过程不协调、生产操作不良的证明。

③ 准备时间最短（零准备时间）。准备时间长短与批量选择相联系，如果准备时间趋于零，准备成本也趋于零，就有可能采用极小批量。

④ 生产提前期最短。短的生产提前期与小批量相结合的系统，应变能力强、柔性好。

⑤ 减少零件搬运，搬运量低。零件转序搬运是非增值操作，如果能使零件和装配件运送量减小，搬运次数减少，可以节约装配时间，减少装配中可能出现的问题。

⑥ 机器损坏低。

⑦ 批量小。

为了达到降低成本和消除浪费的目标，JIT 形成了一种生产组织与管理的新模式。JIT 生产方式的主要内容是适时适量生产，即 Just In Time 一词本来所要表达的含义——“在必要的时间按照必要的数量生产必要的产品”。JIT 生产方式的主要内容包括以下几个方面：

① 在生产制造过程中实行生产的同步化和生产指令的后工序拉动方式。为了实现适时适量生产，首先需要实现生产的同步化，使整个生产过程连接成为一个整体，在各个工序之间不设置仓库，前一工序的加工结束后，可以立即转到下一工序，装配线与机械加工过程几乎平行进行，产品被一件一件、连续地生产出来。在铸造、锻造、冲压等必须成批生

产的工序，则通过尽量缩短作业更换时间来尽量缩小生产批量。生产的同步化通过“后工序领取”这样的方法来实现，即后工序只在需要的时候到前工序领取所需的加工品，前工序只按照被领取走的数量和品种进行生产。这样制造工序的最后一道，即总装配线成为生产的出发点，生产计划只下达给总装配线，以装配为起点，在需要时向前工序领取必要的加工品，而前工序提供该加工品后，为了补充生产被领取走的量，必然会向更前一道工序去领取所需的零部件。这样一层一层向前工序领取，直至粗加工以及原材料部门，把各个工序都连接起来，实现同步化生产。

② 为了实现适时适量生产，就要求实现均衡化的生产。生产的均衡化是指总装配线在向前工序领取零部件时，应均衡地使用各种零部件，混合生产各种产品。为此，在制订生产计划时就必须加以考虑，然后将其体现于产品投产顺序计划之中。在制造阶段，均衡化通过专用设备通用化和制定标准作业来实现。专用设备通用化是指通过在专用设备上增加特殊的零部件使之能够加工多种不同的产品。标准作业是指将作业节拍内一个作业人员所应用的一系列作业内容标准化。

③ 根据工作任务的多少配置作业人数和设备，使生产资源合理利用，包括劳动力柔性和设备柔性。当市场需求波动时，要求劳动力资源也做相应调整。当需求量增加不大时，可通过适当调整具有多种技能操作者的操作来完成；当需求量降低时，可采用减少生产班次、解雇临时工、分配多余的操作工去参加维护和维修设备。这就是劳动力柔性的含义。设备柔性是指在产品设计时就考虑加工问题，发展多功能设备。达到劳动力柔性的管理方法是少人化。少人化是指根据生产量的变动，按照一定的比例对各个生产线的工作人员进行适当的增减，用尽量少的员工完成较多的生产任务。这里的关键在于能否将生产量减少了的生产线上的作业人员数减下来。这种少人化技术不同于历来的生产系统中的定员制，实现了按照任务定员发生变化，是一种全新的

人员配置方法。

④ 在生产的组织结构上采取专业化和协作化的方式，整个工厂只把汽车关键技术的30%的部分留给企业自己生产，其余零部件生产通过委托或者协作的方式由其他工厂进行生产，简化了公司生产的业务，同时也抓住了公司管理的重点，有利于企业利用有限的人力和资金资源投入汽车核心部件的生产。

⑤ 在产品的设计和开发方面采用项目负责人负责与并行工程结合的方式。在单个产品寿命周期已大大缩短的年代，产品设计应与市场需求相一致。公司首先挑选业务素质高、组织能力强的人担任新产品开发项目的负责人，由他们主要负责项目开发；同时，工作方式上采用并行工程，提高开发质量，缩短周期。在产品设计方面，应考虑到产品设计完后要便于生产。在JIT方式中，试图通过产品的合理设计，使产品易生产、易装配。当产品范围扩大时，即使不能减少工艺过程，也要力求不增加工艺过程，具体方法有模块化设计，设计的产品尽量使用通用件、标准件，设计时应考虑易实现生产自动化。

⑥ 保证产品的质量。在JIT生产方式中，将质量管理贯穿于每一工序之中，在降低成本的同时保证质量不会降低。在生产中运用了两种工作方式：第一，设备或生产线对不良的产品进行自动检测。建立一旦发现异常或不符合质量标准的产品就自动停止的设备运行机制。在这种管理中，设备上安装了各种自动停止装置和加工状态检测装置。第二，生产第一线的设备操作人员发现产品或设备存在问题时有权利自行停止生产。依靠这样的机制，不良产品一旦出现就会被马上发现，防止了不良产品的重复出现。一旦出现生产线或设备就立即停止运行，比较容易找到发生异常的原因，从而能够针对性地采取措施，防止类似异常情况的再次发生，杜绝类似不良产品的再产生。

⑦ JIT提倡采用对象专业化布局，用以减少排队时间、运输时间和准备时间，在工厂一级采用基于对象专业化布局，以使各批工件能在各操

作间和工作间顺利流动，减少通过时间；在流水线和工作中心一级采用微观对象专业化布局和工作中心布局，可以减少通过时间。

JIT 生产方式的优势主要表现在以下几个方面：

① 劳动生产率显著提高，充分调动了可利用的人力资源用于企业的生产。丰田公司运用 JIT 生产方式后，劳动生产率是没有使用 JIT 之前的两倍。

② 产品设计速度快，新产品的开发周期明显缩短，在日本开发一辆全新的汽车只需要四年，而在美国同样的过程需要六年甚至七年才能够完成。

③ 库存非常少。日本企业的在制品库存仅仅相当于美国汽车企业库存的 1/10，而且成品的库存也非常低，是传统方式的 1/4。

④ 厂房占用面积和空间比较小。日本采用 JIT 生产方式之后，同样规模的工厂生产面积仅仅是传统生产方式工厂的 1/2，投资也是 1/2。

⑤ 产品质量得到有效控制，质量提高 3 倍。

正由于 JIT 生产方式，日本的丰田汽车公司提供了品种多、质量高的汽车，日本的汽车在美国大批量生产的汽车面前保持了明显的优势。

JIT 生产方式的主要管理方法如下：

1）零库存管理。JIT 生产方式要求库存减少到最低限度，目标是实现无库存生产。因为库存实际就是一种资金在时间上的停滞，也是一种浪费。库存量太大，会占用大量的资金，降低资金的利用率；而且，库存的保管和运输工作都需要大量的人力、物力和财力，存在着严重的重复运作和浪费。不仅如此，库存还存在着巨大的市场风险，如果这种产品被市场所淘汰，那就意味着生产这些产品的资源全部损失，这种浪费更是巨大的。而且，库存最大的弊端在于掩盖了管理中存在的问题，如由于管理不善，废品量比较多，增加库存可以掩盖这些废品，从而掩盖了质量中存在的问题；设备故障影响了生产，可以用增加库存方法掩盖设备的问题，凡此种种，库存已经成了管理中许多问题的根源。正是由于库存存在着这些浪费和问题，所以库存减少一直是生产中追求的重要目标，JIT生产方式把零库存管理作为企业管理的目标之一，认为最好把库存降到零。当然，零库存作为一种理想状态是不可能实现的，但零库存管理的真正目的在于，通过降低库存，发现管理中存在的问题，并解决这些问题，从而提高整个系统运作的效率，使得系统得以改善，这样以库存作为手段，一步一步把工作和管理中的问题解决。改进的过程并不是一个静止的过程，而是一个不断循环的过程，是一个要求尽善尽美的过程。

2）生产同步化。工作周期和生产周期的长短对生产效率有显著的影响，它是从生产的零件投入到成品产出的整个过程，而JIT生产方式的同步化生产就是缩短生产周期的非常有效的手段。生产同步化就是机械加工的过程和装配线的过程几乎同时在作业，而且这种作业是并行的而不是串行的，通过看板的方式传送总装配线的要求，同时也使所有的零件生产线在必要的时刻为装配线提供必要的零部件。为了缩短生产周期，JIT生产方式要求每道工序都不设库存，前一个工序加工完成之后就立刻送往下一道工序，其中没有库存的环节，这种方法又被称为“一物一流”。工序之间的这种传送，使得整个生产周期能够衔接起来，减少了运输和库存的过程，缩短了生产时间。减少更换工装的时间也可以缩短生产周期，工装是生产过程中的工具，如刀具、模具等。切换不同产品的同时，也要对工装进行更换，而更换工装的时间是一种没有价值创造的时间损失，也是一种浪费。所以，JIT生产方式要求尽快更换工装，减少时间消耗。具体来讲，整个生产同步化的过程可以通过这样的手段实现：

① 设备的合理安排和布置。机群式布置方法是在机械工厂里最常见的一种设备布置方法，就是把同一类型的机床设备布置在一起，如所有的铣床放在一起。这种布置方式的缺点是，由于工序之间没有必要的连接，因此产品生产出来之后直接堆放在车床旁边，这也不利于对整个生

产进行有效的控制。JIT 生产方式认为，后工序所需要的产品在前工序其他产品的批量加工尚未结束之前就不可能开始，这一段时间的设备是闲置的，成为设备的等待时间，从而整个生产的周期延长。所以，在 JIT 生产方式下，设备不是按机床类型来布置，而是根据加工工件的工序顺序来布置，即形成相互衔接的设备布置方式。这种按照工序进行安排的设备布置方式必然要求有均衡的生产，否则过剩或者不足仍然是经常的现象，这些需要通过使设备更加简易、工装的更换时间缩短和场地有效安排来解决。

② 缩短作业的更换时间。单件生产和单件运送能够有效地实现平行生产和同步化，同时也是一种最理想的状态。这在装配线以及机加工工序是比较容易实现的，但在铸造、锻造等一些具有特定的技术要求的工序，批量是生产最有效的方式。而 JIT 生产方式要求缩小批量，这使得整个作业的更换过程显得非常复杂。所以，为了实现 JIT 生产方式的要求，必须缩短整个生产过程中的闲置时间、等待时间，关键问题就是如何缩短整个作业更换的时间，使得生产的过程更加紧凑，生产效率得到提高。作业更换时间由三个部分组成：一是内部时间，作业过程中零件生产之间的间隔等待时间和停机等待时间；二是外部时间，对于更换生产过程中的一些工装（生产中常用工具的总称），如模具、量具等，可以不停机就完成，这种时间被称为外部时间；三是调整时间，在生产过程结束后，要对生产出的产品进行抽样检查和质量检验，也要对整个生产工序进行调整，这些时间是工作完成后的调整时间。缩短作业更换时间的具体方法包括：提高作业人员工作能力，通过“多面手”的培训使他们能够在比较短的时间内完成原来较长时间完成的任务；改进工作方法，对原来的工作程序进行革新和调整；使用一些比较简易和更换方便的工装，减少工装调整的时间；对一些工装可以在生产前进行预先准备，不影响整个工作的时间。事实证明，JIT 生产方式的作业更换时间缩短是可行的，而且是可以达到的，丰田汽车公司通过 JIT 生产方式，使原来的作业更换

时间缩减为现在的1/10。作业更换时间的缩短所带来的生产批量的缩小，不仅可以使得工序之间的在制品库存大大减少，从而缩短了生产周期，而且降低了生产过程中的资金占用，减少了生产成本，提高了企业产品的竞争力，同时也提高了工作效率。可以看出，工作效率的提高不仅可以通过引进最先进的高性能设备实现，通过研究生产过程消除生产过程中的浪费一样可以实现。这种方法的基础和生产方式“消除一切浪费”的核心思想是一致的。

③ 生产节拍的制定。生产同步化的实现不能不考虑生产节拍的问题，生产节拍就是生产单位产品所需要的生产时间。在传统的管理方法看来，生产数量是由设备本身来决定的，而与市场的需求没有关系，即企业的生产应该使生产设备的利用率达到最大，而并不考虑库存的增加对资金和场地的影响。生产节拍作为单位数量的生产时间也就成为固定的了。JIT生产方式认为，库存是对资金的占用、是对库存场地和空间的占用，这些都形成了生产过程中的浪费，另外，由于市场需求已经成为带动生产的驱动力量，因此生产不可能摆脱市场而进行，而要根据市场要求确定，所以生产方式提倡在必要的时间按照必要的数量生产必要的产品。根据这样的要求，生产数量是根据市场需求确定的，生产节拍的制定也有一定的要求，这些可以通过看板管理的方式来实现。

3）弹性人数制。定员制是传统生产过程中最常见的一种人员配置方式，在这种方式条件下，无论工作任务增加或者减少，仍然有相同的作业人员才能使这些设备全部运转，进行生产。而现在的市场是瞬息万变的，这种定员制已经不可能适应现代化生产的需要，通过削减人员来提高生产率、降低成本是一个重要的课题。JIT生产方式就是基于这样的基本思想，其打破历来的定员制观念，创出了一种全新的弹性作业人数。弹性作业人数要求按照每月生产量的变动对生产线和工序的作业人数进行调整，保持合理的作业人数，从而通过排除多余人员来实现成本的降低，同时还要通过不断地减少原有的作业人数来实现成本降低。弹性作业人数的实现要求有一定条件，这些条件包括：①有特定的设备安排和配置，这些配置是合理的；②作业人员能够胜任多方面的工作，必须是“一人多能”。为了实现这两方面的条件，JIT 生产方式研究了设备的优化配置和职务轮换制度：一是设备的 U 形配置，形成加工岛；二是岗位定期轮换，操作者多能化，发挥操作者潜在能力。

4）看板管理方式。丰田汽车公司在 20 世纪 50 年代从超级市场的运作过程中发现，超级市场按照一定的“看板”来发布和表示生产信息，从而衍生出了现代的看板管理方式。发展至今，看板管理也已经成为 JIT 生产方式最重要的控制手段。看板是一种传递信息的方式，它的表现形式并不是固定的，可以是纸片做的卡片，也可以是在工序当中的标志和信号灯等。通过看板，可以有效地组织生产并根据生产系统中物流的速度和大小进行调节。看板管理的生产方式之所以可以如此风靡于整个世界，而且取得了现在这样的成就，研究的深度也在不断扩展，这些都与看板管理方式有着密切的联系，看板管理使得整个零库存的管理方式从理论的描述成为生产过程中的可能。

① 看板管理的功能。看板管理的工具是 JIT 同步生产方式中最重要的管理手段，无论生产的同步化还是生产的均衡化，或者从小组生产方式到零库存生产都需要看板管理进行生产过程的协调。因此，了解看板管理是整个 JIT 具体操作中最重要的环节，也是丰田汽车公司创造的重要的管理手段。看板是如何牵引整个生产过程中的物流呢？在整个生产的物流传送中看板的主要作用有什么？从 20 世纪 50 年代发明至今，经过不断的发展和逐渐地完善，看板管理已经形成了完整的运作系统，同时也形成了一些重要而且稳定的特征，主要包括以下几个方面：

一是生产以及运送的工作指令。这是看板最基本的特征，如前所述，公司总部的生产管理部根据市场预测以及订货而制定的生产指令只下达到总装配线，各个前工序的生产均根据看板来进行，看板中记载着产量、时间、方法、顺序以及运送数量、运送时间、运送目的地、放置场所、搬运工具等信息，从装配上序逐次向前序追溯。在装配线将所使用的零部件上所带的看板取下，以此再向前一道工序领取；前一道工序则只生产被这些看板所领走的量。“后工序领取”以及“适时适量生产”就是这样通过看板来实现的。要防止过量生产和过量运送，看板必须按照既定的运作规则来使用，其中的一条规则是“没有看板不能生产，也不能运送”。根据这种规则，各工序如果没有看板，就既不进行生产，也不进行运送，看板数量减少，则产量也相应减少。由于看板所表示的只是必要的量，因此通过看板的运用能够做到自动防止过员生产以及过量运送。

二是进行“目视管理”的工具。看板的另一条运用规则是“看板必须在实物上存放”“前工序按照看板取下的顺序进行生产”。根据这一规则，作业现场的管理人员对生产的优先顺序能够一目了然，很易于管理，并且只要一看看板所表示的信息，就可知道后工序的作业进展情况、本工序的生产能力利用情况、库存情况以及人员的配置情况等。

三是改善的工具。以上所述的看板功能可以说都是生产管理特征。除了生产管理特征外，看板的另一个重要特征是改善。这一特征主要是通过减少看板的数量来实现的。看板数量的减少意味着上序间在制品储存数量的减少。在运用看板的情况下，如果某一个工序设备出现故障，生产出不良产品，根据看板的运用规则之一，即“不能把不合格的产品送往下一道工序”。下一道工序的需要得不到满足，就会造成全线停工，由此可立即使问题暴露出来，从而必须立即采取改善措施来解决问题。

② 看板的分类。看板根据传递信息的方式、在工序之间的位置不同，可以做出不同的分类，主要的分类如下：

一是根据作用对象的不同，看板可以分为生产看板和传送看板。生产看板是在生产加工过程中，用于指挥工序的加工之类的工作，规定生产的零部件的数量、生产的时间等；传送看板是指挥不同的工序之间，一般是相邻的工序之间的物流传递过程，规定的是传送的物流品种、数量和传送的具体时间。

二是看板根据在每个工序中的位置和功能以及在各个工序中的位置，又可以分为五种：第一种是工序内的看板。工序内的看板是指在工序中进行加工时所采用的看板。这种类型的看板应用范围是装配线或者作业更换时间几乎为零的加工工序，如大多数的机械加工工序就应用这种看板来进行管理。第二种是信号看板。信号看板主要应用于成批生产的工序当中，如冲压工序等。第三种是工序间的看板。由于JIT生产方式主要采用后面的工序牵动前面的工序进行生产的方式，因此后面工序到前面工序领取零配件时采用的看板就被称为工序间的看板。第四种是外部协作看板。这种看板主要应用于外部的协作厂家，把外部的协作厂家看作前面的“工序”，在看板上表现出的差异是看板的内容主要记载的是进货单位的名称和具体的进货时间。第五种是临时看板。这种看板的应用具有临时性的特点，生产中的有些任务是临时设置的，如设备的保全和修理、加班进行生产时需要的看板。

③ 看板的使用方法。从不同类型的看板衍生出了不同的使用方法，使用方法的差异是和看板类型的差异相联系的。JIT生产方式的特点就在于能够根据不同的情况、利用不同的看板，对生产过程进行牵引，保证生产的进行。看板的主要使用方法如下：

一是工序内看板的使用。由于工序内的看板是随着零部件、在制品和产品的实物形式一同运动的，在整个生产过程完成后，后面的工序来领取产品，将与产品在一起的工序内看板摘掉，换上传送式的看板。从被摘下的看板数量可以知道究竟有多少产品还需要生产；如果没有被摘掉的看板，就说明不需要再生产这种产品。这种方式的优点在于可以保证生产的均衡化进行，即使多种产品进行生产，也可以有效地掌握每种产品所需要生产的情况。

二是信号看板。信号看板的主要作用在于向车间显示需要生产的产品数量，它一般被挂在成批量的产品上，如果这批产品的数量降低，则将看板摘掉送回生产工序。根据看板显示的需要数量，生产工序安排生产。

三是工序间看板。工序间看板向前一道工序传递信息，如果前一道工序传送来的零部件或在制品已经使用完，工序间的看板就从零部件中取下来并且送回前一道工序，表示零部件已经用完，希望能够进行补充生产。这些看板往往被放在工序之间的看板回收箱中，生产运作的管理人员进行回收并且向前一道工序传送信息。

四是外部协作看板。我们可以把对外的订货看作特殊的“前工序”，所以外部协作看板的用法和工序间看板相似。首先将用完的零部件的看板进行回收，回收以后的看板按照不同的协作厂家分开，协作厂家来送货时把回收的看板取回，根据看板上显示的数量和时间进行生产。由于回收看板的时间和厂家送货的时间是不一致的，因此需要关注产品的运送时间、使用时间、看板的回收时间以及下次的生产开始时间之间的时间差，根据时间差调整看板提供的数量。只要能够按照时间间隔安排送货，消除时间差，就能够做到“Just in Time”的要求。

有时，由于回收的看板非常多，一个管理人员可能无法完成回收和分发任务，因此在丰田汽车公司的实践中产生了看板的分发机构，被称为看板分发室，看板分发室现在已经采用了现代化的计算机管理，有关的信息用条码表示出来，以便在计算机中进行识别。

10. 精益管理

精益生产是美国麻省理工学院的研究小组经过五年的研究而发明的，它在对丰田汽车公司的生产管理方式调查研究基础上提出了这种生产模式。精益生产方式汇集了后勤保障体系和JIT生产方式的哲理，综合了单件小批量生产与大批量生产之间的优点，用较少的投入满足客户多方面的需求。“精益”的原意是非常精干，没有任何无效和不产生增值的作业和服务，它把客户纳入产品开发过程，把销售代理商和供应商纳入生产体系，按照客户不断变化的需求同步组织生产，把产品的市场寿命、技术和工艺寿命和对市场的反应速度作为竞争中重要的时间因素，保持产品的多样化、灵活性和高质量。

精益生产方式的主要内容包括：①为了减少投入，降低成本，精益生产要求杜绝浪费，合理利用企业资源，最大限度地消除不对产品增值起作用的无效劳动；②按照“对产品起增值作用的人员负起责任来”的组织原则，改革不合理的生产组织；③建立对浪费现象进行追根究底的体系，保证永远消除产生浪费的根源；④从产品开发和设计、工艺流程的选择开始就为消除浪费创造一切必要的条件；⑤要求人们掌握广泛的技能，进行创造性的工作；⑥重视人在组织中的作用和团队精神，要求人们不懈进取，永无止境地追求尽善尽美。

精益管理方式主要表现在以下几个方面：

① 适时适量采购，提高应变能力。企业的原则是根据市场要求进行采购和供应，需要多少采购多少，超量采购和超量储备会造成经济损失和浪费，是一种无效劳动。而且，采购部门与生产计划、市场调研、生产调度和产品销售等部门建立联系，分析预测产品市场状况，研究产品销售规律和特点，为正确编制采购计划、签订订货合同提供可靠依据。在订货方式上，缩短订货周期，增加订货批次，由原来半年或全年一次订货改为半年或按照季度或月进行订货（在智能制造中因为完全是定制模式，所以要按销售合同来实施采购合同，一一对应），避免造成短缺和积压。

② 降低采购成本，提高经济效益。第一，实施物资采购供应的目标成本管理，目标管理系统由确定目标、组织实施两个阶段和目标预测、目标确定、指标分解、管控、信息反馈、检查分析、考核兑现七个部分组成。第二，降低成本的关键在于控制采购进货价格，按照“择优择廉，比价采购”的原则进行，开辟质量最好、价格最低、服务最优的进货渠

道。采用灵活的付款结算方法，找出付款方式与采购价格、采购批量的结合点。在内部规定采购定价、调价的制度。运用计算机随时掌握价格走势并且定期发布。

③ 压缩库存储备，提高资金的效能。以“零库存”为目标，把库存压缩到最低限度，减少资金占用，加快资金周转，根据当期的产出和需要量核定当期的库存总量，下达或调整各大类物资储备的库存占用指标。按照不同品种规格的生产周期、订货周期和批量，在核定的储备总量内，编制储备定额进行控制。对于一些条件具备的工序实行直接送到工位，不断扩大“零库存”的范围。

④ 追求“尽善尽美”，提高供应质量，在员工心中树立这样的思想：“只要采购供应不合格或不使用的物资，就是经济损失和浪费。”首先，设立进厂材料不合格率、投产材料不合格率和投产材料损失赔偿率三项指标，层层分解，强化控制。加强对不合格品的监控，完善不合格品流向记录，绝对不形成无效储备。其次，“预防为主，预防与把关并举”，抓好货源管理，把物资采购质量延伸到供货企业，把质量问题解决在源头。对于企业生产的产品，加强质量监测，实施分类检验控制，加大检验的比例和频次。同时，企业还应开展现场服务，经常征询用户的意见，及时处理和解决材料质量问题。

11. 敏捷制造方式

20 世纪 90 年代，信息技术突飞猛进，信息化的浪潮汹涌而来，许多国家制订了旨在提高自己国家在未来世界中的竞争地位、培养竞争优势的先进的制造计划，JIT 生产方式也得到了新的发展，其中最重要的代表就是美国的敏捷制造方式（Agile Manufacturing）。敏捷制造方式是美国国防部为了支持 21 世纪制造业发展而实施的一项研究计划。该计划始于 1991 年，有 100 多家公司参加，由通用汽车公司、波音公司、IBM、AT&T、摩托罗拉等 15 家著名大公司和国防部代表共 20 人组成了核心研究队伍。此项研究历时三年，于1994年年底提出了《21世纪制造企业战略》。这份报告中提出了一种新的生产方式，即敏捷制造方式。敏捷制造方式建立在具有创新精神的组织和管理结构、先进制造技术（以信息技术和柔性智能技术为主导）、有技术有知识的管理人员三大类资源支柱的基础上，将柔性生产技术、有技术有知识的劳动力与能够促进企业内部和企业之间合作的灵活管理集中在一起，通过所建立的共同基础结构，对迅速改变的市场需求和市场进度做出快速响应。敏捷制造方式比起其他制造方式具有更灵敏、更快捷的反应能力。敏捷制造方式主要包括三个要素：生产技术要素、组织方式要素和管理手段要素。

1）敏捷制造方式的生产技术因素。具有高度柔性的生产设备是创建敏捷制造方式企业的必要条件，以具有集成化、智能化、柔性化特征的先进的制造技术为支撑，建立完全以市场为导向，按市场需求任意批量且快速灵活制造产品，支持顾客参与生产的生产系统。该系统能实行多品种小批量生产和绿色无污染制造。在产品设计和开发过程中，利用计算机的过程模拟技术，可靠地模拟产品的特性和状态，精确地模拟产品生产过程，既可实现产品、服务和信息的任意组合，又能丰富品种，缩短产品设计、生产准备、加工制造和进入市场的时间，从而保证对消费者需求的快速灵敏的反应。

2）敏捷制造方式的组织方式要素。敏捷制造方式认为，新产品投放市场的速度是当今最重要的竞争优势。推出新产品最快的办法是利用不同公司的资源和公司内部的各种资源，这就需要企业内部组织的柔性化和企业间组织的动态联盟。虚拟公司是最为理想的一种形式。虚拟公司就像专门完成特定计划的一家公司一样，只要市场机会存在，虚拟公司就存在；市场机会消失，虚拟公司也随之解体。能够经常形成虚拟公司的能力将成为企业间强有力的竞争武器。只要能把分布在不同地方的企业资源集中起来，敏捷制造方式企业就能随时构成虚拟公司。在美国，虚拟公司将运用国家的工业网络——全美工业网络，把综合性工业数据库与服务结合起来，以便能够使公司集团创建并运作虚拟公司。敏捷制造方式企业必须具有高度柔性的动态组织结构，根据产品不同，采取内部团队、外部团队（供应商、用户均可参与）与其他企业合作或虚拟公司等不同形式来保证企业内部信息达到瞬时沟通，又能保证迅速抓住企业外部的市场，而进一步做出灵敏反应。

3）敏捷制造方式的管理手段要素。敏捷制造方式要求以灵活的管理方式达到组织、人员与技术的有效集成，尤其是强调人的作用。敏捷制造方式在人力资源上的基本思想是，在动态竞争环境中，最关键的因素是人员，柔性生产技术和柔性管理要使敏捷制造方式企业的人员能够实现他们自己提出的发明和合理化建议，就需要提供必要的物质资源和组织资源，支持人们的行动，充分发挥各级人员的积极性和创造性。有知识的人是敏捷制造方式企业最宝贵的财富。不断对人员进行培训以提高素质，是企业管理层的一项长期任务。在管理理念上要求具有创新和合作的突出意识，不断追求创新。除了充分利用内部资源外，还要利用外部资源和管理理念。在管理方法上要求重视全过程的管理，运用先进的科学的管理方法和计算机管理技术以及 BRP（Business Process Reengineering，企业流程再造）等管理。敏捷制造方式追求实现理论上生产管理的目标，是适应未来社会发展的 21 世纪生产模式。敏捷制造方式的企业具有以下特征：

一是敏捷制造方式生产的产品具有相当长的寿命。敏捷制造方式企业具有吸收其他企业经验和技术成果的能力，随着用户需求和市场的变化，敏捷制造方式企业会相应地改变生产方式。企业生产出来的产品是根据顾客需求进行重新组合或更新替代后得到的，而不是用全新产品来替代旧产品，基于这样的原因，敏捷制造方式的产品寿命会大大延长。

二是能够迅速而且准确地进行信息交换。敏捷制造方式企业随时根据市场变化来改进生产，这要求企业不但要从用户、供应商、竞争对手那里获得足够信息，还要保证信息以最快的速度进行传递，只有这样企业才能做到随时跟踪市场的变化。

三是根据订单数量确定生产任务。敏捷制造方式企业将重新编程、可重新组合、可连续更换的生产系统结合成为一个新的、信息密集的制造系统，从而使生产成本与批量的大小没有关系，生产一万件同一型号的产品和生产一万件不同型号的产品所花费成本相同。因此，敏捷制造企业可以按照订单进行生产。

敏捷制造方式作为21世纪生产管理的创新模式，能系统全面地满足高效、低成本、高质量、多品种、迅速及时、动态适应、极高柔性等要求。目前这些要求尚难于由一个统一的生产系统来实现，但无疑是未来企业生产管理技术发展和模式创新的方向。应该说，对于生产方式的研究范围和内容是在不断拓展的，对于原有内容的研究也呈现了纵深化趋势，随着企业实践中的运用，一些新的生产理念也在不断产生，已经不仅仅局限于消除浪费，动态化的敏捷制造方式就是一个很好的说明。由于一些新的理念的诞生，JIT的哲学也在不断发展，企业的生产运作管理也应该积极地去适应和拥抱新的变化。

12. 物料

物料是工厂生产产品的第一道门槛。对于多数企业来说，它有广义和狭义之分。狭义的物料就是指材料或原料，而广义的物料包括与产品生产有关的所有的物品，如原材料、辅助用品、半成品、成品等。

就制造业来讲，由于物料需求来源的依据不同，MRPⅡ系统把物料分为独立需求（Independent Demand）和相关需求（Dependent Demand）两大类，这是物料需求计划（Material Requirement Planning，MRP）创始人、美国IBM公司的专家Dr. Joseph A. Orlicky在1965年首先提出来的。

位于产品结构最顶层的是销售的产品，其需求是由市场或客户订货决定的，即是由企业外部因素决定的，这称为独立需求；而构成销售产品的各种零部件、配套件、毛坯、原材料等在产品结构中最顶层以下的各层物料，它们的需求是由销售产品的需求决定的，称为相关需求。有些物料具有双重性质，如某些零部件可以安装在产品上，也可以作为备品备件直接出售。可见，只要管理好独立需求（销售产品的需求），其余一切物料的需求计划都可以根据产品结构或物料清单按照MRP运算逻辑得出。物料清单是制造业信息化管理必不可少的重要管理文件，如果缺少MRP软件的支持，建立复杂产品的物料清单是有困难的。所以，先进的管理思想和方法需要信息技术的支持。

物料管理是对企业生产经营活动所需各种物料的采购、验收、供应、保管、发放、合理使用、节约和综合利用等一系列计划、组织、控制等管理活动的总称，能协调企业内部各职能部门之间的关系，从企业整体角度控制物料"流"，做到供应好、周转快、消耗低、费用省、取得好的经济效益，以保证企业生产顺利进行。其主要包括四项基本活动：①预测物料用量，编制物料供应计划；②组织货源，采购或调剂物料；③物料的验收、储备、领用和配送；④物料的统计、核算和盘点。随着制造业和计算机技术的发展，以及定量分析方法的运用，这一管理从专业部门管理发展到全面综合管理，从单纯的物料储备管理发展到物料准时制管理，从手工操作发展到自动化、信息化的MRP系统。物料管理就是从整个公司的角度来解决物料问题，包括协调不同供应商之间的协作，使不同物料之间的配合性和性能表现符合设计要求，提供不同供应商之间以及供应商与公司各部门之间交流的平台，控制物料流动率。

信息化的逐步深入，更进一步为实行物料管理创造了有利条件，物料管理的作用发挥到了极致：①物料规格标准化，减少物料种类，有效管理物料规格的新增与变更；②适时供应生产所需物料，避免停工待料；

③适当管制采购价格，降低物料成本；④确保来料品质良好，并适当地管制供货商；⑤有效率地收发物料，提高工作人员的效率，避免呆料、废料的产生；⑥掌握物料适当的存量，减少资金的积压；⑦可考核物料管理的绩效；⑧仓储空间可充分利用。

物料的形态对生产制造至关重要，不仅影响到材料成本，还影响到制造成本。一般企业的材料成本占销售收入的30%～70%，有些企业甚至更高，在这样的现实情况下，首先考虑降低材料成本对企业来说是更现实的；同时，物料的形态对制造成本也影响很大，物料的形态包括铸造、锻造、型材下料，还有3D打印。因此，企业技术部门在设计阶段就要更多地考虑物料的形态，它是企业成本控制的第一道环节。

2.1.3 企业竞争力关键要素

企业是以盈利为目标的组织，企业竞争优势是指多个同类企业在同一市场中，其中一个能够赢得更高的现实或潜在的利润和市场占有率，这个企业就拥有了某种竞争优势。

企业需要从外部市场结构、生态环境中寻求竞争优势。然而，企业的竞争优势更来源于内部因素，来源于企业的资源和能力，依赖企业的创新能力。因此，企业根本的竞争优势还是来自内生动力，其主要因素包括但不限于市场成本与利润、定额成本和实际成本、现金流、存货、订单支付、质量、设备利用率、全员劳动生产率等。

1. 市场

市场是企业生存的方向，是企业生存和发展的根本，是企业的命脉，也是企业的炼金石。

(1) 市场需求

市场需求是指市场中新客户和已经购买该产品的现有客户对产品的

需求状况，适用于对公司产品或服务的市场需求进行判断。

（2）市场占有率

及时了解公司产品或服务的市场表现，以助企业了解市场需求及本企业所处的市场地位。市场占有率又称市场份额，是指企业商品销售量（额）在同行业商品销售量（额）中所占的比例，一般用百分比表示：

$$\text{市场占有率}=\frac{\text{当期企业某种产品的销售额（销售量）}}{\text{当期该产品市场销售总额（销售总量）}}\times 100\%$$

2. 成本与利润

企业盈亏由成本与价格间的差额决定，那么企业的成本结构是怎样的？销售价格根据哪些因素、什么策略来定价？如何控制成本、获得利润、摆脱竞争对手，做强做大自己的企业？这是企业经营管理者每天都在思考的问题。

价格是市场竞争的结果，绝大多数的产品价格是由市场决定的，不以企业的意志为转移。但是，成本是企业可以控制的，不同的企业其成本控制水平也不一样，成本是产品从研发、工艺策划、原材料状态改变、生产过程效率、装备折旧、装备使用效率、存货周转率、质量成本等一系列影响因素构成，这也是智能制造的核心问题。企业能否有效降低成本是由企业经营管理决定的，即便售价没有涨，只靠降低成本也能获得利润。企业需要注意的是，降低成本不仅是管理者和会计的专属工作，而是要把设计人员、采购人员、工艺人员以及经营、管理人员全部纳入其中进行全员推进的。

成本的管理方法因企业的类型而完全不同。对于按订单设计生产型的企业来说，如何准确地完成成本报价十分关键。因为如果报出的价格过高就接不到订单，如果价格过低就会亏损，所以这就要求在产品报价阶段就能够非常明确地知道产品选型的结果，知道产品结构中各个零部件的成本价格，否则就无法知道该产品的销售是会盈利还是亏损。所以，企业要制定一套可以核算出单台产品成本的定额成本核算系统，准确控制产品的选型和报价，同时与财务实际成本进行比对，让定额成本与实际成本更加接近，以便真实反映成本价格水平。

制造企业的生产成本由直接材料、直接人工和制造费用三部分组成。其中，直接材料是指在生产过程中的劳动对象，通过加工使之成为半成品或成品，它们的使用价值随之变成了另一种使用价值；直接人工是指生产过程中所耗费的人力资源，可用工资额和福利费等计算；制造费用则是指生产过程中使用的厂房、机器、车辆及设备等设施及机物料和辅料，它们的耗用一部分通过折旧方式计入成本，另一部分通过维修、定额费用、机物料耗用和辅料耗用等方式计入成本。

3. 定额成本和实际成本

定额成本是管理会计根据产品 BOM 里零部件的材料成本和工时成本核算出来的成本，用来掌控市场报价、控制生产过程成本、分析产品价格竞争优势等；而实际成本是财务会计根据当月或当天实际发生的材料费、人工费、电费、机物料消耗等按照产品规格核算出的单台成本或总的生产量成本，损益表是财务实际成本的具体体现。但是，在企业核算实际成本后或多或少会和定额成本有一定的差异，造成这种差异的因素主要包括：

1）运转率：实际运转率比预期运转率低或高时，实际成本就会和定额成本有偏差。

2）材料消耗差异：实际材料消耗多或少于定额材料时，实际成本就会和定额成本有偏差。

3）人工、燃料动力、制造费用与定额配费之间发生差异时，实际成本就会和定额成本有偏差。

4）部门间的内部核算发生偏差时，也会造成实际成本和定额成本有偏差。

4. 现金流

现金流是企业赖以生存的主要指标，企业可以没有利润，但绝对不能没有现金流。现金流就像一个人的血液，利润相当于一个人的胖瘦，人胖一点瘦一点没有生命危险，但是血液不流动可是“要命”的事。影响现金流的因素有应收账款、应收票据、其他应收款、在制品、库存、应付账款等流动资产相关内容，也有厂房、设备等固定资产相关内容。与智能制造相关的是经营项下现金流和投资项下现金流。在新建项目时，要考虑固定资产投资会对现金流和利润造成的影响，尤其在智能制造项目建设过程中厂房和设备利用率非常重要，多投资 1 亿元的固定资产，企业利润就会减少至少 13%，就多占用 1 亿元的现金流。因此，在智能制造项目建设中，并非一定要选用价格昂贵的设备，也不一定追求无人工厂，而是要根据生产的目标产品归纳出典型工艺，选用或集成典型装备，既要考虑生产的效率、装备的利用率，还有考虑装备的柔性范围，以适应定制化的智能制造。经营项下现金流的影响因素除了与市场相关的应收应付外，还包括在工厂内相关的在制品、存货、准时交货率、存货周转率等，这些都需要通过智能制造的效率来体现。

5. 存货

存货对企业来说，“离不得也见不得”。有人对存货的看法是“库存即过错”“库存是万恶之源”“追求零库存”“消除库存”，也有人对存货的看法是“存货是平衡生产波峰波谷的重要手段”“有库存的生产计划容易做”“立体仓库解决了智能制造的库存问题”。不管哪种观点，存货占用资金、存货可能会因为滞销或变更造成损失、存货会增加厂房和设备等固定资产，这些都是企业经营中的现实问题，最后都会影响到企业经营绩效。

那么，在智能制造环境下，企业如何适当地控制存货，使其发挥降低成本和提高效率的优势，在存货环节为企业经营绩效贡献力量呢？存货分为库存和在制品，在企业生产中存在方式呈多样性，主要包括原材料库存、成品库存、在制品库存、停工待料库存、积压库存等。

1）原材料库存。原材料库存是企业为了保障生产的正常运行，必须保留的库存，但是，原材料库存的保存量与月产值的量比需要根据企业情况有所把握。为了加快资金周转，随时能买到的原材料库存要尽量减少，同时借助信息系统预警的手段，尽量缩短原材料的存货期，减少原材料的存货量。

2）成品库存。成品库存指标是首先应该清零的指标，应力求做到准时交付，订单齐套准时率100%，即通过合理的排产及制造执行，使得同一份订单中的不同产品都在同一时间到达，这个时间就是合同约定的交货期。为了实现成品库存的零库存，可以将生产计划分两个阶段进行，即“二段计划法”，以此来应对因为客户预付款和进度款迟到、客户需求时间变化等异常情况。

3）在制品库存。在制品库存周转率反映企业生产运营中原材料等货物流转的快慢，以及企业现金流动和资金占用状况，指在一定时间（通常为一年）内在制品库存循环的次数。在制品存货月转率＝制成品总成本/在制品平均库存资金＝制成品总成本/[（期初在制品库存＋期末在制品库存)/2]。其中，在制品平均库存资金指各个财务周期期末各个点的库存平均值，可以取每财务季度末的库存平均值，也可以取每月月末的库存平均值。

4）停工待料库存。停工待料是指生产线因缺料而停止生产，影响停工待料的主要原因还有供应链，所以停工待料时间是衡量物料供应工作成果及效率重要的指标之一。一旦发生停工待料，就会给生产线造成较大的损失。一般情况下，停工待料时间短，说明物料供应及时，物料管理效率及调度能力高；反之，则说明效率及调度能力低下。但是，库存也是缓解这种情况的一个重要手段，应避免发生因物料供应中断而造成的停产，对于常用物料以及重要物料，应保持一定的安全库存，确保生产不中断。

5）积压库存。呆料是指存量过多，耗用量极少，而库存周转率极低的物料；废料是指已经失去效能、不可利用的物料，也可以称之为积压库存和潜在积压库存。呆废料处理率越高，说明呆废料管理效率越高，呆废料占用库存资金的比例越少，库存管理水平越高。

6. 订单交付

订单交付周期是指使用设备加工完成订单所需的时间长度，更通俗地，是指从与客户签署订单（甚至是达成意向）到客户收到产品的时间周期。订单交付周期对客户来说非常重要。在订单交付周期中还存在两个关键因素，即周转率和准时交付率。

1）周转率：通常是指设备完成订单的速度，即按照生产流程，需要多长时间可以完成订单。其指导思想就是“越快越好”。订单在公司里停留的时间越长，消耗的成本也就越大。

2）准时交付率：供应商在一定时间内准时交货的次数占其应交货次数的百分比。其可对供应商交货的及时性进行评估，还可对采购人员控制供应商交货的能力做出评估。

7. 质量

企业质量管理包括质量体系和质量检验，涉及体系文件、质量控制程序、操作规程和各种表单等。在质量实际控制过程中，又从以下几方面进行控制和分析。

（1）产品一次性检验合格率

质量合格率是指经检验确定为合格的半成品或制成品数量在全部送检数量中所占的比例。

质量合格率可分为采购质量合格率、各工序合格率、成品合格率、仓储合格率、产品出厂合格率等。企业应制定明确的检验标准，给出各类不合格品判断标准，作为考核质量合格率的基础。在部分情况下，质量不合格数更容易统计，企业根据检验方法的不同，采取质量不合格率（合格率+不合格率=1）指标，可更直观地考核企业相关作业环节质量的不合格情况。

（2）来料检验批次合格率

考核来料采购质量，把好采购关，确保来料合格，为产品质量合格提供保障。

企业应制定来料检验标准，特别是关键来料，更要制定相应的检查规范和质量标准，确保来料验收工作有据可依，标准统一。来料检验的内容包括外观检验、尺寸检验、外形检验、机构检验、特性检验、凭证检验等。

（3）外协件一次性检验合格率

考核外协件质量水平，提高外协厂商的产品质量，把好开头关，保障并提高企业产品质量水平。

企业可采取以下四种策略提升提高外协件质量：

1）了解外协厂商真实质量水平，分析各类质量问题，督促外协厂商整改，提高交货质量。

2）企业派常驻代表到外协厂商进行质量监控，具体工作包括质量情况沟通、外协件出厂质量把关、外协加工供需关系维护、质量反馈等。

3）对外协厂商进行质量控制，同时加强质量验证，提高外协件质量。

4）对外协厂商进行定期评比，选择产品质量优秀的外协厂商签订外协加工合同，并共同协商签订质量保证协议。

（4）工序质量合格率

企业根据产品各工序的特点，制定相应的工序质量标准，用以评估工序质量是否合格。考核产品生产各道工序产出的合格情况，加强工序质量管控，减少不良损失，保证并提高产品最终质量，同时提高企业质量管理水平。

1）明确各道工序质量控制的关键要素，设置质量控制关键点，严格按照设计标准规范生产。

2）制订与执行工序质量控制计划，进行工序质量分析与检验，进行异常处理。

3）开展工序质量检查、保证、预防工作。

4）有效管理工序质量确认表和统计报表，作为质量问题总结与工序质量改进工作的依据。

（5）质量成本占销售额比例

评估质量成本与销售额的比例，从财务角度衡量企业的质量管理水平。质量成本占销售额比例并非越低越好。当质量成本占销售额比例非常低时，有可能说明企业不重视质量管理，不利于企业的长期发展。

8. 设备利用率

设备利用率是生产制造企业对于“设备”这种资源作用发挥水平的重要衡量指标，要用有限的资源更多地产出产品、更大地创造价值。设备利用率与设备完好率、设备可动率、设备负荷率、设备开动时间率等指标有关。

（1）设备完好率

了解、评估设备的技术状况，在智能制造过程中一定要对所有设备进行预防性判断、保养、维修，确保不能因为设备故障影响生产计划的准确实施，延长设备使用寿命，确保设备加工精度，提高设备管理水平。

（2）设备可动率

设备可动率是指在满足精度要求的条件下设备可以开动起来的概率。设备可动率反映设备的技术状态水平，即设备满足生产经营所需要的精度；反映设备调整水平、设备管理及全员生产维修的工作效果；反映设备点检工作水平等。设备可动率高是精益生产、流程化生产的基本要求，可动率越高越好，理论状态为100%。

企业提高设备可动率的措施包括但不限于以下六项：

1）充分发挥领导作用，领导明确责任，以身作则，拟订计划并严格执行。

2）建立起良好的维修保养制度，即全面生产维护（Total Productive Maintenance，TPM），开展定期设备保全。

3）提高快速解决故障水平，如改善维修作业程序、确保备品备件充足等。

4）开展防止设备故障的活动，如问题根源追究与解决、设备点检等。

5）提高维修人员的维修技能，培训专业的维修人才。

6）完善设备日常管理，如做好维修记录及故障记录、设备故障分析、整理与解析各类数据等。

（3）设备负荷率

设备负荷率是指一定时间内的平均负荷与最高负荷之比，用以衡量平均负荷与最高负荷之间的差异程度，考核设备的利用程度。

提高设备的利用程度，充分发挥设备的效能，同时确保均衡生产，降低生产经营成本，提高企业经济效益。

设备负荷率越接近1，表明设备利用程度越高。但是企业在确定设备负荷率目标值时，需要考虑设备的技术运行状况及均衡作业情况，确保设备处于良好运行状态，以延长设备的使用年限。

（4）设备开动时间率

了解、分析设备实际的时间利用状况，合理、有效提高设备的使用效率，降低生产经营成本。设备时间开动率越高，表示设备使用率越高。但该指标的目标值并非100%就是最好，企业不可一味追求设备使用效率，而更应该重视整体效率，即确保“适时适量”地进行生产经营活动，实现精益生产（LP），因此设备时间开动率也需要根据市场的需求量来确定。设备开动时间计算公式如下：

设备开动时间 = 负荷时间 − 故障停机时间 − 设备切换初始化停机时间

企业应明确界定设备切换初始化停机时间，其一般包括但不限于以下四项：

1）设备运行参数调整时间。

2）更换刀具、量具、夹具等的时间。

3）重新编程时间。

4）调整设备部件几何位量和间隙时间等。

能反应设备利用率的其他指标还包括设备综合效率、时间开动率、性能开动率和合格品率等。

设备综合效率 = 时间开动率 × 性能开动率 × 合格品率

时间开动率 = 实际开动时间/规定开动时间 × 100%

性能开动率 = 实际小时产量/理论小时产量 × 100%

合格品率 = 合格品数量/加工总数量 × 100%

9. 全员劳动生产率

全员劳动生产率是生产制造企业对于“人”这种资源作用发挥水平的重要衡量指标，是评价生产活动过程中效率高低的重要尺度。尤其是在智能制造中生产效率要达到流水线生产的效率水平，对智能制造提出了非常严格的技术指标，这也是衡量制造费用高低的重要手段。当然，在实际工作中不是所有的高效率都会出高效益的，提高效率与降低成本相结合才有意义。在定制经营模式下，全部以销定产、单件小批生产，没有库存积压的成本，订单保持较高的毛利率，在这种情况下，高效率才能体现出高效益。在提高效率的同时，要力求消除各种浪费、积压、冗员，从物料源头控制好效率和成本的关系，以实现真正的高效率带来高效益。因此，企业竞争力需要体现真正效率和整体效率。

提高生产效率的办法有：一是在人数不增加的前提下扩大生产量，二是在生产量没有扩大的前提下降低人数，三是提高产品附加值，四是通过智能制造提高运行效率。美国管理大师杜拉克对提高劳动生产率这一问题的观点如下：

1）清晰地定义任务。每一个活动、项目都有一个目标，可解决“干什么”这一问题。

2）专注于所定义的任务。资源投入到产出的过程中，工作可分为有效工作和无效工作，专注就是要增加有效工作的比例，企业的生产技术部门在设计生产工艺流程和工序安排过程中尤其要关注有效工作时间节拍。

3）正确合理的评价任务。这是管理层面的问题，评价任务的尺度选择不当，就不能表明正确的价值观念，其后果是完成任务的人积极性的消退，误导群体的认知观念。只有正确和合理的评价标准才能具有很好的导向作用，激发员工的内在动力，从而提高工作效果和效率。

全员劳动生产率指公司年销售收入除以公司全体员工的比值，即公司每一位员工为公司所创造的价值，这是一个综合性指标，既体现了整个公司员工的工作和生产效率，也体现了公司产品的技术含量和附加值，是考核企业经营活动的重要指标，是企业生产技术水平、经营管理水平、职工技术熟练程度和劳动积极性的综合表现。

2.2 企业运营目标

经营企业或发展企业是需要有目标的，企业有了目标才能像一艘在大海里航行的船只一样有明确的方向，科学的决策、措施得力的行动计划，才能引导企业持续健康稳定的发展。那么，企业的目标究竟是什么？哪些目标或哪些重点领域需要有目标？首先，企业的目标一定不是唯一的，而是由多个目标组成的，这些目标之间有时又相互制约甚至相互冲突，因此管理层要设法平衡各种需求和目标。

2.2.1 质量目标

广义上讲，质量是指一种产品或服务持续地满足或超过顾客需要的能力。合格的产品质量就意味着用户购买的商品物有所值。产品质量受到普遍重视有一个发展的过程。20 世纪 70 年代，日本企业的竞争能力还不够强，而当时在美国本土，人们购买美国本国制造的产品时通常会感到付出得多而得到得少。美国的公司并未把质量放在头等重要的地位，他们倾向于关注成本和生产率而不是质量。这并不是说在美国公司的心目中质量不重要，只是不很重要。由于重视改善质量等方面的原因，外国企业（其中多数为日本公司）夺取了美国很大一部分市场份额。在汽车行业，日本汽车制造商本田、日产和丰田在美国汽车销售市场上力拔头筹，因为他们在汽车的质量和可靠性方面树立起了相当高的声誉。在认真总结经验教训之后，很多美国公司彻底改变了他们对质量的看法，他们开始大规模地改进质量管理，采用聘请质量顾问、把职员派到质量管理研讨班学习等方式强化质量管理，还启动了一大批改进质量的项目。如今，在激烈的市场竞争条件下，全世界的企业都已经认识到质量的重要性，认识到质量不是作为产品的一种特殊的附加品，而是一种产品或服务整体不可缺少的一个组成部分。可以说，质量概念和质量意识已经日益深入人心，成为厂家和消费者的共同用语。

人们通常所说的质量往往是指物品的好坏，即产品质量。产品质量是指产品本身的使用价值，即产品适合一定用途，满足人们的一定需要所具备的自然属性或特性。这些特性表现为产品的外观、手感、音响、色彩等外部特征，也包括结构、材质、物理性能、化学性能等内在特征。世界著名的质量管理专家朱兰博士在他的经典著作《质量控制手册》中把质量定义为“产品的适用性”。所有的企业都为社会提供产品，只有当这些产品在价格、交货期以及适用性上适合用户的全面要求时，这种关系才是建设性的。“在这些全面需要中，产品在使用时能成功地适合用户目的的程度，称为适用性。”适用性这个概念可通俗地用“质量”这个词来表达，是一个普遍的概念，适用于所有产品。

产品质量的好坏有一套科学的判断标准，这就是产品质量标准。它的主要内容有产品名称，用途，规格和型号，生产过程的技术要求，检验、测试、试验的设备、仪器和工具，检测、试验方法，包装、运输、储存等方面的要求。

对企业生产的产品而言，符合质量标准的产品就是合格品，不符合质量标准的产品就是不合格品。质量标准有国际标准、国家标准、行业标准、地方标准和企业标准。

国内某企业质量目标分类控制指标如图 2-1 所示。

<table>
<tr><th>序号</th><th>总指标和各部门指标项目</th><th>必保指标值(%)</th><th colspan="2">子项</th><th>母项</th><th>实际值(%)</th><th>备注</th></tr>
<tr><td>一</td><td>开箱不合格率</td><td>0.04</td><td colspan="2">2</td><td>5981</td><td>0.033</td><td></td></tr>
<tr><td rowspan="2">二</td><td rowspan="2">早期故障率（自制产品过程控制）</td><td rowspan="2">0.32</td><td>三包期内</td><td>1</td><td rowspan="2">11015</td><td>0.009</td><td rowspan="2">不包括信息传递、选型等问题</td></tr>
<tr><td>三包期外</td><td>25</td><td>0.227</td></tr>
<tr><td>(1)</td><td>调节阀早期故障率</td><td>0.32</td><td colspan="2">0</td><td>1445</td><td>0</td><td></td></tr>
<tr><td>(2)</td><td>球阀早期故障率</td><td>0.32</td><td colspan="2">0</td><td>3202</td><td>0</td><td></td></tr>
<tr><td>(3)</td><td>蝶阀早期故障率</td><td>0.32</td><td colspan="2">1</td><td>668</td><td>0.15</td><td></td></tr>
<tr><td>(4)</td><td>高端阀早期故障率</td><td>0.32</td><td colspan="2">0</td><td>575</td><td>0</td><td></td></tr>
<tr><td>(5)</td><td>自制附件早期故障率</td><td>0.32</td><td colspan="2">0</td><td>5039</td><td>0</td><td></td></tr>
<tr><td>(6)</td><td>外购整机早期故障率</td><td>0.32</td><td colspan="2">0</td><td>238</td><td>0</td><td></td></tr>
<tr><td>(7)</td><td>外购附件早期故障率</td><td>0.32</td><td colspan="2">0</td><td>17399</td><td>0</td><td></td></tr>
<tr><td>三</td><td>精铸件合格率</td><td>98.65</td><td colspan="2">16045</td><td>16209</td><td>99.768</td><td></td></tr>
<tr><td>四</td><td>砂铸件合格率</td><td>96.70</td><td colspan="2">1348</td><td>1430</td><td>94.266</td><td></td></tr>
<tr><td>五</td><td>机加零件合格率</td><td>99.7</td><td colspan="2">51331</td><td>51491</td><td>99.689</td><td></td></tr>
<tr><td>(1)</td><td>调节阀部零件合格率</td><td>99.7</td><td colspan="2">26663</td><td>26725</td><td>99.768</td><td></td></tr>
<tr><td>(2)</td><td>球阀部零件合格率</td><td>99.7</td><td colspan="2">18987</td><td>19077</td><td>99.528</td><td></td></tr>
<tr><td>(3)</td><td>蝶阀部零件合格率</td><td>99.7</td><td colspan="2">924</td><td>932</td><td>99.142</td><td></td></tr>
<tr><td>(4)</td><td>控制器件部零件合格率</td><td>99.7</td><td colspan="2">4757</td><td>4757</td><td>100</td><td></td></tr>
<tr><td>六</td><td>（自制）成品一次交检合格率</td><td>99.6</td><td colspan="2">8979</td><td>9014</td><td>99.612</td><td></td></tr>
<tr><td>(1)</td><td>调节阀部一次交检合格率</td><td>99.6</td><td colspan="2">1416</td><td>1433</td><td>98.814</td><td></td></tr>
<tr><td>(2)</td><td>球阀部一次交检合格率</td><td>99.6</td><td colspan="2">2650</td><td>2655</td><td>99.812</td><td></td></tr>
<tr><td>(3)</td><td>蝶阀部一次交检合格率</td><td>99.6</td><td colspan="2">265</td><td>266</td><td>99.624</td><td></td></tr>
<tr><td>(4)</td><td>高端阀部一次交检合格率</td><td>99.6</td><td colspan="2">152</td><td>153</td><td>99.346</td><td></td></tr>
<tr><td>(5)</td><td>控制器件部一次交检合格率</td><td>99.6</td><td colspan="2">4496</td><td>4507</td><td>99.758</td><td></td></tr>
<tr><td>七</td><td>外购阀类整机一次交检合格率</td><td>90</td><td colspan="2">210</td><td>238</td><td>88.235</td><td></td></tr>
<tr><td>八</td><td>外购非阀类产品一次交检合格率</td><td>99.85</td><td colspan="2">22273</td><td>24023</td><td>92.715</td><td></td></tr>
</table>

图 2-1　国内某企业质量目标分类控制指标

2.2.2 成本目标

成本是综合反映企业经营工作业绩的重要指标。企业经营管理中各方面工作的业绩都可以直接或间接地在成本上反映出来，如产品设计好坏、生产工艺合理程度、产品质量高低、费用开支大小、产品产量增减以及各部门各环节的工作衔接协调状况等。正因如此，可以通过对成本的预测、决策、计划、控制、核算、分析和考核等来促使企业加强成本核算，努力改善管理，不断降低成本，提高经济效益。成本是计算企业盈亏的依据，企业只有当其收入超出其为取得收入而发生的支出时，才有盈利。成本也是划分生产经营耗费和企业纯收入的依据。因为成本规定了产品出售价格的最低经济界限，在一定的销售收入中，成本所占比例越少，企业的纯收入就越多。

成本是制定产品价格的基础。产品价格是产品价值的货币表现。但在现阶段，人们还不能直接地准确计算产品的价值，而只能计算成本。成本作为价值构成的主要组成部分，其高低能反映产品价值量的大小，因而产品的生产成本成为制定产品价格的重要基础。也正是如此，需要正确地核算成本，才能使价格最大限度地反映社会必要劳动的消耗水平，从而接近价值。

成本是企业进行决策的依据。企业要努力提高其在市场上的竞争能力和经济效益。首先必须进行正确可行的生产经营决策，而成本就是其中十分重要的一项因素。成本作为价格的主要组成部分，其高低是决定企业有无竞争能力的关键。因为在市场经济条件下，市场竞争在很大程度上就是价格竞争，而价格竞争的实际内容就是成本竞争。企业只有努力降低成本，才能使自己的产品在市场中具有较高的竞争能力。

从不同维度看，成本可以核算到的层级如下。

从成本构成维度看，成本核算层级为人工成本、直接材料（原材料、外购)、制造费用（低值易耗）、燃料动力（水电气）、制造费用差异。图 2-2 为某公司生产成本一览表。

2020年公司生产成本一览表									
序号	项目名称	单位	三月份	四月份	五月份	六月份	七月份	八月份	累计
二	入库成本	万元							
	其中：直接材料	万元							
	其中：钢材库	万元							
	配套库	万元							
	材料成本差异	万元							
	燃料动力	万元							
	其中：电	万元							
	采暖	万元							
	外协费	万元							
	人工成本	万元							
	其中：工资	万元							
	养老保险	万元							
	失业保险	万元							
	医疗保险	万元							
	工伤保险	万元							
	住房公积金	万元							
	工会经费	万元							
	福利费	万元							
	临时工人工成本	万元							
	其中：工资	万元							
	制造费用	万元							
	其中：运杂费	万元							
	办公费	万元							
	差旅费	万元							
	运输费	万元							
	折旧费	万元							
	低值易耗品摊销	万元							
	劳动保护费	万元							
	物料消耗	万元							
	企业安全产费	万元							
	劳务费	万元							
	其他	万元							
	存货—自制半成品差额	万元							
	其中：期初在制	万元							
	期末在制	万元							
	实时在制	万元							

图 2-2　某公司生产成本一览表

从公司维度看，成本核算层级为公司部门（销售、商务、市场）、网点、员工三级，如图 2-3 ~ 图 2-5 所示。

主营业务财务收入成本分析										
项　目		1月（万元）			8月（万元）			1~8月累计（万元）		
		主营收入	营业成本	毛利率	主营收入	营业成本	毛利率	主营收入	营业成本	毛利率
销售部（产品）										
市场部（产品）										
产品小计：										
销售部（备件）										
市场部（备件）										
备件小计：										
分子公司	产品									
	备件									
	劳务									
合计										

图 2-3　公司部门成本分析表

	8月					1~8月累计		
网点	收入金额	入库金额	毛利	毛利率	网点	收入金额	入库金额	毛利
新疆办事处					新疆办事处			
成都办事处					成都办事处			
武汉办事处					武汉办事处			
淄博办事处					淄博办事处			
宁夏办事处					宁夏办事处			
广州办事处					广州办事处			
兰州办事处					兰州办事处			
南京办事处					南京办事处			
西安办事处					西安办事处			
沈阳办事处					沈阳办事处			
上海办事处					上海办事处			
太原办事处					太原办事处			
山东办事处					山东办事处			
烟台办事处					烟台办事处			
杭州办事处					杭州办事处			
北京办事处					北京办事处			
销售部合计：					销售部合计：			

图 2-4　网点成本分析表

2020年1~7月员工收入成本毛利表								
	8月				1~8月累计			
业务员	收入金额	入库金额	毛利	毛利率	收入金额	入库金额	毛利	毛利率
1号员工								
2号员工								
3号员工								
4号员工								
5号员工								
6号员工								
7号员工								
8号员工								
9号员工								
10号员工								
11号员工								
12号员工								
13号员工								
14号员工								
15号员工								

图 2-5　员工成本分析表

从合同维度看，成本核算层级为公司、合同、单台三级。

从产品系列看，成本核算层级为公司、产品大类、具体型号、关键参数四级。

从物料维度看，成本核算层级为公司、单台产品、部件、零件、工序五级。

2.2.3　效率目标

效率是企业的竞争力所在，目前市场竞争日趋激烈，效率低下的企业必然被市场淘汰，尤其在全球经济一体化的今天，效率是企业的生命。企业必须把效率放在经营工作的突出位置，企业是一个生产经营组织，需要所有成员的共同努力与配合，才会产生效率。效率是企业追求的首要目标，应调动广大员工的工作积极性和创造性，增强企业对人才的凝聚力和吸引力，增强企业的活力和竞争实力。

1. 管理的效率

管理作为一种特殊的社会活动，它总是在一定的目的指导下进行的。效率管理是一种趋向目的的管理，它的目的是追求效率。效率管理正是通过追求效率来实现其管理的，实行效率管理可使企业在各项活动中的目的非常简单明了，即提高效率，设法用最短的时间完成最多的工作，用最小的投入获得最大收益。

管理归根结底是对人以及人的行为的管理。这是因为只要把人的因素管理好，其他因素也就会管理好。人是生产力和整个管理中最活跃、最能动、最积极的因素，组织活力的源泉在于脑力和体力劳动者的积极性、能动性和创造力。所以，管理的首要任务是对人的管理，通过对人的组织、指导和调节，充分调动人的主动性、积极性和创造性，做到人尽其才。

2. 设备的效率

设备是管理系统中的基本要素，与人相对应的客观存在，是管理活动所必需的物质条件和物质成分的总和。它不仅是指管理中的物质生产资料，而且指在管理系统中除人之外的那些作为管理对象的一切物质成分。我们把财也看作物，即看作物的价值表现。现代管理要求任何企业都不能再通过高消耗来获取企业发展的机会，而应当把降低生产成本和管理成本作为挖掘企业发展潜力的基本途径，从而使企业更适于在严酷的环境中生存和发展。所以，管理好、使用好资金、物资设备和物质设施，是提高管理效益、降低管理成本的重要途径。科学的管理和合理的使用物资资源将会最大限度地提高效益。

3. 生产制造的效率

企业整体生产制造效率的提升，需要培养专业的精益生产人员，学习精益生产管理知识，促使企业在各个方面进行精益生产改善活动，逐步实现精益生产。影响企业生产线效率的因素有人员、设备工装、现场物流、工艺品质、现场管理。

公司资产的流动性直接反映公司经营的效率，在制流动性直接反映生产制造的效率，是决定企业效率的关键因素与指标。因此，应对公司整体在制流动性、原材料库在制流动性、半成品在制流动性、车间在制流动性、产成品在制流动性等目标指标进行分析与管控。在制流动性分析如图 2-6 所示，库房流动性分析如图 2-7 和图 2-8 所示。

在制流动性分析（20200101~20200831）

		0~7天			8~14天			15天以上			合计		
		种类	数量	金额	种类	数量	金额	种类	数量	金额	种类	数量	金额
一	原材料库房												
	点比												
二	成品库												
	点比												

		0~3天			4~7天			8~14天			15天以上			合计		
		种类	数量	金额	种类	数量	金额	种类	数量	金额	种类	数量	金额	种类	数量	金额
三	半成品库房															
	点比															
四	车间在制															
	点比															

图 2-6　在制流动性分析

库房流动性分析（20200101~20200831）

库房名称	子库名称	0~7天			8~14天			15天以上			合计		
		种类	数量	金额（万）	种类	数量	金额（万）	种类	数量	金额（万）	种类	数量	金额（万）
采购库	配套一												
	点比												
采购库	配套二												
	点比												
采购库	配套三												
	点比												
采购库	钢材库												
	点比												
采购库	焊条库												
	点比												
采购库	综合库												
	点比												
毛坯库	毛坯库一												
	点比												
毛坯库	毛坯库二												
	点比												
采购库	炉料库												
	点比												
中转库	中转库												
	点比												
合计													

图 2-7　库房流动性分析 1

库房流动性分析（20200101~20200831）

库房名称	子库名称	3天以内			4~7天			8~14天			15天以上			合计		
		种类	数量	金额（万）	种类	数量	金额（万）	种类	数量	金额（万）	种类	数量	金额（万）	种类	数量	金额（万）
半成品库	半成品库二															
	占比															
半成品库	半成品库四															
	占比															
半成品库	半成品库七															
	占比															
半成品库	立体仓库															
	占比															
部件库	部件库															
	占比															
合计																
占比																

图 2-8　库房流动性分析 2

2.2.4　盈利能力

盈利能力是衡量企业经营绩效的重要指标，是企业经营管理水平、创新能力、可持续发展的体现，也是企业一切经济活动的根本出发点。盈利能力从表象来讲主要表现在企业的经济效益上，是指企业的销售收入与生产成本之间的比例关系。企业经济效益的高低取决于两个因素：一个是利润总额，另一个是生产成本和三项费用。企业利润增加并不一定表明企业经济效益提高，在这里存在三种可能的情况：如果利润增长幅度大于生产成本和三项费用的增长幅度，说明经济效益提高；如果是同比增长，则经济效益不变；如果利润增长幅度低于生产成本和三项费用的增长幅度，则说明经济效益降低。

盈利能力从本质上来讲主要表现在现代管理方法、经营管理水平、劳动生产率、科技含量上，而这些恰恰是智能制造需要解决的问题。

经济效益和劳动生产率之间既有严格的区别，又有紧密的联系。劳动生产率是生产者单位时间内生产产品的能力，是单位产品与生产单位产品的劳动时间之间的比例关系，它反映的是生产者的劳动能力；经济效益则反映的是企业“亏损”或“盈利”的经营效果，是衡量一切经济活动的最终的综合指标。要提高经济效益，就必须提高劳动生产率，从而降低消耗，但企业劳动生产率的提高不一定意味着经济效益的提高。若企业生产的产品适销对路，质量合格，那么劳动生产率越高，成本就越低，其经济效益也就越高。若企业生产的产品不适合市场需要，或者质次价高，那么劳动生产率越高，意味着资源浪费就越严重，其经济效益就越低。

科技含量高与经济效益好是同一个问题的两个方面，两者有着深刻的统一性。新型工业化对科技含量高、经济效益好的要求，实际上就是要求工业化生产应充分运用高科技，同时又尽可能减少对原材料与能源的消耗，以达到工业产品品质的高智能化和经济效益的高水平的统一。经济效益好就是低投入、高产出。一方面，唯有大力发展高科技，同时注重它们在工业生产中的运用，才能实现工业生产的低投入、高产出，才能保证工业产品的高科技含量；另一方面，低投入、高产出就根本而言是强调对原材料与能源的节约。

提高经济效益的另一条途径是——管理和科技，两者本身就是不可分割、相互依赖、相互促进的。因为管理本身就是一种科学，提高管理水平也需要先进的科学技术和手段，而管理水平的提高也有利于先进技术的有效使用。所以，如果说提高经济效益是企业一切经济活动的根本出发点，是企业生产的最大目的，那么依靠科技和管理则是达到这一目的的两种方法和途径，它们是一致的，只是两个不同侧面而已。

2.3 企业智能制造需求

当前，我国制造企业面临着巨大的转型压力，如人力资源成本压力激增、企业运营绩效不高、利润率低、高污染高能耗、缺乏有效的业务管理和数据管理体系、无法快速应对市场变化、创新能力不足、自动化设备及生产线缺乏柔性、产品质量和可靠性不高、上下游企业之间缺乏协作、信息不透明等。同时，制造企业产能过剩、竞争激烈、低成本竞争策略已经走到了尽头。制造企业面临这些困境的根本原因是企业在质量、成本、效率、效益等关键竞争力要素上失去了优势，因此迫切需要通过产业变革来彻底改变这种局面。随着客户个性化需求日益增长，新一代信息技术、物联网、协作机器人、增材制造、大数据、人工智能、移动互联网、预测性维护、机器视觉等新兴技术迅速兴起，为制造企业推进智能工厂建设提供了良好的技术支撑，通过智能制造来革命性改变企业目前遇到的困境、从根本上提升企业关键竞争力要素是我国制造企业的现实需求。

2.3.1 企业国际化的需求

中国制造企业的“国际化”之路刚刚开始，许多产业的集中度相对较低，全球竞争格局并没有完全定型，中国企业面临的局面更加严峻：一些发达国家的产业不但集中度高且能力壁垒坚硬——少数巨头占有绝对的技术优势，出现了结构性稳定的格局。

第一，质量控制的国际化水平需求。中国制造企业的产品难以进入国际市场上的主流通路。国外发达国家的市场经过多年的发展、演变，产业已呈现出集中度高、结构稳定的特征。中国企业产品要进入国际市场，必须在质量控制体系上真正与国际接轨，满足国外用户验厂要求，用数字化、网络化、可视化等技术保持产品的质量性能。

第二，制造技术和标准话语权的需求。中国企业在很多产业领域没有掌握国际技术标准。它与部分市场准入条款相关联，不遵从者难以进入国外市场，它也使国外用户产生了依赖和惯性；同时，以技术标准为基础，已形成了内部关联的产业生态，不遵从者难以整合国际供应链资源。不掌握技术标准的中国企业在国际市场上所处的竞争地位是不言而喻的。在这一轮全球智能制造大潮中，中国企业必须实现“弯道超车”，在相关标准制定过程中更多地参与进去。

第三，资源利用效率的需求。中国出口产品大都是初级产品，产品附加值不高，消耗大量资源。中国总体上是一个资源贫瘠的国家，石油、铁矿石等重要资源严重供不应求，需大量进口以弥补国内供应的缺口。

国际企业及资本完全可以利用这一短期无法改变的态势，通过供应链上的多个因素制约、削减中国产品的国际竞争力。因此，通过智能制造，提高资源利用效率，增加产品附加值，降低制造成本，是中国制造企业获得国际竞争力的根本需求。

第四，国际化人才培养的需求。我国制造企业长期以来的过度低价竞争，导致在人才引进、使用、培养上缺乏投入，况且有些企业也不具备容纳天下人才的企业文化和管理基础，其根本原因还在于中国制造企业自身管理基础的薄弱和能力的欠缺。智能制造，为培养制造领域人才的国际化提供了机会和条件。

2.3.2 企业精益管理的需求

管理水平是企业资源作用发挥的基础，然而，制造企业智能制造过程中在市场、生产和服务等前端部门仍然存在以下七个问题：

1）客户信息管理。很多客户信息、线索信息都藏在销售人员的“口袋”里，销售人员离开后无从查证；通过各种渠道购买产品的客户数量多、类型复杂，管理部门希望获知每个产品的购买客户、使用客户、产品使用状态、再次购买需求等信息。

2）销售过程管理。企业缺乏一套销售管理体系，不能统一管理各个渠道从线索到订单的销售管理体系；企业管理者难以控制销售的客户拜访，销售拜访计划、执行过程和成果评估缺乏闭环管理，销售费用难以控制。

3）服务管理。产品销售合同重产品、轻服务，忽略服务交付管理过程，客户体验差，货款难收回；不能实时监控设备运行状态，无法做到设备故障发生前提前预警，通常故障发生后的维修成本更高；客户故障请求直接到制造商，售后服务、维修、退换货处理请求无法及时传达至各级经销、代理渠道。

4）产品管理。产品更新快，品类和型号多而复杂，前端营销人员需及时熟悉新产品，而新产品详细信息在后端设计或制造部门，前后端信息难以协同。

5）订单管理。为满足客户定制化需求，销售人员需要与技术、采购、商务等专业人员协同销售，稍有疏忽，就容易造成订单的产品方案或商务报价问题；企业管理者期望有完善的对商机立项、报价、投标、合同签署的评审体系，旨在预测合同，控制合同收入；销售人员负责合同签署和回款，订单生产和交付过程不透明，销售人员不仅难以快速答复客户交付进度，也难以制订回款计划以及准备应急方案。

6）采购和库存。缺乏及时而可信的销售订单预测数据，采购和库存管理人员难以根据客户需求制订适合的采购或安全库存计划，容易贻误合同交付；销售和服务人员需要及时了解产品库存状况，以期避免响应客户需求不及时、贻误商机或订单延期等状况。

7）产销协同管理。企业管理者关注能支持订单快速交付的产销协同管理模式，合同签署或合同变更后，能快速制订跨部门的生产交付计划，旨在控制成本，保障合同利润；生产资源计划管理精细度影响成本控制。

显而易见，企业要解决这些问题，就必须从精益管理、信息化、数字化、网络化等方面系统地实施智能制造。

2.3.3 企业智能工厂建设的需求

我国制造企业在推进智能工厂建设方面还存在诸多问题与误区。

1）盲目购买自动化设备和自动化生产线。很多制造企业仍然认为推进智能工厂就是自动化和机器人化，盲目追求“黑灯工厂”，推进单工位的机器人改造，推行机器换人，上马只能加工或装配单一产品的刚性自动化生产线；只注重购买高端数控设备，但没有配备相应的软件系统。

2）尚未实现设备数据的自动采集和车间联网。企业在购买设备时没有要求开放数据接口，大部分设备还不能自动采集数据，没有实现车间联网。目前，各大自动化厂商都有自己的工业总线和通信协议，OPCUA标准的应用还不普及。

3）工厂运营层还是“黑箱”。企业在工厂运营方面还缺乏信息系统支撑，车间仍然是一个“黑箱”，生产过程还难以实现全程追溯，与生产管理息息相关的制造BOM数据、工时数据也不准确。

4）设备利用率不高。生产设备没有得到充分利用，设备的健康状态未进行有效管理，常常由于设备故障造成非计划性停机，影响生产。

5）依然存在大量信息化孤岛和自动化孤岛。智能工厂建设涉及智能装备、自动化控制、传感器、工业软件等领域的供应商，集成难度很大。很多企业不仅存在诸多信息化孤岛，也存在很多自动化孤岛，自动化生产线没有进行统一规划，生产线之间还需要中转库转运。

究其原因是智能制造和智能工厂涵盖领域很多，系统极其复杂，企业还缺乏深刻理解。企业要根据企业的产品和生产工艺，做好需求分析和整体规划，结合企业内部的IT、自动化和精益团队，在此基础上稳妥推进，取得实效。

2.3.4 企业智能制造的现实需求

现阶段制造企业迫切需要实现智能制造，以增强企业综合竞争力水平。

1）车间/工厂的总体设计、工艺流程及布局建立数字化模型，并进行模拟仿真，实现规划、生产、运营全流程数字化管理。

2）应用数字化三维设计与工艺技术进行产品、工艺设计与仿真，并通过物理检测与试验进行验证与优化。建立产品数据管理（Product Data Management，PDM）系统，实现产品设计、工艺数据的集成管理。

3）制造装备数控化率超过70%，并实现高档数控机床与工业机器人、智能传感与控制装备、智能检测与装配装备、智能物流与仓储装备等关键技术装备之间的信息互联互通与集成。

4）建立生产过程数据采集和分析系统，实现生产进度、现场操作、质量检验、设备状态、物料传送等生产现场数据自动上传，并实现可视化管理。

5）建立车间 MES，实现计划、调度、质量、设备、生产、能效等管理功能。建立 ERP 系统，实现供应链、物流、成本等企业经营管理功能。

6）建立工厂内部通信网络架构，实现设计、工艺、制造、检验、物流等制造过程各环节之间，以及制造过程与 MES 和 ERP 系统的信息互联互通。

7）建立工业信息安全管理制度和技术防护体系，具备网络防护、应急响应等信息安全保障能力。建立功能安全保护系统，采用全生命周期方法有效避免系统失效。

企业智能制造实施要点如下：

1）实施智能制造的组织，前期任务是组建一个知识资源开发小组。该小组由不同层次知识的智慧型专业人员组成，这个小组的使命是实施本企业的知识生产。知识生产的目的是知识分配，分配的目的是供不同层次的决策人员加以应用。

2）知识应用的主要情境，即反复性情境、变更性情境、交叉性情境、异步性情境。

3）离散制造企业智能制造的实施原则：需在两化融合或数字化车间技术基础上，自主开发新的、更深层次的关键技术——智能制造技术，建立起自我纠错、自我完善的“智力组织”，形成基于知识的“制造智能”。智能制造的实现是逐步的，直到覆盖整个生产过程。

智能制造需要在实施和发展过程中得到改善：

1）需引入智能识别技术，辨识并汇集出新的实体数据，以此消除因交叉作业而带来的产品质量退化。

2）需在数字化车间既有基础上设置分析推进系统，形成自底向上的闭环反馈系统，实现流程工业过程那样的实时感知，精准调控。

3）引入机器学习技术，提取交叉性知识和关联性规则，促进不同专业人员向多专业自适应方向发展，创新技术协同机制。

4）提高生产过程管控机制的时空分辨率，在数字化车间大规模网络化集成应用环境下，仅凭个人的智慧，如果没有细致的物流测量和设备监测，也只能做出大概的、宽时间分辨率的判断，故不能应对复杂、多变的局面。

第3章 智能制造实践理论

3.1 智能制造实践基础

我国智能制造实际上也经历了近30年的历史，从20世纪90年代的CIMS（Computer Integrated Manufacturing System，计算机集成制造系统）工程开始，经历了“两甩”工程、“两化”融合、“两化”深度融合、数字化车间、智能制造试点示范项目等由浅入深的信息化之路。在此过程中，很多企业在实施中获得了大量经验，也引发了大量思考，同时政府相关部门、高等院校、研究院所等领导、专家撰写了很多关于智能制造的论文，百家争鸣，百花开放，极大地丰富了大家对智能制造相关理论、理念、观点的理解和认识。各种社会组织也以各种方式举办论坛，组织去德国、日本、美国等发达国家参观调研等活动，为智能制造的实施奠定了实践基础。

3.1.1 CIMS工程

CIM（Computer Integrated Manufacturing）的概念最早由美国约瑟夫·哈林博士在1973年提出，其基本出发点是：①企业的各种生产经营活动是不可分割的，要统一考虑；②整个生产制造过程实质上是信息的采集、传递和加工处理过程。因此，企业作为一个统一的整体，必须从全局的、系统的观点出发，在各个环节，如市场、经营、管理、接受订单、产品设计、仿真分析、工艺规划、加工制造、销售、售后服务进行整体规划，广泛采用新技术和新理念，加速信息流的采集、传递和加工处理过程，将企业生产中有关要素整合。CIMS 的主要特征如下。

1. 以信息集成为特征

CIMS 概念最初于 20 世纪 70 年代提出，在 80 年代得以应用并迅速推广，这一时期的 CIMS 以信息集成为特征。信息集成使得生产要素之间不再“各自为政”，相互之间协调匹配，生产要素潜力得到更大的发挥，减少生产过程中各种资源的浪费，提高整体效益，以适应这一时期市场竞争的需要。

2. 以过程集成为特征

20 世纪 90 年代是信息时代，更是知识的时代，技术发展越来越快，如何在最短时间内开发出高质量及用户能接受的价格的产品成为企业在市场竞争中的焦点，并行工程（Concurrent Engineering，CE）应运而生。并行工程是对产品设计及其相关过程（包括制造过程和支持过程）进行并行、一体化设计的一种系统化的工作模式。这种方法要求产品开发人员在设计初始阶段就考虑产品整个生命周期中从概念形成到产品报废处理的所有要素，包括质量、成本、进度计划和用户要求。

3. 以企业集成为特征

随着技术变革突飞猛进和生活水平提高，人们对新产品的渴求日益增强，市场对于企业的要求越发严格，产品数据采集、传递和加工处理过程，将企业生产过程中的相关要素进行整合，从产品研发、生产准备、生产制造、经营管理、质量管控等角度进行整体集成，从而提高企业的市场竞争力。

CIMS 的一个重要特点是集成。集成是将原来独立运行的多个单元子系统通过某种方式集中在一起，产生联系，进而形成一个协同工作的、功能更强的新系统。集成不是简单的连接，而是经过统一规划设计，分析原单元系统的作用和相互关系并进行优化重组而实现的。与物流、信息流和工作流相对应，CIMS 的集成可分成物流集成、信息集成和功能集成。它主要以企业内部集成为主，并考虑与外部环境的集成。

CIMS 的集成重点在信息集成上，但系统集成的最终目的是实现企业的功能集成。要对系统运行过程进行综合分析，对系统进行重新设计，使工作流程简化完善、精美优化，使之协调运行。功能集成要借助各种现代的管理科学成果，并在信息集成的支持下才能实现。制造是利用各种资源（原料、设备、工具、资金、技术、信息、人力等），按照市场要求，将资源转化为人们能够利用的产品的过程。各类制造业都是物质生产的企业，都是统一的整体；各种制造过程中的物质采购、存储、加工处理、运输的过程，也都是信息收集、存储、加工传递的过程；各种制造企业无论其产品类型、生产方式等，都面临着激烈的市场竞争，都存在改善交货期、降低产品成本等问题。这些特点决定了 CIMS 是适用于各种制造企业的共同理念。

CIMS 是一种观念，一种哲理，它是生产发展到一定阶段的产物。在信息时代，它是用信息集成方式来提高生产效益，使之符合不断变化的社会与市场需求。CIMS 的概念和内容并不是一成不变的，它必须随着生产水平、生产方式的发展和人类社会的进步、信息技术的提高而不断发展。CIMS 的研究必须不断更新，永远不会停止在一个水平上。CIMS 是我国加工制造业前进中不可缺少的阶段，帮助企业提升加工制造产业的现代化水平，适应不断变化的市场需求，增大经济效益和社会效益，以满足不断提高的日新月异的人民生活需求。

3.1.2 “两甩”工程

“十一五”期间，制造业信息化的目标是推进“两甩”工程：以“甩图纸”为标志的设计制造一体化、无纸化和以“甩账表”为标志的企业数字化管理。

1. 甩图纸

“甩图纸”是指组织企业建立数字化设计、制造集成平台或框架，开展以三维产品模型为核心的产品设计、分析仿真、工艺规划、数控加工集成技术与应用的示范，最终实现从产品设计到加工制造的全线无纸化。

“甩图纸”的第一层内涵，是甩掉纸介质，实现无纸化；甩掉图传递，实现电子化。甩掉图纸以后，采用数字化建模方式，可以构建产品的几何样机和性能样机。基于三维产品模型或数字样机可以直观地优化产品结构，采用CAE、虚拟仿真等技术手段，实现产品性能优化、分析和仿真。以产品数字模型为基础的产品仿真分析和多学科综合优化，促进产品创新。

“甩图纸”的第二层内涵，是甩掉图纸，构建产品数字样机，进行产品结构、功能、性能的优化分析与仿真，带来的是设计手段的深刻变革。甩掉图纸以后，产品全数字化模型需要采用PDM系统对产品模型及产品设计开发流程进行管理。数字化的产品模型在PDM系统的管理之下，便于设计、分析、制造、维护等产品全生命周期的各个环节的共享使用。

PDM系统不仅能够实现产品全生命周期的信息共享，更能实现设计、分析、制造、维护等环节的业务流程的协同和并行化工作。

“甩图纸”的第三层内涵，是甩掉图纸，采用PDM系统，带来的是产品数据管理、产品开发过程协同方式的深刻变革。甩掉图纸以后，将数字化产品模型、设计分析工具、设计开发流程、设计知识经验、标准规范等进行全面集成，构建设计能力平台，实现产品开发过程中信息的共享、功能的集成和业务流程的协同。

“甩图纸”工程是对工程图纸概念的革命。甩掉人们对工程图纸的传统认识和应用方法，甩掉以图纸为主要载体进行产品开发和信息传递的工作模式，利用先进设计方法和信息化等技术手段，变“纸上作业”为“无纸作业”，变“纸面传递”为“无纸传输”，实现从设计或制造意图的电子化表达，综合应用各种技术优化设计结果，再向产品开发各环节集成，提升各组织的协同效率，最终实现产品开发能力的提升。丰富产品的工程信息描述，建立完备的产品信息模型，促使设计经验、知识和方法的不断积累，强化产品创新能力。利用仿真分析、多学科综合优化等先进技术，增强产品设计手段，提高产品质量，降低产品成本；消除产品开发各环节的信息壁垒，甩掉对图纸的依赖，各环节协作互动，提高整体效率；采用数字化集成与协同工作模式，管好产品开发全过程的信息和流程，提升企业敏捷性与竞争力；促进企业之间联合参与全球竞争，实现优势互补、强强联合，利用产业链的优势，赢得市场。

2. 甩账表

“甩账表”，即抛弃企业经营管理过程中以纸介质为主要载体进行业务管理和信息传递的作业方式。甩掉账表，人财物产供销单项业务管理手段电子化，成本、库存、销售等各种管理信息电子化。各种管理信息的电子化，可以动态生成各单项业务信息，便于统计图形与报表快速自动生成。

“甩账表”的第一层内涵：甩掉纸质账表，采用电子化信息处理方式，带来的是单项管理工具的变化，实现管理信息处理的自动化和便捷化；甩掉纸质账表，实现管理信息的精确、及时反馈，实时动态管理，便于控制措施快速跟进；甩掉纸质账表，管理信息更精确化与实时化，便于从粗放式管理走向精细化管理。

“甩账表”的第二层内涵：甩掉纸质账表，采用数字化管理，带来的是组织机构的扁平化和业务流程的优化；甩掉纸质账表，实现人财物产供销单项系统内部的信息功能集成和业务流程协同、人财物产供销业务系统之间的信息共享，以及跨系统的业务协同。

“甩账表”的第三层内涵：甩掉纸质账表，通过管理过程的精细化、业务流程的优化、组织机构的扁平化，最终带来的是管理模式的深刻变革。

甩掉以纸介质为主要载体的各种账本，甩掉通过纸介质进行的信息传递方式，甩掉各种统计报表由手工计算完成的作业方式，甩掉以各种经验方式进行计算和生成各种计划、指令的模式。实现业务基础管理的精细化和规范化，实现管理由静态到动态、由事后控制到事前计划的转变，有效地优化业务流程，实现管理模式的创新。

3.1.3 “两化”深度融合

党的十七大提出的“两化”融合和十八大提出的“两化”深度融合是工业化和信息化发展到一定阶段的必然产物，它将提升企业可持续竞争优势，是企业创新发展的关键所在。“两化”融合主要包括技术融合、产品融合、业务融合、产业衍生四个方面。概括来讲，“两化”融合是指将电子信息技术广泛应用到工业生产的各个环节，信息化成为企业经营管理的常规手段。信息化进程和工业化进程不再相互独立进行，不再是单方的带动和促进关系，而是两者在技术、产品、管理等各个层面相互交融，彼此不可分割，并催生了工业电子、工业软件、工业信息服务业等新产业。

1. “两化”融合促进工业企业的转型

现代工业制造企业在信息化的支撑下，将产品的研发和电子信息技术、制造技术以及企业管理技术等进行有效的结合，从而大大改变了企业在研发、制造、管理以及其他各个生产管理环节的工作方式，实现了信息化生产和研发，同时也加快了企业管理信息化的步伐，增强了企业在生产和管理方面的创新能力，在整体上提高了企业的竞争能力。对于我国经济来讲，生产制造行业非常重要，制造业信息化为我国步入新兴“工业4.0”道路提供了基础，促进了我国工业企业的华丽转型。

2. 提升企业与市场的沟通能力

在信息技术的支撑下，现代制造企业在互联网方面的应用已经相对成熟，扩大了信息来源，朝着信息化方向发展。面对激烈的市场竞争，制造企业与市场和客户的沟通方面的能力有待提升。通过高效的沟通可以更加深入地挖掘客户需求，扩大市场范围。在工业转型和变革中，工业企业必须加强与外界企业的合作，通过协作和外包的方式来提高企业的竞争能力，以适应新经济时代的发展需求。

3. 有效促进业务的有效融合

通过电子信息化和工业化的高度融合，有利于工业企业的经营管理中应用信息技术来对企业的新产品进行设计和研发，同时还可以将信息技术应用到产品的生产制造和市场营销等企业生产管理的环节中，从而有利于企业的发展和创新，做到业务的有效升级。例如，通过对计算机的普及应用，从根本上改变了传统的手工记账方式，从而大大提高了企业财务管理效率，也提高了财务数据的准确性；在信息化基础上，企业管理的智能化应用得到了有效提升，这样就加快了企业生产制造的效率，同时减少了对劳动力的需求，一方面降低了生产成本，提高了产品质量；另一方面也增强了生产制造过程中的安全性。通过对互联网的应用，加快了电子商务的发展，电子商务是一种新兴的销售方式，这样不仅可以降低销售过程中的各项成本，同时也缩短了销售中间环节的各种时间，从而提高了销售效率，有利于企业资金的高效周转。

4. 促进企业可持续性发展

“两化”融合过程除了为企业带来了直接的便利和管理效益之外，也衍生出了很多新型产业和新兴行业，其中比较典型的就是工业软件、工业信息服务行业以及电子工业等。在电子工业中，汽车、航空、船舶的电子化以及机械的电子化尤为典型。在两者的深度融合下，可以对工业发展进行传承和延续，在两者融合的基础上可以不断加强创新实践，在技术领域内进行创新，促进企业的可持续性发展。

5. 有助于提升企业竞争力

“两化”深度融合有助于企业降低边际成本，提高生产率，同时还有助于企业产品和服务的差异化。另外，在网络集约型经营模式下有助于企业降低沟通成本和经营风险，优化企业内部资源配置，提高企业能源利用率，实现集约式发展。在企业的生产管理、工艺创新、产品检测、市场营销以及环保节能等各个环节将信息化充分与工业化进行深度融合，有助于企业经营新模式的产生，增强企业经济效益，从而提升企业的竞争力。

信息化的出现和发展对工业化发展起到了很多好的带动作用，随着两者融合深度的不断加强，可以对工业生产管理各个流程带来极大的支持，同样工业化的大力发展也可以对信息化技术进行不断的升级，使两者相互作用、相互提升，从而提升企业可持续发展和竞争优势。

“两化”融合整体管理体系如图 3-1 所示。

3.1.4 数字化车间

“十二五”到“十三五”期间，国内大企业开始建设数字化车间。数

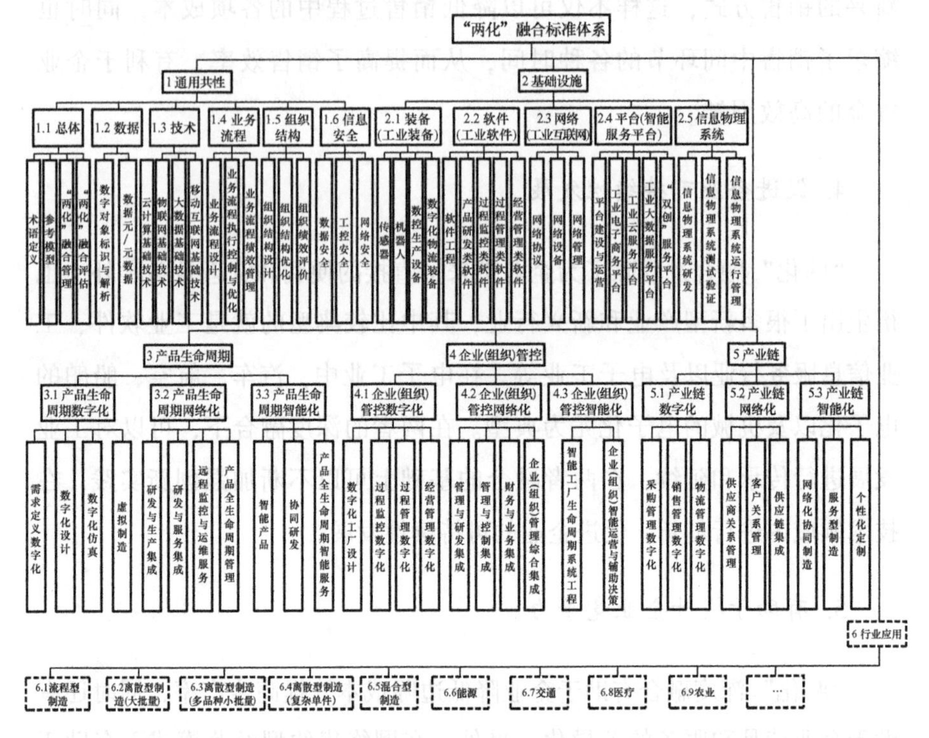

图 3-1 "两化"融合整体管理体系

字化车间必须有能力适应"多小型"生产组织方式，要在既有的柔性制造系统基础上，新增生产过程及设备的数据采集、质量动态监测与控制、柔性物流、自动化装配和生产过程仿真等，形成以先进制造技术为支撑的新型制造体系。进而，与企业级 ERP 生产计划、车间级调度作业体系相融合，将离散的多项目、多订单交付计划转化为连续的多品种、小批量零件生产计划，通过新建的数字化车间的各个系统，准时、并行地渗透到各个加工单元，将平行作业指令落实到垂直布局的生产线质量活动之中。

数字化车间由数字化设计、数字化制造、智能物流及数字化装配四大部分组成。其中，数字化设计依托企业已有的数字化设计平台，故数字化车间建设主体是数字化制造、智能物流和数字化装配三部分，以实现零件加工、物流管控、组装及检测全过程的自动化、数字化、网络化、智能化。数字化车间建设内容如图 3-2 所示。

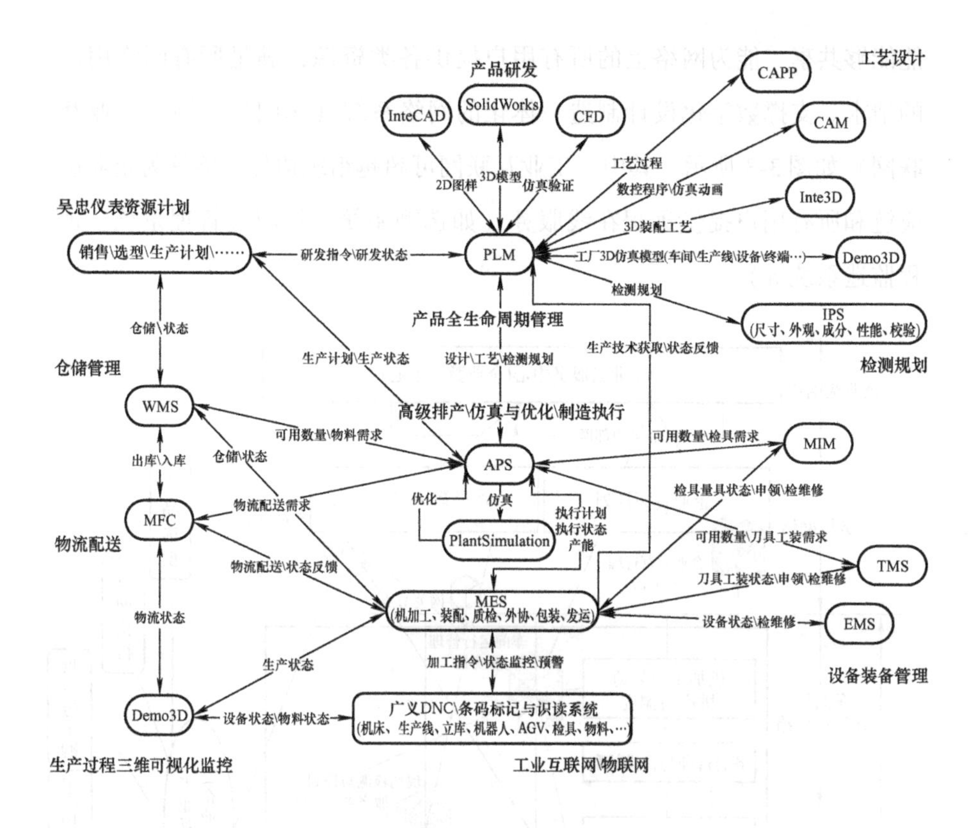

图 3-2 数字化车间建设内容

CAD—计算机辅助设计 CAPP—计算机辅助工艺编制

CAM—计算机辅助制造 Inte3D—三维装配工艺设计

Demo3D—高逼真度物流系统动画、仿真、控制平台 IPS—检测规划系统

PLM—产品全生命周期管理 EMS—设备管理系统 MIM—计量器具管理系统

TMS—刀具工装管理系统 WMS—仓储管理系统 MFC—物流调度系统 APS—高级排产

PlantSimulation—工厂和生产线物流过程仿真、优化工具 MES—制造执行系统

DNC—分布式散控系统

3.1.5 IT 基础设施

计算机网络被定义为“以能够共享资源（如硬件、软件和数据等）的方式连接起来，并且各自具备独立功能的计算机系统的集合”。这意味着网络不仅要实现通信媒体的连接，而且要实现各节点计算机独立的功

能能够共享，能为网络上的所有用户提供各类资源，满足所有网络用户的请求。支撑数字化设计制造一体化的网络系统（车间局域网 + 工业互联网）如图3-3所示。其中，工业互联网可超越组织边界，能够为企业供应链和所有用户提供远程在线服务（如选型系统、供应链管理系统、远程监造系统等）。

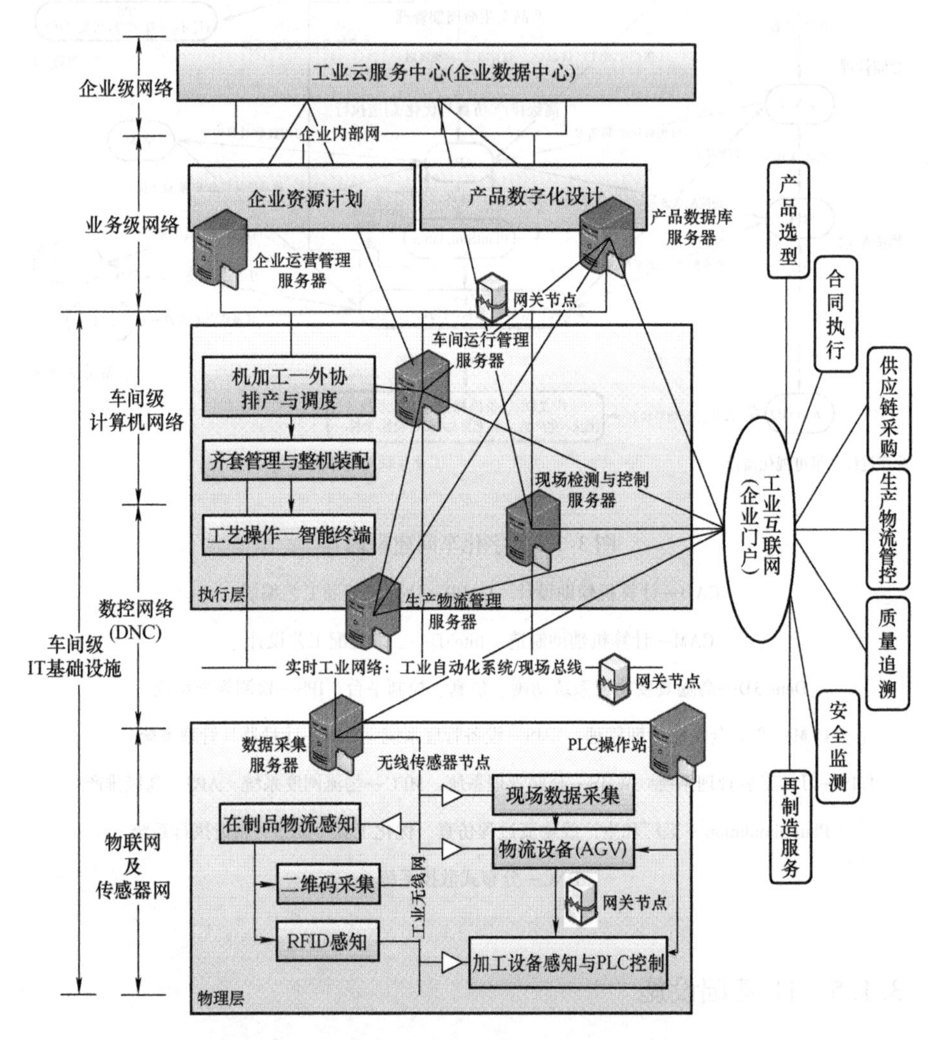

图3-3 支撑数字化设计制造一体化的网络系统

基于工业云的生产过程信息化系统能够精简企业架构，实现数据的集中存储、集中备份及充分利用虚拟架构中虚拟机（VMware）的功能。

云计算技术的高扩展性适应用户业务量增加，只需对物理服务器（刀片服务器，Blade Server）增加适当的内存或者直接加入一台物理的服务器即可，在增加物理硬件时业务也不会中断，因此特别适于负荷变化频繁的生产过程中的制造执行任务。此外，桌面虚拟化应用为用户访问生产过程信息提供了高效率和灵活性，为不同地点和使用不同设备的终端用户提供了具有临场感的用户体验。

3.2 智能制造实践过程

3.2.1 智能制造要“软硬兼施”

在谈到智能制造时，大多数人的关注点都在各种软件上，如ERP、MES、PLM、CAD、CAM等。当然，智能制造离不开这些软件系统，也离不开大数据、人工智能、边缘计算等新兴技术手段。但是，装备、物料等硬件在智能制造中也起着非常重要的作用。装备作为智能制造的手段，其自身的智能化水平、柔性范围、效率程度、投资规模等都影响着智能制造实现的效果；而物料作为智能制造的对象，它的原始状态、物流过程、物流方式、质量保证等都要进行策划和研究，以及哪种特定的工艺更适合智能制造、更能发挥智能制造的效率和效益。因此，智能制造必须要“软硬兼施”。

智能制造的建设一直以来还存在着两个极端趋势：一是简单的“机器换人”，以工业机器人为主体的硬件装备投入为主要方向，认为推进智能工厂就是自动化和机器人化，盲目追求“黑灯工厂”，推进单工位的机器人改造，上马只能加工或装配单一产品的刚性自动化生产线。其只注重购买高端数控设备，但却没有配备相应的软件系统。二是不结合企业实际需求购买软件。有些企业花几百万元、几千万元甚至上亿元资金购买各类软件，总认为这些软件系统就能解决企业的一切问题，就能够实现智能制造，国内软件解决不了的就购买国外软件，似乎用了国外软件，企业内部的管理问题、业务问题就迎刃而解。这两种极端趋势都是盲目性、片面性和“长官意志”的具体体现，都没有从企业对智能制造的实际需求出发，最终不能使企业通过智能制造获得产业变革的主动权。

企业在实施智能制造时要从五个维度考虑：一是技术维度，技术是智能制造的基础，智能制造的数据来源于技术，既有设计 BOM 信息，也有工艺信息；二是管理维度，管理是智能制造的保障，企业各类资源都要通过资源管理系统把作用发挥到极致；三是装备，装备是智能制造的手段，各类软件系统和物料都必须通过装备的高效作用才能转化为产品；四是物料，物料是智能制造的对象，实施智能制造的目的就是实现产业革命，让产品质量更好、成本更低，让产品更具市场竞争力；五是制造，智能制造毫无疑问最后要落脚于制造上，发挥执行的作用，将各类要素体现在制造上，实现效率更高、效益更好。

3.2.2 以零件组织生产以订单组织装配

定制是智能制造的主要特征，生产计划的组织方式要适应定制化要求。以往更多的企业是按照库存销售模式经营企业，生产计划的方式是为了满足必要的库存，而没有与市场订单挂钩，以大量的库存来被动适应市场。这样的生产计划相对比较简单，生产的波峰波谷也相对容易调整，实际上也是仅以生产的负荷来安排生产的。而传统的以销定产的生产计划方式是简单地按订单组织生产的生产组织模式，这种计划方式一是没有考虑生产设备或单元的波峰波谷，缺乏生产的均衡性考虑；二是会形成大量半成品库存和在制品，造成生产成本的增加；三是份合同的齐套性差，难以保证装配和满足订单的交货期。在智能制造环境下，生产方式全部是以销定产，要满足定制要求，必须克服以上生产计划方式的不足，形成以零件组织生产的纵线和以订单组织装配的横线这样框架式的新型生产计划方式，通过相关工业软件系统，有效解决生产的均衡性和满足份合同的齐套性。

“以零件组织生产以订单组织装配”是基于智能制造完全定制化生产的要求提出来的实践理论，它汇集了JIT方式、敏捷制造和精益生产等生产管理方式的特点，是结合智能制造定制化生产需要提出来的生产组织方式。通过主生产系统、制造执行系统等解决了全部定制生产的智能制造生产组织难题，合同订单的齐套性非常高，交货期大大缩短，合同如期交货率显著提高。零部件在制造执行系统和高级排程系统的支撑下，按照主生产计划要求，实现分钟级调度和完成，同步实现某一订单的全部自制零部件按时间节点如期到达装配现场，在订单交付期前与同步到货的其他外购、外协以及标准件等进行配餐，按订单进行装配、调试、试验和发运。

“以零件组织生产以订单组织装配”主要包括以下主要内容：

1）对合同订单里涉及的产品进行任务分解，根据交货期标注自制零部件和外购件结束时间，确保同步完成，避免互相等待。

2）围绕设备利用率，从设备的角度根据制造执行系统的工序要求和高级排程系统的能力适配，最大限度地发挥设备的作用，提高设备利用率。

3）在订单按约定时间交付前，所有零部件同步到达装配现场，数字化配餐，按照定制化的订单要求进行组装并包装发运，确保交货期。

4）企业内部所有部门都围绕客户订单分解出来的任务清单开展工作，工作的针对性、主动性、实时性等非常明确，将各部门的工作通过主生产计划统一起来。

5）物料周转快，根据计划时间来进行物料配送、加工、入库，车间在制仅仅是加工制造时间，没有等待和短缺现象发生。

6）能够适应合同延期、变更、撤销等异常情况发生，避免企业造成更大的经济损失，同时也避免存货积压和资源挤占，满足订单的柔性要求。

主生产计划系统属于ERP系统，就是要把企业的人、机、料、法、环这些资源的作用充分发挥出来，以有限的资源贡献出最大限度的经营成效。通过“以零件组织生产以订单组织装配”的生产计划理论指导，可以让公司各项资源完全发挥作用，以设备利用率、份合同齐套性、存货周转率、在制品流动速度、交货期等指标来衡量整体生产运营效率，实现人机效率最大化。

为应对合同变更、交货期调整、合同履约失信等现实问题，“以零件组织生产以订单组织装配”通过两段计划法，将围绕合同的生产准备与生产制造、采购物资到货等分开实施，有效解决在制品、库存等资金占用问题，灵活应对大规模定制的合同履约和合同变更情况。其主要表现在以下几个方面：

1）适时适量采购，提高应变能力。企业的原则是根据市场的要求进行采购和供应，需要多少采购多少，超量采购和超量储备会造成经济损失和浪费，是一种无效劳动。另外，采购部门与生产计划、市场调研、生产调度和产品销售等部门建立联系，分析预测产品市场状况，研究产品销售规律和特点，为正确编制采购计划、签订订货合同提供可靠依据。在订货方式上，按销售份合同来实施采购合同，一一对应，避免造成短缺和积压。

2）最大限度压缩积压库存，提高资金的效能。以“零库存”为目标，把库存压缩到最低限度，减少资金占用，加快资金周转，根据当期任务计划时间安排配料、加工、入库。以半成品库作为结算节点和数据获得的来源，便于及时调度和组织。

3）“以零件组织生产以订单组织装配”，便于通过两段计划法应对合同变更、延期等异常情况，为企业减少损失和库存占用。

3.2.3 典型工艺典型装备实现柔性最大化

定制是智能制造的主要特征，难点就在于装备能否适应定制要求。面对复杂多变的市场客户要求，如何通过有限的装备来满足无限的客户需求是智能制造要考虑的现实问题。

定制的生产方式必然会造成大量提前无法预测的零部件加工制造工艺，如果不解决该问题，必然会造成交货期无法保证、工艺人员手忙脚乱、生产设备难以适应、产品质量不好控制等一系列现实问题。但是任何事物都是有规律可循的，零部件即使再复杂多变，总是可以根据其工艺特点找出规律，就像数学里的等比数列或等差数列一样，有了规律，问题就迎刃而解。过去有一项技术称为成组技术，这是在“工业 2.0”时代的一项实用技术，其很好地解决了同类产品的加工和检测问题。在智能制造大规模定制的背景下，必须要对典型零件制定典型工艺，根据典型工艺选择、改造和完善相应的设备，形成针对典型工艺的典型设备。

典型工艺典型设备需要从以下几方面考虑：

1）对加工工艺进行充分研究，在企业业务领域范围内制定出若干典型工艺，这些工艺具有相同或相似的工艺特征，便于在 CAM、CPS 和检验系统等软件系统支撑下完成一系列零部件的加工。

2）典型装备要根据工艺要求进行满足典型工艺条件下的装备配置。所以，在项目建设初期要充分考虑购买什么样的装备能够满足工艺要求，既要考虑装备的性能、柔性化，还有考虑装备的效率和价格水平，确保选用最佳的装备。

3）典型装备还可以通过工艺装备来实现装备更大的柔性和更高的效率，尤其是智能工艺装备更能极大地丰富装备的柔性化水平。因此，智能工艺装备在未来产业发展中必将发挥重要作用。

4）典型装备还要考虑效率问题，虽然是柔性装备，但要通过工装、刀具和软硬件控制系统实现和刚性装备（专机）一样的加工效率，才能满足智能制造的要求。

有些企业为了满足定制需要，购买了大量价格昂贵的加工中心，这虽然是“以不变应万变”，但其存在的问题有三：一是价格昂贵的装备会形成很高的折旧费用，增加生产成本；二是所有加工工序都集中到一台设备上，影响加工效率；三是这些价格昂贵的加工中心加工范围、设备的柔性仍然只在一定范围之内，不能满足广域柔性适应范围。企业应根据典型零件，总结出典型工艺，在一般数控设备的基础上，通过工艺装备、刀具、专业软件系统等手段，将设备变成典型设备，满足属于典型工艺的所有加工制造，这样的典型设备加工范围比加工中心更广，而成本会更低。

例如，西门子成都工业4.0示范工厂生产线上的设备实际上就是一个个的典型设备，每台设备满足工艺要求的部分工序能力，通过软硬件物流系统，整套生产线完成一个零件的全部加工制造。这些设备可以适应800多种工序能力。如果采取典型设备的方式，只要在加工范围之内，加工规格几乎是无限的。

3.2.4 质量是设计出来的

企业的质量控制要经历四个阶段：质量是检出来的、质量是干出来的、质量是靠企业文化保证出来的、质量是设计出来的。起初，生产部门的人员和质保人员总是在“质量是干出来的”还是“质量是检出来的”上争论不休，各自说各自的理由，推卸自己的义务，强调别人的责任。这一方面说明企业员工对质量的认识不到位，另一方面也说明质量控制始终是企业经营的重点和难点。随着工业化的不断深入和质量意识的不断提升，目前国内绝大多数企业的质量检测处于“质量是干出来的”；而日本、德国的企业因为工业化历史比较长，质量意识已经深入人心，基本上处于“质量是靠企业文化保证出来的”，其有一批精湛的工匠，他们把产品视为艺术品，生产出高质量的产品。而在智能制造中，产品质量更多的要靠技术人员在工艺规划初期就通过设备、工艺装备、刀具、在线检测设备等现代科技手段来确保产品质量合格率在很高的水准上，通过 CPS 虚拟实体制造系统和严格质量保证体系将质量控制体现在所有业务流程之中，不受员工技能水平的影响，甚至想错都错不了，即质量要在智能制造过程中通过设计规划来保证。

“质量是设计出来的”主要包括如下内容：

1）质量策划。技术部门首先要进行产品的质量策划，从物料的源头开始，包括物料的状态和外形、物料的装夹定位、物料的形位公差精度、关联性等。

2）虚拟与物理的工艺方案制定。通过 CAM 或 NC（Numerical Control，数字控制系统）代码管理系统以及三维仿真系统进行正式加工制造前的虚拟制造，通过对典型零件的实际加工验证及确定典型工艺流程。

3）工艺装备设计。工艺装备既是设备柔性化的主要手段之一，也是物料质量保证的重要工具，尤其智能工艺装备更能发挥作用。

4）检验规划。工艺人员要针对目标零件进行质量检验规划，纳入制造执行系统，确保每一工序的质量。

5）全过程质量保证。从物料的原始状态开始控制质量，采取“一物一码、一序一标”，确保质量控制没有盲点。

6）在线检测设备的应用。随着装备效率的提升，检验工作必须镶嵌在加工制造之中，在线检测设备的应用将极大提高质量保证和加工制造的效率。

工艺装备既是增加设备柔性的主要手段，也是质量保证的主要工具。因此，未来工艺装备，尤其是智能工艺装备都是解决方案中的高科技、高附加值装备。随着智能制造的广泛普及和深入，智能工艺装备需求旺盛，行业前景广阔，有远见的企业家应该提前布局。

同时，在线检测设备是智能制造必需的产品，受技术水平的限制，目前还没有大规模的应用，但是随着红外、光栅、激光等技术的实际应用，必然会大大推进在线检测设备的发展，在线检测设备又是一片蓝海市场。

3.2.5 物流越短越好

物料是智能制造的对象，物料从初时的毛坯状态经过智能制造实现增值的过程中，物流已不是传统意义上的零部件转序，而是将整个制造过程高效地连接起来，要保证工序与工序之间高效切换，要将信息流有效进行传递，要将存货降到最低。因此，物流是智能制造工艺布局考虑的重点，直接影响新建项目和改扩建项目的投资规模以及智能制造的效率。很多企业认为，运用了 AGV、立体仓库似乎就解决了物流自动化甚至智能化的问题，但是高昂的设备投资是一般企业不能承受的，并且是否有必要也值得商榷。如果能通过合理的工艺布局，少用或不用这些智能物流设备，那么既可以提高运转效率，也能节省大量资本投入。

“物流越短越好，最好没有”，这是在长期智能制造实践中总结出来的，体现在以下几方面：

1）通过典型工艺典型设备，完全可以将一个零部件的加工全部工序集中在一台设备或者一个加工岛之中，不需要转序。

2）立体仓库很受实施智能制造企业的青睐，实际上有立体仓库的存在，就说明生产计划存在不同步、份合同不齐套的问题，有大量半成品库存和在制品，造成资金效率低下。其完全可以通过“以零件组织生产以订单组织装配”的生产组织方式，实现“零库存”的定制生产。

3）自动物流小车（AGV）在智能制造中的应用越来越广泛，确实起到了自动转运物料的作用，节省了大量的人力。但是，如果工艺布局和加工工艺设计完美，则完全可以减少或避免物料频繁转运。因此，首先应该在工艺策划上下功夫，在不得已的情况下采用 AGV 来连接产线实现自动化才是更好的选择。

4）从 MES 角度解决物料流动问题。MES 是物流的需求端，也是物流在生产制造过程中的调度端。以总装倒拉为原则，通过 MES 中装配作业计划拉动配餐，配餐拉动物流，物流拉动仓储，实现总装 + 配餐 + 物流 + 仓储的联动作业模式。物流如果独立出来，则应该有一个物流调度系统，用来对 MES 需求端的需求进行响应和组织。

MES 的正常运转离不开物料及物料的流动管理，虽然物料管理的进销存由 ERP 负责管理，但物料的流动需要由 MES 管理，负责管理物料从原材料仓库发料，下料房接料，加工成半成品，半成品入库、齐套、装配等生产过程及其存储、移转和消耗情况。

除了 MES 以外，物料都基于产出的 BOM、工艺路线的规定路径流动。

5）从 APS 角度提高物料利用效率。物料的流动需要有序组织、有序流动才有效率。物流的产出取决于瓶颈的速度和产出，瓶颈的产出才是系统（工厂）的产出。在离散行业，APS 用于解决多工序、多资源的优化调度问题，因此 APS 可以解决物料的高效流动问题。APS 从设备能力作为切入点，通过设备能力和交期，进行作业的编排和组织，而对于物流因素的考虑有限。通过工厂建模技术，实现设备能力和物流能力一体化数字化建模，优化调度，对实现项目制造关键链和成本时间最小化，具有重要意义。

3.2.6 智能制造要保持流水线的效率

随着科学技术的迅速发展和社会经济的快速增长，制造业的竞争日益激烈，再加上消费者的需求变化日新月异，这给制造业带来了很大的机遇和挑战。对制造业而言，每个企业都面临着持续多变、不可预测的全球化市场竞争，为了在日益激烈的市场竞争中生存下去，企业必须快速适应市场的变化并做出相应的产品结构调整，高效率、低成本已成为当今制造企业生存和发展的基本保障。提高生产效率一直是企业追求的目标，效率提高，单位时间内生产的产品数量就增多，工人的收入也相应提高，且不会出现频繁加班的情况，更不会出现员工频繁辞职的情况，进而增加了员工对企业的满意度，从而使工作质量得到保证，并使企业的竞争力提高。

效率是衡量智能制造的重要指标，流水线针对单一产品的生产效率已经达到很高水准，那么在大规模定制的智能制造中面对每一个不同的零部件加工制造时，如何能实现流水线一样的生产效率是具有挑战性的，需要从多方面想办法。

1）流水线一般是针对单一零部件或产品连续高效的生产组织方式，其自动化程度很高，零部件或产品的一致性很好，质量相对容易控制。由于其是大批量生产，固定费用分摊比例较高，因此成本也相对较低。

2）流水线生产虽然解决了效率问题、质量问题、成本问题，但普遍存在效益不高的问题。其根本原因在于流水线生产不是以满足市场需求为出发点的，容易造成产能过剩、产品积压、供大于求，拉低了销售价格，导致市场竞争激烈，降低了企业的利润空间。

3）追求利润最大化虽然不是企业的唯一目的，但是没有利润的企业难以投入大量科研经费开展产品创新、管理创新，也难以持续健康发展。

4）智能制造是在满足市场需求的前提下开展大规模定制的，每一份订单都是以销定产，不存在供大于求，也不会有产品积压现象。制造的难度在于能否实现像流水线一样的生产效率、质量保证和成本控制，这是智能制造的难点之一，也是第四次产业革命如何利用新一代信息技术，通过“软硬兼施”实现产业变革的关键所在。

在柔性、定制的前提下要想提高流水线的生产效率，需要解决以下几个问题：

1）工位和人员设置要合理，实现人机效率最大化。各工位的工作量各不相同，有的工位工作量较小，而有的工位则较大，如果设置不合理，容易造成工作量多的员工心理上的不平衡，影响工作积极性，进而影响生产效率和产品质量。

2）薪酬设计要与智能制造的需求相适应。薪酬不合理，激励机制不健全，没有给员工带来合理的激励机制，员工工作就会没有积极性，每天安于现状，没有奋斗目标，进而影响企业整体智能制造的效率。

3）现场7S管理。5S是企业管理的基础，在智能制造条件下，5S更是必不可少。在此基础上还需要加上安全和效率，通过7S的实施，改善和提高企业形象，提高生产效率，改善零件在库周转率，减少故障，保证品质，确保安全生产，降低生产成本，改善员工精神面貌，使企业更具活力，缩短生产周期，确保交货。

4）实施生产线员工自检。在生产过程中员工自检要做到：①确认上道工序零部件的加工质量；②确认本工序加工的技术、工艺要求和加工质量；③确认交付到下道工序的完成品质量。

3.2.7 企业资源更是生产力

资源利用率如何体现在质量、成本、效率、效益上。企业资源包括了人（人力资源）、机（包括装备在内的所有固定资产）、料（包括物料在内的所有流动资产）、法（技术手段）、环（公司各项管理制度和质量保证体系）。人力资源的作用如何发挥、固定资产的作用如何发挥、流动资产的作用如何发挥、技术的作用如何发挥、管理制度和质量体系的作用如何发挥等问题要通过智能制造系统充分得到解决。

3.3 智能制造终极目标

3.3.1 提升企业关键竞争力

智能制造的根本目的是提升企业关键竞争力，那么企业关键竞争力究竟包括哪些方面呢？从企业参与市场竞争的能力、企业可持续发展的后劲、产业变革的趋势等方面综合考虑，企业关键竞争力主要涉及四个方面：质量、成本、效率、效益。

1. 质量

世界经济的竞争，很大程度上取决于一个国家的产品和服务质量。各发达国家和许多发展中国家都高度重视产品质量和服务质量，并把赢得和保持质量优势作为经济发展战略的重要目标和争夺世界市场的主要武器。质量水平的高低是一个国家经济、科技、教育和管理水平的综合反映，无论对于国家还是企业，质量都是头等大事，有远见的企业家都把当今时代看成一个质量竞争的时代，都在围绕着“质量既是挑战，又是机遇”这一主题改善经营管理，发展科学技术，培训高级管理和技术人才。

质量是企业赖以生存和发展的保证，是开拓市场的生命线，提高质量能加强企业在市场中的竞争力；产品质量是形成顾客满意的必要因素，也是给企业带来较高效益的基础，一个企业因为质量损失可能会用高出其成本数倍的人力、物力与时间予以补救，既让公司的质量信誉受损，也增加大量成本。当一个企业做到成本基本不变，但质量有一个质的改变时，产品就会受到顾客的欢迎，市场份额就会增加；反过来就可以促进产品生产规模，进而降低成本。质量也是催生产业变革的主要因素之一，用户对产品质量的要求越来越高，制造商对质量就会越来越重视。例如，当年日本的汽车公司由于重视改善质量等方面，在产品的质量和可靠性上大大超过美国，夺取了美国很大一部分市场份额，一举奠定了日本汽车在国际市场中的地位。

2. 成本

企业成本是企业关键竞争力的重要组成部分，是决定企业竞争成败的关键要素之一。在充分竞争的市场环境下，价格决定了市场竞争。在企业营收固定的情况下，成本越小意味着企业的利润也就越高，企业可以将更多的资金投入技术研发、科技创新等活动，目的是提高产品附加值和质量，降低成本，从而使企业的品牌具有差异性，提升品牌的市场竞争力。通过开展有效的成本管理工作，可以给企业竞争力提供更大的空间，有助于企业抢占更多的市场份额。企业成本管理的作用表现在以下方面：

1）降低成本。降低成本有以下两种方式：第一，在既定的经济规模、技术条件、质量标准条件下，通过降低消耗、提高劳动生产率、合理的组织管理等措施降低成本；第二，改变成本发生的基础条件。成本发生的基础条件是企业各种可利用的资源，这些资源包括劳动资料的技术性能、劳动对象的质量标准、劳动者的素质和技能、产品的技术标准、产品工艺过程的复杂程度、企业规模的大小、企业的组织结构、企业的职能分工、企业的管理制度、企业文化、企业外部协作关系等诸多方面。这些因素的性质及其相互之间的联系方式构成了成本发生的基础条件，是影响成本的深层次因素。

2）提高质量和降低成本的平衡。降低成本可以增加企业的利润，但在某些情况下，具有战略意义的议题是如何通过增加成本以获取其他的竞争利益。当成本变动与其他相关因素的变动相互关联时，如何在成本降低与生产经营需要之间做出权衡取舍，是企业成本管理无法回避的困难选择。单纯以成本的高低为标准容易形成误区。成本的变动往往与诸方面的因素相关联，成本管理不能仅着眼于成本本身，而要利用成本、质量、价格、销量等因素之间的相互关系，支持企业为维系质量、调整价格、扩大市场份额等对成本的需要，使企业能够最大限度地获得利润。

3）配合企业取得竞争优势。在激烈的市场竞争环境下，企业为了取得竞争优势，往往要采取诸多的战略措施，这些战略措施通常需要成本管理予以配合。采用成本领先战略的企业要通过强化企业成本管理不遗余力地降低成本。战略的选择与实施是企业的根本利益所在，其需要高于一切，成本管理要配合企业为取得竞争优势所进行的战略选择，要配合企业为实施各种战略对成本及成本管理的需要，在企业战略许可的范围内，在实施企业战略的过程中引导企业走向成本最低化。

4）在资源限制条件下，通过ERP系统提高资源的利用效率，使有限的企业资源生产出更多的产品，创造出更多的价值，达到节约增产的目的，这也是企业成本管理的重要目标。当企业的薄弱环节成为制约企业成本的重要因素时，提高瓶颈资源的利用效率就成为企业成本管理过程中需要重点关注的问题，可以通过增加其他方面的成本以节约受限制资源或瓶颈资源，使受限制资源的边际收益最大化，从而提高企业的盈利能力水平。

3. 效率

效率是企业的竞争力所在，目前市场竞争日趋激烈，效率低下的企业必然被市场淘汰，尤其在全球经济一体化的今天，效率更是企业的生命。企业必须把效率放在经营工作的突出位置。企业是一个由各种资源构成的生产经营组织，需要将所有资源充分利用起来并相互组配合理，企业整体效率才能提高。效率是企业追求的首要目标，应调动广大员工的工作积极性和创造性，增强企业对人才的凝聚力和吸引力，增强企业的活力和竞争实力。

1）管理的效率。管理作为一种特殊的社会活动，它总是在一定的目的指导下进行的。企业的人、机、料、法、环等资源都需要管理来统筹发挥效率，ERP就是通过软件将企业资源的作用充分发挥，实现管理的效率最大化，向管理要效益。

2）人力资源的效率。人力资源效率用来反映企业人力资源的使用状况。随着中国经济的高速发展，企业之间竞争加剧，人力资源对其他资源的配置和使用起着关键的制约作用，因此必须针对人力资源的使用效率进行分析、总结和提升。通过分析，了解企业人力资源是否得到了充分利用，每个员工是否都发挥了自己的潜能，以便决策者及时采取有效措施，提高企业人力资源利用效率。

3）设备的效率。设备是管理系统中的基本要素，是与人相对应的客观存在，是管理活动所必需的物质条件和物质成分的总和。它不仅指管理中的物质生产资料，而且指在管理系统中除人之外的那些作为管理对象的一切物质成分。设备在企业固定资产中一般占有很大比例，设备的投入与产出之比决定了设备的利用率，更直接影响着企业的经济效益。所以，设备利用率也是智能制造中重要的考量指标。

4）生产制造的效率。要提升企业整体生产制造效率，需要培养专业的精益生产人员，学习精益生产管理知识，在企业智能制造中充分体现，逐步实现精益生产的最终目的，促使企业在各个方面进行精益生产改善活动。影响企业生产线效率的因素有人员、设备工装、现场物流、工艺品质、现场管理。

5）现代管理要求。任何企业都不能再通过高消耗来获取企业发展的机会，而应当把降低生产成本和管理成本作为挖掘企业发展潜力的基本途径，从而使企业更适于在严酷的环境中生存和发展。所以，通过智能制造，管理好、使用好资金、物资设备和物质设施，是提高管理效益、降低管理成本的重要途径。科学的管理和合理的使用物资资源将会最大限度地提高效率。

4. 效益

效益是企业盈利能力的直接表现，是衡量企业经营绩效的重要指标，也是企业经营管理水平、创新能力、可持续发展的体现。提高经济效益有利于增强企业的市场竞争力，有助于加强企业可持续发展的后劲。盈利能力从本质上来讲主要表现在现代管理方法、经营管理水平、劳动生产率、科技含量等方面，而这些恰恰是智能制造需要解决的问题。提高企业经济效益的正确方法和途径如下：第一，依靠科技进步，采用先进技术，用现代科学技术武装企业，提高企业职工的科学文化水平和劳动技能，使企业的经济增长方式由粗放型向集约型转变；第二，通过智能制造，提高企业经营管理水平，提高劳动生产率，以最少的劳动消耗，生产出最多的适应市场需要的产品。

3.3.2 五维八化是实现目标的有效途径

智能制造的整体成效取决于各种技术是否全面得以实施，任何单一技术和局部实施都只能取得阶段性目标。因此，企业为了获得综合竞争力，就必须从技术、管理、制造、装备、物料五个维度全面实施智能制造，在新一轮工业革命中占据主导地位，取得竞争优势。

通过新一代信息技术，实现智能制造阶段性目标，具体包括如下内容：

1）通过 ERP 实现企业内部资源和企业相关的外部资源的整合，把企业的人、财、物、产、供、销及相应的物流、信息流、资金流、管理流等紧密地集成起来，实现资源优化和共享。

2）通过 PLM 对产品的整个生命周期进行管理，打通流程、人、数据等多个环节，实现设计、制造、检验一体化。

3）通过 MES 管理生产数据，并通过 MES 实现与上游 ERP 和下游 PLC（Programmable Logic Controller，可编程逻辑控制器）、数据采集、条码、检测仪等设施设备的连接，贯彻落实生产计划、执行生产调度、反馈生产进度等，为生产技术及调度提供辅助工具，提升计划的准确性。

4）利用 APS 解决企业多任务、多工序、多资源的优化调度问题。

5）利用仿真技术对产品结构、工艺布局及任务调度进行仿真，将对工件几何参数进行校验的几何仿真转变成产品加工、装配、拆卸、切削和成型过程的物理仿真；对设备和生产线布局、工厂物流、人机工程等进行仿真，确保工艺布局合理；对排产任务包进行仿真，确保资源分配均衡，以提高效率。

6）利用5G移动网络，优化企业在机器视觉、AR、AGV、远程监造、远程诊断等环节的应用，使生产操作变得更加灵活和高效，同时提高安全性并降低维护成本。

利用工业机器人，在批量加工、焊接、喷漆、组装、采集和放置（如包装、码垛和SMT）、产品检测和测试等环节完成都具有高效性、持久性和准确性的工作。

利用Digital Twin技术将全部运行数据在虚拟的三维车间模型中实时地展现出来，不仅提供车间的VR环境，而且还可以显示设备的实际状态，实现虚实融合。

利用大数据技术，收集涵盖订单、计划、采购、生产、物料、设备、管理等环节，存储于信息系统、PLC、传感器、APP中的数据，并对这些数据进行统一存储、传输、扩展、分析、处理、检索、挖掘，最终形成可更高效、更便捷操作的数据仓库。

云计算深入渗透到企业的所有业务流程，根据业务需求，动态地分配业务所需的计算资源、网络资源和存储资源，实现实时IT交付和管理，为大数据处理提供便捷响应。

通过将人工智能技术引入质量检测与优化、设备故障诊断和预测等领域，利用更多的数据进行机器学习和深度学习，使得机器设备和软件系统等在精确处理既定任务的同时具备分析和思考能力，最终实现智能化。

因此，智能制造建设程度的考量要突破传统工厂过度依赖自动化和信息化，要紧密结合新时代智能工厂的特征、要求、目标等，从五个维度全面实施，基于一个数据中心建设，围绕质量－成本和效率－效益终极目标，从自动化、数字化、信息化、精益化、网络化、柔性化、可视化和智能化八个层次分别评估技术、管理、制造、装备和物料五个维度的建设成效。

1. 全维度实现智能制造的必要性

智能制造的终极目标是提升企业关键竞争力，实现质量更好、成本更低和效率更高、效益更好。要实现这样的目标，必须从五个维度来全面实施，具体如下：

1）技术维度：涵盖计算机辅助设计、计算机辅助工程、计算机辅助制造、计算机辅助工艺过程设计、产品全生命周期管理、产品数据管理、物料清单、工艺路线管理、检测规划系统和过程仿真等。

2）管理维度：涵盖企业资源管理、质量管理、成本管理、项目管理、仓储管理、设备管理、资产管理、绩效管理、安全管理、能源管理、实时监控等。

3）装备维度：涵盖装备管理（机加设备、装配设备、检测设备、物流设备、仓储设备）、工装刀具管理、计量器具管理、数据采集系统、分布式控制系统、可编程逻辑控制器、数字化工位管理等。

4）制造维度：涵盖制造执行系统、制造运营管理、高级计划与排程、配餐管理、齐套管理、包装发运管理、看板管理、现场管理等。

5）物料维度：涵盖物料管理（原材料、零部件、半成品、成品）、物流管理、编码管理、标码/贴标管理、溯源管理。

2. 基于数据为中心

数据无疑是这个时代最重要的资源，既是智能制造的基础，也是其核心和纽带。然而，就数据本身而言，它们不会给企业的管理和经营方面带来一丝的价值利益，并且这些数据的技术也没有能力直接推动制造业的发展。但是，如果将这些数据进行整合提炼，从而转换成企业需要的生产信息之后，那么这些数据具备的巨大的商业价值就可以体现出来。

构建企业大数据资源中心，从制造企业PDM系统、ERP系统、销售商务系统、MES获取产品设计数据、产品物料清单与工艺数据、销售订单、物料信息、库存信息、设备信息、生产计划、生产制造数据、企业经营管理数据、外部市场与供应链数据、质量测试检验数据等。通过数据接入工具将抽取的数据进行标准化数据模型的转换，同时按照预定的规则对数据合理性进行检验，为数据分析提供准确的基础数据。采用分布式数据库存储产品与工艺数据域、生产计划域、销售数据域、生产制造域、产品质量域、供应链数据等数据。基于企业大数据分析管理平台，进行基于大数据的销售预测与精准营销、产品优化设计与个性化定制、制造过程大数据分析服务、产品装备运维数据分析与诊断、企业经营管理数据分析、供应链数据分析与服务等。

3. 紧紧围绕质量更好、成本更低和效率更高、效益更好的企业关键竞争力目标开展智能制造

质量是企业赖以生存和发展的保证，是开拓市场的生命线，提高质量能加强企业在市场中的竞争力。企业成本是企业核心竞争力的重要组成部分，是左右企业竞争成败的关键要素之一，在充分竞争的市场环境下，价格决定了市场竞争。效率是企业的竞争力所在，目前市场竞争日趋激烈，效率低下的企业必然被市场淘汰，尤其在全球经济一体化的今天，效率是企业的生命。效率是企业追求的首要目标，应调动广大员工的工作积极性和创造性，增强企业对人才的凝聚力和吸引力，增强企业的活力和竞争实力。效益是企业盈利能力的直接表现，是衡量企业经营绩效的重要指标，也是企业经营管理水平、创新能力、可持续发展的体现。提高经济效益，有利于增强企业的市场竞争力，有助于加强企业可持续发展的后劲。

4. 从八个方面评价实施成效

终极目标达成的效果与建设程度密切相关，五个维度的成效需要通过多层次考量，既要考量功能，也要考量程度；既要考量深度，也要考量广度。只有从自动化、数字化、信息化、精益化、网络化、柔性化、可视化、智能化多层次实施与深化，才能真正实现智能制造的成效。

3.4 全维度布局智能制造

ERP 解决了企业资源管理问题，PLM 解决了产品全生命周期管理问题，MES 解决了制造执行过程管理、质量管理等问题。利用 5G 移动网络，优化企业在机器视觉、AR、AGV、远程监造、远程诊断等环节的应用。这些都是企业在新时代工业化进程中需要解决的业务问题，但对于提高企业关键竞争力和推动企业革命性变化来说，还属于阶段性目标。企业最终要靠绩效来检验，因此，智能工厂的终极目标是质量更好、成本更低和效率更高、效益更好，必须从技术、管理、制造、装备和物料五个维度全方位布局。

全维度智能制造布局如图 3-4 所示。

3.4.1 技术

技术是智能制造的基础。4CP 的基础数据要满足智能制造的数字化需求，贯穿全管理过程。通过 CAD、CAE、CAPP、CAM 和 PLM 系统协助产品技术数据的标准化、结构化、数字化、可视化，解决跨部门源头不一致、沟通不畅、技术支持不及时、数据传递不实时及传递错误、设计数据不同步等痛点，实现需求、设计、制造一体化。图 3-5 为技术维度逻辑。

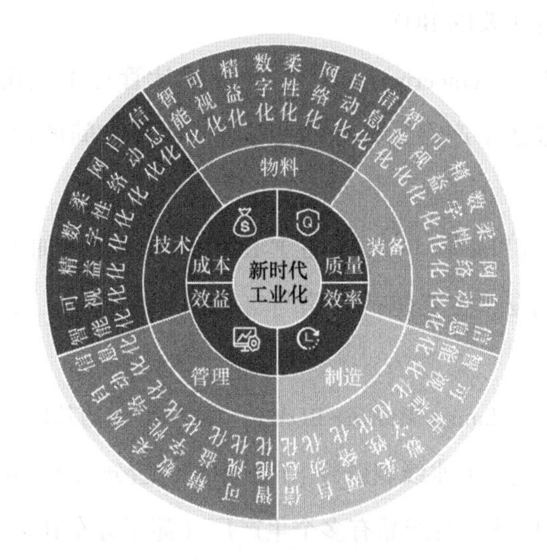

图 3-4　全维度智能制造布局

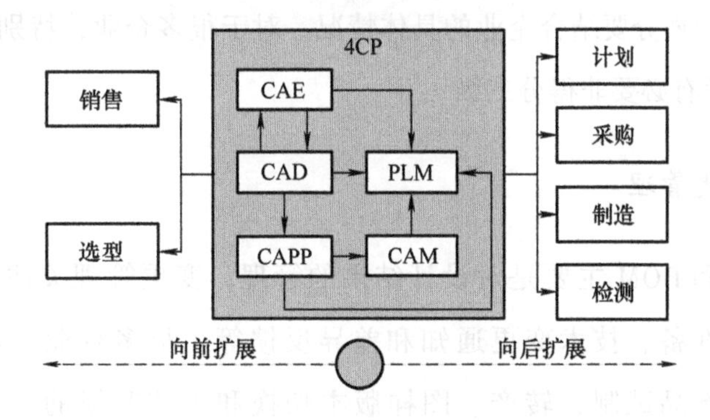

图 3-5　技术维度逻辑

1. CAX 贯通

CAD、CAPP、CAE 和 CAM 简称 CAX 或 4C。三维设计正在向着贯通的方向发展，从概念设计、产品设计、结构设计、电路设计等一直到模具设计、数控程序设计，能够连贯顺畅地走下来，对于缩短 D2M（Design to Manufacture，设计到制造）周期至关重要。

2. BOM 体系

产品要经过工程设计、工艺设计、生产制造三个阶段才能制造出来，因此就有了三种主要的 BOM。

1）E-BOM（Engineering BOM）：产品设计管理中使用的数据结构，它通常精确地描述了产品设计指标、零件与零件之间的设计关系和零件与图样的关系。

2）P-BOM（Process BOM）：在 E-BOM 的基础上增加了制造路线，解决由谁制造的问题，主要包括外购与自制、外购厂商、自制路线、主要工艺。

3）M-BOM（ManufacMturing BOM）：在 P-BOM 的基础上，主要负责厂内的制造工艺，包括流水线制造分工位、离散制造分工序、配套工装等。

三级 BOM 体系是对产品有多个生产厂（甚至分布在多个国家）的生产体系而言的，有的也称为 E-BOM、M-BOM 和 P-BOM（P1ant BOM）。BOM 体系的划分要结合企业的具体情况，对于很多企业，特别是中小企业来说，没有必要非得分三级。

3. 变更管理

CAX 和 BOM 主要是对设计结果的管理，变更管理关注流程控制包括生产准备、技术变更通知和差异反馈等。很多企业是靠技术通知单驱动新品试制、转产、图样版本切换和工装升级的，因此技术通知及其执行跟踪就变得非常重要，这些流程往往牵扯很多部门，如设计、工艺、生产、物流、质量和设备等部门，强大的工作流平台就成了变更管理的支撑。生产准备的情况与技术通知类似。变更管理可以在 PLM 中实现，但是要注意实施的范围，不要局限在研发部门内。

4. 产品档案

建立完善的产品档案，提供技术、物料、制程、产品数据等追溯信息，对于售后服务、索赔追溯、产品改进和工艺改进等都具有非常重要的意义，也是工业4.0的基本要求。

5. 技术追溯

技术追溯信息包括制造BOM、图样及工艺。制造BOM主要提供了物料号、加工工序或装配工位，图样号和图样版本给出了零部件的准确的图样信息。技术通知（更改通知、转产通知等）在很多企业驱动着技术改进，也可作为重要的技术追溯信息。

6. 定制

定制是必然趋势，定制包括两种，一种是选配，可从既定的多个零部件中选装，也可加装或减装，可对供应商进行指定等；另一种是客户提供图样的深度定制。

7. 物料追溯

物料追溯的信息有两种，一种是关键件；另一种是通过物流追溯采集的信息，如供应商直送物料的零部件号、供应商、数量等，外购库配送到生产现场的供应商、批次等信息，自制件的批次信息等。物流追溯可以覆盖标准件之外的零部件。物料追溯还可记录进货质检的相关信息。

8. 制程追溯

对于纯离散制造，（可以采集工序的）加工人员和质检人员。可对单件管控的物料进行采集，这种采集是比较容易的；对于批量管控的物料，则需要进行批次管控。对于流水线制造，多数情况每工位一人，少数情况工位可有多人。建立人员与工位的对应信息，可自动采集所生产产品的每个工位的对应人员信息，实现人员追溯。完善的制程追溯还可采集加工或装配所使用的设备和工装，以便将来评价设备和工装的效果。

9. 产品数据

产品数据包括设备、仪器仪表或手工采集的加工参数、测量参数和环境参数信息。

10. 售后信息

售后维修和换件信息采集是对产品档案进行全周期管理的重要一环，换件信息合并到产品档案是保持产品物料信息“持续准确”的重要工作。

11. 其他

如果有合格证、加工记录卡或装配记录卡等信息，也可以合并到产品档案中。

制造业信息化中，基础的也是核心的技术是数字化制造技术和计算机辅助CAX技术，包括：

1）NC/CNC/DNC：数字控制/计算机数字控制/分布式数字控制。

2）FMC/FMS：柔性制造单元/柔性制造系统。

3）CAD/CAPP/CAFD/CAM：计算机辅助设计/工艺/工装（夹具）/制造。

4）DFX技术：面向产品全生命周期的设计技术，主要是面向制造的设计（Design for Manufacturing，DFM）和面向装配的设计（Design for Assembly，DFA）技术。

5）产品信息交换规范化技术：如STEP（Standard for the Exchange of Product Model Data，产品模型数据交互规范）技术（应用产品是PDM）。

6）制造管理技术：如ERP、制造执行系统、决策支持系统、供应链管理系统等。

7）网络化制造技术：主要是制造信息的网络化传递、异地联网的虚拟制造系统、网络化制造状态监控、网络化企业动态联盟及动态供应链和网络商务与营销等。

在制造信息的流动中，信息的源头是CAD系统，作为设计结果信息的产品模型（物料清单、设计图样、二维/三维数据、技术文档等）参与到信息流之中，通过统一执行控制软件来组织各种信息的提取、交换、共享和处理，不仅要接收和处理大量的设计信息，而且还要实现从工程设计、工艺特征提取、工艺过程设计、夹具设计到制造与装配等大量信息和功能的集成与并行。因此，需要采用PDM系统作为并行设计的信息集成框架，并由网络和数据库提供有力的支持。

上述功能总体上都是围绕产品设计的信息的提取与应用，这些信息可以统一概括为产品模型，以表示产品信息的宽范围、多层面的用途，故此处评估指标要求的产品模型传递情况就是指上述功能的覆盖面如何。

产品模型的传递越向下游，越有修改、添加和完善的可能，因此下游环节会对上游发来的产品模型进行维护，维护的结果返回PDM数据库中，得到新一轮的集成应用。

3.4.2 管理

管理是智能制造的保障，ERP等管理和业务软件可确保智能制造信息顺畅。

通过ERP、SMC、CRM、SCM、QMS（Quality Management System，质量管理系统）等系统承载销售管理、精益生产、供应链管理、全员质量管理、数字化物流管理等管理思想，把客户需求、企业内部的制造活动及外部供应商的资源融合在一起，让企业在最短的时间生产出需要的产品数量，结合全面质量管理以保证质量及客户满意度。图3-6为管理维度逻辑图。

1. 构建先进生产方式

通常情况下，制造业的生产活动就是投入人、物和设备，在此基础上

销售管理	技术管理	制造执行	生产管理	物流管理	产品运维管理
	生产计划	现场管理	工装刀具管理	库存管理	
	采购供应链管理	设备管理	计量器具管理	包装发运管理	
项目管理					
财务管理					
质量管理					

图 3-6　管理维度逻辑图

创造出包含附加价值在内的产品的过程，并使这个过程高效、快速地运转起来。也就是说，以最少的投入创造出最大的产出的一系列活动即为先进生产方式。生产出的产品可根据质量、成本、交付时间等进行衡量与判断。构建先进生产方式是智能制造思想在生产管理系统中的具体应用。

构建先进生产方式有三个目的：提高客户的满意度、有效使用资金、提高制造的整体实力。

2. 先进生产方式的基本理论及应有形态

“以零件组织生产以订单组织装配”是基于智能制造完全定制化生产的要求提出来的实践理论，它汇集了 JIT、敏捷制造和精益生产等生产管理方式的特点，集合了智能制造定制化生产需要提出来的生产组织方式。

（1）基本理论

1）以质量为中心。为了获取在市场上的竞争优势，首先要确保产品质量，否则就不能满足客户的要求。换句话说，所有的活动都以保证产品质量为前提条件。更为重要的是，要从生产源头就致力于精益并确保能够让客户满意的、与客户期望相匹配的产品质量。

2）彻底排除浪费。在先进生产方式中，主要从以下三个方面来查找浪费：机会损失的浪费、资源的浪费、工作进展方式的浪费。

① 机会损失的浪费：在质量、交货期上满足不了客户的要求，结果导致企业失去信用，销售失去机会。

② 资源的浪费：以人、物、设备为代表的资源在生产制造过程中没有被充分利用。生产制造过程通常存在的浪费概括为以下七种：过剩的浪费、等待的浪费、搬运的浪费、库存的浪费、加工的浪费、动作的浪费和不良品的浪费。要想降低成本，就要彻底地排除这些浪费。只有彻底地排除这些浪费，才能为提高制造实力、改善资金使用效率做出贡献。

③ 工作进展方式的浪费：包括没能做到标准化、决定的事情没有继续贯彻、没有考虑整体效果而只做出部分合适的判断等。应该按照"一步到位、追根溯源、彻底贯彻"的行动规范对工作进展方式实行变革。

（2）生产制造的应有形态

以合同订单里涉及的产品进行任务分解，根据交货期标注自制零部件和外购件结束时间，确保同步完成，避免互相等待。

1）围绕设备利用率，从设备的角度根据制造执行系统的工序要求和高级排程系统的能力适配，最大限度地发挥设备的作用，提高设备利用率。

2）在订单按约定时间交付前，所有零部件同步到达装配现场，数字化配餐，按照定制化的订单要求进行组装并包装发运，确保交货期。

3）企业内部所有部门都围绕客户订单分解出来的任务清单开展工作，工作的针对性、主动性、实时性等非常明确，将各部门的工作通过主生产计划统一起来。

4）物料的周转速度快，根据计划时间来进行物料配送、加工、入库，车间在制仅仅是加工制造时间，没有等待和短缺现象发生。

5）能够适应合同延期、变更、撤销等异常情况发生，避免企业造成更大的经济损失，同时也避免存货积压和资源挤占，满足订单的柔性要求。

6）精益管理是智能制造体系的保证和基础之一。完美的设计，无故障和无错误的流程、处理、移动以及人机工程学优化的物料供应和工具供应，只有这样才能使企业各种资源在智能制造过程中实现最优结合。

7）准时生产，即在必要的时间生产必要数量的必要产品。

我们要以最短的生产周期生产出客户需要的一定数量的产品，再把它交到客户手中。为此，要严格警惕“过量生产”，制订满足客户要求的、高效的生产计划，并在所有的工序都严格遵守这个计划。

3. 满足客户需求

所谓满足客户需求，就是通过提供高品质的产品与服务，构建与客户之间的信赖关系，缩短与客户之间的距离，以使其成为公司长期的、忠实的客户。

质量上，要完全按照客户提出的品质要求进行生产制造。要时常对客户渴求的品质进行把握，生产制造出能满足每一位客户要求的产品。

成本上，要对产品制造的工序及操作过程进行全面的价值分析，保留那些能够从客户那里取得等价回报的部分。将无法从客户那里取得等价回报的部分均视作浪费，并坚决彻底地予以排除。

交付上，不仅要在客户所希望的日期将商品交付到客户手中，还要缩短生产周期与开发周期，以求无限制地拉近与客户的距离。

4. 生产组织的同步，让生产计划一个接一个（One by One，OBO）顺序完成

客户订单信息同时被所有工序共享，在此基础上，通过确定生产的数量、品种以及生产顺序来安排生产。每一个部件都保证高品质，且不破坏生产顺序。

为了实现同步，必须集结横跨部门（生产、开发）与职能（生产/物流管理、工程管理、制造）之间的力量，在高层领导强有力的统帅指导下进行。OBO 推进环节和目标如下：

1）从零件的最初工序开始，经过机加、检测，一直到整机装配、调试为止的整个阶段都要严格遵守生产顺序计划规定的时间和顺序。

2）自制件按订单生产。在加工工序以后的各个工序都要求按照确定计划生产、供给，而毛坯工序则以预测信息为计划生产、供给，通过这些来进行持续改善和最大限度地减少库存。

3）零部件供应准时化。让零部件供应商的生产、供给与生产线同步的活动领域称为第三领域。在这一领域中，要求按照确定计划生产和供给，而且对大件和种类繁多的零部件也要求按照整车主线的顺序同步生产和供给。

4）物流的准时化。以计划时间的生产为前提，在物流方面，为了避免滞留，要求做到准时转运，从而反过来要求在生产过程中各道工序严格按计划顺序时间来完成。

5）订单准时交付。定制化生产的最终目标是在产品品质及交期上满足客户需求，要以一切生产过程为基础，目标是保证乃至缩短从订单接收到订单交付之间的整个周期。

实现对所有项目计划（包括计划编制、审批、发布、执行、反馈、确认）进行集中管控。通过信息化手段对项目计划、任务分解、计划进度跟踪与控制及相关文档等进行实时控制与管理，避免由于缺乏实时性和信息遗漏而导致信息失真和不完整，造成项目进度失控。

基于项目的订单组织管理模式是将一份合同视为一个项目，运用项目管理的核心思想，对人和时间节点进行监控。控制主要体现在对计划工期进度的控制。因此，将原有的产品组织模式以保证产品交付时间的控制变成更精细的时间控制粒度，按照任务之间的依赖关系，运用 CPM（Critcal Path Method，关键路径法）项目时间管理方法，计算每个任务的最早开始、最晚开始、最早完成、最晚完成时间。运用CPM项目时间管理方法，对各项任务的执行有了更明确的指导意义，也具有了更强的控制性。

此外，在提高计划执行与控制的同时，按照订单组织的分类，将计划工作模板化，提高了计划的工作效率，并存储了结构化的数据，也形成了模板知识库，为后续决策分析提供了非常宝贵的数据。因此，将项目管理的理念应用到订单组织的过程中，可将复杂的事情简单化，简单的事情数字化，数字的事情专业化，专业的事情模板化。

项目实施和控制的理念是以质量为中心，以人力资源为基础，沟通为润滑剂，同时风险意识常备不懈。

建立吴忠仪表项目管理协同平台，覆盖所有的项目管理（订单组织）过程和相关部门；重点突出计划管理各环节，包括计划的多级编制、审批、发布、执行与反馈、监控与调整、考核评价等全过程；通过信息化手段提供初步集成的面向全员的项目管理工作环境；强化项目执行过程的监控，提高项目执行能力。通过WBS（Work Breakdown Structure，工作分解结构）规范化，促使管理数据真实、精确，支撑项目的分析决策；分析资源饱和度，协助管理者进行有效的分析。

主要建设目标如下：

1）建立项目管理协同工作平台，实现计划管理闭环控制，形成科学有效的项目管理体系，为公司高层领导至一线项目团队提供统一的业务沟通平台；覆盖计划各管理环节，包括计划多级编制、审批发布、分解下发、执行反馈、计划调整、监控考核等；保证责任明确，项目信息顺畅地上传下达。以订单生产为试点，逐步在经营项目中全面推广使用，如信息化项目、销售项目前期跟踪过程等。

2）通过信息化手段提高计划流转效率，固化、简化计划管理流程，增加计划执行透明度，强化计划过程管理，提高计划执行能力，有效推进项目按期、按预算完成。从进度、成本、沟通等各方面综合管控，最终形成满足管理需要的、覆盖全企业的项目管理协同平台。

3）提供实时和自动汇总的数据，一线反馈的项目进度能够实时汇总成整个项目的进度报告，使得项目真实的执行情况时刻都能呈现在管理层面前，为科学决策提供可靠依据。

4）提供预测预警作用，基于实时的数据，可随时与项目原定目标进行对比，在发生偏离时，能够及时产生预警信号，尽早发现问题，以便及时应对。

5）建立项目模板，包括项目团队模板、计划模板等，以便知识重用，提高计划规范性和科学性。通过计划模板库、经验数据积累等形式，将计划经验数据逐步积累并可供重用；所有项目信息予以保存，进行知识沉淀，以供后续分析及持续改进使用。

3.4.3　装备

装备是智能制造的手段，是智能制造必须要考虑的硬件条件，企业往往重视了 ERP、MES、PLM 等软件条件，偏偏忽视了装备的重要性。

机器人、数控机床、增材制造、智能传感与控制、智能检测与装配、智能仓储与物流等智能制造装备、先进自动化设备、自动化生产线开展智能化改造，利用智能化技术改造非数字化装备，部署在线监控（检测）和连续控制系统，推进生产设备、制造单元的系统集成和互联互通。

1. 自动化装备是必要的

1）自动化生产设备分为数字化加工设备和数字化装配设备：数控机床、数控加工中心、工业机器人、带数据接口的机电一体化设备和自动化生产线等。

2）联网数字化生产设备：与过程控制系统或制造执行系统直接连接的数字化生产设备。

3）联网数字化检测和监控设备：与检测和监控系统直连，实现自动采集检测和监控数据的数字化检测和监控设备。

4）自动化仓储物流设备：立体车库、AGV 自动运输小车、具有 RFID 功能的传送线和悬挂线。

5）联网数字化仓储物流设备：与仓储物流系统直连，并实现仓储物流信息自动转换和共享的数字化仓储物流设备。

6）自动化工艺装备：各类零件加工的工艺装备，建立起零件与设备之间快速切换和质量保证的桥梁，通过数字化实现自动定位和找正。

2. 装备的柔性和网络化要满足定制和高效利用的要求

企业要真正实现智能制造，数据采集与设备联网是迈不过去的坎。企业要真正实现智能制造，必须进行生产、质量、设备状态和能耗等数据的自动采集，实现生产设备（机床、机器人）、检测设备、物流设备（AGV、立库、叉车等）以及移动终端的联网，没有这个基础，智能制造就是无源之水。通过对加工、装配、检测、物流等设备进行网络化、数字化，赋予每台设备固有的身份，并且通过各种数据采集手段采集设备运行状态。图 3-7 为装备维度逻辑图。

通过网络化，让设备不再孤立存在；通过数字化，让设备管理全程可追溯；通过智能化，设备维护管理主动化；通过可视化，让设备管理变得简单。

3. 装备的数字化、智能化

为了适应个性化定制的要求，制造装备必须是数字化、智能化的。根据制造工艺的要求，构建若干 FMS、FMC、FML（Flexible Manufacturing Line，柔性生产线）。每个系统能独立完成一类零部件的加工、装配、焊接等工艺过程，具有自动感知、自动化、智能化、柔性化的特征。

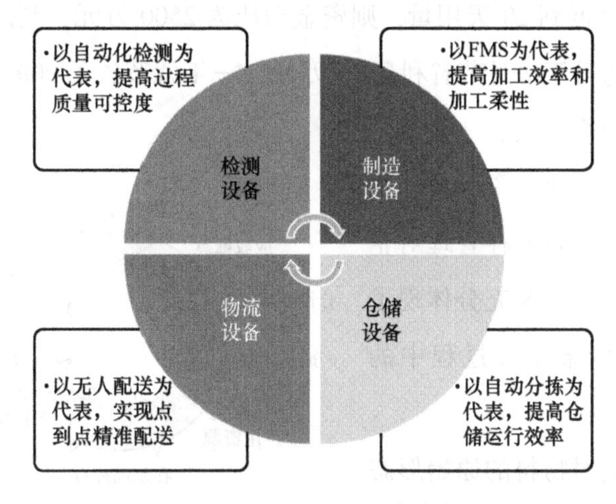

图 3-7　装备维度逻辑图

3.4.4　物料

物料是智能制造的对象。物料看似不是智能制造的问题，却是影响智能制造整体成效的因素，物料成本占制造成本比例最大，占总制造成本 50% 以上，对利润影响也最大，但我们在实施智能制造过程中偏偏忽视了物料的重要性。

物料既指材料或原料，也包括与产品生产有关的所有物品，如毛坯件、辅助用品、半成品、成品等。没有适时、适量、适型的物料，就没有智能制造的高质量低成本、高效率高效益。俗话说，“巧妇难为无米之炊”，即便有高素质的员工、高性能的机器、优秀的产品设计，但如果物料的源头出现问题、物料的调度出现问题、物料的质量控制出现问题，都会影响智能制造的效果。

物料是企业财务费用的最大负担。假设某公司年产值 10 亿元，而物料成本占产品销售的 60%，一年的用料额为 6 亿元。假设为满足交货期而维持 2 个月的平均存货水准（库存周转率），那么等于积压 1 亿元资金，以每月1%利息计算，则每个月“利息”支出就达100万元。从上述例子可看到，如果物料管理不当，就会损失大量资金。而做好物料管理，将库存存量降低到20天用量，则资金积压为2500万元，利息每月仅25万元。这样将等于每月节省利息75万元，一年就节省了900万元，净利润上升近一个百分点。

由于库存在流动资金循环中所处的位置，高效库存管理对企业十分重要。图3-8充分体现了物料在企业资金循环过程中的价值。

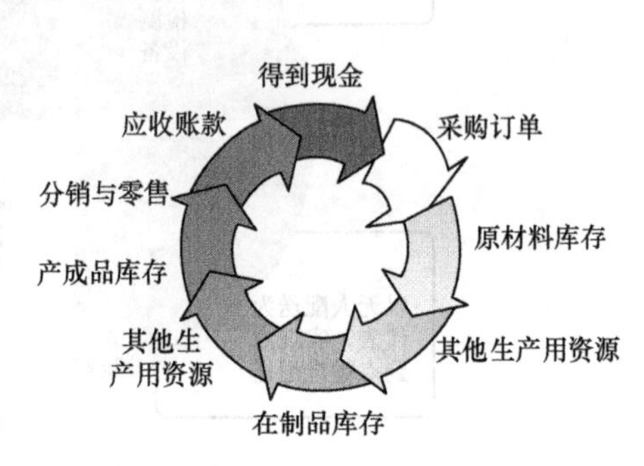

图3-8　物料库存维度逻辑图

智能制造对物料的原始形态是有要求的，物料来源（铸件、锻件、下料件、3D打印件等），物料原始形式和状态，与设备、工装和刀具等快速接合情况，物料物联(互联)，制造过程物料，物料实时管理，物料在线盘点，物料的全生命周期脉络描述，标识解析二级节点等都需要在智能制造中体现和实施。

物料是企业经营运作、生存获利的物质保障，物料资料的设置也成为设置系统基本业务资料的最基本、也是最重要的内容。物料设置提供了物料资料的增加、修改、删除、复制、自定义属性、查询、引入/引出、打印等功能，对企业使用物料的资料进行集中、分级管理，其作用是标识和描述每个物料及其详细信息。同其他核算项目一样，物料可以分级设置，用户可以从第一级到最明细级逐级设置。

物料信息主要包括物料代码、名称和全名、规格型号、物料属性、物料辅助属性、物料来源、物料的形态、物料追溯。

(1) 物料代码

物料代码即物料的编号，在信息系统中一个代码标识了一个物料。可以直接录入长代码，也可以在该物料的上级分类下新增物料，然后生成短代码。代码在物料中是一个必须录入的项目。

（2）名称和全名

名称和全名都是物料名称，前者是该物料的具体名称，类似于短代码，由用户手工录入，名称是一个必须录入的项目；后者是包括上级名称在内的物料名称，类似长代码，由系统自动给出。

（3）规格型号

规格型号用于显示物料的明细和界定信息，需手工录入。

（4）物料属性

物料属性是物料的基本性质和产生状态。用户需要从系统设定的属性中选择，包括规划类、配置类、特征类、外购、委外加工、虚拟件、自制物料。物料属性在物料中是一个必填项。

（5）物料辅助属性

物料的特殊属性如颜色、尺寸等。相同规格型号的物料可以通过辅助属性进行区分，辅助属性的内容在基础资料—物流系统—物料辅助属性中进行维护后，并且确认了辅助属性类别后才可以选择。

（6）物料来源

自制：物料属性为自制表明该物料是企业自己生产制造的产成品。在系统中，如果是自制件，可以进行 BOM 设置。其在 BOM 中可以设置为父项，也可以设置为子项。

自制（特性配置）：当物料类型为自制（特性配置）类，可以设置物料对应特性，并作为自制类或委外类物料特性配置方案的来源物料。自制（特性配置）类物料在业务应用上的功能与自制类物料基本相同。

外购：物料属性为外购，是指为生产产品、提供维护等原因而从供应商处取得的物料，可以作为原材料来生产产品，也可以直接用于销售。在 BOM 设置中，其不可以作为父项存在。

委外加工：物料属性为委外加工，是指该物料需要委托其他单位进行生产加工。一般情况下，其处理类似自制件。

配置类：配置类物料表示该物料存在可以配置的项，它是指客户对外形或某个部件有特殊要求的产品，其某部分结构由用户指定。如用户可以在购买汽车时选择不同的颜色、发动机功率。只有这类物料才能定义产品的配置属性，其他类型物料均不能定义配置属性。

特征类：特征类物料与配置类物料配合使用，表示可配置的项的特征，不是实际的物料，在BOM中只能是配置类物料下级。特征类物料的下级才是真正由用户选择的物料，如汽车的颜色作为特征类，颜色本身不是实际的物料，只表示颜色是可由用户选择的，其下级可能是黄色、黑色，这才是实际的物料。

（7）物料的形态

物料的形态是指物料在加工制造之前所要满足智能制造需求的形式和状态，包括铸件、锻件、下料件、冲压件、挤压件、3D打印零部件等。物料的形态既是成本控制的源头又是制造效率提升的源头，同时也是质量控制的第一个关口。因此，在产品设计之初就要考虑制造环节的质量控制、成本控制和效率提升，同时工艺部门要结合工艺装备、刀具、检测规划与CAM、CAPP等无缝集成，让物料与智能制造成为一个整体。

（8）物料追溯

通过RFID、二维码、条码等技术对原材料、半成品、成品及工具进行身份标识，便于生产过程管理，并实现产品质量追溯。图3-9为物料流动逻辑图。

随着智慧工厂的发展，物流自动化和智能化的比重会逐步增大，智能立体仓库、智能料架、电子标签拣料系统、码垛机器人以及各种自动链逐步流行。但是，物流也是有成本的，自动化、智能化的物料装备投入也会是一笔不小的投入，也会影响企业的总资产回报和净资产收益率。因此，从多年智能制造的实践来看，物流越短越好，没有更好。对智能制造实施到位的企业，立体仓库也是没有必要的，存货周转率会很

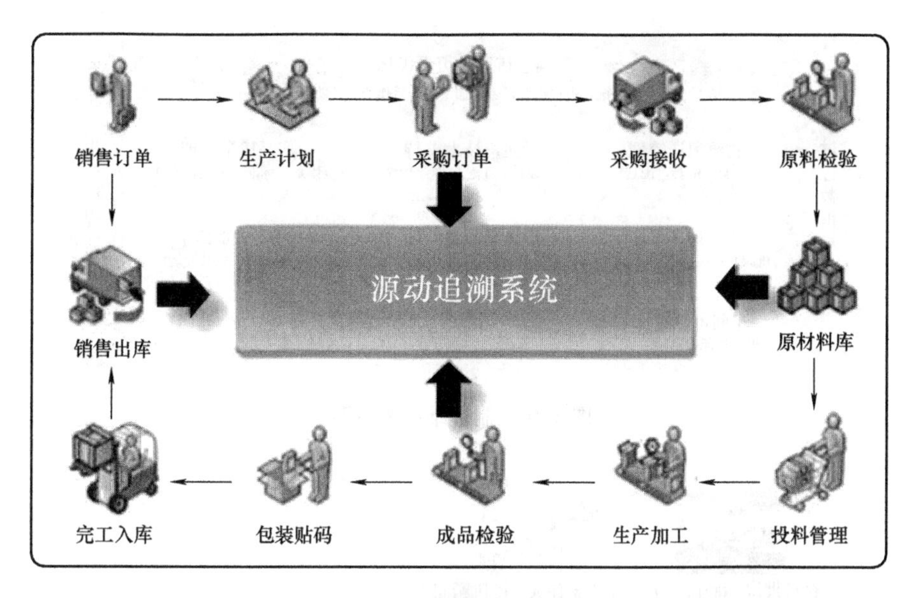

图 3-9　物料流动逻辑图

高，生产计划的齐套性、设备利用率、MES 执行率都会达到很高的水准。

3.4.5　制造

制造是智能制造的具体执行环节。通过 MES 将 MRP 和车间作业现场联系起来，下达各设备、操作人员/管理人员需要执行的任务，并记录、跟踪所有资源（人、设备、物料、需求）等的当前状态。同时，通过 MES（包括 APS、工装刀具、计量器具等管理）的应用，解决分钟级排程、现场数据采集、电子看板管理、质量追溯、绩效统计等问题。图 3-10 为制造维度逻辑图。

1. APS

对于项目型制造，要考虑有限能力的项目排程，从整体上管理生产的进度；对于量产产品，无论是大批量还是小批量，要考虑产能约束和供给约束以及生产的品种和数量进行排产，如图 3-11 所示。

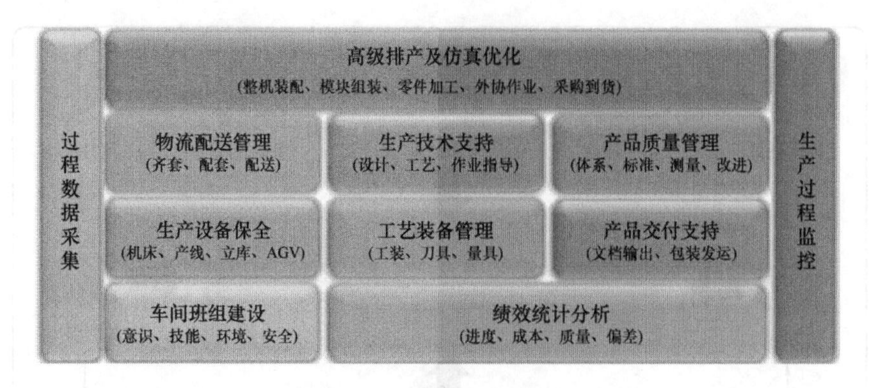

图 3-10　制造维度逻辑图

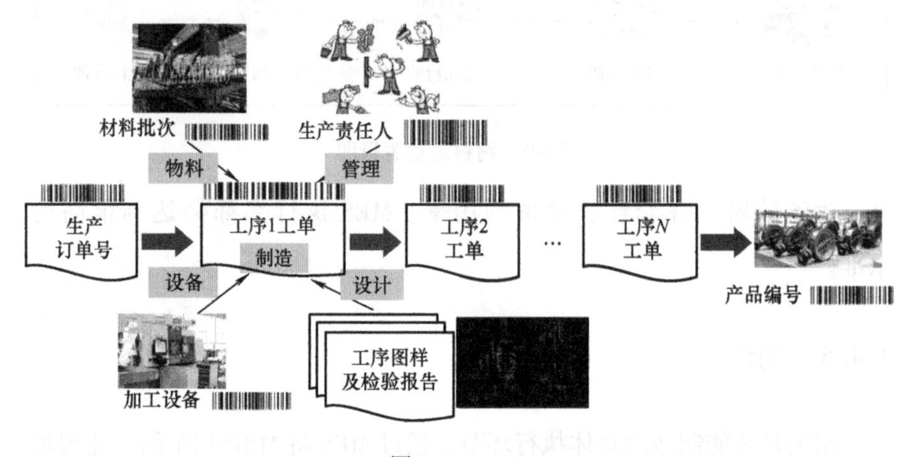

图 3-11　APS

对于流水线制造，排序是确定生产的顺序，排程是确定时间进度，排序可能很复杂，排程相对简单；对于纯离散制造，需要进行有限能力排程。生产排产、项目型制造排程、流水线制造排序和纯离散制造排程都是 APS 处理的经典问题。APS 的适用性取决于对约束的支持，需要考虑的约束有工序前驱/后继，工序的前置生产订单，设备有限能力，多设备并行加工，优化传递批量，工序指定班次，工序间班次耦合、设备耦合、工组耦合，工艺路线分支，并行工序，跳转工序，部分外协等。

合理而优化的排程至关重要，有条件的可使用 APS，APS 的结果给出了到工序的具体资源的派工（称为任务），因为一个人可操作多台设备，一般是派工到设备。按照派工作业，结果与排程会有偏差，一个周期（如班次）结束，有工作量少的，也有工作量多的，在此基础上实现下一周期的滚动排程。滚动排程对于没有完成的和已经进行了生产准备的，需要考虑任务对资源的锁定，即下个周期排程时轻易不要更换资源。

对于纯离散制造的制程管理，可从生产订单（批量）生成工序计划，对制程进行批量管理；可从生产订单展开顺序（单件）计划，然后从顺序计划再生成工序计划，对制程进行单件管理；可从生产订单分别生成工序计划（批量）和展开顺序计划（单件），批量派工，完工/交接时再与单件对应。派工之后应有开工、进展、预完工、完工和交接等多个制程节点，完工是必需的，其他节点是可选的，预完工、完工和交接之后可能会进行质检。

2. 质量检验

质量检验包括进货质检和自制件质检，按照《计数抽样检验程序》（GB/T 2828）进行抽样和判断。通过检验设备/系统联网或检验工具物联，实现检验的自动采集。质量检验与控制流程结合，实现质量控制，通过规范、高效的流程管控，对零件不良或缺陷的记录、分析、对策以及改进等进行跟踪，能够有效减少质量问题的发生。

3. 制造执行

1）MES 可提升车间网络化能力。从本质上讲，MES 是通过应用工业互联网技术帮助企业实现智能工厂车间网络化能力的提升。在信息化时代，制造环境的变化需要建立一种面向市场需求具有快速响应机制的网络化制造模式。

MES 集成车间设备，实现车间生产设备的集中控制管理，以及生产设备与计算机之间的信息交换，彻底改变以前数控设备的单机通信方式。

MES 可帮助企业智能工厂进行设备资源优化配置和重组，大幅提高设备的利用率。

2）MES 可提高智能工厂车间透明化能力。对于已经具备 ERP、MES 等管理系统的企业来说，需要实时了解车间底层详细的设备状态信息，而打通企业上下游和车间底层是绝佳的选择。MES 通过实时监控车间设备和生产状况、标准 ISO 报告和图表，直观反映当前或过去某段时间的加工状态，使企业对智能工厂车间设备状况和加工信息一目了然；同时，及时将管控指令下发车间，实时反馈执行状态，提高车间的透明化能力。

3）MES 可提升智能工厂、车间无纸化能力。MES 通过采用 PDM、PLM、三维 CAPP 等技术提升数字化车间无纸化能力。当 MES 与 PDM、PLM、三维 CAPP 等系统有机结合时，就能通过计算机网络和数据库技术，把智能工厂车间生产过程中所有与生产相关的信息和过程集成起来统一管理，为工程技术人员提供一个协同工作的环境，实现作业指导的创建、维护和无纸化浏览，将生产数据文档电子化管理，避免或减少基于纸质文档的人工传递及流转，保障工艺文档的准确性和安全性，快速指导生产，达到标准化作业。

4）MES 可提升智能工厂、车间精细化能力。在精细化能力提升环节主要利用 MES 技术，因为企业越来越趋于精细化管理，实际落地精益化生产，而不是简单地实施 5S。

现在企业也越来越重视细节、科学量化，这些都是构建智能工厂的基础。建构数字化工厂是构建智能工厂的基础，这就使得 MES 成为制造业现代化建设的重点。

综上所述，MES 能够助力企业实现精细化管理、敏捷化生产，满足市场个性化的需求。

对于离散制造企业，应该向流程工业企业学习，设计开发自己的开发制造执行系统。因为离散制造往往是多品种、小批量、混合生产的模式，生产计划和制造执行特别容易脱节，造成制造过程与作业排程频繁变化，只依靠人工是很难管理的。因此，如果能够有一个 MES 传递底层信息到上面的计划层，在得到上层分析后再自动地发出及时、正确的指令来调整底层的制造活动，则可担当制造控制与车间作业之间的整合任务，有可能帮助企业充分发挥制造资源，提高效率。

但是，这需要解决很多新的技术问题——对于离散工业（Discrete Manufacturing）和流程工业（Process Manufacturing）来说，MES 有许多差异。就离散 MES 而言，必须首先解决运用新的技术手段问题，提高车间设备、工艺流程、物料移动与识别等方面的测控能力和网络化、自动化、集成化水平。其目的是实现底层的信息实时反馈，通过在原来的计划层和车间作业层之间增加一个制造执行层，形成敏捷、柔性、准时的 MES。

MES 的要点如下：

1）MES 是对整个车间制造过程的优化，而不是单一解决某个生产瓶颈。

2）MES 必须提供实时收集生产过程中数据的功能，并做出相应的分析和处理。

3）MES 需要与计划层和控制层进行信息交互，通过企业的连续信息流来实现企业乃至整个供应链的信息集成。

MES 的功能主要是：制造资源的配置与监视管理，车间作业排程与制造指令管理，产品工艺文件、数据管理，作业人员管理、绩效管理、产品制造质量管理，制造过程管理、设备维护管理，产品制造跟踪与产品体系管理等。

3.5 数据

3.5.1 数据作为智能制造基础的重要性

1. 大数据促进企业信息系统基础架构建设

随着互联网与工业融合创新，以及工业互联网时代的到来，制造业大数据集成应用将成为工业互联网应用的核心。以工业数据的采集与解析、制造业大数据的分析和可视化、制造业大数据的安全管理为代表的三大制造业大数据应用的关键技术可以促成制造业大数据的企业基础信息平台建设和发展。大数据时代的发展需要完善的企业信息基础平台，而现有的企业信息系统基础架构还不足以满足大数据时代的发展需求。在进行信息基础架构的建设和完善时，不仅要增加信息系统的大数据计算处理能力和制造业大数据存储管理能力，还要重视对数据资源的扩展和融合。

传统企业信息以小型机、关系数据库、应用集成、数据仓库构成了数据统计分析和商务智能分析基础架构。大数据时代下，随着海量数据的出现、数据结构的改变，非结构化数据量大大超过了结构化数据量。基于云计算技术是大数据时代数据中心架构的基本特征，大数据高并发、低延迟的特性要求企业数据中心基础架构具备快速横向扩展能力，满足业务模式增长所具有的突发性和高速性，当业务需求突然高速增长时能够快速扩张基础架构，以提供相应的服务能力。

2. 大数据推动企业信息系统迈向大融合

在大数据背景下，企业数据源除具有数据类型多样、模式异构、地理位置分散、访问机制不同等传统特点外，还具有海量数据、数据价值密度高等特征，这将带来数据集成模式和数据集成技术的变革。

企业构建大数据资源池采用分布式的数据存储、管理及应用方法。数据分布在整个云的各个计算节点上。利用非结构化数据库（如HBase）可以很方便地实现数据的分布存储和冗余，充分利用云的节点存储能力。此外，也可以部署一些关系数据库（MySQL、Oracle等），尤其是汇聚机架配置了存储设备时，可以在这些存储设备上部署关系数据库（汇聚机架上可能需要增加额外的数据库服务器）。两种类型的数据库的设计是目前新一代数据中心的重要特征，既可以实现对海量非结构化数据的存储与管理，也可以发挥传统关系数据库对结构化数据的处理能力。

3.5.2 数据来源

根据制造企业的体系结构，制造业大数据的来源主要包括：

1）产品大数据，即计算、设计、仿真、工艺、加工、试验、维护数据、产品结构、配置关系、变更记录等。随着三维造型技术、真三维渲染、虚拟现实技术的广泛应用，产品模型的数据量也迅速增大。

2）运营大数据，即组织结构、管理制度、人力资源、薪酬、福利、设备、营销、财务、质量、生产、采购、库存、标准、行业法规、知识产权、工作计划、市场推广、办公文档、媒体传播、电子商务等。例如，在市场推广方面，涉及越来越多的多媒体数据。

3）价值链大数据，即客户、供应商、合作伙伴、联系人、联络记录、合同、回款、客户满意度等。例如，在客户服务过程中，涉及很多服务原始记录的保存。

4）外部大数据，即经济数据、政策信息、行业数据、竞争对手数据等。

3.5.3 数据结构

1）结构化数据。结构化数据一般用二维逻辑表结构来表达，主要存储在关系数据库中，先有结构再有数据；结构一般不变，处理起来较方便。在制造企业运行阶段产生的传感器监控数据、采购库存数据等大多属于结构化数据，目前在制造业中得到广泛应用，价值利用程度较高。

2）非结构化数据。相对于结构化数据而言，非结构化数据不方便用数据库二维逻辑表来表达，非结构化文本类数据，没有标准格式，包括所有的合作伙伴文档、采购合同文本、产品外观图片、通信可扩展标记语言（Extensible Markup Language，XML）、客户网页交互超文本标记语言（Hyper Text Markup Language，HTML）、行业数据报表、三维造型图像和仿真音频视频等。非结构化数据存储在非结构化数据库中，其中典型的是非结构化 Web 数据库，其突破了关系数据库结构定义不易改变和数据定长的限制。

3）半结构化数据。半结构化数据是介于结构化数据和非结构化数据之间的数据类型，格式较为规范，一般是纯文本数据，包括车间日志数据、变更记录 XML、技术规范数据、管理制度数据等。半结构化数据一般是自描述的，数据的结构与内容混杂在一起，没有明显的区分，数据模型主要为树和图的形式。

3.5.4 数据资源

大数据是各种类型的小数据的集合，通过对各种类型的小数据整合、集合、集成处理，从中挖掘出潜在的新的价值。小数据的数据资源采用关系数据库方式组织和存储，以满足记录业务过程、保存数据、查询检索和统计分析的目标，属于面向对象的数据结构，采用结构化查询语言数据库技术存储和管理数据资源。大数据的数据资源整合和集成以数据应用分析为目标，目的是通过对历史数据的分析，挖掘其中的数据关系，建立数据模型，开展数据预测，大数据采用面向主题的数据结构来存储和管理数据。

制造企业需要管理的数据种类繁多，涉及大量结构化数据、半结构化数据和非结构化数据。工业传感器、RFID、条码、工业自动控制系统、ERP、CAD、CAM 等技术更是日益丰富着工业数据量。而工业企业中生产线高速运转，由机器产生的数据量远大于计算机和人工产生的数据，而且数据类型多是非结构化数据。

随着大规模定制和网络协同发展，制造业还需实时从网上接收众多消费者的个性化定制数据，并通过网络协同配置各方资源，组织生产，管理更多种类数据。

1. 产品设计数据资源

产品设计数据资源包括产品设计 CAD 数据、产品建模仿真 CAE 数据、产品工艺 CAPP 数据、产品制造 CAM 数据与数控加工 NC 程序、产品测试数据、产品维护数据、产品结构 BOM 数据、零部件配置关系、变更记录等。

从产品生命周期考虑，产品设计可分为产品需求分析、概念设计、详细设计、工艺设计、样品试制、生产制造、销售与售后服务等阶段。复杂产品设计，制造流程复杂，并且涉及多领域、多专业的技术知识，相关设计、工艺、使用和维护人员在各阶段积累大量数据，不仅需要将各阶段、各领域的数据进行有效整合，而且需要从中找出影响产品可靠性、可用性的关键设计数据。因此，如何通过产品和工艺数据分析，发现关键技术点、预测技术发展趋势，并为设计、工艺人员提供有益的优化和创新决策支持是实现产品持续改进和技术创新的关键。

产品研发过程的需求管理需要各行业专家针对产品战略、市场信息、客户反馈、竞争信息、技术趋势和产品组合等大量内容进行抽样、样本分析，确定基线化的需求说明书。但所有这些过去都是基于小数据情况下的分析及决策，这也给企业产品研发决策带来了大量隐患，经常出现以下情况：①样本数量不够，造成预测错误；②决策因子的权重取决于感性，而不是全部数据；③决策时间过长，与瞬息万变的市场脱节；④无法确定是否应该停止某些研发项目的投资。以上这些情况的发生，都使得企业不知道客户需要什么样的产品、产品需要在多长时间内上市才能占有市场先机，这些都会阻碍企业尽快做出正确产品研发决策。

现在可以依靠大数据来帮助企业进行决策：①通过与社交网站合作，分析特定区域客户浏览习惯、交友年龄、性别等，以了解潜在用户的喜好、习惯；②产品研发的数据分析，如分析客户订购产品的历史数据，以了解客户需求变化趋势；③分析由于用户错误或者产品设计错误的反馈数据，了解客户真正需要的用户体验；④利用交互式技术集成企业PLM，让用户访问企业的PLM、PDM系统，收集客户访问交互式网站的体验及反馈，进行新产品决策。

产品定义信息、产品功能数据、技术资料、故障及维护数据都是改进产品设计、优化服务和技术创新的重要来源，应有效利用制造、使用和维护阶段相关数据进行产品设计优化决策，开展多种数据关联关系研究，构建产品数据的语义网络。在此基础上，利用复杂网络技术分析大型产品相关数据间的关联关系，基于节点、路径、网络结构特征分析建立产品设计优化决策模型，开展用户需求判断和技术发展方向预测研究，为企业进行产品设计优化决策提供支持。

在产品数据管理方面已经有很多软件与技术，包括以产品交流为核心的社区技术、以研发为核心的PLM和PDM系统。三维模型轻量化技术的快速发展为制造业信息应用提出了一种可视化产品数据协作和信息集成的新途径，不仅能够实现产品工艺规划、装配过程演示等集成应用，而且可结合文字、图片、视频动画、语音等形式为使用、维修人员提供丰富的展现形式，为开展可视化的用户交互、需求获取与捕捉、远程维修维护和人因分析等工作提供了有力的技术支持。

以三维模型为基础建立产品数据本体，获取数据的语义关系，构建包含产品设计、制造、维护和使用各阶段的产品数据语义网络，通过分析节点及网络结构特点建立产品设计优化决策模型。在此基础上，通过分析语义网络结构特征和基于时间序列进行拟合分析，判断产品数据语义网络中关键节点，并判断产品数据语义网络演化趋势，探索复杂产品优化设计和技术创新机制，基于大数据进行复杂产品技术匹配、技术调整、技术升级及技术组合创新，为产品设计优化提供决策支持。

2. *产品制造数据资源*

数字化工厂分为物理系统（Physical System）、网络系统（Cyber System）和管理系统（Management System）三部分。首先需要构建由基础设施原型（Facility Prototype）、产品原型（Product Prototype）、业务流程原型（Business Workflow）和生产工艺原型（Proccssflow）组成的智能工厂抽象模型，进而由智能工厂抽象模型组建出多个跨地域的智能工厂实例（Smart Factories）。针对智能制造过程中生产数据的特点、数据分析的目的以及决策与控制的需求，构建数据仓库与分布式计算框架，基于数据挖掘和大数据处理技术实现对生产数据的充分挖掘与利用。一方面生成实时的控制指令，对生产过程进行智能化控制；另一方面提取关键信息，向管理者提供反馈，并依据管理者的决策执行相应的动作。

在智能工厂的运行过程中，智能工厂的抽象模型、数据仓库、分布式计算框架共同组成了智能工厂总体设计方案中的网络系统。该网络系统向物理系统和管理系统提供云服务（Cloud Services），其中网络系统与物理系统间主要以数据和指令（Data/Commands）的形式实现集成（Integration），网络系统与管理系统间则以信息和决策（Information/Decisions）的形式实现连接（Connection）和访问控制。对于一个工厂实例而言，依据基础设施原型可以实例化出设备、站位、车间、工厂，但是具体的生产线还需要依赖于产品相关信息来确定。

制造企业生产现场监控系统建设的核心在于打通生产现场各环节之间以及生产现场与决策层之间的数据互通链路，进而在此基础上加入控制逻辑和算法，首先实现人机交互方式的远程管控，并向制造过程全自动化方向发展。底层为生产现场的流程，即总控系统的原始数据均来源于生产过程各环节，其数据采集存在多种形式：用户手动录入、文件导入、生产过程各环节设备数据上传、条码扫描枪录入、RFID 扫描数据、从其他系统集成等。为了实现从实际生产过程中采集数据，要构建生产过程各环节涉及的业务流程在系统中的工作流模型，即实现对业务流程的管理，从而使得业务流程各节点上的数据能够正确地进入系统数据库。对生产制造有效信息进行整合，生成各类信息看板，从而实现对生产现场的远程监控；后续应用即逐步实现基于实时数据的生产过程控制，进而向生产自动化发展，进一步实现对整个工厂的智能管控。

3. 生产车间基础资源管理

工厂车间的基础资源信息应统一维护，这些信息是进行生产过程管控的基础，主要包括：

1）供应商信息管理：用于对供应商进行统一管理，包括供应商基本信息管理、供应商评价、供应商审核流程管理、供应商等级管理等。

2）设备信息管理：用于对生产过程中加工设备、检测设备、物流运输设备、上下料机、打印机、扫描枪等各类设备进行统一管理，主要包括设备基本属性及台账管理、当前状态管理等。

3）仪表信息管理：对各类测试仪表的基本属性、台账、当前状态、周期检定过程等进行统一管理。

4）工装信息管理：对工装夹具、模具、检验器具等对象的基本属性、当前状态信息进行统一管理。

5）物料信息管理：用于维护物料基本属性、当前状态、存储位置、湿敏/无铅等特殊属性。其中，存储位置与仓库管理、出库/入库流程管理相对应，仓库管理业务流程中生成的数据实时更新到物料信息管理。

4. 生产流程管理

生产流程管理用于实现对生产过程中各环节业务流程的信息化管理，通常以单次业务操作为数据单元，生成一条新数据，通过信息流与实际物流的同步，最终实现生产过程数据实时、准确地进入系统数据库，从而支持对生产过程的智能管控。对生产流程的管理以及从生产流程中以操作为单元采集数据，是后续进行时序统计、计数等信息处理的基础。

生产流程管理主要包括：

1）订单管理：订单基本信息管理，如订单编号、客户、产品标识、数量、预计生产时间、预计交货时间等，该信息可以从SFC（System File Checker）系统数据库中获取。

2）工单管理：工单基本信息管理，如工单编号、产品标识、对应的站位、输入/输出要求等，该信息可从SFC系统数据库中获取。

3）出库/入库流程管理：包括出库、入库、辅材领用以及其他物料、工装、仪表等对象领用流程管理。该业务流程中产生的信息直接更新仓库管理、工装管理、仪表管理、物料管理等模块的信息。

4）出货流程管理：即Shipping管理，该业务流程中产生的信息将与订单管理信息同步。

5）客退返工流程管理：对客退品、返工维修流程等进行管理。该业务流程中产生的信息与维修站位信息、订单管理信息等同步。

6）质量控制流程管理：即点检、抽检、全检流程，不合格品处理流程，不良控制流程等质量控制类流程的管理。

5. 工厂管控平台

工厂管控平台用于对工厂的车间、生产线、站位、仓库、物流等各方面的信息进行综合、实时监控，其数据来源于生产过程的各环节业务流程，并实时更新。工厂管控主要包括：

1）车间管控：包括车间环境配置信息、责任人信息、产能信息以及其他统计分析信息。车间主要由生产线、仓库、人员构成，相关信息在车间看板中展示。

2）生产线管控：包括生产线配置信息，责任人信息，输入、产出信息等。生产线主要由站位、人员构成，相关信息在线头看板或生产线看板中展示。

3）站位管控：包括站位基本属性、所使用的设备/工装/仪表、输入/输出、控制参数、前后站位标识等信息，用于实时采集站位工作时间和工作过程中产生的数据，以及对站位上的设备进行控制。

4）仓库管控：包括仓库标识、名称、位置、作用，并包含物料、工装、仪表等信息，主要用于台账管理和统计。

5）物流管控：主要是对AGV管控，对工厂内的AGV进行统一管理，包括标识、当前位置、当前状态、使用时间、效率等信息。

6. 设备层数据资源

工业生产数据的特点是数据变化快、数据量大。工业生产数据大多是自动化系统自动采集的温度、湿度、电压、电流、I/O开关量、流量、转速等高速变化的数据，数据变化的频率非常高，甚至达到毫秒级。

设备能否正常、高效运转，直接关系到企业能否盈利。传统设备维修通常分成两种：故障维修和预防性维修。故障维修通常会造成生产中断，给企业运转带来负面影响。因此，企业不得不采取预防性维修来减少故障的发生，而预防性维修根据历史数据和经验决定维修周期和维修项目，有时不太准确。可以利用大数据技术对机器设备数据进行存储、处理、加工和分析，通过设备在线监控技术采集设备运行状态数据，了解设备的整体状态、设备故障风险、设备安全风险，预测设备需要预维护时间和维护项目。对设备发生的故障模式进行大数据关联分析诊断，分析故障原因，提高设备运行效率。对设备的关键零配件使用寿命进行预测，利用大数据分析，根据设备使用过程中的工程数据、环境数据、实验数据等多种数据源的众多参数对关键零部件寿命的影响，提高关键零部件的使用率，降低运维成本，同时保证制造质量。

7. 企业运营管理数据资源

企业运营管理数据资源包括市场数据资源、销售数据资源、财务数据资源、供应链数据资源等。

（1）市场数据资源

在大数据时代之前，企业多从哪些平台提取数据，提取哪些营销数据呢？一般是CRM或商业智能（Business Intelligence，BI）系统中的顾客信息、市场促销、广告活动、展览等结构化数据以及企业官网数据。但这些信息只能达到企业正常营销管理需求的15%的量能，并不足以给出一个重要结论和发现规律。而其他85%的数据，如社交媒体数据、邮件数据、地理位置、音频视频等不断增加的信息数据，数据量更大，逐渐被广泛应用。以传感器为主的物联网信息，以及移动互联网信息等，都是大数据所指的非结构性或者称多元结构性所需的数据，它们更多以图片、视频等方式呈现，几年前其可能被置之度外不会被运用，而今大数据能进一步提高算法和机器分析的作用，这类数据在如今竞争激烈的市场日显宝贵，并能被大数据技术充分挖掘、运用。

对商家来说大数据，主要有三方面应用：一是圈定用户；二是进行用户关联性分析；三是个性化定制，即大数据可根据客户需求进行产品或服务的量身定做。

（2）销售数据资源

目前产品销售预测技术主要包括两大类：定性预测和定量预测。定性预测主要是通过社会调查采用少量的数据和直观材料，结合人们的经验加以综合分析，做出判断和预测。目前预测销售量的定性方法有主管人观点评定法、销售人员数据汇总法、购买者期望调查法、德尔菲法。定性预测的主要优点在于简便易行，一般不需要先进的计算方法和高深的数学知识，易于普及和推广；缺点是因缺乏客观标准，往往受预测者经验认识的局限，而带有一定的主观片面性。定性预测方法一般只用于资料缺乏的情况，如新产品市场销售趋势预测等。定量预测是利用完整、真实的历史销售数据给出确切预测数据的预测方法。定量预测方法可以分成两大类：时间序列分析法和回归分析法。目前常用的定量预测方法有平均值预测法、移动平均预测法、指数平滑预测法、自适应指数平滑预测法、Winter 模型等。每一种定量预测法都各自关注不同的影响因子。然而，由于每一种类型方法关注不同的影响因子，因此没有一种预测方法能够考虑到所有的影响因子，导致预测结果与实际情况有较大的偏差。

销售主题的数据分析内容具体有以下几项：

1）销售数量与金额走势分析：包括组织机构（集团、分公司、事业部、门店、区域、业务单元，可选取）、期间（年度、月份、某一时期）、销售数量和金额。

2）销售数量与金额构成分析：包括组织机构（分公司、事业部、门店、区域、业务单元等）、期间（年度、月份、某一时期）、销售数量和金额的具体值与总销售数量和金额的占比。对比各业务单元的重要性、发展速度的合理性、数量与金额的匹配合理性，判断某一业务板块的经营特点。

3）销售量价分析：包括组织机构（集团、分公司、事业部、区域、业务单元，可选取）、期间（年度、月份、某一时期）、产品大类、销售数量和某类产品单价。

4）客户价值分析：包括客户集合（可选取）、期间（年、月、日、某一时间段）、销售量、销售额、销售单价、应收款额。

（3）财务数据资源

财务数据涉及财务核算、报告与分析、资产价值管理、成本管理、预算管理和资金管理等几大部分内容。

（4）供应链数据资源

制造业大数据不仅贯穿生产全过程，而且在企业与供应商经营资源和财务资源的交互中得到不断积累，为企业对自身供应链资源的信用评估提供了强有力的客观依据。在持续合作经营中，企业和供应商交易过程中的协商成本和契约成本将因为数字信用关系的建立而大幅降低。一旦信贷机构介入这一信用关系并发展成更为稳定的三角信用体系之后，信用价值的乘数效应将得到进一步放大。

3.5.5 数据采集

需要说明的是，工业数据的采集并不像商业数据采集那么简单，原因是工业系统过于复杂。从设备状态看，有些设备有通信接口，有些没有；有些接口的信息获取相对简单，有些又比较困难。从通信方式看，硬件通信接口数以百计，有些接口是开放的，但也有些接口是加密的。因此，数据的采集工况相对复杂，数据的采集方式也应该多样化，应采用全自动、半自动与手动相结合的方式，以及视频、音频与各类传感器相结合的方式。

面对采集获取到的各类复杂的数据，需要对数据进行整合分析，以便后期应用。然而数据的分析并不都必须用复杂的算法，如遗传算法、深度学习等。数据的处理在企业应用中可以分成多个层次，结合具体场景进行，能解决业务问题就可以。智能化的实现从可视化、统计对比分析，建立简单模型实现较低级智能，积累到一定程度再实现高级智能、自助智能。

数据采集又称数据获取，是利用传感技术和感知装置，从系统外部采集数据并输入系统内部的一个过程。数据采集技术广泛应用在各个领域。采集设备有视频采集的摄像头、音频采集的麦克风等。采集参数有温度、压力、流量、电量、电压、电流等，可以是模拟量，也可以是数字量。数据采集一般采用采样方式，即间隔一定时间对同一点数据重复采集。

智能制造就是让最基层的生产设备或生产单元实现直接无缝对接，从而实现效率的最大化。数据采集是整个生产系统的最前沿单元，是最直接的传感神经元。在制造过程中，精确的数据及时传递给最高层的管理体系（大脑），让最高层的管理体系更加快速地拿到生产第一线的实际数据和情况，实时引导、响应和报告车间的生产动态，极大提升解决问题的能力，推进企业智能制造的进程。真正实现云端平台连接最前端设备后，生产效益的提高将是必然结果。

除此之外，还有数据如何同步、交换、关联、集成；数据质量如何得以保证；数据怎么存、怎么管、怎么用；数据特点是什么、量有多大；数据怎么发生，又如何映射到业务流中等诸多数据处理的问题。

随着5G基站及相关网络传输设备的快速部署和5G在工业场景中的应用验证和推广，大量可直接连接工业机器设备并进行数据采集的物联网终端投入，通过实时的数据传输，使管理者在不同时间、地域轻松掌握生产运营情况。5G工业互联网网关使机器设备与平台之间的数据交互更高效，5G超高速、超大链接、超低时延、安全传输的特点得以完整的诠释，为企业智慧化生产打下扎实的数字化基础，大大降低企业经营管理成本，提升经济效益。

3.5.6 数据处理

数据处理的基本目的是从大量的、可能是杂乱无章的、难以理解的数据中抽取并推导出对于某些特定的人们来说是有价值、有意义的数据。

数据处理是系统工程和自动控制的基本环节。数据处理贯穿于企业生产和社会生活的各个领域，数据处理技术的发展及其应用的广度和深度，极大地影响了人类社会发展的进程。

数据处理是对数据进行分析和加工的技术过程，包括对各种原始数据的分析、整理、计算、编辑等的加工和处理。数据采集后，对数据的处理可分成如下几个方面：

1）数据转换：数据从一种表示形式变为另一种表示形式的过程，即把信息转换成计算机能够处理、存储的形式。

2）数据分组：指定编码，按有关信息进行有效的分组。例如，将连续数据重新编码分组成离散的，如把“访问量”重新编码为时间段，查看访问时间分布。

3）数据清洗：筛选清除多余重复的数据，补充完整缺失的数据，纠正或删除错误的数据。数据清洗是发现并纠正数据中可识别的错误的一道程序，包括检查数据一致性、处理无效值和缺失值等。

4）数据运算：进行各种算术和逻辑运算，以便得到进一步的信息。数据运算是对数据依某种模式而建立起来的关系进行处理的过程。最基本的数据运算有算术运算，如加、减、乘、除、乘方、开方、取模等；关系运算，如等于、不等于、大于、小于等；逻辑运算，如与、或、非、恒等、蕴含等。

5）数据排序：按一定顺序将数据排列，以便研究者通过浏览数据发现一些明显的特征或趋势，找到解决问题的线索。除此之外，数据排序还有助于对数据检查纠错，以及为重新归类或分组等提供方便。

此外，工业化社会中已形成一个独立的信息处理机制，数据本身已经成为人类社会中极其宝贵的资源。数据处理是对这些资源进行整理和开发，借以推动信息化社会的发展。

3.6 终极目标

3.6.1 质量—成本

质量是企业赖以生存和发展的保证，是开拓市场的生命线，提高质量能加强企业在市场中的竞争力；成本是企业核心竞争力的重要组成部分，是左右企业竞争成败的关键要素之一，在充分竞争的市场环境下，价格决定了市场竞争。在智能制造实施过程中，要把提高质量和降低成本作为一对孪生指标来考量，切不可为了提高质量而大幅上升成本，也不可以为了降低成本而牺牲质量。

3.6.2 效率—效益

效率是企业竞争力的关键，目前市场竞争日趋激烈，效率低下的企业必然被市场淘汰，尤其在全球经济一体化的今天，效率更是企业的生命。效率是企业追求的首要目标，通过智能制造的实施调动广大员工的工作积极性和创造性，增强企业的活力和竞争实力，提高全员劳动生产率和运营效率。效益是企业盈利能力的直接表现，是衡量企业经营绩效的重要指标，也是企业经营管理水平、创新能力、可持续发展的体现。提高经济效益有利于增强企业的市场竞争力，有助于加强企业可持续发展后劲。在智能制造实施过程中，同样要把效率和效益作为孪生指标来考量，效率高不一定效益好。

3.7 多层次提升智能制造

终极目标达成的效果与建设程度密切相关，五个维度的成效程度需要通过多层次考量，既要考量功能性，也要考量程度；既要考量深度，也要考量广度。

首先，“自动”“精益”“数字”“信息”“网络”“柔性”“可视”“智能”代表智能制造需要具备的特性；“化”代表该特性具有普遍性，代表了一定的程度。

3.7.1 自动化

自动化是指机器设备、系统或过程（生产、管理过程）在没有人或较少人的直接参与下，按照人的要求，经过自动检测、信息处理、分析判断、操纵控制，实现预期的目标的过程。

看到自动化，我们通常的认知会是装备自动化，但是，在智能制造时代，自动化的范围已从生产装备自动化扩展到数据流动自动化。

在高度数字化的今天，数字是“自动”的基础，在数据种类越来越多、规模越来越大、来源越来越复杂的大背景下，解决好数据从哪里来、到哪里去的问题是实现非机械自动化的关键，而数据自动流动是实现设计自动化、管理自动化、制造自动化和物料自动化的关键。设计自动化、管理自动化、制造自动化、物料自动化也可以理解为设计数据的自动流转、管理数据的自动流转、制造数据的自动流转、物料数据的自动流转，这就需要通过在设计、管理、制造和物料等业务管理环节中构建可感知的信息系统（可感知的业务过程），广泛采集数据，并通过对数据的传输、存储、分析等实现数据在业务系统中的自动流转。

新时代的自动化要打破通常意义上装备自动化的局限，要实现从数据生成、加工、执行的自动化，实现管理流程的自动化，实现离散制造的连续化，实现物料流动的自动化。通过数据流动的自动化，实现看得见的自动化和看不见的自动化。

智能自动化是数字化、网络化、智能化和自动化的充分融合，是自动化发展的高级层次。在工业领域，智能自动化是信息化（数字化、网络化、智能化）与工业化深度融合，是工业生产“节能、降耗、减排”的重要手段和桥梁。智能自动化技术在对现有装置、工艺不进行大改动的前提下，通过设备（装置）、流程（工艺）、控制（自动化系统）的紧密结合，以低投入、高产出实现节能、降耗、减排，是工业过程达到最佳运行效果不可或缺的关键支撑技术，对于目前大量现有的工业装置而言具有非常重要的现实意义。

1. 工业控制自动化

自动化技术是一种运用控制理论、仪器仪表、计算机和其他信息技术，对工业生产过程实现检测、控制、优化、调度、管理和决策，达到增加产量、提高质量、降低消耗、确保安全等目的的综合性技术，主要包括工业自动化软件、硬件和系统三大部分。工业控制自动化技术作为20世纪现代制造领域中重要的技术之一，主要解决生产效率与一致性问题。虽然自动化系统本身并不直接创造效益，但它对企业生产过程有明显的提升作用。

随着工业化进程的加快，现代工业过程正向复杂化、高速化、大型化方向发展，并且要达到节能、降耗、安全、环保，因此工业过程有多种约束条件、多变量、强耦合、非线性、大时滞、不确定性、多控制目标等问题，从而对自动化技术提出更高的要求。近年来，出现了对复杂系统建模与控制、非线性控制系统理论、离散事件动态系统理论、混杂系统理论、大系统理论、随机系统滤波与控制、分布参数系统控制、自适应控制、鲁棒控制、智能控制、最优控制、系统辨识与建模等各种控制理论。将控制理论与方法和智能方法（模糊推理、神经网络、知识挖掘、专家系统等）相结合，开展了智能建模技术、软测量技术、智能控制技术、多变量智能解耦控制技术，基于综合生产指标的优化控制技术等智能自动化技术也应运而生。

2. 知识工作自动化

知识工作自动化是运用计算机来进行复杂分析、精确判断，创造性地解决问题。随着人工智能、机器学习和自然语言用户接口（如语音识别）的不断进步，知识工作正在逐步实现自动化。例如，计算机能够回答“非结构性”的问题（如未被准确写入软件查询的日常用语），如此一来即便没有经过专业的训练，员工或客户也能自行获取信息。随着越来越多的知识工作由机器完成，某些类型的工作可能实现完全自动化。

自动化是一种无需人的协助而能自动进行加工操作的技术，它通过指令程序及执行相应指令的控制系统共同实现操作。自动化系统的概念可以应用到工厂或企业的不同层级。

3.7.2 精益化

精益生产是新时代企业工业化转型的管理技术基础，是企业降低成本增加效益、提升盈利能力、具备自我造血功能的核心。在工业化进程中，精益化起到模式规划、顶层设计、增强体质的作用。技术方面，工艺精益化是制造精益化的源头，管理、制造、物料精益化都是提高效率、增加效益的有效突破口。

自20世纪初第一条汽车流水装配线出现以来，制造业经历了大批量生产和精益生产两个阶段，目前正向智能制造推进。200多年前，以福特（Ford）为代表的大批量生产使制造业从最初为极少数权贵阶层生产的专属产品，转变成为大众产品。在那个年代，企业在交易中拥有决定性的位置——企业生产什么，消费者就只能购买什么。20世纪50年代，随着日本汽车工业的崛起，精益思想和精益生产方式逐渐引起人们的关注，甚至在全球制造业掀起了一场学习精益的浪潮。其最主要的原因就在于，精益旨在消除浪费，并实现了先获取客户需求再进行生产的理想。

被誉为“互联网革命最伟大的思考者”的克莱·舍基（Clay Shirky）曾说，互联网时代是人人时代，每个人都是独特的存在，大规模的个性化需求使“无人工厂”和“批量定制”成为必然趋势。此时靠地面网络感知用户需求的精益生产模式已经不能满足时代要求，企业必须搭建起交互用户的平台，通过大数据分析按需定制，为用户提供全流程的个性化体验，这将是继福特模式和丰田模式之后适应时代发展的第三种制造模式。

在智能工厂，一条生产线上制造的产品可以各不相同。由于各加工工件携带的电子标签内已经写入了所有客户定制化的加工任务，因此每一个零部件都可以自行与机器人、机床等加工设备进行通信，从而完成既定的加工任务，并可智能检测产品质量。这种方式改变了原有的大规模批量生产和大规模有限定制，实现了大规模的个性化定制。

实施工业4.0的核心内容之一是构建智慧工厂的生产线，即将大量先进技术组织起来，并融合为有机整体，固化为生产线及管理模式，从而大幅提升生产效率。然而，简单地将这些技术堆砌在一起，所得效果并非就是它们各自功效的综合。其实，生产线上经常有半数以上的潜能都没有得到发挥，其中有生产线设计不合理的原因，也有管理的原因。要彻底解决这些问题，最大化这些先进技术的效能发挥，唯一的解决方案就是实施精益管理。也就是说，对于工业4.0的生产线而言，网络化、数字化、可视化等都是服务于精益的技术手段，简单堆砌这些技术手段很难达到预期效果。因此，精益生产非但没有过时，还将成为工业4.0中将各项先进技术整合为工作效率的最佳工具。通过精益运营，能更加有效地保证智能制造的实施。

那么，工业4.0的精益生产线设计应当包含哪些内容呢？

1）加工设备的设计。加工设备是生产线的主体硬件，加工设备的设计决定了生产线的基本形态，因此非常关键。在设计中需要注意以下两方面：一是对于产量足够大的产品，可以单独建线；二是对于多品种、小批量的产品，可以将具有典型工艺的产品集中在典型设备、加工岛和生产线上，从而构成柔性生产单元。在精益思想的指导下，无论批量大小，任何产品都可以建立生产单元。精益生产设计的本质特点就是用小批量生产模拟大批量生产。

在进行加工设备的设计时，有一些问题需要引起注意：首先，不能简单地按照初始工艺路线配置生产线上的设备，而应该适当调整工艺路线以节省设备投资成本和优化生产价值流。例如，将一道工序拆分为多道工序，前面的几道简单工序配置低端设备，后面的复杂工序配置高端设备，这样在确保生产价值流不退化的情况下可以降低设备投资成本；也可以将多道复杂工序合并，减少高端设备的换装时间，从而优化生产价值流。其次，对于计划单独建线的产品，可以严格按照生产节拍配置设备；对于支持多产品的柔性生产线，则不能死板地按照生产节拍来配置设备。为了满足生产线的柔性，需要在关键设备前增加缓冲时间，其结果就是让排在前面的非关键设备适当地加快生产节拍。另外，生产节拍在时间上需要细化，如分为准备时间、加工时间、检验时间、交接时间，这种时间细化将增强加工设备与外围设备的配合度。

2）柔性工装和激光定位的应用。在生产过程中，辅助制造资源的准备属于不增值环节，如果能增强该环节的自动化，对于改善生产线的价值流将大有裨益。而柔性工装和激光定位这两项技术的应用就能够简化辅助制造资源的管理，是实现无人值守加工的重要基础。柔性工装的目的是在设计和制造过程中，免除装配各种零部件时使用的专用定型架、夹具，从而降低工装制造成本，缩短工装准备周期，减少生产用地，同时大幅度提高生产率。激光定位技术能够结合三维制造模型和室内 GPS（Global Positioning System，全球定位系统）定位数据，准确定位到加工或装配的位置，从而引导机器人完成自动加工或装配。

3）自动化物流的应用。除了辅助制造资源的准备环节外，生产过程中的不增值环节还有物流。目前的制造业已经拥有了自动化的物流系统，它通过传送带或 AGV 实现物流运输的自动化。但是，若想获得更大程度的精益效果，仅仅配置自动化物流设备是远远不够的，还需要在工艺设计和管理方式上做出调整。

4）仿真技术的应用。生产线的设计方案可以通过仿真技术来进行验证，当生产线运行过程中存在一些不确定因素时，使用仿真技术能够帮助发现设计方案中的问题。

工业 4.0 时代的工厂以高度自动化、柔性化，对市场反应灵敏，小批量个性化定制为主旋律，而精益思想的原理、原则完全符合上述所有特征。精益管理是企业把精益思想与自己的管理活动融合而成的管理模式。在运营管理层面，精益是一套工具、一个系统，企业可持续成功地运用精益工具和技巧，将操作流程的卓越性变成战略性武器；在人、文化层面，精益是一种思维方式，是一种企业文化和经营哲学，拥有精益思维和文化的企业，能够尊重员工，激励员工发挥潜能，打造并维持持续改善的文化。对中国企业来说，应实施精益管理，改变传统理念，改善工作流程，塑造有共同愿景的企业文化，进而构筑对市场反应迅捷的管理体系。

精益管理可以改变企业粗放管理的现状。目前很多企业的管理仍处于经验型、粗放型状态，没有长期规划，稳定性差，抗风险能力低下。实施精益管理可以有效改变粗放管理的状态。精益管理可以提升组织的敏捷性。与传统大批量生产不同，精益生产非常注重时间效率，今井正明（Masayi Imai）说过：改善就是这样一种力量，让你能够永远比竞争对手快一步。开展精益生产，进行持续改善，能够有效提高企业的敏捷性，这是企业迎接工业4.0时代到来必须要做的工作。精益管理可以提升企业竞争力。精益生产的焦点是识别整个价值流，应用客户拉动系统，使价值增值行为在最短的时间内流动，找出创造价值的源泉，在产品设计、制造、销售以及零部件库存等各个环节消除不必要的浪费，以最低成本及时交付最高质量的产品，最终提升企业的竞争力。

随着企业规模越来越庞大，管理也随之变得越来越复杂，企业的大部分工作都需要依靠团队合作来完成。在精益企业中，灵活的团队工作已经变成了一种最常见的组织形式，有时同一个人同时分属于不同的团队，负责完成不同的任务。构建精益管理系统对企业来说是一场变革，这场变革具有三个层次，由高到低分别是原理层次、系统层次、工具与技术层次。真正的变革创新不是通过肤浅地模仿或者孤立、凌乱地应用工具技术和系统就能实现的，而是需要对基本原理的理解。首先，企业决策者、公司领导层要高度重视，要从战略的高度制定企业实施精益管理的顶层设计；其次，制订出公司的中长期经营计划，召集中基层干部制定年度方针并展开具体可操作的改善课题，定期检查执行情况；再次，塑造持续改善、全员参与的精益文化，调动真正创造价值的普通员工来自发开展各种改善活动，并让他们有机会在各种场合展现自己的风采；最后，推行精益要跟绩效管理相结合。

精益管理是中国企业实施工业 4.0、进行转型升级的基础与管理保障。

3.7.3 数字化

数字化和自动化是企业实现智能制造的两大支柱，自动化系统要实现柔性，必须依赖数字化系统的支撑。

1. 技术数字化的主要内容及步骤

1）产品设计标准化、数字化。

2）产品分析数字化。

3）工艺结构化、数字化。

4）检测规划数字化。

5）辅助加工数字化。

2. 管理数字化的主要内容及步骤

1）管理思想精益化。

2）管理业务流程化。

3）管理系统数字化。

4）管理内容可视化。

3. 制造数字化的主要内容及步骤

1）制造执行数字化。

2）计量器具数字化。

3）工装刀具数字化。

4）设备管理数字化。

5）工艺路线数字化。

6）工艺改进提高柔性。

7）管理改进提高柔性。

8）APS与仿真。

4. 物料数字化的主要内容及步骤

1）原材料身份识别。

2）半成品身份识别。

3）成品身份识别。

5. 信息编码

（1）信息编码是基础

企业信息分类编码体系与企业的产品及其制造系统有着密切的关系，因而它是与企业的其他标准相独立的，这一点意味着不同企业有不同的企业信息分类编码体系。每一条数据必须有唯一的代码，否则计算机就不能按照人的意志处理信息。

（2）企业信息分类与编码体系构建方法

企业信息分类与编码体系构建方法主要包括：

1）信息采集和组织方法：根据企业制造系统及其产品的具体特征，识别出需要分类与编码的信息对象并充分描述其特征属性。

2）信息分类与编码技术：对各类信息对象的编码结构方案进行设计，包括编码结构之间的融合和基于标准的裁剪等，构建起所获取的信息对象及其特征属性的结构化模型。

3）计算机辅助信息编码管理技术：根据各类信息对象的编码结构，设计出合理的计算机管理方案和管理软件的体系结构。

3.7.4 信息化

信息化作为工业3.0中的标志性技术，在新时代的工业化进程中，将更全面地渗透、跨界、融合、创新、引领发展。同时，信息化作为数字化的基础，更全面综合的推进信息化必不可少。需要注意的是，和过去实施制造业信息化不同的是，新时代信息化的目的在于实现大规模定制，提升产品质量，提高生产效率，降低生产成本。

数据是信息的具体表现形式和重要载体，数字化是信息化的基础，信息化是数字化的表现，信息是数据有意义的表达。在数据种类越来越多、规模越来越大、来源越来越复杂的大背景下，解决好哪些数据反映哪些业务问题，分析、预测出哪些业务趋势等是实现信息化的关键。

信息资源是不断积累下来的，是用来参考和决策的文字、数字、图样、照片、文件、表格等一切内容。有些信息资源作为知识隐藏在人的头脑中。

根据国家信息化评测中心（National Informatization Evaluation Center，NIEC）规定，企业信息资源主要包括企业内在结构状态信息、客户群信息、竞争对手信息。

日常使用和积累的信息资源主要有如下内容：

1）以产品信息牵头并贯穿生产全过程的信息资源——建立产品数据库及其管理与应用软件（PDM）。

2）各个层级的管理业务所使用和处理的信息资源——建立 ERP 系统，以及人力资源管理系统、设备资源管理系统等。

3）办公决策所使用和生成的高级别信息资源——建立决策支持及信息化办公系统。

3.7.5 网络化

新时代是万物互联的时代，要通过网络获取数据，并将数据传递到需要的地方；要解决数据的自动流动问题。因此，网络需要覆盖包括技术、管理、制造、装备、物料等能产生数据的任何角落，网络化的不断深化也是从封闭与独立走向开放、集成、协同的过程。

我们身边的很多产品都能够访问互联网，都在不断地网络化。智能手机如此，“信息家电”也是如此。随着汽车渐渐步入自动驾驶时代，或许汽车的作用将仅仅是一个网络终端。就这样，身边的产品不断地网络化，如同系统化的重要意义一样，“网络化制造”代表着掌控了网络的主导权，而且从网络外部性来看，率先掌控主导权的企业将长期获取先行者利益。

随着信息技术和互联网、电子商务的普及，制造业市场竞争的要求出现了变化。一方面，要求制造企业能够不断地基于网络获取信息，及时对市场需求做出快速反应；另一方面，要求制造企业能够将各种资源集成与共享，合理利用各种资源。

网络化能够快速响应市场变化，通过制造企业快速重组、动态协同来快速配置制造资源，同时提高产品质量，减少产品投放市场所需的时间，增加市场份额。这样不仅能够分担基础设施建设费用、设备投资费用等，还降低了经营风险。另外，作为一个未来的潮流，工厂将通过互联网实现内、外服务的网络化，向互联工厂的趋势发展。随之而来的是，采集并分析生产车间的各种信息，向消费者进行反馈，将工厂采集的信息作为大数据并解析，能够开拓更多的、新的商业机会。经由硬件从车间采集的海量数据如何处理，也将在很大程度上决定服务、解决方案的价值。

美国因为有 Google、Apple、IBM 等 IT 巨头和无数的 IT 企业，所以在大数据应用上较为积极，非常重视对社会带来新的价值。Google 公司不断将制造企业收购至麾下，就是希望掌握主导权。同时，作为美国大型制造企业的代表之一的 GE 公司也开始加强数据分析和软件开发，从车间采集数据，并进行解析，再提供解决方案，然后开拓新的商业机会。

生产设备的智能化程度将在网络化条件下得到快速提升，传统制造模式出现颠覆性的变革，具体表现在高度密集的生产设备、生产设备智能化和柔性化制造方式这三个方面。

工业 4.0 这个概念还代表着一种跨越企业界限与互联网相连接的工业生产网络化，这主要是通过企业资源计划系统、制造执行系统，以及来自工厂、供应链、客户和产品的实时信息数据库的紧密联系实现的。各个参与者需要一个虚拟的平台，作为快速、简易而且能安全交换服务的“市场”。

信息网络化时代，提高价值创造效率和效果的机制正在形成。在这个过程中起决定性作用的不是专业知识，而是能发挥协同作用的信息模块智能网络。新型物流系统就是一个典型的例子，通过物流过程的网络化和信息知识整合，使其价值创造能力达到一个新的水平。

智能设备被认为是一种“数字化、主动式、网络化、用户可配置和部分部件自主工作”的设备，其更专业的名称是智能产品或智能对象。

总的来说，在每个步骤下信息的网络化以及提供快速的过滤信息能够使负责维护计划和实施的员工更容易做出决策。上面提到的技术目前还处于初始阶段，但是可以预测未来哪些潜力是可以实现的。

3.7.6 柔性化

更短的创新周期和更加个性化的产品增加了对更柔性化生产的需求，为此，生产线必须经常改变，但产品的成本不应该显著增加。这些必要的改变仅允许在很短的时间内，用很少的资源实现。通过大规模工业生产实现用户产品的个性化定制的需求日益增长，全球市场态势瞬息万变，这些都要求相应提升工业生产及其装备供应的柔性化程度。

如果柔性化的要求只是灵活应对相同产品的需求波动，那么一个单一的生产设备就应该可以满足要求。生产设备的多样性为有效地实施 CPS 带来了挑战，即如何将这些设备耦合在一起，如何将具备不同生产能力的单个 CPS 集成到更高一级的网络中去。

当今输送系统的个性化部件被分配了专门的任务，如分拣、排序、旋转或物料运输。对输送系统的布局进行短期调整会导致高昂的成本和停机时间。此外，布局调整需要对现有系统的控制方式进行重新配置，因此系统必须变得更加柔性化。这不仅涉及机器的实现，也涉及对系统的控制。

仓储系统的性能好坏与其需求点的位置息息相关，而随着现代仓储需求对柔性化的要求不断增加，也给仓库系统提出了更高的要求。穿梭车系统体现了高度的灵活性，它可以自由地分布在仓库的几何空间中，并运行到实际需要的货位点。

借助物联网和服务互联网进行通信的第四次工业革命旨在通过信息物理系统将虚拟世界和现实世界进行融合。这种新型工业自动化称为“工业 4.0”。尤其是智能传感器和传感器系统提供了各种所需的数据（大数据），以实现高度柔性化的生产。

CPS 和工业 4.0 常常与制造技术领域的智能产品和智能工厂等一同被提起，这是为了实现生产流程的柔性化以及优化由此产生的商业流程。

这些方法正逐步应用到制造业中，这需要产品在批量生产或者流水作业制造过程中将信息提供给配件或配件载体。通信一体化的方法以及制造业通用数据用于维修、诊断和高柔性生产，因此智能生产可实现生产过程的柔性化和优化。

工艺流程的另一个作用是生产柔性化，这是通过自我配置组织的柔性生产设备、高度可用的信息服务以及超越企业极限的生产优化来实现的。重要的是工业 4.0 具有向下兼容性，即现有工艺流程的生产系统可以移植到新系统中，即使该工艺流程已使用了很多年。

生产的高度个性化和柔性化要求采用的自动化解决方案具有高度的认知能力和自主能力。在工业 4.0 框架下，将传感器、执行器和认知功能集成一体的系统称为物理信息系统，如无人驾驶运输系统（FTS）。然而，只有通过整体融入工业 4.0 生产设备以及提高其自主功能水平，自动化系统的全柔性才能被充分利用。生产在具有自动化的同时兼具柔性化，这对 FTS 的应用趋势也产生了影响。为了实现产品的多样性和减少通过时间，可以对现有 PTS 装置进行改善。

新时代的柔性化表现在刚性装备的柔性化、信息管理的柔性化、制造执行的柔性化，也表现在技术手段柔性化和物料替代柔性化。生产资源全方位柔性化是实现柔性制造的基础，是降低成本的关键因素。柔性化生产通过引进柔性化的加工设备和物流设备，在加工过程中实现柔性化的加工工艺。如何实现生产的柔性化是众多制造企业的切实需求，目前很多企业针对小批量、多品种零部件的生产，大多采用购买单台数控加工中心或钣金加工设备，虽然保证了产品加工的灵活性，但设备综合效率（Overall Equipment Effectiveness，OEE）低，需要频繁地调整工夹具，工艺稳定性差，且影响生产效率，难以满足企业的需求。为了改善这种状况，很多企业开始关注柔性制造中最具代表性的技术——FMS。

在FMS中看得到的是高度自动化，而实际上更重要的是整个FMS在计划安排、物流调度、刀具管理、加工程序配置等方面全面实现了数字化管控。在钣金加工过程中，通快集团已帮助很多企业部署了全自动上下料，然后进行板材的剪切、冲孔、折弯、焊接的全自动柔性加工，这同样需要依赖数字化系统与自动化系统的无缝集成；在电子制造的SMT生产线上广泛应用了机器视觉系统，来自动进行质量检测。此外，增材制造技术的原理是将零件三维模型进行分层，针对每一层的截面形状的实体部分增加材料，因此数字化技术是实现增材制造的基础。

1）柔性生产组织的工厂或车间。这一般属于多品种、变批量、混线生产的范畴。现场多采用集群式布局，以支持柔性生产。柔性生产组织驱动的MES定制重点需求如下：首先，生产过程中存在大量的订单拆分，包括整体分批、过程分批等，对关联的物料配套供应也提出了快速响应和柔性的要求。这种MES对进度监控和物流监控比较重视，关注流程环节之间的在制品数量，否则车间运行的有序协调性就难以保证。其次，对计划排产与动态调度提出了极高的要求，生产约束非常复杂，是MES有序协调运行的瓶颈。最后，对物资库，包括刀夹量辅等工具物料库的管理有较高的要求。

让生产线更加柔性化，加工中心不仅要“智能”，还需要更加“万能”。实际上，这也正是机器人可以扮演的角色。机器人目前就具有实现柔性化工艺的手段。如果配以人机互动，则可以在柔性化的水平上更上一个台阶。柔性化工业生产模式是指工业生产由集中式控制向分散式增强型控制的基本模式转变，目标是建立一个高度灵活的个性化和数字化的生产模式。

生产线能够实现快速换模，实现柔性自动化；能够支持多种相似产品的混线生产和装配，灵活调整工艺，适应小批量、多品种的生产模式；具有一定冗余，如果生产线上有设备出现故障，能够调整到其他设备生产；针对人工操作的工位，能够给予智能提示。

采用高柔性的自动无人生产线广泛应用精密装配机器人，采用 MES 全程订单执行管理系统，通过 RFID 进行全程追溯，实现了机机互联、机物互联和人机互联；自动化生产线可以分为刚性自动化生产线和柔性自动化生产线，柔性自动化生产线一般建立了缓冲。为了提高生产效率，工业机器人、吊挂系统在自动化生产线上的应用越来越广泛。

2）实现柔性自动化。结合企业的产品和生产特点，持续提升生产、检测和工厂物流的自动化程度。产品品种少、生产批量大的企业可以实现高度自动化，乃至建立黑灯工厂；小批量、多品种的企业则应当注重少人化、人机结合，不要盲目推进自动化，应当特别注重建立智能制造单元。工厂的自动化生产线和装配线应当适当考虑冗余，避免由于关键设备故障而停线；同时，应当充分考虑如何快速换模，以能够适应多品种的混线生产。物流自动化对于实现智能工厂至关重要，企业可以通过 AGV、行架式机械手、悬挂式输送链等物流设备实现工序之间的物料传递，并配置物料超市，尽量将物料配送到线边。质量检测的自动化也非常重要，机器视觉在智能工厂的应用将会越来越广泛。此外，还需要仔细考虑如何使用助力设备，减轻工人劳动强度。

3）柔性化新型人机交互。人与机器的信息交换方式随着技术融合步伐的加快向更高层次迈进，新型人机交互方式被逐渐应用于生产制造领域。其具体表现在智能交互设备柔性化和智能交互设备工业领域应用这两个方面。在智能交互设备柔性化方面，技术和硬件的不断更新有利于智能交互设备日益柔性化优势的形成。随着移动互联、物联网、云计算、人机交互和识别技术等核心技术的发展，交互设备硬件日趋柔性化，智能交互设备逐渐呈现出设计自由新颖、低功耗、经久耐用、贴近人体等优势，这就为未来智能工厂新型人机交互的实现提供了基础。在智能交互设备工业领域应用方面，柔性化智能交互设备助力智能工厂新型人机交互方式的实现。随着技术融合步伐的加快，柔性化智能交互设备从个人消费领域被逐渐引入制造业，作为生产线装配及特殊环节工作人员的技术辅助工具，使工作人员与周边的智能设备进行语音、体感等新型交互。智能交互设备在工业领域的应用，提升了未来智能工厂的透明度和灵活性。

3.7.7 可视化

数据可视化无论对于普通用户或是数据分析专家，都是最基本的功能。数据图像化可以让数据自己“说话”，让用户直观地感受到结果。通过数据分析发现从销售到生产执行过程中的问题，层层追溯和挖掘找出原因，逐步加强业务数据的真实体现，深入分析，聚焦业务洞察力，从而增强信息透明度，提升决策及管理数据的真实性、实效性、一致性，为决策层提供可视化管理与决策信息，进一步提高决策层对于业务数据的关注度，推动公司信息化应用（基础数据及业务操作规范性，业务数据真实性、完整性）；建立完善的运营数据后台管理系统，实现对分析展示系统的用户访问、业务操作及系统运行状态监控等进行有效管控；实现生产现场可视化和透明化，以及业务运作过程可视化。

1. 管理和沟通的可视化

在灵活的现代工作系统中，信息必须要快速地、易于理解地传送到所有工业生产的参与者手中，供他们使用。最理想的方法就是可视化业务流，将物料标识、操作指南、作业流程以及工作成果按照各个参与者需要的方式展现在他们面前，为他们快速而高效地提供必要的、实时的信息。该构造原则为业务流程中的高透明度奠定了良好的基础，其目标为以下三点：

1）可视化与沟通：将所需信息通过透明的、易于理解的和简便的方式呈现出来。例如，设备停滞等问题必须是可见的，要在整个流程中展示出来；表格、图片和图示都会使沟通变得更加简便；员工应该参与进来。

2）评估指标系统：建设信息终端，展示相关数字、数据和事实类的信息，并建立综合全面的信息管理系统。

3）项目看板：借助于可视化看板来展示标准化实时信息。生产流程中的复杂关系可以透明地展示出来，让所有员工看到。

2. 生产中的交互可视化

工业4.0方法的主要挑战之一在于信息物理系统的应用以及与之相关的网络和物理层面的相互作用。尽管如今大多数企业已经开始存储各自生产的反馈数据，但很少有企业能够充分利用它们。其主要原因是，信息交互关系的复杂性往往超出人们的理解，这使人们几乎不可能根据常识做出决策。因此，员工如何更好地使用现有的物理参与者的信息是一个重要的问题。

交互工具应着重于技术的可操作性。在传统的员工分工正逐渐让位于跨过程的组织结构这一背景下，这一点显得尤为重要。使用这些工具所需的培训费用应尽可能低，以便为尽可能多的员工提供分析和评估支持。

3. 通过可视化增加透明化

通过对可视化的不断分析，从而不断开发出新的、直观的呈现方法，并被结合到评估中。在此情况下，应重点关注如何在动态生产环境中将复杂事实展现出来，目的是通过充分准备和相关信息的可视化使系统透明化。

4. 通过透明度和通信实施快速转化

借助工业4.0方法提高生产效率，主要依赖于控制协作，即参与者如何相互作用和合作。协作是改善通信效果、透明度和实施效果的基础。协作的基础是对过时（通信）结构的分解，这在生产开发过程中尤其明显。其特征通常是企业为促进自己的发展而与其他企业隔离，因此忽视企业外部的专家知识。在企业内部也是如此：在这里，许多情况下存在一个明显的分工理念，使得产品开发过程中设计开发与生产之间几乎没有任何协调。由于缺乏流程知识和跨部门的专业知识，因此经常出现原本可避免的效率损失。

3.7.8 智能化

人工智能技术与先进制造技术的深度融合，形成了数字化、网络化、智能化制造。其智能化功能主要应用在物理世界与虚拟世界、人工智能+设备、人工智能+设计、人工智能+管理、人工智能+物流等领域。

利用仿真技术，对产品结构、工艺布局及任务调度进行仿真。对工件几何参数进行校验的几何仿真转变成产品加工、装配、拆卸、切削和成型过程的物理仿真；对设备和生产线布局、工厂物流、人机工程等进行仿真，确保工艺布局合理；对排产任务包进行仿真，确保资源分配均衡，以提高效率。

利用5G移动网络，优化企业在机器视觉、AR、AGV、远程监造、远程诊断等环节的应用，使生产操作变得更加灵活和高效，同时提高安全性并降低维护成本。

利用工业机器人，在批量加工、焊接、刷漆、组装、采集和放置

(如包装、码垛和SMT)、产品检测和测试等环节，完成具有高效性、持久性、快速性和准确性的工作。

利用Digital Twin技术，将全部运行数据在虚拟的三维车间模型中实时地展现出来，不仅提供车间的VR环境，而且还可以显示设备的实际状态，实现虚实融合。

利用大数据技术，建立收集涵盖订单、计划、采购、生产、物料、设备、管理等环节，存储于信息系统、PLC、传感器、APP中的数据，并对这些数据进行统一的存储、传输、扩展、分析、处理、检索、挖掘，最终形成更高效、更便捷操作的数据仓库。

云计算深入渗透到企业的所有业务流程，应根据业务需求，动态地分配业务所需的计算资源、网络资源和存储资源，实现实时、近实时IT交付和管理，为大数据处理提供便捷响应。

通过人工智能技术的引入，在质量检测与优化、设备故障诊断和预测等领域应用，从数据中获取更多的数据进行机器学习和深度学习，使得机器和系统在精确处理既定任务的同时具备分析和思考能力，最终实现智能化。

第4章

智能制造系统软件

智能制造是提升企业竞争力的手段，智能制造中涉及的各种软件是实现智能制造的使能技术和关键手段。智能制造中涉及的各种软件属于工业软件的范畴。

工业软件是指在工业领域里应用的软件，包括系统、应用、中间件、嵌入式软件等。一般来讲，工业软件被划分为编程语言、系统软件、应用软件和介于系统软件和应用软件之间的中间件软件。其中系统软件为计算机使用提供最基本的功能，但是并不针对某一特定应用领域；而应用软件则恰好相反，不同的应用软件根据用户和所服务的领域提供不同的功能。

工业软件大体上分为两个类型：嵌入式软件和非嵌入式软件。嵌入式软件是嵌入在控制器、通信、传感装置中的采集、控制、通信等软件；非嵌入式软件是装在通用计算机或者工业控制计算机中的设计、编程、工艺、监控、管理等软件。尤其是嵌入式软件，其应用在军工电子和工业控制等领域中，对可靠性、安全性、实时性要求特别高，必须经过严格检查和测评。还要特别强调的是与设计相关的软件，如CAD、CAE等。

工业互联网、人工智能、大数据在推动制造业转型升级时，最内核的就是工业软件。

工业软件广泛应用于工业领域各个要素和环节中，与业务流程、工业产品、工业装备密切结合，全面支撑企业研发设计、生产制造、经营管理等各项活动，是信息化与工业化的融合剂。在推进工业化和信息化融合、产业升级、新型工业化、工业发展转型等国家战略的道路上，工业软件都扮演着极为重要的角色。

第四次工业革命中，智能制造在全球范围内快速推进。工业软件作为智能的载体和呈现，其作用是不可替代的。我国工业软件有着广阔的市场空间，5G 时代的到来也将给工业软件应用场景带来新机遇。

智能制造系统中的软件需求主要来自数字化车间的智能操作需求。这是因为要实现智能制造系统，必然需要结合人和信息技术的力量，这一力量能够将生产过程带入实时系统的工作状态，使生产进度计划的执行与生产过程的核心数据组合在一起，从而得出当前的状态并根据需求优化局部，带动整体优化，推动生产过程各个操作层面的智能化。

然而，从管理层面看，传统的制造执行系统决定了各个工位的作业内容和需要的信息，而在智能制造系统中，传统的物流系统缺少智能化技术要素，其运行水平往往落后于制造执行系统要求，故企业需要特别关注物流系统的智能化建设，实现物流系统的自主控制和自主组织。例如，将分散管理方法归入基于软件的智能操作环境中，进而重新创立生产物流系统智能决策的环境和依据，以智能服务软件来保证那些特定的、关键的工位物流能够保持最佳的运行状态。

因此，工业软件都应以过程为导向，以关键过程为对象，使智能软件融入这些对象的关键动作的决策细节中，从而有效地控制和改进生产过程，提高制造系统的计划性、实时性和精益性。可以断言，生产过程中的竞争、创新和效益都是以智能操作为前提的。所以，智能制造系统必须建立不同种类的现代化人机交互接口来支持机器操作者的智能操作，并能够敏捷、高效地与设备维修人员、生产计划人员、质量管理人员一起，围绕制造过程和产品质量开展交流。有条件的企业还应通过云端存储的数据来与产品用户快速沟通，为此，有必要在智能制造系统中满足现代人机交互接口（如多点触控面板和可穿戴移动设备）的需求。

4.1 工业软件的重要性

工业软件具有鲜明的行业特质，不同行业、不同生产模式、不同产品类型的制造企业对工业软件的需求差异很大，因此工业软件需要很强的可配置性，并具备二次开发能力。

工业软件是指应用于工业领域，用于提高工业研发设计、业务管理、生产调度和过程控制水平的相关软件和系统。工业软件是将工业技术软件化，即工业技术、工艺经验、制造知识和方法的显性化、数字化和系统化，是一种典型的人类使用知识和机器使用知识的技术泛在化过程。作为智能制造的关键支撑，工业软件对于推动制造业转型升级具有重要的战略意义。

工业软件除具有软件的性质外，还具有鲜明的行业特色，随着智能制造的不断发展，通过不断积累行业知识，将行业应用知识作为发展制造业的关键要素，逐渐成为企业调整结构，转变经济增长方式的主要因素。

1. 工业软件工艺是基础

不同行业的工业控制软件其服务对象均不相同，钢铁行业针对的是冶金工业，其控制软件很难适用机械行业，反之亦然。一套好的工业控制软件，不仅能够满足当前工艺的需要，而且在控制思想上还有一定的超前意识，在一定时间内不会落后。

2. 工业软件领域知识是支撑

行业数据知识库是指对行业控制软件起支撑作用的行业生产过程中

经验积累的集合。特别需要指出的是，行业生产过程中关键知识、软件、诀窍及数据等知识的汇集也是智能制造装上“脑”的基础。其主要内容包括生产过程中采集到各种数据后，经验计算公式、技术诀窍、各种事故处理经验、操作手册、技术规范、工艺模型、算法参数、系数及权重比例分配等。其既包括以文档形式存在的技术规范、操作规范、国家标准等，也包括经验公式、模型算法等软件核心内容及解决工具。

工业软件往往不是单个分散的技术，而是一个体系，是各学科知识的集合，需要在生产实践中与各种知识融合，并更新迭代。工业生产、制造对软件的准确性、稳定性、可靠性等要求极高，这些都需要在应用中不断优化、扩充、完善，不可能一步到位。国际主流的工业软件产品无不是通过不断试错来打磨升级技术，经过数十年应用实践沉淀后，才获得行业的认可。一定程度上可以说，“用”是工业软件之母。

按照用途和表现形式，工业软件一般分为研发设计类软件、信息管理类软件、生产控制类软件和嵌入式软件四类，如图 4-1 所示，每类工业软件均有其代表产品和企业。目前，信息管理类软件已有较高普及率。智能制造背景下，产品研发与生产控制类软件得到大力推进，发展前景广阔。研发设计类软件主要用于提升企业在产品设计与研发工作领域的能力和效率，CAX 和 PLM 为其代表性产品；生产控制类软件用于提高制造过程的管控水平，改善生产设备的效率和利用率，其中 MES 是其代表性产品。

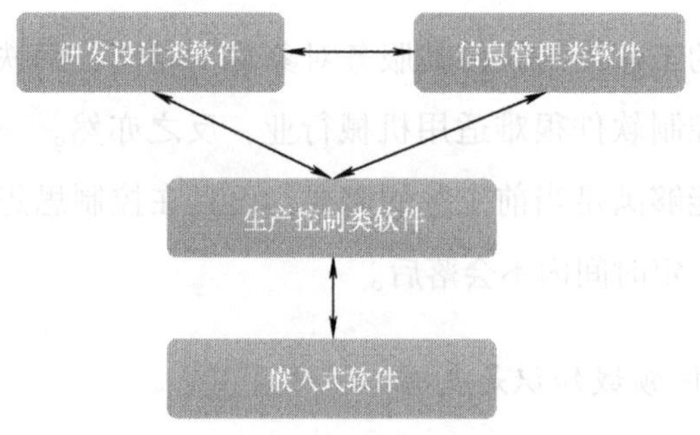

图 4-1　工业软件分类

工业和信息化部2016年下发的《智能制造工程实施指南（2016—2020）》中提出“智能制造核心支撑软件”，并将其分为六类：

第一类：设计、工艺仿真软件，如计算机辅助类（CAX）软件、基于数据驱动的三维设计与建模软件、数值分析与可视化仿真软件、模块化设计工具以及专用知识、模型、零件、工艺和标准数据库等。

第二类：工业控制软件，如高安全、高可信的嵌入式实时工业操作系统，智能测控装置及核心智能制造装备嵌入式组态软件。

第三类：业务管理软件，如MES、ERP软件、SCM软件、PLM软件、BI软件等。

第四类：数据管理软件，如嵌入式数据库系统与实时数据智能处理系统，数据挖掘分析平台、基于大数据的智能管理服务平台等。

第五类：系统解决方案，如生产制造过程智能管理与决策集成化管理平台、跨企业集成化协同制造平台，以及面向工业软件、工业大数据、工业互联网、工控安全系统、智能机器、智能云服务平台等集成应用的行业系统解决方案，装备智能健康状态管理与服务支持平台。

第六类：测试验证平台，如设计、仿真、控制、管理类工业软件稳定性、可靠性测试验证平台，重点行业CPS关键技术、设备、网络、应用环境的兼容适配、互联互通、互操作测试验证平台。

就上述六类工业软件而言，制造企业基本具备。其中，第五类软件和第六类软件比较薄弱，因此在实施智能制造项目中必须补齐。这是智能制造系统所必需的软件，没有此类软件，智能制造依然会停留在数字化车间水平上。第五类软件还需充实其数据管理功能，务求适用、实用且能够支持生产过程的智能决策。

从以上可以看出，运营技术（Operation Technology，OT）的突破与集成，尤其是与信息技术（IT）的集成将成为智能制造的主流趋势。

1）运营技术可简单定义为支持企业物理价值创造与生产流程的技术，即包括传感器、DCS（Distributed Control System，集散控制系统）、

SCADA，也包括 MES、MOM（Manufacturing Operation Management，制造运营管理）等工业软件。运营技术作为企业生产制造环境的构建基础，是实现从材料向产品转化的关键使能技术。

2）信息技术则可理解为用于数据处理的技术，包括硬件 IT 设施与软件应用。信息技术作为企业业务精细化管理的手段，是实现业务管控的关键使能技术。

过去，两者间不相往来，各自有着独立的协议、标准与管理方式。而近年来，IT/OT 融合的意愿日趋强烈，并成为智能制造必然要跨出的一步。IT/OT 的融合可有效地在企业管理层、业务层、运营层、控制层与车间层之间形成信息闭环，提升信息透明度与流动性，优化企业决策。其主要收益包括提高生产、运营弹性，提升客户服务体验，推出新的产品与服务以及提升产品质量。根据 IDC（Internet Data Center，互联网数据中心）2016 年全球制造业 IT/OT 融合调查，全球超过 50% 的制造企业表示将加强在 IT/OT 集成上的投入，利用 IT 能力加强在车间层面的创新。

《智能制造工程实施指南（2016—2020）》中多次强调鼓励系统解决方案供应商、系统集成商的发展，开展数字化车间集成创新与应用，建立智能制造人才队伍，着力打造软件、集成、服务、试点、标准制定与人才培养的智能制造系统生态体系。当前，软件生态体系随着生产环境的日益复杂，也在面临着升级与重构的压力。制造业细分行业对 IT 需求的差异化，新兴数字技术的发展对集成带来的挑战，以及互联网商业模式对传统解决方案提出的新需求，都急需一个更为匹配的软件生态系统以满足智能制造需求。同时，我们也看到，越来越多的互联网企业也开始成为制造业 IT 生态圈的一员，以云计算、大数据以及 O2O 平台作为切入点服务于传统制造企业。而领先的大型制造企业的 IT 部门也在试图通过市场化独立运作，向行业的解决方案提供商转型。同时，Predix、MindSphere、ThingWorx 等工业物联网平台的发展也为众多行业开发者降低了进入门槛。传统软件生态链重新洗牌、磨合，从而形成一个适应性更强、更具有创新性的新生态体系。

4.1.1 工业软件是智能制造的重要基础

工业软件源于工业，是工业化与信息化融合的产物。

工业软件的本质是工业品，它从来都是工业的结晶，而非IT的产物。工业软件是工业化长期积累的工业知识与诀窍的结晶，是工业化进程不可缺少的伴生物。

波音、洛克希德、NASA等航空巨头从20世纪60年代就开始了工业软件的培育与研发，继而在70年代的冷战时期成为工业软件开发的爆发期，财大气粗的军火商、汽车商们有条件独立开发或依托某软件商开发早期的CAX软件。例如：

1）CADAM：由美国洛克希德公司支持的商用软件。

2）CALMA：由美国通用电气公司开发的商用软件。

3）CV：由美国波音公司支持的商用软件。

4）I-DEAS：由NASA支持的商用软件。

5）UG：由美国麦道公司开发的商用软件。

6）CATIA：由法国达索公司开发的商用软件。

7）SURF：由德国大众汽车公司开发的自用软件。

8）PDGS：由美国福特汽车公司开发的自用软件。

9）EUCLID：由法国雷诺公司开发的自用软件，后成为商用软件。

10）ANSYS：西屋电气太空核子实验室自用软件，后成为商用软件。

从现阶段的工业软件的发展来看，工业化与信息化融合在企业层面主要体现在以下几个方面。

1. 企业研发设计效率的提升——工具性

主要包括的软件有：设计、工艺仿真软件，计算机辅助类（CAX）软件，基于数据驱动的三维设计与建模软件，数值分析与可视化仿真软件，模块化设计工具以及专用知识、模型、零件、工艺和标准数据库等。

2. 企业管理治理能力和效率的提升——协同性

主要包括的软件有：ERP 软件、SCM 软件、PLM 软件、BI 软件等。

3. 生产过程管控水平和效率的提升——管控性

主要包括的软件有：MES、SCADA、DCS。

工业技术是工业知识和技术积累的总和，是工业化的重要标志之一，工业的领域知识、行业知识、专业知识、个人知识和工作经验等都属于工业知识的范畴。通过信息技术将这些知识进行管理和继承，从而形成工业软件产品，支撑企业发展。

欧美发达国家在完成工业化的过程中，依托工业化带来的原始积累，形成了丰富的工业软件产品，并完成了工业软件产品的商业化进程。而在国内，工业化进程发展迅速，我们用 70 年走完了欧美发达国家 200 多年的工业化进程，但是，人类社会发展的阶段可以跨越，工业化的发展过程特别是技术积累的阶段是不可跨越的，由于我们工业软件积累较少导致我们在工业软件方面与国外相比存在较大的差距。

4.1.2　工业软件是智能制造的核心力量

工业软件赋能智能制造，是智能制造的核心力量。

智能制造是基于新一代信息技术，贯穿设计、生产、管理、服务等制造活动各个环节，具有信息深度自感知、智慧优化、自决策、精准控制自执行等功能的先进制造过程、系统与模式的总称。从智能制造的定义上看，新一代信息技术的发展为工业化与信息化融合提供了新的发展契机，这种契机从融合演变成了信息化带动工业化发展，形成了第四次工业革命，工业从量变发展到了质变。由以上能够看出，工业软件是智能制造的核心力量。

1. 工业软件是虚实之间深度自感知的桥梁

智能制造是以网络化、数字化为基本特征的先进制造过程、系统和模式。网络化实现了互联互通，数字化让数据通过网络传输成为可能，工业软件是将数据进行管理和呈现的使能工具，没有工业软件，就没有了虚实之间的桥梁。

2. 工业软件是实现智慧优化决策的途径

工业软件作为工业知识的管理手段，涵盖从专家系统到机器学习，从知识的采集管理到知识的复用。工业软件是实现智慧优化决策的重要途径。

3. 工业软件是实现精准控制自执行的工具

工业软件最终能够通过机器学习等智能化手段，以数据驱动为输入，实现不需要人参与或者部分参与的自执行功能。

4. 工业软件是企业实现模式创新的支撑

工业软件的发展，让以前以重资产为主的工业企业变为以知识运营为主的轻资产企业，从大规模生产步入大规模定制生产，从传统制造转变为制造服务。工业知识将成为企业发展的核心竞争力。

工业4.0时代的智能制造，企业的正常运转离不开工业软件的开发、采购及应用。但是，工业软件的深入推广在企业中面临一个问题，即企业很难计算出它究竟为企业直接或间接节省了多少成本，提升了多少效率、收益。甚至很多软件经过选型、招标、实施后，与实际业务没有很好地融合，应用效果差、意义小，最终造成业务部门工作繁重，资金耗费无效等困局。此外，工业软件的持续运维、改进升级需要耗费众多的财力和人力，这也是很多企业难以承受的负担。长此以往，制造企业更加重硬轻软，一错再错地错过了发展工业软件才能获得制造业转型升级的机会。

工业软件作为支撑智能制造重要的使能技术之一，在智能制造的推进过程中必然会发挥不可替代的作用。利用计算机、网络、传感器大幅提高生产力，提高工作效率的变革，实现设计、生产过程更快捷、更灵活、质量更高。传感器可以即时感知各种状态数据，利用各种网络传输到计算机，由计算机进行分析判断，决定下一步的行动。智能工厂能够高度自动化地进行生产，而且可以快速对外界发生的变化做出相应的变化。

工业软件是工业知识创新长期积累、积淀并在应用中迭代进化的工具产物。作为智能制造的重要基础和核心支撑，工业软件的应用贯穿企业的整个价值链。从研发、工艺、制造、采购、营销、物流供应链到服务，打通数字主线（Digital Thread）；从车间层的生产控制到企业运营，再到决策，建立产品、设备、生产线到工厂的数字孪生模型（Digital Twin）；从企业内部到外部，实现与客户、供应商和合作伙伴的互联和供应链协同，企业所有的经营活动都离不开工业软件的全面应用。工业软件是制造业的数字神经系统，也是制造企业体现差异化竞争优势的关键，其重要程度不言而喻。

4.1.3 工业软件是智能制造的大脑

工业软件是智能制造的思维认识，是感知控制、信息传输和分析决策背后的世界观、价值观和方法论，是智能制造的大脑。工业软件支撑并定义了智能制造，构造了数据流动的规则体系。智能制造以数据的自动流动解决复杂系统的不确定性，提高资源配置效率。个性化定制是未来制造发展方向，产品越来越多，工艺越来越复杂，需求越来越复杂，以个性化定制为代表的复杂系统存在一系列问题，如成本如何解决、质量如何解决、交货期如何解决、这些问题带来了企业生产的复杂性、多样性和不确定性，而智能制造要解决的就是在制造复杂性提高的情况下的不确定性问题。工业软件建立了数字自动流动规则体系，操控着规划、制作和运用阶段的产品全生命周期数据，是数据流通的桥梁，更是工业制造的大脑，以信息技术、通信技术、运营技术融合为基础，通过工业软件感知、分析、处理瞬息变化的数据，并实现辅助决策和自决策。

技术、管理、装备、物料、制造是制造企业的关键要素，企业管理上无论如何进步，运行逻辑始终是：发生问题→人根据经验分析问题→人根据经验调整五个要素→解决问题→人积累经验。

模型是智能制造与传统制造的最大区别，通过模型驱动关键要素，从而解决和避免制造系统的问题，消除系统中的不确定性。

因此，智能制造运行的逻辑是：发生问题→模型（或在人的帮助下）分析问题→模型调整五个要素→解决问题→模型积累经验，并分析问题的根源→模型调整五个要素→避免问题，工艺模型担任大脑的角色，成为整个制造系统的核心。

4.1.4　工业软件正在重新定义制造

2019 年 1 月，大众 CEO Herbert Diess 博士在达沃斯世界经济论坛年会上语出惊人：在不远的将来，汽车将成为一个软件产品，大众也将会成为一家软件驱动的公司。

“软件定义”这一术语起源于计算机学科领域，“软件定义制造”则是行业融合的自然结果。在工业互联网、工业 4.0 和我国制造强国战略的发展蓝图中，软件定义将成为企业核心竞争力的战略需要。伴随着软件定义的泛化与延伸，软件将有望为物理实体定义新的功能、效能与边界。

工业软件内部蕴含制造运行规律，并根据数据对规律建模，从而优化制造过程。可以说，工业软件定义了产品整个制造流程，使得整个制造的流程更加灵活与易拓展，从研发、管理、生产、产品等各个方面赋能，重构及优化技术、管理、装备、物料及制造之间的逻辑。由此，软件定义制造是将研发设计、生产制造、经营管理、运维服务等全生命周期业务环节规律模型化、代码化、工具化的过程，从数据和知识的层面，优化制造业产品装备、生产方式、组织管理和产业生态，是实现智能制造的核心。

1. 工业软件重新定义生产模式

软件重新定义生产模式，表现在通过工业知识的软件化，重构和优化生产过程；将虚拟制造和实体制造相结合，重构传统的设计、制造、测试、再制造流程。工业软件现在可以在三维模型的基础上完成设计仿真的相关验证工作，并通过数字机床等技术进行模拟制造。未来的远景，人、机、料、法、环等所有生产要素在虚拟空间中完整实施、动态地响应。

2. 工业软件重新定义协作模式

软件重新定义了协作模式，企业内部信息扁平化与数据端对端，实现了组织的扁平化；信息传递的便捷化，促进了组织按照矩阵方式进行管理；供应链企业间的协作，通过数据交互，实现了效率提升，资源优化和成本降低；产品服务与用户的协作，通过产品生命周期各节点数据的一体化，实现产品服务延伸。

1）软件对产品设计的作用。在产品设计中，用户可以应用 PLM 软件在计算机上进行虚拟的产品设备测试，以达到在不需要实物的情况下，优化产品设计。数字虚拟化可以模拟出高精尖设备研发所需要的自然环境。

2）软件对生产规划的作用。在早期改造生产线的规划阶段，使用仿真软件，可验证规划合理性，提高效率，明显减少传统生产线改造时间，可以模拟出现有机器和设备，再对其进行优化。为了将冲压件的模拟程序做到最精确，在使用仿真软件时，还需要配合使用运动控制软件。运动控制软件除可用于虚拟环境外，还可用于现实操作中。

3）软件对生产工程的作用。数字化规划和生产流程向实际工程环境转化时，会涉及不同生产自动化和产品设计软件模块间的相互协同。只有实现运行、机械和工序之间的最佳工作流，以及各个系统之间的无缝通信，才能显著提高生产力，使企业自身、客户和终端用户均受益。在生产过程中，这种工业软件与自动化技术、生产技术相互协同的生产模式用统一的操作平台和画面，可以操作整个价值创造链——从规划、调试到运行和维护，以及自动化系统扩展。通过工业软件与自动化和驱动工程技术的结合，使产品设计、生产实施和服务三个环节紧密相连。通过该软件平台，可实现最佳工作流程，降低工程成本。

4）软件对生产实施的作用。企业通过优化生产链条的第一个环节（产品设计、生产规划和生产工程），可以在整个生产流程中起到事半功倍的效果。借助全集成自动化，可以优化生产环节的自动化解决方案以及之后的每一个环节。MES 通过数据融合，所有生产流程的管理变得十分透明，工程设计的各个阶段实现实时交互。通过采用集成自动化与驱动解决方案，能够显著提高生产效率和灵活性。

5）软件对生产服务的作用。在过程工业和制造业中，能否为客户量身定制服务解决方案日益成为企业能否成功的一个决定性因素：除了传统意义上的维修保养、故障修复、能源与环境服务、综合性维修解决方案外，还包括远程维护。为了提高设备的利用率，降低维护成本，实现机械设备的远程监测和维护是一项行之有效的措施，在线访问将比现场服务更经济、更快捷、更灵活。通过远程监控，可以对设备实施预防性检测与维护（状态监测）。

4.2 软件的智能要求

4.2.1 智能制造系统的特征

智能制造系统是一种由智能机器和人类专家共同组成的人机一体化系统。它是基于智能制造技术，综合应用神经网络、遗传算法等人工智能技术、智能制造机器、代理技术、材料技术、现代管理技术、信息技术、自动化技术和系统工程理论与方法，所形成的网络集成的、高度自动化的一种制造系统。智能制造系统是智能技术集成应用的环境，也是实现智能制造和展现智能制造模式的载体。通过使用智能化的生产管理系统和智能装备，可以实现生产过程的智能化。

智能制造系统是在原有的制造系统上，通过感知、分析、自决策、自执行、自学习等智能要素的叠加，形成的智能化的制造系统。智能制造系统可实现智能制造，让制造系统具备“智慧”能力。

智能系统的五个典型特征可以提炼为状态感知、实时分析、自主决策、精准执行、学习提升。状态感知是能准确感知系统外部工况，如市场、客户、输入的实时运行状态；实时分析是对获取的实时运行状态数据进行快速、准确的推理与分析；自主决策是根据数据分析的结果，按照设定的规则，自主做出选择和判断；精准执行是对外部需求、企业运行状态、研发或生产等做出快速应对；学习提升是在系统运行和反复执行的过程中，不断通过深度学习而提升系统智能。

智能制造系统的特征在于面向产品生产全生命周期，实现泛在感知条件下的信息化制造，在现代传感技术、网络技术、自动化技术、拟人化智能技术等先进技术的基础上，通过智能化的感知、人机交互决策和执行技术，实现设计过程、制造过程、制造装备、物料及物流等的智能化。

智能制造系统在制造过程中能以一种高度柔性与集成的方式，借助计算机模拟人类专家的智能活动进行分析、推理、判断、构思和决策等，从而取代或者延伸制造环境中人的部分脑力劳动。同时，收集、存储、完善、共享、集成和发展人类专家的智能。

智能制造的基础是数字化车间。数字化车间的建设与应用，为智能制造系统打下了网络基础、数据基础、执行基础和数字化技术应用基础。但是，智能制造系统，即生产过程系统的智能性还需在建设中识别、开发和应用。可以说，所谓系统的智能性，实际上就是系统具有根据获取的信息进行分析运算和判断的能力，主要表现为如下几点：

一是管理层通过提供对广域网的接入，使系统自身或对外界的交流具有硬件基础，这可以通过数字化车间建设来实现。分布式的系统拓扑结构实际上将智能也进行了空间上的分布，使得系统中的每个子节点既能独立地工作，又能实现与系统其他部分的交流协作，这些也可通过数字化车间建设来实现。

二是应结合智能制造系统的建设，高度重视车间级的系统化建设，认真规划其软件功能，进而将智能寓于软件之中。特别是随着车间自动化设备的引入，企业不应满足于集中式自动化系统，而要追求分布式智能系统的建设，使既有车间网络成为支持企业竞争的“神经”网络，将智能分配到神经系统中的每个节点或单元。

三是开发足够的工业 APP 软件，通过相应的软件工程打造车间新的感知能力，带动知识库及专家系统建设，使管理层具有越来越强的人工智能性，使整个系统具有自诊断、自维护、错误记录及报警保护等功能，使车间级竞争能力达到极致。

4.2.2 智能制造系统中的智能体系

1. 产品研发

在产品研发方面，智能机制主要体现在产品设计、工艺设计的周期缩短。通过专家系统、机器学习等技术，满足用户的定制需求，实现产品的快速设计和快速工艺规划。离散制造企业在产品研发方面，已经应用了CAD、CAM、CAE、CAPP、EDA（Electronics Design Automation，电子设计自动化）等工具软件和PDM、PLM系统，但是很多企业应用这些软件的水平并不高。企业要开发智能产品，需要机、电、软多学科的协同配合；要缩短产品研发周期，需要深入应用仿真技术，建立虚拟数字样机，实现多学科仿真，通过仿真减少实物试验；需要贯彻标准化、系列化、模块化的思想，以支持大批量客户定制或产品个性化定制；需要将仿真技术与试验管理结合起来，以提高仿真结果的置信度。

将串行研发流程转变为根据用户需求持续改进的闭环智能研发流程，感知用户需求并灵活做出调整，同时融入智能制造相关新兴使能技术，形成从用户到用户的产品研发循环。也就是说，在产品设计需求分析阶段就开始进行市场与用户相关数据分析，这其中包含用户直接参与基于自身喜好的产品定制过程，以及产品在使用过程中反馈相关运行数据来指导改善原设计方案的过程，形成一个往复循环持续优化的智能研发过程。

1）建立统一的多学科协同研发平台。产品开发一般都会跨越多个专业技术领域和具有多种关键技术特征，涉及多学科跨专业技术领域高度交叉与融合。同时，用户的多样化需求也使产品结构和功能变得非常复杂，IT嵌入式软件技术也逐渐成为产品的核心部分，需要机、电、软等多个学科的协同配合。这就需要企业建立一个可以融合企业内部所有不同专业学科领域研发系统和工具的顶层架构，形成一个可以全面管理产品生命周期中所有专业研发要素的统一的多学科协同研发平台。平台除了可以管理各专业图样、工艺和材料信息以外，还可以管理产品的功能、性能、质量、指标这些特性类数据及其生成过程，并能集成程序设计与管理、仿真、优化、创新、质量等工具，使研发体系可以快速高效地应用这些工具，从而进行差异性、高性能、高品质的产品智能研发。在这个基础上，再采用知识工程将企业研发过程中的知识积累下来，形成系列化产品开发能力。

2）建立数字样机，实现仿真驱动创新。建立产品的数字样机，用来支持总体设计、结构设计，工艺设计等协同设计工作，支持项目团队进行并行产品开发。建立数字样机的主要作用包括分析数字样机模型的公差尺寸、干涉检查、重量特性分析、运动分析和人机功效分析等。同时，数字样机还能够提供产品装配分析的数据信息，包括装配单元信息、装配层次信息等，以保证对产品的装配顺序、装配路径、装配时的人机性、装配工序和工时等进行仿真。数字样机还可以进行工艺性评估，包括加工方法、加工精度、刀路轨迹等，实现对样机的 CAM 仿真和基于三维数字样机的工艺规划。数字样机在产品的销售阶段也有非常重要的作用，它能够为产品宣传提供逼真的动态、静态产品数据。通过三维模型的轻量化技术，企业可以便捷、灵活地利用原始数字样机模型为产品培训提供分解图、原理图，还可以提供近似产品的快速变形与派生设计，以满足市场报价和快速组织投标和生产的需要。另外，在基于数字样机的基础上，企业还可以建立虚拟样机进行系统集成和仿真验证，可以通过仿真减少实物试验，降低研发成本，缩短研发周期，完成仿真驱动设计。同时，还可以将仿真技术与试验管理结合起来，提高仿真结果的置信度。

3）采用标准化、模块化设计，形成系列化产品开发能力。以用户为中心的智能研发必然会面临用户需求的多样性，这就要求企业必须有灵活多变的产品变形设计能力来满足用户多样化的需求，形成系列化产品的开发能力，然而这样就会直接导致产品设计、工艺、制造各个过程中的数据大量增加。在这种状态下，产品的标准化、模块化设计就显得尤为重要。模块化就是为满足不同需要，以标准化为基础，通过分解、集合手段，把复杂系统分解为相互独立的具有特定功能的标准化模块，再通过标准的接口把各独立的模块联结为一个完整系统的过程。企业如果没有做产品的标准化、模块化方面的工作，缺乏基于用户需求的定制开发能力，就无法形成系列化的产品开发来满足客户对产品的多样化需求以及产品自身生态体系的建设，智能研发也就无从谈起。

4）设计信息与制造信息高度集成。MBD（Model Based Definition，基于模型的定义）可以将制造信息和设计信息（三维尺寸标注及各种制造信息和产品结构信息）共同定义到产品的三维数字化模型中，MBD不仅描述了设计的几何信息，而且定义了三维产品制造信息和非几何的管理信息［产品结构、PMI（Product Manufacture Information，产品制造信息）、BOM等］，使设计、制造之间的信息交换可不完全依赖信息系统的集成而保持有效的连接。MBD打破了设计制造的壁垒，使设计、制造特征能够方便地被计算机和工程人员解读，有效地解决了设计、制造一体化的问题。在将MBD模型作为统一的“工程语言”后，就可以进一步推进MBE（基于模型的企业）的应用，使设计模型中包含的数据信息能在工艺、制造环节有效传递。只有这样，才能使生产制造包括后续的过程实现高度的自动化，使设计信息与生产信息完成高度集成，保障数字样机和物理样机中间各个环节的通路。

5）应用虚拟现实及增强现实技术的设计评审。虚拟现实和增强现实技术是衔接虚拟产品和真实产品实物之间的桥梁，通过应用虚拟现实和增强现实技术，在产品的初创阶段就能够对产品的设计方案和产品的相关属性信息进行直观的展示和体验，使整个设计评审过程更便捷和有效，同时能够更直观地发现设计过程中存在的问题。另外，在虚拟现实环境下，还能够进行逼真的产品虚拟使用和维修培训，以及为用户提供沉浸式体验，帮助用户提前感受企业智能产品的独特魅力。

6）建立基于云端的广域协同研发。研发中，企业的产品和服务将会由单向的技术创新、生产产品和服务体系投放市场，等待客户体验，逐步转变为企业主动与用户服务的终端接触，进行良性互动，协同开发产品，技术创新的主体将会转变为用户。其创新、意识、需求贯穿生产链，影响着设计以及生产的决策。设计师将会成为在消费端、使用端、生产端之间汇集各方资源的组织者，在这个生产链巨大网络下起到推动作用，不再独立包揽所有的产品创新工作。智能研发将会是基于云端与供应商、合作伙伴、客户进行协同研发，让所有人都能够参与到开放式的创新中来。

7）基于物联网、大数据的闭环产品研发。有赖于物联网、云计算技术的发展，通过在产品上安装传感器，就可以基于物联网收集产品运行数据，对产品进行性能、质量实时监控，工程技术人员将更加了解当前产品的软硬件运行状况。另外，基于大数据分析和智能优化对搜集到的海量数据进行处理、分析、编程，也可以明确在以往产品研发过程中出现的问题，继而在下一代产品研发中改进设计，使产品能够不断地动态优化来改善用户体验，持续改进产品质量和功能。

2. 企业管理

在企业管理方面，智能机制主要体现在数据驱动，应实现数据驱动业务、数据驱动决策的双驱动模式，业务智能化和决策智能化的双智能化模式。

制造企业核心的运营管理系统还包括人力资产管理系统（Human Capital Management，HCM）、CRM、企业资产管理系统（Enterprise Asset Management，EAM）、能源管理系统（Energy Management System，EMS）、供应商关系管理系统（Supplier Relationship Management，SRM）、企业门户（Enterprise Portal，EP）、业务流程管理系统（Business Process Management，BPM）等，国内企业也把OA作为一个核心信息系统。为了统一管理企业的核心主数据，近年来主数据管理（Master Data Management，MDM）也在大型企业开始部署应用。实现智能管理和智能决策，最重要的条件是基础数据准确和主要信息系统无缝集成。

企业在运营过程中产生了大量的数据。主要是来自各个业务部门和业务系统产生的核心业务数据，如合同、回款、费用、库存、现金、产品、客户、投资、设备、产量、交货期等数据，这些数据一般是结构化数据，可以进行多维度的分析和预测。企业可以应用这些数据提炼出企业的 KPI（Key Performance Indicators，关键绩效指标），并与预设的目标进行对比，同时对 KPI 进行层层分解，来对干部和员工进行考核。取代以流程为核心，建立从数据出发的管理体系，用数据驱动业务的运营、战略的制定和创新的产生，是数字化转型最核心的工作。

数据驱动意味着以数据为核心，将企业的数据资产梳理清楚，对之进行集成、共享、挖掘，从而发现问题，驱动创新。数据是最客观的，也是最清晰的，数据能够帮助管理者化繁为简，通过繁芜丛杂的流程看到业务的本质，更好地优化决策。

3. 制造执行

在制造执行方面，智能机制主要体现在作业编排的合理性和可执行性，以及对紧急插单业务的冗余性；建立计划、执行、采集和控制的动态闭环管理模式，在计划阶段能够进行精准的作业安排，执行指令的端对端传输，执行过程的关键数据采集，进行采集数据的校验与比对，进行动态控制和调整。

一个车间通常有多条生产线，这些生产线要么生产相似零件或产品，要么有上下游的装配关系。要实现车间的智能化，需要对生产状况、设备状态、能源消耗、生产质量、物料消耗等信息进行实时采集和分析，进行高效排产和合理排班，以显著提高设备利用率。因此，无论什么制造行业，MES 都会成为企业的必然选择。

一个工厂通常由多个车间组成，大型企业有多个工厂。作为智能工厂，不仅生产过程应实现自动化、透明化、可视化、精益化，同时产品检测、质量检验和分析、生产物流也应当与生产过程实现闭环集成。一个工厂的多个车间之间要实现信息共享、准时配送、协同作业。一些离散制造企业也建立了类似流程制造企业那样的生产指挥中心，对整个工厂进行指挥和调度，及时发现和解决突发问题，这也是智能工厂的重要标志。智能工厂必须依赖无缝集成的信息系统支撑，主要包括 PLM、ERP、CRM、SCM 和 MES 五大核心系统。大型企业的智能工厂需要应用 ERP 系统制定多个车间的生产计划（Production Planning），并由 MES 根据各个车间的生产计划进行详细排产（Production Scheduling）。MES 排产的粒度是天、小时，甚至分钟。

MES 本质上重在“制造执行”，精准化、精细化、协同化是 MES 的主要目标，那种通过凭经验、靠感觉进行计划制订、现场管理的信息化系统只是完成了简单的纸质表单或 Excel 表格替代，一定程度上还不能算是真正意义上的 MES。一方面，MES 应通过接口集成真正从 ERP 系统接收生产计划并根据车间实际资源负荷情况，以生产物料和生产设备为对象进行工序级和工位级精准排程和派工，以精细执行为导向，实现透明化管理；另一方面，在车间内部形成计划排产、作业执行、实绩反馈、数据采集、看板管理、库存管理、质量管理等全闭环管理，环环紧扣，而非一个简单的数据库管理系统。

知名智能制造专家刘强的“三不”忠告一针见血：不要在落后的工艺基础上搞自动化；不要在落后的管理基础上搞信息化；不要在不具备数字化、网络化基础时搞智能化。所以，中国制造业需要补课，除了实现自动化、数字化、网络化等大家能看到的软硬件装备以外，更重要的是补上、普及我们欠缺的工业文明，如先进的工艺路线及企业管理的模式、方法和员工的技能、素养等，而作为工业 3.0 最精华的精益生产理念和管理模式是我国制造业必须补上、必须普及的重中之重。

MES 本身应通过信息化手段促进精益生产在企业中的进一步落地。例如：

1）准确分析非增值劳动，提高生产效率，进行有效质量管理，降低生产库房、工具等辅助成本。

2）科学准确自动排产，合理解决紧急插单等问题，确保生产计划最优。

3）通过看板管理和统计分析技术实现车间目视化、透明化管理。

4）通过高效生产过程控制，实现产品流式、柔性生产。

5）在生产数据及时、准确反馈基础上实现科学决策。

MES是一个很复杂的数字化业务管控系统，核心是大量并行订单或中间产品制造需求输入下的基于制造资源要素优化配置支持的高效协调的业务逻辑运转系统，实现以工艺流程为主线的、以工序节点为核心的制造现场管理。

1）工业和信息化部发布的《信息物理系统白皮书（2017）》指出，以数字化设备、设备互联互通系统、MES组成的整个智能化车间就是一个高级的CPS。因此，在MES中要落实CPS理念，车间中设备及其他软硬件系统之间的互联互通是基础，充分发挥自动化、数字化、网络化、智能化的优势，打造出虚实融合、具有CPS特色的智能化MES。

2）同ERP系统一样，MES应该以模型知识为驱动，通过将最佳实践沉淀为制造业务协同运转关系模型、制造资源优化配置模型、制造业务数据集成关联管理模型等驱动整个制造执行过程管控，及时快速应对各种突发事件和计划变更，为车间业务活动高效运转提供业务逻辑模型系统性支持，完成智能互联互通、智能计划排产、智能生产协同、智能资源管理、智能质量控制和智能决策支持的各项功能。

4. 生产装备

在生产装备方面，智能机制主要体现在关键装备的柔性化，这种柔性化从单个装备柔性化，到生产线柔性化，到车间柔性化，是从局部柔性到整体柔性的过程。制造装备经历了机械装备到数控装备，目前正在逐步发展为智能装备。智能装备具有检测功能，可以实现在机检测，从而补偿加工误差，提高加工精度，还可以对热变形进行补偿。以往一些精密装备对环境的要求很高，现在由于有了闭环的检测与补偿，可以降低对环境的要求。

1）机器柔性：系统中的机器设备具有随产品变化而加工不同零件的能力，加工设备（机器）具有适应加工对象变化的能力。其衡量指标是当加工对象的类、族、品种变化时，加工设备所需刀、夹、铺具的准备和更换时间，硬、软件的交换与调整时间，加工程序的准备与调校时间等。当要求生产一系列不同类型的产品时，机器随产品变化而加工难易程度不同的零件。

2）工艺柔性：系统能够根据加工对象的变化或原材料的变化确定相应的工艺流程，具有以多种方法加工某一族工件的能力。工艺流程不变时系统自适应产品或原材料的变化，系统也应该具备根据产品或原材料的变化而自动调整相应的工艺。工艺柔性也称加工柔性或混流柔性，其衡量指标是系统不采用成批生产方式而同时加工的工件品种数。

3）产品柔性：系统能够经济而迅速地转换到生产一族新产品的能力。一是产品更新或完全转向后，系统能够非常经济和迅速地生产出新产品的能力；二是产品更新后，对老产品有用特性的继承能力和兼容能力。产品柔性也称反应柔性，衡量产品柔性的指标是系统从加工一族工件转向加工另一族工件时所需的时间。

4）生产能力柔性：当生产量改变时，系统能及时做出反应而经济地运行。

5）维护柔性：系统能采用多种方式查询、处理故障，保障生产正常进行。

6）扩展柔性：系统具备根据生产需要快速便捷地进行模块化组建和扩展的能力，构成一个更大产能的系统。其衡量指标是系统可扩展的规模大小和难易程度。

5. 物料管理

在物料管理方面，客户需求高度个性化、碎片化，产品研发和生产周期缩短，这不仅是智能生产需要面对的问题，也对支撑生产的物流体系提出了巨大挑战。物料管理系统在标准化、自动化的基础上，集成传感器、互联网、物联网进行信息化，实现物与物、物与人的互联，利用大数据、云计算、人工智能等技术充分提高物流效率，使供给方及时获取信息，迅速做出反应，需求方能够快速获得所需产品与服务。智能化的物料管理是连接供应、生产和客户的纽带，是智能制造不可或缺的组成部分。

物料管理是将管理功能导入企业产销活动过程中，希望以经济有效的方法，对企业生产经营活动所需的各种物料的采购、验收、供应、保管、发放、合理使用、节约代用和综合利用等一系列计划、组织、控制等管理活动的总称。物料管理从整个公司的角度来解决物料问题，包括协调不同供应商之间的协作，使不同物料之间的配合性和性能表现符合设计要求；提供不同供应商之间以及供应商与公司各部门之间交流的平台；控制物料流动率；及时精准配送至工位。

物料管理的特性表现在：

首先是物料的相关性，任何物料总是由于有某种需求而存在，没有需求的物料就没有存在的必要。

其次是物料的流动性，既然有需求，物料就总会不断地从供方向需方流动。物料的相关性决定了物料的流动性。

最后，物料是有价值的，一方面它占用资金，为了加速资金周转，就要加快物料流动；另一方面，在物料形态变化和流动的过程中，要用创新竞争（不仅是削价竞争）提高物料的技术含量和附加值，用最小的成本、最短的周期、最优的服务向客户提供最满意的价值并为企业自身带来相应的利润。这也是增值链（Value-Added Chain）含义之所在。

以上三种特性相互作用、互相影响。理解物料的管理特性有助于理解物料需求管理的特点。

通常意义上，物料管理应保证物料供应适时（Right Time）、适质

(Right Quality)、适量（Right Quantity)、适价（Right Price)、适地(Right Place)，这是物料管理的5R原则。而物料管理在智能制造下的目标是：

1）物料规格标准化，减少物料种类，有效管理物料规格的新增与变更。

2）适时供应生产所需物料，避免停工待料。

3）适当管制物料价格，降低物料成本。

4）确保来料品质良好，并适当地管制供货商，避免废料供应。

5）有效率并精准收发物料，提高工作人员效率的同时，保障物料配送的精准，避免物料滞留。

6）掌握物料适当的存量，减少资金的积压。

7）可以考核的物料管理绩效。

8）仓储空间的充分利用。

9）物料的可溯源性。

从物料管理的目标看，除了物料本身的管理外，物料在企业内部的适时供应也是非常关键的环节。在物流管理方面，智能机制主要体现在物流调度和管控、物料的标识和识别。制造企业内部的采购、生产、销售流程都伴随着物料的流动，因此越来越多的制造企业在重视生产自动化的同时，也越来越重视物流自动化，自动化立体仓库、AGV、智能吊挂系统得到了广泛的应用；而在制造企业，智能分拣系统、堆垛机器人、自动辊道系统的应用也将提升物料流转的效率。

4.2.3 引入“智能体”

智能体即Agent，它可以看作软件工程的一种风格。软件结构中有很多动态的互相交互的构件，每个构件都有自己的控制线索，并且服从复杂的合作协议。在设计和实现多Agent系统时，要依靠分布式/并发系统。

通常，计算本身可以理解成一个交互过程，就像可以把系统理解成基本是由被动的对象组成的一样，这些对象具有状态，可以对状态进行操作。由此，也可以把许多其他的系统理解成由交互的、半自治的 Agent 组成。在现实中，处于应用环境中的 Agent 应从环境中接收感知输入，产生输出动作作用于环境，形成一个连续不断的过程。重要的是 Agent 结构可以作为嵌入式决策功能中的软件结构，多个不同作用的 Agent 可以形成支持智能制造过程的动作库。这些可能的动作集合表示一个“Agent”的有效行为能力，即它可以改变环境的能力。在离散制造车间，其智能制造系统没有严格的时间控制问题，因此在任何给定的情景下，Agent 都可以有足够的时间谨慎地选择“最好的”动作序列，以支持一些不同的实时交互需求。例如：

1）必须在特定的时间范围内做出行动决策的交互。

2）Agent 必须尽快达到某种状态的交互。

3）要求 Agent 尽可能多地重复执行某些任务的交互。

上述 Agent 通常可支持智能制造系统所要求的智能性，例如：①反应性，Agent 可以感知它们的环境，并可以对环境发生的变化及时地做出反应，以满足相应的设计目标；②预动性，Agent 通过主动发起可以表现出目标引导的行为，以满足它们的设计目标可以主动发起一个动作；③社会性，Agent 可以与其他 Agent（或人）进行交互，以满足智能制造系统的某些设计目标。

应该注意的是，Agent 主要应用于局部过程，若在事关车间环境的应用软件中部署过多的 Agent，或者应用软件处于不确定的环境，就会导致其作用的盲目性。为此，需开发面向动态环境的反应式 Agent，即该类 Agent 能够对环境中发生的事件做出反应，但 Agent 不可能对任何事件都能响应控制者的要求。如果为此而设计大量的 Agent，则会使 Agent系统过于复杂，导致其上级应用系统必须扩展其执行范围和过程，引发持续不断的软件再工程，这是应当避免的。因此，在智能制造系统的应用软件中引入 Agent 技术主要的设计立场是：根据系统要实现的目标及关键知识来预测系统的行为。在此基础上，Agent 才能发挥其应有的作用——在智能制造系统中构造 Agent 的目的是为了更好地、智能地执行任务。为了使 Agent 执行这些任务，必须以某种方式把要完成的任务告诉 Agent，这隐含着必须用某种方式详细说明要执行的任务。一个明显的问题就是如何详细说明这些任务，如何告诉 Agent 要做什么。

Minsky 在 1986 年出版的《思维的社会》一书中提出了 Agent，认为社会中的某些个体经过协商之后可求得问题的解，这些个体就是 Agent，Agent 应具有社会交互性和智能性。

因此，在智能制造系统中，Agent 可以用于任何控制性的功能和系统之中。在管理性信息系统中，虽然也需要控制性与决策性的功能软件，但从 Agent 的环境响应与环境干预的能力看，设计并实现一组可在车间环境中简单灵活的“Agent 动作库”，特别适合车间级软件系统的控制功能的灵活部署和有效应用。

车间是所有企业竞争的焦点。车间的数字化、网络化、智能化建设，是决定智能制造系统能否超越既有制造系统的根本要素，是智能制造系统快速进入规模化、宽范围和更精准的竞争态势的关键要素。

车间的智能化可以理解为在车间各要素/单元中引入 Agent 技术。Agent是任何那些可以被视为通过传感器（Sensors）感知所处环境并通过执行器（Actuators）对该环境产生行为的事物。

1. 基于 CPS 的 Agent

实施智能制造，构建智能制造系统，其基础来自数字化车间，这是因为数字化车间已经实现了基于 CPS 的智能技术，虽然该技术可能还处于试验运行阶段，但其网络化的 CPS 已经成为智能制造系统的底层基础，是从数字化车间走向智能制造的首要条件。从智能制造系统的层面来看，数字化车间的底层的 Agent 的引入并在智能制造系统中得以扩展、完善和应用，为构建智能制造系统提供了技术路线的开端，能够支持制造企业落实智能制造的核心思想——将 CPS 的概念应用于制造业。

长期以来，传统制造业只有 PS（物理系统），生产线上流动的是没有思维能力的、被动的物质组件。在智能制造系统中，CPS 是给 P 这个物理实体增加了 C 数字虚体的大脑，构成“CP 对”，这样被动的物质组件就具有了思维能力，从而每个“CP 对”像人一样，都具有了感知外部世界、自动做出判断、自动适应环境的能力，成为一个独立的。所有这些部件组织在一起，形成一个从工厂内到工厂外甚至弥漫全世界的不同层级的有机系统 S，不断制造出人们所需要的产品，这就是 CPS 描绘的一幅智能制造的景象。

基于 CPS，德国工业 4.0 提出了“面向 CPPS（Cyber-Physical Production System，信息物理生产系统）的模块化软件代理”概念，软件代理的使命就是通过 CPPS 连接各式各样基于不同语言的系统，而每个智能制造企业就是该系统的一个智能制造网格。

2. Agent 的属性分类

一些文献中提到较多的 Agent 的属性，可分为基础属性、中级属性和高级属性三类，而每类属性又可以分为功能属性和结构属性，如表 4-1 所示。以往文献中所说的属性基本上是功能属性，而本书提出的结构属性是为实现相应的功能属性服务的。

表 4-1　各类 Agent 的功能属性和结构属性

属性的分类	功能属性	结构属性
基础属性	目的性（预设目标）、感知性、反应性	传感器、效应器、预设资源
中级属性	自主性、社会性、逻辑性、适应性、学习能力、生存能力、繁殖能力	状态记忆体、推理机、知识库、自我保护系统、新陈代谢系统
高级属性	情感、自我意识、自我意志、抽象思维	神经网络、目标管理系统

3. 多 Agent 系统的概念

多 Agent 系统的概念最初是在人工智能领域的研究中提出的，通常指由多个分布和并行工作的 Agent 通过协作完成某些任务或达到某些目标的计算系统。这是因为单个 Agent 的能力是有限的，但可以通过适当的体系结构把 Agent 组织起来，从而使整个系统的能力超过任何单个 Agent 的能力。近年来，随着各领域的学者纷纷借鉴和采用多 Agent 的概念和方法，多 Agent 的概念被逐步扩展到计算系统和人工智能领域之外。

4. 多 Agent 系统的特点

在多 Agent 系统中特别强调 Agent 之间是如何进行交互的，Agent 通过相互合作或竞争等交互行为来完成系统的总任务或表现整体行为。例如，人们为生产调度任务而设计的软件多 Agent 系统中，每个 Agent 代表了生产环境下实际的或者虚拟的实体（如所有作业和机器），它们可以具有不同的问题求解方法、不同的知识和能力、不同的结构以及不同的调度目标，这些调度 Agent 按照某种通信语言进行通信和合作，以扩展单个 Agent 的能力，从而提升整个系统的调度能力，更好地完成总体的生产调度任务。

4.2.4 引入知识工程

知识工程是从数字化到智能化的突破口。人工智能分为计算智能、感知智能和认知智能三个层次，知识工程是人工智能的原理和方法，对需要知识解决的应用难题提供求解的手段。

知识无处不在，知识工程方法和系统的体系结构中最里层是知识工程，其目的是知识应用和创新。知识工程的实施不仅是为了促进知识群化、外化、整合和内化，更重要的是在此基础上，利用已有知识创造企业价值，或者创造新知识，进而创造企业价值。

德国工业4.0指出，对加工知识的形式描述以及基于这种形式描述的持续学习是极其重要的，越来越多的知识的有效期越来越短，但高透明性和可用性的知识会使得智能制造实现的可行性显著提高。

知识基本上分为以下几种形式：

1）具有很长有效期的知识（如自然法则）。

2）具有较短有效期的知识（如1L汽油的价格）。

3）如果不了解就会导致严重后果的知识（如有毒液体）。

4）不了解并不会有什么后果的知识（如输入错误密码）。

所以，企业必须创造这样一个系统，它能使“知识、思想和经验”成为现实与虚拟世界之间近乎“自然”的协作过程。如果真的创造出了这样的系统，那么我们就具有了核心竞争力。

事实上，智能制造系统不是短期可以建成的，生产过程将在一段时间内呈现出既有数字化制造系统和新建的智能制造系统平行运行的局面，推动智能制造系统发挥更大作用的要素就是激发知识的转移，重点是既有的知识在上述的平行过程中的双向应用。

引入知识的有效标准是看它是否有助于解决设计中、制造中或者某些特殊的实际问题。

如果知识工程要素之间匹配合理，就能较好地发挥已有资源的效能，否则就难以取得较好的效果。例如，开展企业大范围的知识共享就需要有一个知识交流平台和知识库系统，以及与之适应的企业文化和管理环境。其中，知识的应用体现在如下方面：

1）与知识相结合，使计划标准化。

2）基于特定的专业知识，找出完成复杂任务的方法。例如，通过制造工艺的抽象描述，将制造知识自动转化到相关工位的制造执行工艺文件中。

3）基于知识的生产计划，能够辅助和适应分布式物流系统。

4）将生产过程质量控制的知识直接展示给客户和供应商，并在制造服务平台上使其共享。

5）不断补充新认知，辅助生产过程的流程规划和流程协调。

6）及时总结和发布特殊的专业知识，为客户关注企业生产过程提供服务。

7）发布企业获得/理解的用户订单的质量知识，并对所有后续阶段提供基于知识的质量信息。

8）基于现有知识和新增用户领域知识，开展面向订单的任务培训。

9）在实时性强的所有应用软件中加入可响应变化的人工智能技术，实现实时推理和更精准的决策支持。

为此，企业将研究重点放在显性知识应用领域。显性知识应用战略面对的是这样的知识：可以编码的并具有重复使用和推广使用价值的知识。其重点集中在更新、组织、评价、安全保护、提高企业拥有的显性知识的可利用性，并尽可能使其市场化。

在以成本为竞争基础的模式下，显性知识应用战略是最有效的。因为一旦知识以文字形式存在于知识库中，每次使用的成本就可以很低。

例如，产品组合管理是企业中常用的一种显性知识应用战略，主要是对产品组合（公司提供给消费者的所有产品线和产品目录）的宽度（产品线数目）、长度（产品品目数目）、深度（产品线中每一产品品目的品种数目）三种尺度进行系统计划、组织和控制。它需要考虑支持这些产品组合后面的企业技术组合状况，需要使用诸如专利、规则需求、测试以及各种知识产权等信息。

为此，研究者特别重视企业的知识内部共享，着眼于知识型员工的管理，包括：①建立内部信息网以便于员工的知识交流；②利用各种知识数据库、专利数据库存放和积累信息；③在企业内部营造有利于员工生成、交流和验证知识的宽松环境；④制定激励政策，鼓励员工进行知识交流。

引入知识工程，通过知识的获取、表达和推理形成规则，是基于知识系统的重要技术问题。知识工程是以知识为基础的系统，是通过智能软件而建立的专家系统。知识工程可以看成人工智能在知识信息处理方面的发展，研究如何由计算机表示知识，进行问题的自动求解。知识工程的研究使人工智能的研究从理论转向应用，从基于推理的模型转向基于知识的模型，包括整个知识信息处理的研究。

4.3 智能制造软件需求

智能制造以“软”服务为主，注重软件、网络、大数据等对于工业领域服务方式的颠覆。软件是实现智能制造的载体，它可以实现包括产品设计、生产规划、生产工程，直到生产执行和服务的全生命周期的高效运行，以最小的资源消耗获取最高的生产效率。企业需要以数字化技术为基础，在物联网、云计算、大数据、工业以太网等技术的强力支持下，集成目前最先进的生产管理系统及生产过程软件、硬件，如产品生命周期管理软件、制造执行系统软件和集成自动化技术。以下从行业、企业及业务三个层面对智能制造软件的需求进行阐述。

4.3.1 行业需求

离散制造业主要是通过对原材料物理形态的改变、组装，使其成为产品，实现增值。按照通常的行业划分，属于离散制造的典型行业有机械制造业、汽车制造业、家电制造业等。

离散制造业对智能制造软件的需求主要来自以下几个方面：

1）信息感知的软件需求。离散制造业从产品结构、工艺流程、物料存储、加工设备方面表现出的离散特性，决定了行业对各种物理离散状态的感知迫切需求。从销售、设计、工艺、制造、交付及服务建立完整的泛在感知体系和系统，是构建智能制造的基础。

2）优化决策的软件需求。在建立泛在感知的基础上，通过 PDCA 方法论，优化企业的组织和流程，优化企业各级管理决策，实现精益管理，是构建智能制造的管理理念。

3）实时控制的软件需求。在建立泛在感知的基础上，将优化后的决策实时反馈给执行层，从而能够做到“及时纠偏”，减少过程偏差，避免企业损失，降低过程成本，是构建智能制造的成本理念。

4）智能生产的软件需求。生产准备周期长、生产计划协调性差、在制品管理难度大、质量控制滞后、物料配送、加工设备柔性等诸多生产管理问题，导致生产体系运行效率低、生产成本难以控制，设备浪费严重。通过泛在的信息感知、决策优化和实施控制，构建智能生产体系，实现生产体系的柔性化，是构建智能制造的控制理念。

5）卓越供应的软件需求。原材料作为离散制造业的依托，其供应商管理、供应链管理及协同是企业进行正常生产的基础保障。通过智能生产体系及系统与供应商或供应链管理系统，构建智能制造的敏捷供应链，是构建智能制造的供应链理念。

6）网络协同的软件需求。离散制造企业的协同特性往往表现得比较突出，这种协同往往表现于制造能力的区域协同或跨区域协同，更为重要的是这种协同穿插在生产过程中。工序级的协同很普遍，这是企业为了控制成本，资源优势互补的产物，通过互联网，实现主体企业与协作企业网络协同制造，是构建智能制造的协同理念。

7）个性化定制的软件需求。企业面对的市场环境已经发生了很大的变化，基于产品的制造必将被面向订单的制造所取代，从销售、设计、工艺、采购、制造及交付等多业务阶段都满足基于个性化定制离散制造模式，是构建智能制造的模式理念。

8）优化服务的软件需求。企业对产品售前、售中及售后的安装调试、维修维护、回收、再制造、客户关系等活动更加重视，制造企业开始把注意力从实物的制造转移到制造与服务相结合上来，甚至一些制造企业由“卖产品”转变为“卖服务”，经济活动以制造为中心逐渐转向以服务为中心，即制造业服务化，是构建智能制造的服务理念。

4.3.2 企业需求

离散制造企业由于管理方式、生产模式和产品特性，导致标准化软件的导入很难。

1. 组织运作变化：打破组织壁垒，数据高效协同

关于组织，这里不论述集权、分权、直线及矩阵式等组织的好处和弊端，而主要讨论当前工业企业各部门间的数据协同新变化。工业企业主要的业务部门有生产部、采购部、物流部、原料部、供应部、销售部、质检部、技术质量部、财务部等，传统模式下这些部门的协作方式主要依靠单据逐层审批。如今，直接在业务点定义触发下一个流程的必要条件，满足条件就进行驱动、对接，服务部门快速响应回复，然后驱动自己部门进行业务处理，通过信息快速流转更好地服务需求部门。例如，设备需要开机，生产部门做好开机方案，备料部门准备好原料，生产部门做好设备开机检查，提供动力能源的部门在恰当的时间开动阀门，这是一个大连锁、大协同的过程，讲究高效、协同、共享，必须打破传统的组织壁垒。

2. 生产计划新特性：追求成本最低、收益最高的计划量

生产计划作为生产管理部门非常重要的工作之一，它将指导下面各生产车间的生产工作，但如何制订科学的生产计划是一门深奥的学问。在ERP时代，计划模式有面向库存、面向订单。离散企业通常用MRP算法根据日期推算法简单地确定中间物料的需求量。如今，客户在确定计划生产量时加入了更多可以量化的科学因素，以减少人的主观性，让最

终确定生产量的过程数字化、科学化，当然也是最大收益化。

第一，无论离散和流程，确定计划量前，都需要先测算成本和边际效益。对于化工行业，其产品种类多，装置多，相互之间都有互供关系，所以需要考虑各个产品的盈利情况，平衡各装置能力、需求。对于大型轴承加工企业，其加工周期长，市场变数多，中间环节可能还存在委外的复杂加工过程，也需要测算生产成本。只有保证生产环节的利润，才能确定敢不敢接单、该不该接单、接多少最合适。

第二，要确定计划量，需要综合平衡原料、中间产品、产品的供需关系。对于依赖矿石原材料的冶炼企业，大部分矿石需要进口，进口资源受限，所以在安排计划时需要考虑资源的供给量，还需要考虑能够产出多少中间物料、存储空间多大、能被下游消耗多少、产出产品的销售接单情况等，这些因素需要工厂模型、物料模型、平衡计算，才能得到相对科学的计划生产量。

3. 排产变化：多约束的智能排产取代人为粗放判断

当确定了需要完成的生产计划量后，接下来，对于生产组织者来讲，就要考虑如何生产才能确保生产成本最低。当初在确定生产计划量时已经做了初步考虑，此处需要进一步确定，明确排产。

第一，排产不是任何时候都需要，在市场供不应求时，只需要满负荷生产，不存在复杂的排产考虑；只有当生产能力大于需求时，才需要考虑优化的排产模式。

第二，考虑原材料的约束，设备对原材料有没有特定的需要，当一种料不能满足使用时，如何搭配使用也能得到相同品质的产品，这时就会存在优化配料，目的是平衡资源，降低成本。此时需要了解每种原材料的特性、互补特性、成分含量、综合考虑其价值。

第三，考虑生产线差异，当多条生产线完全相同时，再考虑是否有最低负荷的前提下，简单采取平均分配的原则，但是当投料和产出出现非线性变化时，需要进行排程计算。对于有差异的生产线，就需要考虑分别在哪条生产线排多少量划算，需要综合考虑物流成本、用料成本、能耗成本、切换成本、设备损耗成本、人工成本等因素。需要充分考虑约束条件，完成排产算法。

4. 生产调度变化：系统模型计算的结果代替人的经验判断

对于流程企业来讲，基本前端生产都是混合料热反应的过程，需要控制温度、压力、进料速度等工艺参数。目前，绝大多数企业依赖有经验的工艺师、技术员的目视、耳听、嗅觉，再结合相对滞后的化验数据发现问题、判断问题。企业在这个环节迫切地需要智能算法、在线监测、智能模型去替代人的主观判断，减弱对工艺师的依赖。智能算法的结果是要精准地指导投料，指导参数调整，确定反应终点，达到优化调度的目的。

第一，建立智能模型的前提是要有数据，并且要求影响目标结果的工艺数据尽可能齐全。

第二，进行机理研究和数据挖掘分析。按照企业提供的多年大数据，建立经验型的理性知识，寻找规律，得到一个算法模型，最后根据当前的数据以及模型，推算今后可能发生的改变与转变。

第三，除了依赖模型外，也可以初步提供一些相关性数据，通过散点图、折线图、直方图等友好地展现给调度人员并辅助其做出判断。

智能化是一个逐步实现的过程，先实现数据采集、信息化，再通过工艺和数据模型辅助人的判断，进而实现计算机指挥人，最终实现计算机指挥机器设备并完全实现自动化、智能化。

5. 物流管理变化：智能物流、高效利用资源替代传统的低效分配

物流管理是优化资源配置的过程，从仓库选址、空间分配到存货分配，从运输工具到承运人、运输计划、运输路线安排以及运输环节的控

制，无不考虑“安全”“成本”“效率”“效益”。

第一，当工厂条件允许时，企业会考虑在布局上进行整改，会考虑一些自动轨道传输设备（如AGV、立体仓库等），通过信息系统与设备联机控制，这无疑会很大程度地解决运输的效率问题。

第二，不能实现这些自动化改造时，企业也会想到从信息化协同层面并结合AGV提高物流效率，下游自动发送准确的要料信息或者上游自动推送给下游物料指令，然后自动完成车辆优化调度，车辆精准定位，准确地识别出从A地点运送货物到B地点，实现物料自动、高效配送。

智能物流整个环节依赖大量的IT支撑，如地图、卫星定位、RFID扫码货物识别、视频等。

6. 物料追踪变化：先进的跟踪技术取代原始的粗放跟踪方式

对从事产品加工的工业企业来讲，无论流程还是离散都会把物料跟踪摆到一定高度去考虑。跟踪是为了在后续产品出现问题时，便于追溯源头、分析问题、寻找原因。跟踪也可以实现投料的放错校验。

第一，流程行业，在产品生产过程中往往伴随着复杂物理化学及界面的反应以及分子结构的改变，物料跟踪首先指元素的跟踪，会做杂质平衡计算。当源头的物料批成分确定后，在漫长的生产转换过程中，检测各环节各种物料元素成分，判断是否达到产品质量的要求，确保生产的有效性。其次，需要进行量的平衡跟踪，跟踪回收率，跟踪中间物料的库存，跟踪每一次移动过程中的量差，以此判断生产异常、跑冒滴漏、上下游能力的匹配等。

第二，离散行业，重点实现组装环节零部件的跟踪，对零部件进行信息标识，需要校验每个零件的型号是否正确可用，相对简单可行。如果再去追溯零部件的原材料，又类似流程行业，中间生产环节较多，伴随物理化学反应，很多时候只进行粗略的批量跟踪即可，大致掌握原材料和产品的对应关系，在产品出现质量问题时可以回溯原材料批次质量。

关于物料追踪，目前基本采用的是条码、芯片记载信息，通过读取设备，实现防错、校验的目的。这些条码视不同的场景需要，对材质和粘贴方式都有特殊的要求。

7. 数据分析变化：大数据分析取代传统的统计分析

智能制造离不开数据的支撑，要想实现智能化，数据是基础，模型是核心。为了实现智能化，企业首先考虑的是增设自动化设备、传感设备、计量设备和视频设备等，将设备的一些信息参数数字化，通过标准的 OPC（OLE for Process Control，用于过程控制的 OLE）接口实现和下位机的连接通信以及和其他软件的接口，实现生产数据、设备数据和视频信息的采集。

数据采集接口实现后要进行数据处理，要根据数据处理的时间、频率、处理方式不同进行分批、分类处理，处理包括采集、计算、存储、清洗等过程，大量的数据处理要考虑性能、效率等问题，确保数据计算准确、高效。

处理完成的数据为分析决策、数据模型提供依据，当然在使用时要进行分级、分组织的数据授权。

8. 指挥调度变化：大屏调度中心取代传统电话沟通

流程行业大部分依赖 DCS 可以实现远程控制，企业也基本建有调度指挥中心。在智能制造的浪潮下，项目建设首先从升级调度中心开始，调度中心不再是简单的视频监控、电话调度中心，大屏的元素变得更加丰富起来。通过信息化在生产过程中的全面应用，大屏里实时刷新最新的生产工艺数据、产量、处理量、安环、能源、设备、质量、人员等方方面面的信息，甚至一部分生产的自动指令也从这里发送出来。大屏调度中心是名副其实的智慧“心脏”，也是企业智能制造宣传的窗口。

而离散行业受制于条件、技术成熟度等因素，大部分设备无法实现集中控制，多数PLC在现场进行人工操作，对调度大屏实际需求相对弱化。今后，随着数控机床的不断改造，集中化的控制和调度也会成为重要诉求。

9. 呈现范式变化：移动端APP取代传统的PC端应用

移动端APP作为工业软件可视化的一种途径，提高了企业员工、管理者获取相关数据和信息的便捷性，并可以开展一些业务活动，提升了业务反馈的及时性，同时很好地实现了以单个人为主体的数据、信息、作业的管控模式，将信息准确地推送至个人。

4.3.3 业务需求

1. 智能制造全业务流程描述

单件小批量定制化企业实现智能制造，需要从面向产品的制造转向面向用户订单的制造。面向产品的制造，往往是在技术、工艺和装备等环节准备完备的情况下，向用户提供特定产品的过程；而面向用户订单的制造即面向设计的制造，往往是在企业具备一定的技术、工艺和装备能力的情况下，按照用户的需求，进行设计、工艺、采购、制造及交付的过程。面向设计的制造是企业能力与用户需求匹配的过程，该过程不仅是对企业自身技术、工艺、装备能力的考验，更多的是对企业综合管理和调度能力的考验，也是智能制造要解决的核心需求。

在从面向产品的制造向面向用户订单的制造转变过程中，具体业务需求包括：

1）技术能力与用户需求的快速对接。

2）报价能力与用户需求的快速对接。

3）用户需求与订单项目化管理的快速对接。

4）订单项目化执行与各业务管理的横向对接与管控。

5）订单项目化执行与供应链的横向对接与管控。

6）制造能力与订单需求的快速匹配。

7）制造过程透明化（从宏观的存货、在制品管理，到微观的项目成本管控）。

8）经营绩效透明化。

2. 产品设计与制造集成

应评估产品数据交换、产品数据定义、产品数据管理等支撑产品研发设计到生产制造环节数据集成和业务集成情况。重点评估：

1）基于标准的产品模型数据定义的水平与能力。

2）产品数据管理的水平与能力。

3）产品设计、工艺与制造各环节之间进行产品模型共享、传递和关联维护的水平与能力。

4）产品设计、工艺与制造的过程控制与优化的水平与能力。

5）生产过程动态调节。立足过程控制，体现智能技术作用；掌握动态信息，发挥智能技术的作用。

3. 管理与控制集成

应评估企业经营管理、车间生产制造执行、生产制造过程控制之间的信息交互、共享和业务集成等方面管理层与控制层业务集成与融合的情况。重点评估：

1）车间生产制造执行系统向经营管理系统上传信息的情况及其实时性。

2）经营管理系统向车间生产制造执行系统下达指令的情况及其执行水平。

3）生产制造过程控制系统向车间生产制造执行系统和经营管理系统

上传信息的情况及其实时性。

4）车间生产制造执行系统向生产制造过程控制系统下达指令的情况及其执行水平。

4. 设备/物料的动态配置

基于CPS技术和M2M技术，实现数据终端、通信网、数据集成点的互联互通，实时获取设备的历史、现状，动态调配设备。

这意味着离散制造企业的智能制造，是按照生产过程的适应性、生产管理的自主性和车间管理的实时优化性而形成的。因此，离散制造企业的智能制造，其实现必然是逐步的，直到覆盖整个生产过程。

5. 智能制造系统应解决的问题

1）设备互联。支持生产自动排产，灵活调整优先级调度。

2）采用多种软件工具，实现多过程、多场景的实时数据采集，以支持生产过程管理者及时优化排产进度。

3）建立观察器系统，及时发现异常信息，及时跟踪处理。

4）丰富数据采集手段，支持生产过程数据分析，强化生产过程决策的精细化。

上述问题大多是数字化车间建设中因软件工具不足、不利而造成的，由此可推定智能制造系统的相应需求：

1）从五个维度（技术、管理、制造、装备、物料）努力开发各类软件的智能化功能，以此补充管理手段，更多、更快地解决现场问题。

2）在智能制造系统的分析设计中加入企业特别关注的问题，寻求基于智能制造系统的解决方案。

3）集成企业历年来实施制造业信息化、生产过程信息化及数字化车间的建设成果，通过当前问题分析，研讨智能制造系统项目内容和企业在新的进程中采取“八化”并举的技术路线，即自动化、数字化、信息化、精益化、网络化、柔性化、可视化、智能化，有效推进智能制造系统的项目建设。

6. 生产控制需求

生产控制需求包括以下几点：

1）小批量或单批生产出品种全、针对客户需要的个性化产品，可靠且及时。

2）掌握产品的复杂程度、流程和材料供应。

3）在市场多变和销售预测不可靠的情况下确保短时间供货的能力。

4）不管市场如何变化，产品的流程一定要遵守标准和规定，并将遵守情况记录在案。

总之，随着时间因素的重要性的不断增加，生产控制方面需要不断对生产计划进行短时间内的修正。

7. 并行生产管理需求

1）配置管理。建立在产品结构管理功能之上，根据客户需求，在一系列配置规则、配置参数的引导下进行产品配置。它使产品配置信息可以被创建、记录和修改，允许产品按照特殊要求被建造，记录某个变形被用来形成某个特定用户需求的产品结构。同时，也为产品周期中不同领域提供不同的产品结构。

2）工作流与过程管理。PLM 系统的工作流与过程管理提供一个控制并行工作流程的计算机环境。利用 PLM 图示化的工作流编辑器，可以在 PLM 系统中建立符合各企业习惯的并行的工作流程。

3）项目管理。管理项目的计划、执行和控制等活动，以及与这些活动相关的资源，并将它们与产品数据和流程关联在一起，最终实现项目的进度、成本和质量的管理。

4）协同设计。提供一类基于互联网的软件和服务，能让产品价值链上每个环节的每个相关人员在任何时候、任何地点都能够协同地对产品进行开发、制造和管理。

8. 基于 PLM 的价值创造需求

1）知识共享。PLM 系统将产品生命周期中各个阶段的产品知识、设计知识、工艺知识统一进行管理，成为企业宝贵的知识资产。这些知识为企业所共享，极大地提高了研发设计的效率、质量，缩短了产品开发周期。

2）提高零部件的可重用性。设计标准的贯彻和配置管理的使用，极大地提高了零部件、原材料、外购配套件的可重用性，减少了物料的品种数。其在提高设计效率的同时，降低了物料的采购成本和管理成本。

3）高度集成性。PLM 将 CAD、CAE、CAPP 以及 CAM 高度集成，实现基于模型设计的单一数据源，加上变更管理，使得产品技术数据准确、及时。同时，PLM 也是实现设计信息系统与 ERP、CRM、SRM、MES 的集成平台，使得产品信息在整个价值链上共享，大大提高了管理效率。

4.4 工业软件的实施方法

4.4.1 智能制造系统实施方法

对于不同的企业，由于自身资源和条件的不同、发展阶段的差异、行业和工艺的差别、需要解决的问题不同，因此智能制造的侧重环节也有所不同。智能制造系统作为一个系统性工程，其实施方法可以遵循一些基本的范式。

1. 需求诊断

自身诊断是第一步。对企业自身的需求进行分析，找到企业生产经营各方面的痛点所在，在明确企业实施智能制造的目标，明晰实施智能制造带来的企业实践效益及产品质量域生产效率等方面的提升空间，而非盲目跟风实施。如果企业无法明确智能制造的实施目的，不仅耗时伤财费力，而且会打乱企业原本正常的生产活动，造成不必要的损失。实施智能制造的最终目的是进一步降低企业的生产成本和提升效率，提高产品质量，只有在明确实际需求后才能制定具体措施和方法。

2. 顶层设计

顶层设计是指导企业具体实施智能制造的“大脑”和原则。企业进行智能制造的顶层设计，既要切合企业的短期需求、中期和长期规划，又要考虑企业实现自动化、数字化的基础条件，同时还需结合行业的特色。

顶层设计的目标主要是根据智能制造基本属性，结合企业的基础条件和发展规划，以及行业的特点，制订出适合的、可行的、可落地的智能制造解决方案。

顶层设计要综合考虑企业的短期目标和长期目标，比如生产设备的选择，是否选择能提供数字化接口的数字化装备，若不提供，当前看更经济，但是未来的可塑性就会差很多。但是也并不一定是全部设备都得是高规格的，到底哪些设备必须高配，要从企业的发展及行业的特色有针对性地进行科学的评估和论证。

顶层设计的范围囊括了企业产品研发设计、生产、销售、售后服务的全生命周期，同时也涵盖产业链各环节，包括企业的上游供应商和下游客户。通过诊断结果，寻找推进实施的关键要素和关键环节，其中关键要素是人员、设备、资金、场所、工业软件等，关键环节是在采购、研发、生产、物流等业务流程中影响智能制造进程推进的关键节点。

实现智能化，不仅要有强大的制造技术，能够逐渐完善关键要素、关键业务环节的关键参数，把制造经验分解转化为计算机可以识别的数字化程序。

智能制造顶层设计主要包括设备、数据、业务三个维度的集成设计，具体如下：

1）设备的集成设计：主要解决企业设备异构环境下的集成问题。企业设备的多源性决定了企业在顶层设计时要考虑如何从多源的设备中获取数据的问题，包括以后为了降低数据获取的成本，降低设备多源性等问题。

2）数据流的集成设计：主要解决关键业务数据链的完整性。企业采用的工业软件的多源性决定了企业在顶层设计时要考虑异构多源系统的数据链集成问题，包括以后为了满足数据的链接，需要进行的数据规范性管理等问题。

3）业务流程的集成设计：主要体现在支持组织扁平化的业务流程协同性。智能制造最终体现到组织的管理上，需要进行业务和流程的优化，使组织本身能够适应在智能制造模式下的管理机制，从而分享智能制造给企业带来的红利。所以，在企业规划阶段，就要对业务和流程的变化进行充分的考虑和评估，完成相关的设计。

3. 方案制订

智能制造是一项系统工程，也是一项长期战略，它代表了企业对未来生产模式的认知和应对。因此，需要结合企业自身明晰的经营发展战略，设计切实可行的整体实施规划，所有方案制订的过程，就是顶层设计和企业经营发展战略结合的过程。

目前，我国大量的中小企业仍然集中于传统产业，普遍存在生产方式粗放、能耗高、产品附加值低、同质化严重等问题，迫切需要对中小企业进行智能化改造。然而，考虑到中小企业在资金、人力和技术等方面的不足，很难在短时期内建立完善成熟的智能制造体系，更谈不上立竿见影获取经济效益。另外，还存在将购置高端设备、高端软件等同于智能制造，急功近利，忽略基础工作，想一步到位，仓促投资建设的投机心理。

因此，应该本着因地制宜、因企制宜、找准切入点、区分重点原则，系统制订实施方案。

4. 推进实施

智能制造是“一把手”工程，它的推进实施需要从组织、人才、技术三个方面进行有效的保障，考虑实施方法，才能在阶段性目标达成的基础上实现最终目标。另外，在推进实施的过程中，要结合企业内外部的变化，对已有的需求诊断、顶层设计、方案制订进行修正和完善。

智能制造的实施要从管理、人才、技术三个关键点切入（见图4-2）。管理解决的是组织对推行智能制造的环境保障问题；人才解决的是智能制造复合型人才队伍的需求问题；技术解决的是智能制造在实施过程中的技术手段问题。

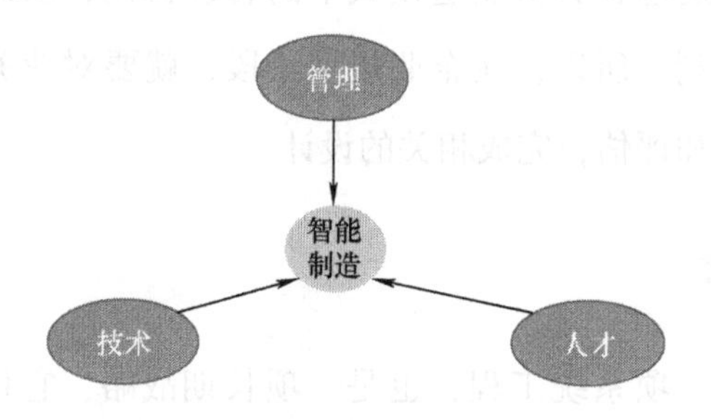

图4-2 智能制造实施关键点切入

4.4.2 智能制造系统实施步骤

智能制造的推进和实施与企业工业化和信息化融合的既有基础有很重要的关系，企业在进行智能制造时，要根据企业现有的基础，实施步骤的规划。图4-3是根据实践总结出的智能制造系统实施路线图，该路线图规划了企业从零基础开始，如何一步步完成智能制造系统的构建。

李培根院士指出，中国制造业尚处在工业2.0后期的发展阶段，眼下

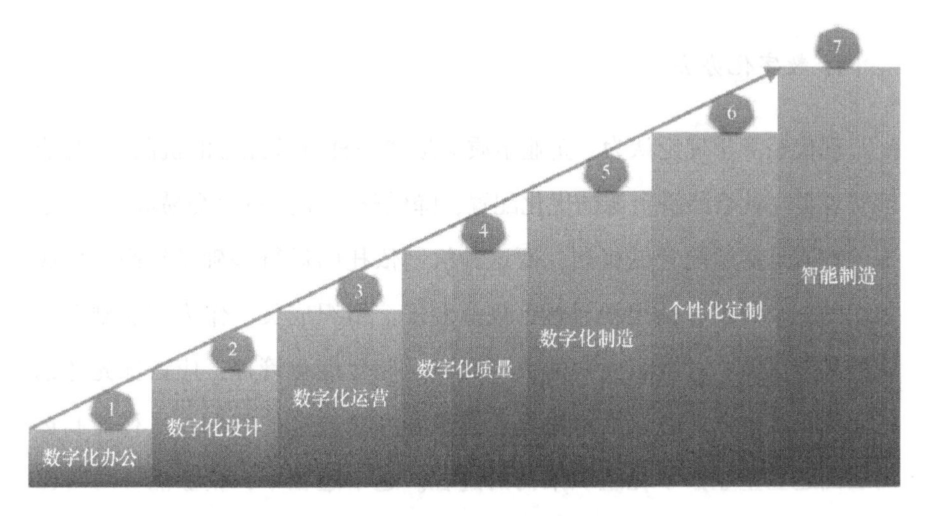

图 4-3 智能制造系统实施路线图

必须要在工业 2.0 方面补课，做好自动化；努力普及工业 3.0，做好数字化技术的应用，这样才能为将来进入工业 4.0 打牢基础。

智能制造作为企业的终极目标，并不能一蹴而就，企业应根据自己的实际情况，逐步展开，把控方向，向终极目标努力。智能制造实施路线图分为七个阶段，这七个阶段和企业业务发展的现状有着直接的关系，同时也体现了企业数字化构建的过程。数字化实施路线图如图 4-4 所示。

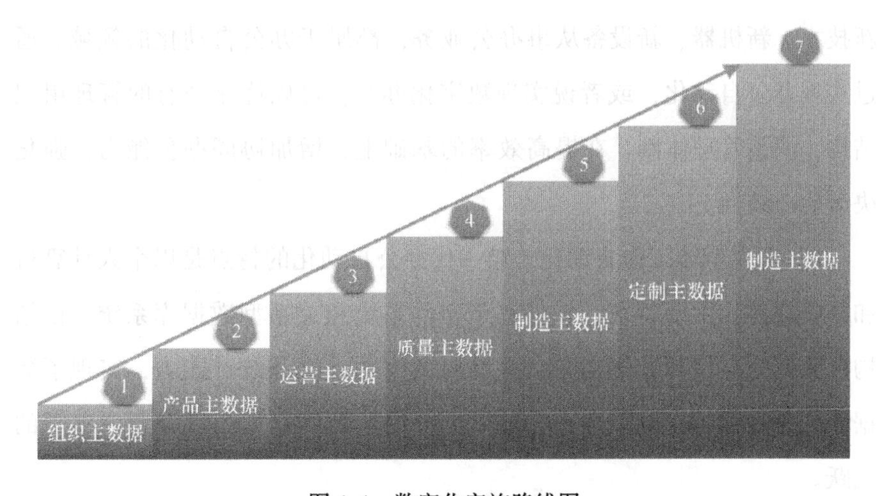

图 4-4 数字化实施路线图

1. 数字化办公

现代经济学理论认为，企业本质上是“一种资源配置的机制”，其能够实现整个社会经济资源的优化配置，降低整个社会的“交易成本”。企业的本质是资源配置的机制，而这种机制依托的运行基础是组织。构成组织的三个要素包括组织目标、规章制度、组织成员。作为智能制造实施的基础保障，对组织要素的数字化表达和智能化管理，应该优先考虑的问题是从企业业务层面解决企业管事和办事效率的问题，从智能制造的层面建立企业数字化组织架构的过程。这个过程中，企业能够对自己既有的组织架构、岗位设置、岗位职责进行初步的梳理、规划及设计；以这种管理行为为基础，构建围绕管事和办事的业务需求，构建数字化的办公系统，提升企业管事及办事的能力，更为重要的是建立企业数字化的组织、岗位、职责模型，从而为后续的深化应用建立组织基础。这个过程中形成围绕着人的组织主数据。办公的核心支撑系统是人力资源管理系统，业务应用围绕着考勤、申请、审批、财务、客户关系等展开。

办公自动化是将现代化办公和计算机技术结合起来的一种新型的办公方式。办公自动化没有统一的定义，凡是在传统的办公室中采用各种新技术、新机器、新设备从事办公业务，都属于办公自动化的领域。通过实现办公自动化，或者说实现数字化办公，可以优化现有的管理组织结构，调整管理体制，在提高效率的基础上，增加协同办公能力，强化决策的一致性。

1）实现个体工作自动化。第一代办公自动化的特点是以个人计算机和办公软件为主要特征，软件基于文件系统和关系型数据库系统，以结构化数据为存储和处理对象，强调对数据的计算和统计能力，实现了数据统计和文档写作电子化，完成了办公信息载体从原始纸介质向电子的飞跃。

2）实现工作流程自动化。第二代办公自动化的特点是以网络为中心，非结构化数据的信息流（或工作流）为主要存储和处理对象，不仅提高了办公效率，还增强了系统的安全性。

3）实现以知识管理为核心。第三代办公自动化的特点是以网络为中心，以数据、信息所提炼和组织的知识为主要处理内容和对象。1996年，世界经济合作与发展组织在“科学技术和产业展望”的报告中首次提出了“知识经济”的新概念，知识经济的建立和发展主要指发展科学技术以及创新应变能力和技能素质为主要内涵的知识管理。“办公”的内容已经不再是简单的文件处理和行政事务，而是一个管理的过程，在办公管理中，工作人员之间最基本的联系是沟通、协调和控制，这些基本要求在以知识管理为核心的办公自动化系统中都将得到更好地满足。

2. 数字化设计

从企业的产品设计和工艺设计层面，在解决工具软件化的同时，建立围绕产品的研发、设计、工艺业务管理模式和数据管理模式，构建产品全生命周期中的研发、设计、工艺数据和数据链。这个过程中形成了围绕着产品的技术主数据。围绕着技术的数字化，其基础是组织的主数据，这个过程中也需要根据设计数字化管理的需要，对组织的架构和内容进行优化完善，甚至重构。设计的核心支撑系统是PDM系统，业务应用围绕着CAX等系统展开。

CIMdata曾这样定义PDM：“PDM是一种帮助工程师和其他人员管理产品数据和产品研发过程的工具。PDM系统确保跟踪那些设计、制造所需的大量数据和信息，并由此支持和维护产品。”

1）从数据来看，PDM系统可帮助组织产品设计，完善产品结构修改，跟踪进展中的设计概念，及时方便地找出存档数据以及相关产品信息。

2）从过程来看，PDM系统可协调组织整个产品生命周期内诸如设计审查、批准、变更、工作流优化以及产品发布等过程事件（在PDM中，通过生命周期管理、工作流程管理、研发项目管理、资源配置管理等对产品开发中的过程及相关数据和资源进行管理)。

PDM以软件为基础，是一种管理所有与产品相关的信息（包括电子文档、数字化文件、数据库记录等）和所有与产品相关的过程（包括工作流程和更改流程）的技术。它提供产品全生命周期的信息管理，并可在企业范围内为产品设计和制造建立一个并行化的协作环境。PDM的基本原理是在逻辑上将各个CAX信息化孤岛集成起来，利用计算机系统控制整个产品的开发设计过程，通过逐步建立虚拟的产品模型，最终形成完整的产品描述、生产过程描述以及生产过程控制数据。技术信息系统和管理信息系统的有机集成，构成了支持整个产品形成过程的信息系统，同时也建立了智能制造的技术基础。通过建立虚拟的产品模型，PDM系统可以有效、实时、完整地控制从产品规划到产品报废处理的整个产品生命周期中的各种复杂的数字化信息。

PDM的产生和发展与社会大环境紧密相连，与企业自身息息相关。企业为适应市场而寻求发展和自我完善的强烈需求，是造就PDM市场繁荣兴旺的内在动力。PDM是依托IT技术实现企业最优化管理的有效方法，是科学的管理框架与企业现实问题相结合的产物，也是计算机技术与企业文化相结合的一种产品。

总而言之，PDM是一种帮助管理人员管理产品数据和产品研发过程的工具，而企业实施PDM的最终目标是达到企业级信息集成的目的。

3. 数字化运营

数字化运营是围绕企业核心产品的产供销业务，对企业资源进行数字化和管理的过程，是对产供销为核心的人财物进行统一规划和管理，以业务和财务的一体化为重点，将业务、财务、成本、运营数字化。运营阶段的核心支撑系统是ERP，业务应用围绕着销售、计划、采购、成本系统展开。这个阶段依托的是组织主数据和产品主数据，同时也伴随着组织优化和业务流程优化的过程。

ERP是指建立在信息技术基础上，以系统化的管理思想为企业提供决策资源、为员工提供决策手段的管理平台。ERP是一种可以提供跨地区、跨部门甚至跨公司整合实时信息的企业管理信息系统。ERP不仅是一个软件，更重要的是一种管理思想，它实现了企业内部资源和企业相关的外部资源的整合。通过软件把企业的人、财、物、产、供、销及相应的物流、信息流、资金流、管理流、增值流等紧密地集成起来，实现资源优化和共享。

ERP是一个庞大的管理系统，要讲清楚ERP原理，首先要沿着ERP发展的四个主要阶段，从最为基本的20世纪60年代时段式MRP原理讲起。

20世纪40年代：为解决库存控制问题，人们提出了订货点法，当时计算机系统还没有出现。

20世纪60年代的时段式MRP：计算机系统的发展，使得短时间内对大量数据的复杂运算成为可能，人们为解决订货点法的缺陷，提出了MRP理论，作为一种库存订货计划——MRP，即物料需求计划阶段，或称基本MRP阶段。

20世纪70年代的闭环MRP：随着人们认识的加深及计算机系统的进一步普及，MRP的理论范畴也得到了发展，为解决采购、库存、生产、销售的管理，发展了生产能力需求计划、车间作业计划以及采购作业计划理论，作为一种生产计划与控制系统——闭环MRP阶段（Closed-loop MRP）。

在这两个阶段出现了丰田生产方式（看板管理）、TQC（Total Quality Management，全面质量管理）、JIT以及数控机床等支撑技术。

20世纪80年代的MRPⅡ：随着计算机网络技术的发展，企业内部信息得到充分共享，MRP的各子系统也得到了统一，形成了一个集采购、库存、生产、销售、财务、工程技术等为一体的子系统，发展了MRPⅡ

理论，作为一种企业经营生产管理信息系统——MRPⅡ阶段。这一阶段的代表技术是CIMS。

进入20世纪90年代，随着市场竞争的进一步加剧，企业竞争空间与范围进一步扩大，80年代MRPⅡ主要面向企业内部资源全面计划管理的思想逐步发展成为90年代怎样有效利用和管理整体资源的管理思想，ERP随之产生。ERP是由美国加特纳公司在20世纪90年代初期首先提出的，当时的解释是根据计算机技术的发展和供需链管理，推论各类制造业在信息时代管理信息系统的发展趋势和变革。

在企业中，一般的管理主要包括三方面的内容：生产控制（计划、制造）、物流管理（分销、采购、库存管理）和财务管理（会计核算、财务分析）。这三大系统本身就是集成体，它们互相之间有相应的接口，能够很好地整合在一起来对企业进行管理。

4. 数字化质量

质量管理是在企业完成自己的组织、产品及运营能力构建基础上，围绕着质量提升，开展的一系列质量管理活动和优化提升的过程。质量管理需要体系化、要素化，并将质量管理与企业的运营相融合。这个阶段依托的是企业既有的运营基础，如组织、技术、管理等。

QMS是基于ISO/TS体系管理要求展开设计和开发的质量管理系统。其核心价值为实现企业质量管理的持续改进机制的固化，实现在现有科技高速发展背景下的质量管理模式的跨越发展，旨在提升企业产品质量保证能力。

在国外，以美国、德国为代表的软件行业起步、发展都比较有优势的国家没有将质量管理系统作为一个单独的系统，所以市场上很难看到哪家国外企业提供的质量管理系统能很好地满足中国企业质量管理管控需求。

随着中国工业化发展步伐的不断加快，企业对产品质量管理的意识也越来越好，这也推动了 QMS 的发展。笔者结合自己在质量管理信息化领域的从业经历，总结了 QMS 的大致发展过程：

1）自 2005 年开始陆续有企业应用 SPC 等工具型软件，但基本停留在单机应用水平。

2）2000 年 SPC、FMEA（Failure Model and Effect Analysis，失效模式与影响分析）、DOE（Design of Experiment，试验设计）、QFD（Quality Function Deployment，质量功能展开）等工具型软件逐步成熟应用，并逐步可联网、协同。

3）2005 年逐步展开质量管理解决方案设计及实施，其中钢铁、乳业、汽车、电子四大行业应用相对较广。这个阶段的应用缺乏与 ERP 等其他信息系统的交互。

4）2010 年，一线汽车行业 QMS 进入普及阶段，与其他系统的集成和交互成为质量管理解决方案落地的一个必要前提。随着汽车行业对 QMS 的成功应用，其他行业也逐步展开规划及实施。目前质量管理系统国内应用处于逐步推广、普及阶段。目前国内已经有专业的质量管理系统 IT 企业具备专业的质量管理咨询、解决方案定制、开发、实施及服务能力。

5. 数字化制造

生产管理是在企业完成组织、产品、质量及运营能力的基础上，围绕生产组织，开展的一系列效能提升管理活动和优化提升的过程。通过生产组织的数字化、物料及物流的数字化、装备的柔性化等手段，提升生产管理的能力，达到准产率、人均劳动生产率及设备利用率的提升。这个阶段核心的支撑系统是制造执行系统。组织、产品、运营、质量是基础，该阶段组织、产品、运营和质量也会进行迭代优化，强化与生产的集成性和协同性。

美国先进制造研究（Advanced Manufacturing Research，AMR）机构

将 MES 定义为位于上层的计划管理系统与底层的工业控制之间的面向车间层的管理信息系统，它为操作人员/管理人员提供计划的执行、跟踪以及所有资源（人、设备、物料、客户需求等）的当前状态。

制造执行系统协会（Manufacturing Execution System Association，MESA）对 MES 下的定义：MES 能通过信息传递对从订单下达到产品完成的整个生产过程进行优化管理。当工厂发生实时事件时，MES 能对此及时做出反应、报告，并用当前的准确数据对它们进行指导和处理。这种对状态变化的迅速响应使 MES 能够减少企业内部没有附加值的活动，有效地指导工厂的生产运作过程，从而使其既能提高工厂及时交货能力，改善物料的流通性能，又能提高生产回报率。MES 还通过双向的直接通信在企业内部和整个产品供应链中提供有关产品行为的关键任务信息。

MESA 在 MES 定义中强调了以下三点：

1）MES 是对整个车间制造过程的优化，而不是单一地解决某个生产瓶颈。

2）MES 必须提供实时收集生产过程中数据的功能，并做出相应的分析和处理。

3）MES 需要与计划层和控制层进行信息交互，通过企业的连续信息流来实现企业信息全集成。

MES 可以为用户提供一个快速反应、有弹性、精细化的制造业环境，帮助企业降低成本、按期交货，提高产品的质量和提高服务质量。MES 适用于不同行业（家电、汽车、半导体、通信、IT、医药），能够对单一的大批量生产和既有多品种小批量生产又有大批量生产的混合型制造企业提供良好的企业信息管理。

由于市场环境的变化和现代生产管理理念的不断更新，一个制造型企业能否良性运营，关键是使“计划”与“生产”密切配合，企业和车间管理人员可以在最短的时间内掌握生产现场的变化，做出准确的判断和快速的应对措施，保证生产计划得到合理而快速的修正。虽然 ERP 和现场自动化系统已经发展到了非常成熟的程度，但是由于 ERP 系统的服务对象是企业管理的上层，一般对车间层的管理流程不提供直接和详细的支持。而现场自动化系统的功能主要在于现场设备和工艺参数的监控，它可以向管理人员提供现场检测和统计数据，但是本身并非真正意义上的管理系统。所以，ERP 系统和现场自动化系统之间出现了管理信息方面的“断层”，对于用户车间层面的调度和管理要求，它们往往显得束手无策或功能薄弱。例如，面对以下车间管理的典型问题，它们就难以给出完善的解决手段：

1）当出现用户产品投诉时，能否根据产品文字号码追溯这批产品的所有生产过程信息？能否立即查明它的原料供应商、操作机台、操作人员、经过的工序、生产时间和关键的工艺参数？

2）当同一条生产线需要混合组装多种型号的产品时，能否自动校验和操作提示以防止工人将部件装配错误、产品生产流程错误、产品混装和货品交接错误？

3）过去 12 小时之内生产线上出现最多的五种产品缺陷是什么？次品数量各是多少？

4）仓库以及前工序、中工序、后工序线上的每种产品数量各是多少？要分别供应给哪些供应商？何时能够及时交货？

5）生产线和加工设备有多少时间在生产，多少时间在停转和空转？影响设备生产潜能的最主要原因是设备故障、调度失误、材料供应不及时、工人培训不够，还是工艺指标不合理？

6）能否对产品的质量检测数据自动进行统计和分析，精确区分产品质量的随机波动与异常波动，将质量隐患消灭于萌芽之中？

7）能否废除人工报表，自动统计每个过程的生产数量、合格率和缺陷代码？

MES 的定位是处于计划层和现场自动化系统之间的执行层，主要负责车间生产管理和调度执行。一个设计良好的 MES 可以在统一平台上集成诸如生产调度、产品跟踪、质量控制、设备故障分析、网络报表等管理功能，使用统一的数据库和通过网络连接可以同时为生产部门、质检部门、工艺部门、物流部门等提供车间管理信息服务。系统通过强调制造过程的整体优化来帮助企业实施完整的闭环生产，协助企业建立一体化和实时化的 ERP/MES/SFC 信息体系。

近年来，随着 JIT、BTO（Build to Order，面向订单生产）等新型生产模式的提出，以及客户、市场对产品质量的更高要求，MES 被重新发现并得到重视。同时，在网络经济泡沫破碎后，企业开始认识到要从最基础的生产管理上提升竞争力，即只有将数据信息从产品级（基础自动化级）取出，穿过操作控制级，送达管理级，通过连续信息流来实现企业信息集成，才能使企业在日益激烈的竞争中立于不败之地。MES 在国外被迅速而广泛地应用。MES 旨在提升企业的执行能力，具有不可替代的功能，竞争环境下的流程行业企业应分清不同制造管理系统的目标和作用，明确 MES 在集成系统中的定位，重视信息的准确及时、规范流程、管理创新，根据 MES 成熟度模型对自身的执行能力进行分析，按照信息集成、事务处理、制造智能三阶段循序渐进地实施 MES，以充分发挥企业信息化的作用，提高企业竞争力，为企业带来预期效益。

6. 个性化定制

单件小批量定制化是制造业发展的趋势，通过订单项目化管理及制造，将面向产品的制造模式提升为面向用户个性化定制的生产组织方式。这个阶段的关键是围绕着成本、质量、效率和效益，构建成本核算、远程监造、异常管理和决策支持等核心管理系统。组织、产品、运营、质量和生产方面的数字化建设是基础，通过定制化生产模式的构建，优化提升企业管理、技术、装备、物料及制造的综合能力。

项目型制造，企业通常以销售业务为起点，贯穿以项目计划驱动的产品设计、开发、配套采购、生产、交付等业务过程，最终以售后服务业务为结束，每个业务过程都具有各自的特点。

（1）产品销售

1）项目准备过程（合同签订前）的周期相对很长。

2）销售人员需要参考相近历史产品的成本情况，向客户提供合理的报价。ETO（Engineer to Order，面向订单设计）企业的报价过程比一般产品报价过程复杂，对于每一个项目，首先需要在做出产品成本估算的基础上确定利润率水平，比对市场价格，提交领导层审批，然后与客户进行“讨价还价”的谈判，最终确定价格。

3）根据本企业生产运营情况向客户承诺合理的交付期。

4）需要技术、生产、供应、财务等多个部门的共同参与，对项目合同的技术可行性、价格、交付进度安排等方面进行全面系统的评审。

5）全年的合同量不多（一个项目对应一份合同），但每份合同金额较大，一份合同文本内容很多，需要带有技术方案和一些特殊协议等附件。

6）客户通常按项目阶段付款，所以项目经理或项目销售人员需要制订项目阶段收款计划。

（2）产品设计研发

1）产品设计、工艺人员需要具有系统的知识重用（Knowledge Reuse）手段，以根据历史产品或基型产品的情况，快速高效地进行产品开发。

2）需要为每一个项目产品做产品结构（BOM）和工艺的定制化设计。

3）在产品设计中，借用同类型产品零部件设计情况的普遍性，如果企业产品的模块化设计程度较好，将大大缩短 BOM 和工艺设计的时间。

4）产品的 BOM 与工艺很难在其投产之前全部完成，边设计、边生产/采购是一种常见的现象。

ETO 企业的产品开发与设计大都采用了 CAD、CAPP，甚至 PDM 系统。但是，设计与生产脱节的问题并没有得到根本解决。其中，E-BOM

和 P-BOM 的差异将会给 ERP 的计划与生产管理和成本核算系统应用造成很多障碍。

（3）计划编制

1）ETO 企业的项目计划编制工作开始于合同签订后，计划编制的种数、编制和协调难度远大于其他类型企业的计划编制。

2）首先编制项目的总体计划——项目进度计划。该计划规定了项目中一些阶段节点（任务）的进度时间和其他要求，至于如何确定项目的节点，要由企业而定。项目进度计划由项目经理负责编制。

3）必须为项目中所要制造的产品开出“工作令”，工作令是按单台产品开出（即使完全相同的产品也要区分不同的工作令）的，生产部门和供应部门只有见到工作令才能开始行动，工作令贯穿于产品制造过程的始终。

4）在项目的各项工作计划中，生产技术准备计划占有举足轻重的地位。该计划可能是针对工作令，也可能是针对工作令产品的某个关键部件（产品下层结构）提出生产技术准备的工作进度、工作顺序、责任部门。生产技术准备计划一般由企业的计划部或生产部负责编制。

5）一些 ETO 企业因产品结构复杂，存在边设计边生产的情况，再加上信息处理手段的落后，无法实现 MRP 的处理流程（整个产品从装配、零部件加工到毛坯/材料的生产/采购计划的编制一气呵成），不得不采用分级编制的模式。其通常的做法是：由生产部编制产品/大部件的生产计划，然后由车间/分厂去完成自己生产零部件的计划编制，计划层次最多可达到 4、5 层，给生产计划的协调造成了很大的难度。

6）供应计划的需求来源呈多种形式。由于 ETO 产品的大部分材料需要特定的设计，由特定供方提供（从市场购买的情况微乎其微），而合同周期又没有给出足够的生产时间，因此这类材料往往会在设计资料不完整的情况下就开始订货，在订货过程中，技术资料可以不断地加以补充。

（4）生产管理

1）ETO的生产组织模式与一般的离散型生产没有根本区别，也是以车间任务（生产工单）的基本形式组织车间生产。两者存在的区别是ETO的车间任务单上通常带有项目号或者工作令号，即使相同零部件的车间任务也会因工作令号不同而分开管理。

2）在生产过程中，由于各种缘故，生产顺序和进度会频繁调整，因此项目/部件的成套处理变得十分重要，但由于缺少有效手段，许多企业的“成套处理”工作难以实施。

（5）物料供应

1）ETO企业的物料供应业务主要包含两种形式：采购和委外加工。从资源利用和成本控制角度出发，后者业务呈增长趋势。ETO企业的自制生产和委外加工的比例并不固定，在当今市场变化莫测的情况下，企业不会盲目地扩大生产资源，利用外部资源是一种风险小，且十分经济的策略。

2）ETO企业采购业务的一个特点是存在“白图”采购的情况（委外加工也有这种情况）。不过在物料到货之前，其物料的技术资料必须是齐备的，对于ETO企业的信息系统，则需要考虑“无确定物料编码”的采购单建立，以及采购执行过程中的订单物料编码变更的需求。

3）物料入库没有要求带有工作令，但出库时需要填写工作令，以便跟踪材料的使用和归集成本（一些专项配套件则可能需要按工作令做全程跟踪）。

4）委外加工件需要提供图样或材料给对方。为了便于管理，一些企业会指定某个制造车间作为委外加工件的接收单位，由车间办理入库和作为其生产成本归集单位，但直接由委外加工部门负责的企业也不在少数。

（6）成本和财务管理

1）ETO企业的成本核算与财务结算是基于“项目”进行的。

2）合同报价是一个复杂的过程。需要做出项目成本的估算，由于成本估算需要有大量的基础数据做支持，实现起来有一定的难度，因此许多ETO企业会参考以往同类项目的成本，估算出新的项目成本，至于是否准确，则要依赖人的经验确定。

3）一旦项目开始，就需要对项目做出预算，以便控制整个项目的成本。由于手段落后和管理制度不健全，许多企业的项目预算管理并没有做到位，特别是在多个项目同时开展时，很难对每个具体项目的预算进行有效管理。

4）ETO企业的实际成本核算通常采用“平行结转”法，即按照工作令来归集材料、工时、外协和制造费用实际成本，中间半成品不做成本核算。

5）ETO企业的收款通常分项目阶段进行，每个项目需要制订收款计划。

7. 智能制造

智能化是在定制化生产模式的基础上，通过数据模型、机理模型的构建，从管理、技术、装备、物料及制造维度，引入智能要素，实现人机一体化智能制造系统，系统具有自感知、自决策、自执行、自学习的特质。定制化是智能化的应用基础，既是业务基础，也是技术基础。

智能管理概念最早由北京科技大学涂序彦教授提出，他认为智能管理是人工智能与管理、知识工程与系统工程、计算机技术与通信技术、软件工程与信息工程等新兴学科的相互交叉、相互渗透而产生的新技术、新学科。它研究如何提高管理系统的智能水平及智能管理系统的设计理论、方法与实现技术。

涂序彦教授是我国人工智能和系统控制方面的权威，他的上述定义是从管理科学与工程角度出发的，以智能管理系统的设计与实现为核心内容。我们这里探讨的智能管理思想是从企业管理学的角度出发的，以探讨企业智能管理模型为主要内容。

黄津孚教授将管理定义为：管理是通过计划、组织、激励、协调、控制等手段，为集体活动配置资源、建立秩序、营造氛围，以达成预定目标的实践过程。从该定义中可以看出，管理要有预定目标，管理的任务是配置资源、建立秩序、营造氛围，管理的手段是计划、组织、激励、协调、控制等。

到此我们可以给出企业智能管理的定义：企业智能管理是通过综合运用现代化信息技术与人工智能技术，以现有管理模块（如信息管理、生产管理）为基础，以智能计划、智能执行、智能控制为手段，以智能决策为核心，智能化地配置企业资源，建立并维持企业运营秩序，实现企业管理中机要素（各类硬件和软件总称）之间高效整合，并与企业中人要素实现“人机协调”的管理体系。

一是智能管理之所以成为现实，技术可能性提供了重要保证。信息技术大发展以来，企业管理进入了信息时代，而企业生存发展的需要、信息管理的发展、人工智能思想与技术在企业的延伸共同造就了企业智能管理的出现，虽然还不是很成熟，但是智能管理是企业管理的必然方向。同时，企业智能管理的不断发展也加速了信息技术与智能技术的发展。

二是智能管理的核心是智能决策。智能决策的主要内容是配置企业资源，建立并维持企业运营秩序。按照管理大师西蒙的决策理论，管理的核心问题是决策，因此智能管理的核心就是智能决策。企业中流行的CIMS、ERP、SCM、CRM 等都在朝着智能化方向发展。

三是智能管理是在过去各项管理的基础上，以实现“人因素”高效整合和“人机协调”为目的的综合管理体系。智能管理是一种思想、一个模型、一个体系，它的目的并非推翻已经成熟的管理模块，其追求的目标是以智能的方式改造管理体系，实现企业管理中“人因素”高效整合，实现“人机协调”。很多企业信息管理、商务智能失败的核心问题是未能实现“人因素”管理和“人机协调”，就像100多年前工人与机器的对抗一样。

四是智能管理追求的最终结果是创造人机结合智能和企业群体智能。智能管理与信息管理和知识管理最大的不同在于其追求的最终结果是创造人机结合智能与企业群体智能，德鲁克认为：20世纪，企业最有价值的资产是生产设备。21世纪，组织最有价值的资产将是知识工作者及其生产率。笔者认为，21世纪企业中的每一名员工都应该成为知识工作者，而21世纪企业最重要的资源是知识，最重要的能力是人机结合智能和企业群体智能，因为知识工作者的生产率保证来源于人机结合智能和企业群体智能。

4.5 智能制造软件规划

1. 技术维软件产品规划

1）计算机辅助设计（Computer Aided Design，CAD）。

2）计算机辅助工程（Computer Aided Engineering，CAE）。

3）计算机辅助制造（Computer Aided Manufacturing，CAM）。

4）计算机辅助工艺过程设计（Computer Aided Process Planning，CAPP）。

5）产品全生命周期管理（Product Lifecycle Management，PLM）。

6）产品主数据管理（Product Data Management，PDM）。

7）物料清单（Bill of Material，BOM）。

8）工艺路线管理（Process Route Management，PRM）。

9）检测规划系统（Inspection Plan System，IPS）。

10）过程仿真（Process Simulation，PS）。

2. 管理维软件产品规划

1）企业资源管理（Enterprise Resource Planning，ERP）。

2）质量管理（Quality Management，QM）。

3）成本管理（Cost Management，CM）。

4）项目管理（Project Management，PM）。

5）仓储管理（Warehouse Management，WM）。

6）设备管理（Equipment Management，EM）。

7）资产管理（Asset Management，AM）。

8）绩效管理（Performance Management，PM）。

9）安全管理（Safety Management，SM）。

10）能源管理（Energy Management，EM）。

11）实时监控（Real Time Analyzer，RTA）。

3. 制造维软件产品规划

1）制造执行系统（Manufacturing Execution System，MES）。

2）制造运营管理（Manufacturing Operation Management，MOM）。

3）高级计划与排程（Advanced Planning and Scheduling，APS）。

4）配餐管理（Catering Management，CM）。

5）齐套管理（Set Management，SM）。

6）包装发运管理（Packaging and Shipping Management，PSM）。

7）看板管理（Kanban Management，KM）。

8）现场管理（Site Management，SM）。

4. 装备维软件产品规划

1）装备管理（Equipment Management，EM）。

2）工装刀具管理（Tooling Tool Management，TTM）。

3）计量器具管理（Measuring Instruments Management，MIM）。

4）数据采集系统（Data Collection System，DCS）。

5）集散控制系统（Distributed Control System，DCS）。

6）可编程逻辑控制器（Programmable Logic Controller，PLC）。

7）数字化工位管理（Digital Station Management，DSM）。

5. 物流维软件产品规划

1）物料管理（Material Management，MM）。

2）物流管理（Logistics Management，LM）。

3）编码管理（Codification Management，CM）。

4）标码/贴标管理（ID/Brand Management，IM）。

5）溯源管理（Trace Management，TM）。

6. 体系架构设计

体系架构是系统工程的核心概念，包括了多个方面的含义。原则上，体系架构理念描述了子系统的系统结构理念，相反地，也可以由子系统组成或集成更大的系统。因此，体系架构理念是分解系统和构造系统架构的中心问题。图 4-5 为智能制造系统体系架构模型。

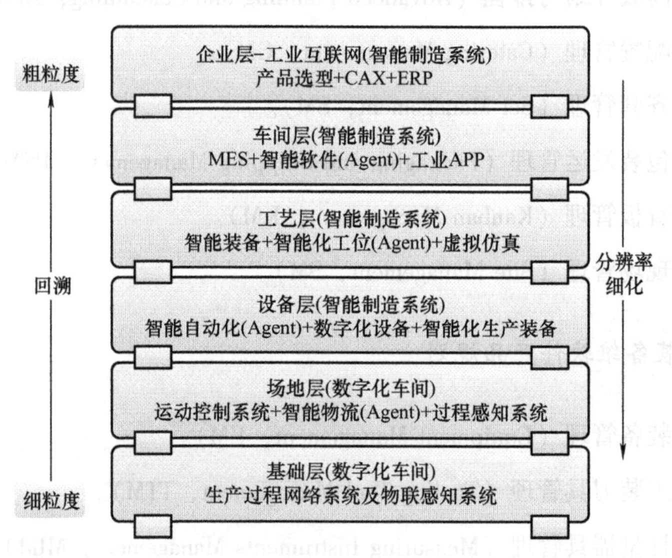

图 4-5　智能制造系统体系架构模型

HBase、Hadoop、XSQL、XJava、Spring MVC、Freemarker、FMS Web

桌面、Bootstrap 等为 B/S 架构，其是当前应用最广的架构，并且支持调用 C/S 桌面应用，可访问传统桌面应用，如支持虚拟远程桌面。B/S 架构可支撑多行业、多领域、多集群同时使用。图 4-6 为智能制造系统软件体系架构。

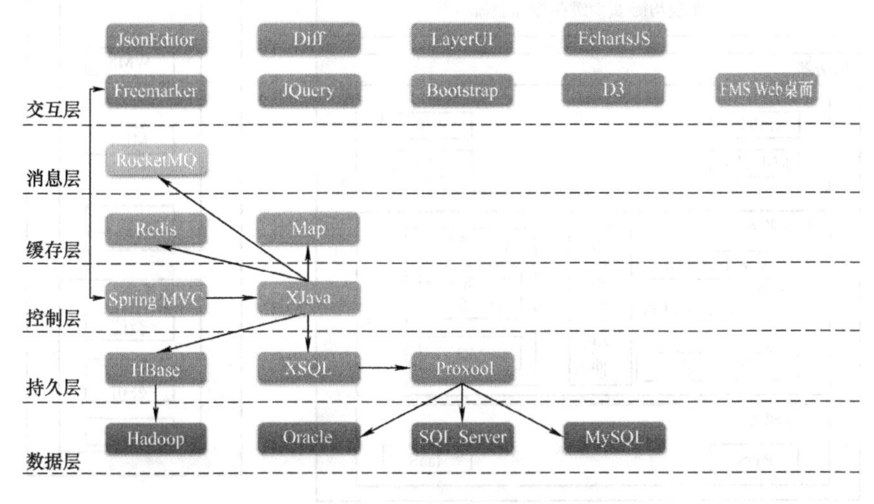

图 4-6　智能制造系统软件体系架构

智能制造系统体系架构实现过程如下：

（1）构建业务中台

业务中台通过对人员、技术和流程的有效整合，将各业务系统核心服务标准化和精简化，抽象出来各种业务能力和通用数据服务，如用户中心、订单中心、生产中心等，也包括非业务类服务，如日志分析中心、配置中心、消息中心等，组装形成独立业务服务能力，为多系统提供服务支撑。业务中台对外统一标准、统一调用、统一服务化、统一产品化。图 4-7 和图 4-8 为微服务体系架构。

服务层的架构采用分布式的微服务架构，微服务架构去中心化加强终端的特点，可让服务免去雪崩效应等容灾上的风险。同时，整体技术架构具备易于扩展、组合、部署，可支持动态伸缩、精准监控，并且可以提供灰度发布等优点。

（2）构建数据中台

数据中台通过聚合数据，智能治理、复用与重构数据，降低创新与试

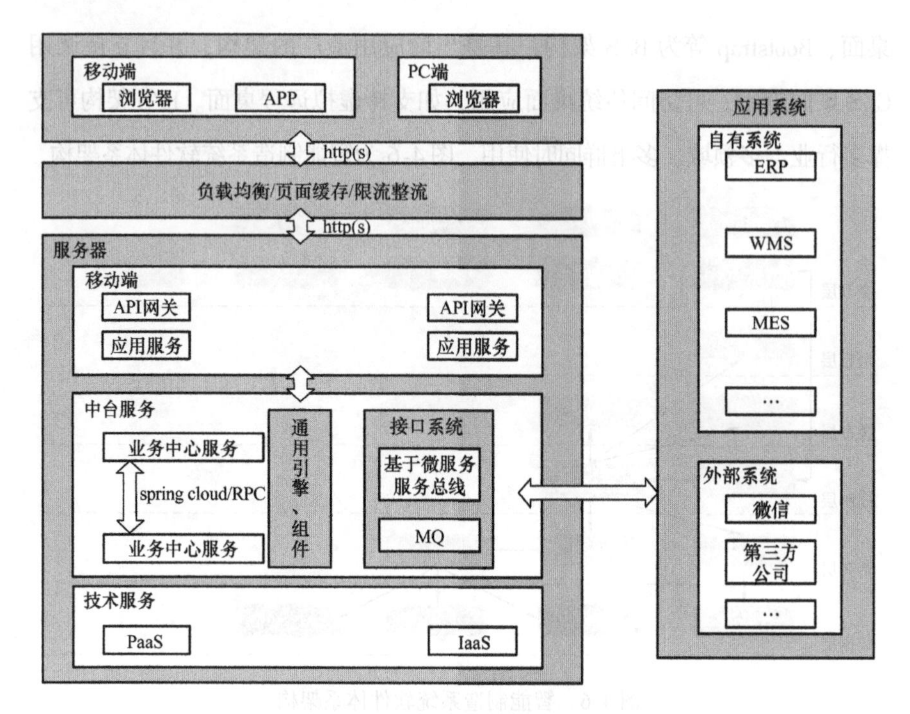

图 4-7　微服务体系架构 1

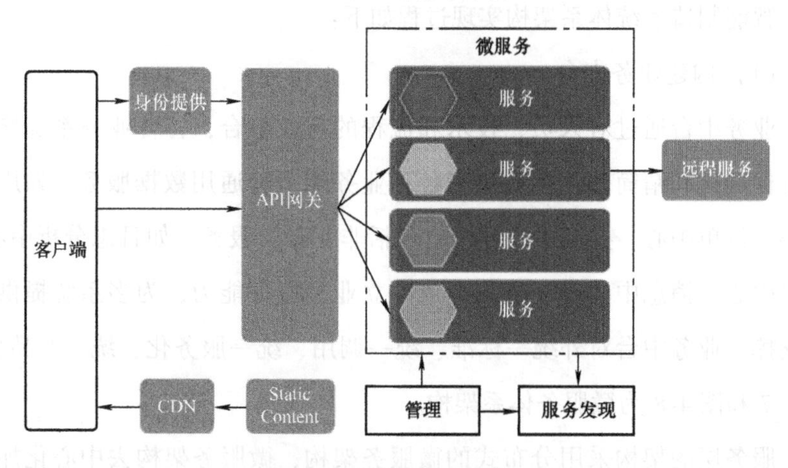

图 4-8　微服务体系架构 2

错成本，推进多维度碰撞数据挖掘机会，将数据转为数据资产，高效数据服务，最终实现数据价值；通过对海量、多维度、多种类的数据采集运用大数据技术的高并发与计算功能，使用分布式数据存储架构，对结构化或非结构化数据进行加工，形成统一标准数据和口径；通过数据共享，提供数据分析及可视化数据决策的技术驱动服务。图 4-9 为数据中台架构。

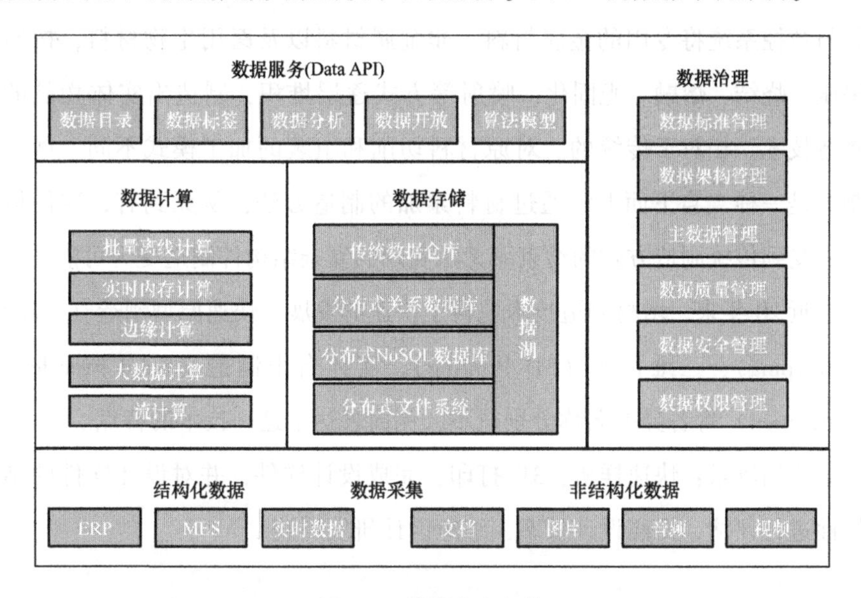

图 4-9 数据中台架构

4.6 智能制造关键技术

4.6.1 工业机器人技术

工业机器人是面向工业领域的多关节机械手或多自由度的机器装置，它能自动执行工作，是靠自身动力和控制能力来实现各种功能的一种机器。它可以接受人类指挥，也可以按照预先编排的程序运行，现代的工业机器人还可以根据人工智能技术制定的原则纲领行动。

应用场景：少人/无人工厂，替代人完成重复性工作，如工件搬用、装夹等工作。

4.6.2 增材制造技术

增材制造（Additive Manufacturing，AM）俗称 3D 打印，是融合了计

算机辅助设计、材料加工与成型技术，以数字模型文件为基础，通过软件与数控系统将专用的金属材料、非金属材料以及医用生物材料，按照挤压、烧结、熔融、光固化、喷射等方式逐层堆积，制造出实体物品的制造技术。相对于传统的、对原材料切削和组装的加工模式不同，增材制造是一种“自下而上”通过材料累加的制造方法，从无到有，这使得过去受到传统制造方式的约束而无法实现的复杂结构件制造变为可能。

近20年来，增材制造技术取得了快速的发展，快速原型制造（Rapid Prototyping）、三维打印（3D Printing）、实体自由制造（Solid Free-form Fabrication）等各异的名称分别从不同侧面表达了这一技术的特点。

应用场景：快速样机，3D打印，完成设计样件，并对设计样件的结构性进行评估，提高设计效率，缩短设计研发周期。

4.6.3 柔性制造技术

柔性自动化生产技术简称柔性制造技术，它以工艺设计为先导，以数控技术为核心，自动地完成企业多品种、多批量的加工、制造、装配、检测等过程的先进生产技术。

柔性可以表述为两个方面，一方面是系统适应外部环境变化的能力，可用系统满足新产品要求的程度来衡量；另一方面是系统适应内部变化的能力，可用在有干扰（如机器出现故障）情况下系统的生产率与无干扰情况下系统的生产率期望值之比来衡量。柔性是相对于刚性而言的，传统的刚性自动化生产线主要实现单一品种的大批量生产。其优点是生产率很高，由于设备是固定的，因此设备利用率也很高，单件产品的成本低；缺点是设备价格相当昂贵，且只能加工一个或几个相类似的零件，难以应付多品种中小批量的生产。随着批量生产时代正逐渐被适应市场动态变化的生产所替换，一个制造自动化系统的生存能力和竞争能力在很大程度上取决于它是否能在很短的开发周期内生产出较低成本、较高质量的不同品种产品的能力。柔性已占有相当重要的位置，主要包括：

1）机器柔性：当要求生产一系列不同类型的产品时，机器随产品变化而加工不同零件的难易程度。

2）工艺柔性：一是工艺流程不变时自身适应产品或原材料变化的能力；二是制造系统内为适应产品或原材料变化而改变相应工艺的难易程度。

3）产品柔性：一是产品更新或完全转向后，系统能够非常经济和迅速地生产出新产品的能力；二是产品更新后，对老产品有用特性的继承能力和兼容能力。

4）维护柔性：采用多种方式查询、处理故障，保障生产正常进行的能力。

5）生产能力柔性：当生产量改变时，系统能经济地运行的能力。对于根据订货而组织生产的制造系统来说，这一点尤为重要。

6）扩展柔性：当生产需要的时候，可以很容易地扩展系统结构，增加模块，构成一个更大系统的能力。

7）运行柔性：利用不同的机器、材料、工艺流程来生产一系列产品的能力和同样的产品换用不同工序加工的能力。

柔性制造的应用场景如下：

1）FMC。FMC 可视为一个规模最小的 FMS，是 FMS 向廉价化及小型化方向发展的一种产物。FMC 是由 1 ~ 2 台加工中心、工业机器人、数控机床及物料运送存储设备构成，其特点是可实现单机柔性化及自动化，具有适应加工多品种产品的灵活性，目前已进入普及应用阶段。

2）FMS。美国国家标准局把 FMS 定义为由一个传输系统联系起来的一些设备，传输装置把工件放在其他联结装置上送到各加工设备，使工件加工准确、迅速和自动化。中央计算机控制机床和传输系统，FMS 有时可同时加工几种不同的零件。

国际生产工程研究协会指出：FMS 是一个自动化的生产制造系统，在最少人的干预下，能够生产任何范围的产品族，系统的柔性通常受到系统设计时所考虑的产品族的限制。而我国国家军用标准则将 FMS 定义为：FMS 是由数控加工设备、物料运储装置和计算机控制系统组成的自动化制造系统，它包括多个柔性制造单元，能根据制造任务或生产环境的变化迅速进行调整，适用于多品种、中小批量生产。

简单地说，FMS 是由若干数控设备、物料运储装置和计算机控制系统组成的并能根据制造任务和生产品种变化而迅速进行调整的自动化制造系统。

3）FML。FML 是处于单一或少品种大批量非柔性自动生产线与中小批量多品种 FMS 之间的生产线。其加工设备可以是通用的加工中心、CNC 机床，也可采用专用机床或 NC 专用机床，对物料搬运系统柔性的要求低于 FMS，但生产率更高。它是以离散型生产中的柔性制造系统和连续生产过程中的分散型控制系统（DCS）为代表，其特点是实现生产线柔性化及自动化。

4）FMF（Flexible Manufacturing Factory，柔性制造工厂）。FMF 是将多条 FMS 连接起来，配以自动化立体仓库，用计算机系统进行联系，采用从订货、设计、加工、装配、检验、运送至发货的完整 FMS。

4.6.4 二维码及 RFID 技术

二维码是一种比一维码更高级的条码格式。一维码只能在一个方向（一般是水平方向）上表达信息，而二维码在水平和垂直方向都可以存储信息。一维码只能由数字和字母组成，而二维码能存储汉字、数字和图片等信息，因此二维码的应用领域要广得多。

RFID 的原理为阅读器与标签之间进行非接触式的数据通信，达到识别目标的目的。RFID 的应用非常广泛，典型应用有动物晶片、汽车晶片防盗器、门禁管制、停车场管制、生产线自动化、物料管理。

应用场景：物料流转、装备标识、物联网标识解析。

4.6.5 物联网技术

物联网指的是将无处不在的末端设备和设施，包括具备“内在智能”的传感器、移动终端、工业系统、数控系统、家庭智能设施、视频监控系统等；具备“外在使能”，如贴上 RFID 的各种资产，通过各种无线和/或有线的长距离和/或短距离通信网络实现互联互通、应用大集成。在内网、专网和互联网环境下，采用适当的信息安全保障机制，提供安全可控乃至个性化的实时在线监测、定位追溯、报警联动、调度指挥、预案管理、远程控制、安全防范、远程维保、在线升级、统计报表、决策支持、领导桌面等管理和服务功能，实现对“万物”的“高效、节能、安全、环保”的“管、控、营”一体化。

应用场景：设备数据采集、设备预测性维护。

4.6.6 云计算

云计算是由分布式计算、并行处理、网格计算发展而来的，是一种新兴的商业计算模型。目前，人们对于云计算的认识在不断发展变化，至今仍没有普遍一致的定义。

中国网格计算、云计算专家刘鹏对云计算给出如下定义：云计算将计算任务分布在大量计算机构成的资源池上，使各种应用系统能够根据需要获取计算力、存储空间和各种软件服务。

狭义的云计算指的是厂商通过分布式计算和虚拟化技术搭建数据中心或超级计算机，以免费或按需租用方式向技术开发者或者企业客户提供数据存储、分析以及科学计算等服务，如亚马逊数据仓库等。

广义的云计算指厂商通过建立网络服务器集群，向各种不同类型客户提供在线软件服务、硬件租借、数据存储、计算分析等不同类型的服务。广义的云计算包括更多的厂商和服务类型，如国内用友、金蝶等管理软件厂商推出的在线财务软件，Google 公司发布的 Google 应用程序套装等。

应用场景：公有云、私有云、混合云、工业云。

工业云的产生对工业系统的集成提出了更高的要求，工业系统的管控技术是确保工业系统的实时性和网络高效的重要发展方向，对于工业系统各节点的距离和功能关系、对网络的信息流动管控技术使得工业控制网络与数据网络无缝衔接。此外，装备是工业云提供服务的基础，也是工业系统的重要组成部分，装备的集成技术是生产环节自动化、柔性化、智能化的基础。装备的分布式控制技术的发展使得装备的网络化集成和控制更加方便。具有自律能力的机器设备是未来智能装备的发展方向，自组织和超融性技术在智能装备上的应用，使得装备在结构形式和运行方式上都体现出智能特性。另外，装备的软硬件模块化，设备描述语言统一化、开放性、互操作性能更加深入运用，这些集成技术让以智能装备为代表的工业系统能够更加适应未来复杂的工业环境。

4.6.7 大数据

麦肯锡全球研究所对大数据给出的定义是：一种规模大到在获取、存储、管理、分析方面大大超出了传统数据库软件工具能力范围的数据集合，具有海量的数据规模、快速的数据流转、多样的数据类型和价值密度低四大特征。

大数据技术的战略意义不在于掌握庞大的数据信息，而在于对这些含有意义的数据进行专业化处理。换而言之，如果把大数据比作一种产业，那么这种产业实现盈利的关键在于提高对数据的加工能力，通过加工实现数据的增值。

大数据需要特殊的技术，适用于大数据的技术包括大规模并行处理（MPP）数据库、数据挖掘、分布式文件系统、分布式数据库、云计算平台、互联网和可扩展的存储系统。

应用场景：工业大数据、数据中台、业务优化等。

在工业互联网时代，随着传感器的大量使用和智能设备的普及，生成了海量的数据，进而促进了设计、研发、物流、供应链、销售、服务等各个环节的数据获取和数据分析工作，并促使企业通过提高数据的消化处理能力来参与未来制造企业的激烈竞争。由于工业互联网环境下智能设备间需要频繁地数据交互，对数据传输的实时性和可靠性要求很高，这将大大促进海量数据存取技术的进步以满足生产需求。另外，利用数据挖掘等技术从海量数据中提取有价值的信息并用于优化生产流程，完善服务体系，是实现智能制造的关键。

智能制造系统大数据的分类与构成如图 4-10 所示。

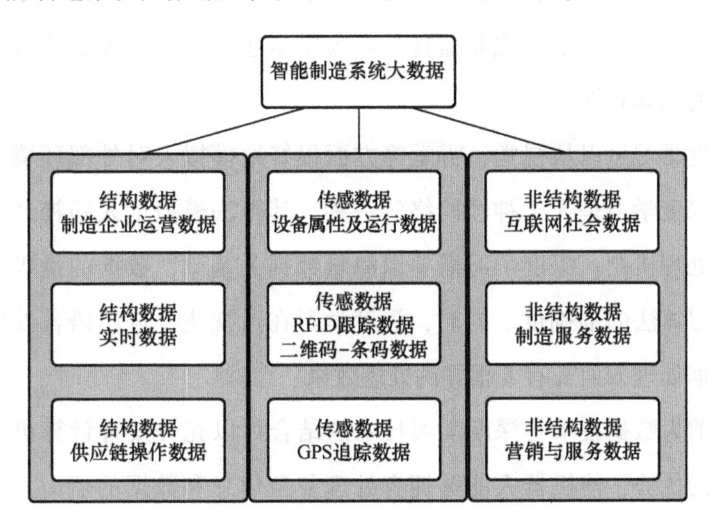

图 4-10　智能制造系统大数据的分类与构成

4.6.8　人工智能

人工智能是计算机科学的一个分支，它企图了解智能的实质，并生产出一种新的能以人类智能相似的方式做出反应的智能机器，该领域的研究包括机器人、语言识别、图像识别、自然语言处理和专家系统等。人工智能从诞生以来，理论和技术日益成熟，应用领域也不断扩大，可以设想，未来人工智能带来的科技产品将会是人类智慧的“容器”。人工智能可以对人的意识和思维过程进行模拟。人工智能不是人的智能，但能像人那样思考，也可能超过人的智能。

人工智能是一门极富挑战性的科学，从事这项工作的人必须懂得计算机知识、心理学和哲学。人工智能是包括十分广泛的科学，它由不同的领域组成，如机器学习、计算机视觉等。总的来说，人工智能研究的一个主要目标是使机器能够胜任一些通常需要人类智能才能完成的复杂工作，但不同的时代、不同的人对这种“复杂工作”的理解是不同的。

机器学习使得认知系统需要的认知智能的实现成为可能，机器学习有着广泛的应用范围，其种类丰富的算法可以应用于不同的场景。以数据为驱动，以监督学习或非监督学习为模型建立的解决方案使得系统具备一定的认知智能。

深度学习可以从视觉、听觉等方面很好地模拟人对外部环境的认知过程。深度学习是人工神经网络的一种，其算法模拟了人脑神经网络中信号的处理机制。深度学习需要以海量数据为基础，数据的量级直接影响了学习算法的准确度。同时，深度学习在可视化、自然语言处理和多媒体数据处理方面都有着很好的处理效果。

当前大数据技术与深度学习技术的结合可以充分发挥计算机对于数据处理的优势，使机器人能够拥有处理复杂信息和数据的能力，从而使机器人具有更好的智能性。

知识图谱本质上是一种揭示实体之间关系的语义网络。知识图谱已广泛应用于智能搜索、智能问答、个性化推荐等领域。知识图谱在逻辑结构上可分为模式层与数据层两个层次，数据层主要由一系列的事实组成，而知识将以事实为单位进行存储。如果用（实体 1，关系，实体 2）（实体，属性，属性值）这样的三元组来表达事实，可选择图数据库作为存储介质，如开源的 Neo4j、Twitter 的 FlockDB、JanusGraph 等。模式层构建在数据层之上，主要是通过本体库来规范数据层的一系列事实表达。本体是结构化知识库的概念模板，通过本体库形成的知识库不仅层次结构较强，而且冗余程度较小。大规模知识库的构建与应用需要多种智能信息处理技术的支持。通过知识抽取技术，可以从一些公开的半结构化、非结构化数据中提取出实体、关系、属性等知识要素。通过知识融合，可消除实体、关系、属性等指称项与事实对象之间的歧义，形成高质量的知识库。知识推理则是在已有的知识库基础上进一步挖掘隐含的知识，从而丰富、扩展知识库。分布式的知识表示形成的综合向量对知识库的构建、推理、融合以及应用均具有重要意义。

应用场景：管理智能化、设计工艺智能化等。

4.6.9 5G 技术

5G 移动网络与早期的 2G、3G 和 4G 移动网络一样，都是数字蜂窝网络，在这种网络中，供应商覆盖的服务区域被划分为许多被称为蜂窝的小地理区域。表示声音和图像的模拟信号在手机中被数字化，由模/数转换器转换并作为比特流传输。蜂窝中的所有 5G 无线设备通过无线电波与蜂窝中的本地天线阵和低功率自动收发器（发射机和接收机）进行通信。收发器从公共频率池分配频道，这些频道在地理上分离的蜂窝中可以重复使用。本地天线通过高带宽光纤或无线回程连接与电话网络和互联网连接。与现有的手机一样，当用户从一个蜂窝穿越到另一个蜂窝时，他们的移动设备将自动“切换”到新蜂窝中的天线。

5G 网络的主要优势在于数据传输速率远远高于以前的蜂窝网络，最高可达 10Gbit/s，比当前的有线互联网要快，比 4G LTE 蜂窝网络快 100 倍；另一个优势是较低的网络延迟（更快的响应时间），低于 1ms，而 4G 为 30 ~ 70ms。由于数据传输更快，5G 网络将不仅仅为手机提供服务，而且还将成为一般性的家庭和办公网络提供商，与有线网络提供商竞争。以前的蜂窝网络提供了适用于手机的低数据率互联网接入，但是一个手机发射塔不能经济地提供足够的带宽作为家用计算机的一般互联网供应商。

1）峰值速率需要达到 Gbit/s 的标准，以满足高清视频、虚拟现实等大数据量传输。

2）空中接口时延水平需要在 1ms 左右，满足自动驾驶、远程医疗等实时应用。

3）超大网络容量，提供千亿设备的连接能力，满足物联网通信。

4）频谱效率要比 LTE 提升 10 倍以上。

5）连续广域覆盖和高移动性下，用户体验速率达到 100Mbit/s。

6）流量密度和连接数密度大幅度提高。

7）系统协同化、智能化水平提升，表现为多用户、多点、多天线、多摄取的协同组网，以及网络间灵活地自动调整。

应用场景：工业互联网。

工业互联网是多个系统的集成，就像很多人体器官组合在一起构成健康的人体系统，各个系统不是简单地堆砌而是高度融合。工业互联网的集成包括横向集成和纵向集成。纵向集成是指制造企业内部、智能工厂内部的集成，包含从需求制定、设计、生产研发、物流、运营等各环节内部的集成，也包括跨环节的集成。横向集成是指企业间的集成、产业链的集成，通过企业间信息的共享、资源的整合，实现产供销全流程的业务无缝对接。工业互联网集成化的实现，不仅需要标准的系统间接口，还需要一个统一的体系架构，为各个系统的集成化运作建立规范，就像冯·诺依曼体系架构对于计算机系统的作用一样。

1）工业互联网通过智能机器间的连接最终将人机连接，结合软件和大数据分析，重构全球工业，激发生产力，让世界更美好、更快速、更安全、更清洁且更经济。

2）工业互联网是开放的、全球化的网络，其将人、数据和机器连接起来，属于泛互联网的目录分类。它是全球工业系统与高级计算、分析、传感技术及互联网的高度融合。

3）工业互联网的概念最早由通用电气于 2012 年提出，随后美国五家行业龙头企业联手组建了工业互联网联盟（Industrial Internet Consortium，IIC），并将这一概念大力推广开来。除了通用电气这样的制造业巨头外，加入该联盟的还有IBM、思科、英特尔和AT&T等IT企业。

4）工业互联网的本质和核心是通过工业互联网平台把设备、生产线、工厂、供应商、产品和客户紧密地连接融合起来。工业互联网可以帮助制造业拉长产业链，形成跨设备、跨系统、跨厂区、跨地区的互联互通，从而提高效率，推动整个制造服务体系智能化。工业互联网还有利于推动制造业融通发展，实现制造业和服务业之间的跨越发展，使工业经济各种要素资源能够高效共享。

第5章

智能制造实践与路径

5.1 吴忠仪表智能制造特征

吴忠仪表控制阀产品广泛应用于石油化工、煤化工、电站、空分、油气管线等高温、低温、高压、高压差、耐腐蚀、耐冲刷等严酷的工况场合，是典型单件小批量个别定制产品。公司生产的控制阀产品有76个系列、38种附件、7000多个品种规格，品种覆盖率达到90%以上。产品质量控制难，生产过程共146类质量控制，5000多个质量控制点。交货周期短，组织难度大，个别定制、离散度高。

5.2 产品全生命周期管理系统

5.2.1 业务问题及解决思路

智能制造的技术维度主要包括产品研发过程、工艺设计过程和质量规划过程。

面向大规模小批量个性化定制模式，企业可重复利用的常规产品数据越来越少，而需要从零开始设计的个性订单越来越多，由此产生的反向差距正在拉大。另外，市场个性化定制程度越深、客户定制批量越小、企业定制规模越大，这种反向差距就越大、越突出，而产品研发部门、生产技术部门、质量保证部门的技术工作压力也随之快速倍增。

加之短期交货的要求和客户需求的多变，如何按期向生产计划、物资采购、毛坯铸造、生产制造以及外部协同单位准时交付满足个性订单要求和可加工性的高质量产品数据，同时保持个性化订单履约成本相对稳定，是制造企业产品研发部门和所有技术人员面临的一项巨大挑战。

面对这一挑战，企业在技术维度主要有如下几个业务问题：一是如何高效管控个性化产品研发过程，二是如何提升个性化产品研发效率，三是如何高效管理个性化产品数据，四是如何最大化产品数据价值。

业务问题1：如何高效管控个性化产品研发过程

面对大规模小批量个性化定制模式，企业应当如何以简明高效的方式，更好地系统性管理个性化产品研发任务的创建、分发、接收、设计、审核、审定、批准、发布等过程？应当如何实时在线跟踪和监控大规模个性化定制产品研发任务状态？

解决思路：基于PLM工作流，集成上游业务信息系统，使PLM能够自动接收来自上游业务信息系统的个性化产品研发任务，在线派发产品研发任务，在线设计产品模型，在线审批产品数据，自动发布产品数据，实时在线统计和监控个性产品研发全过程。

业务问题2：如何提升个性化产品研发效率

面对大规模小批量个性化定制模式，企业应当如何让产品研发人员在设计环境下快速便捷地获取和使用个性化订单合同文本、合同技术协议、合同技术参数、合同评审内容和产品选型数据？应当如何从大量个性化产品研发过程中总结、提炼和应用产品知识规则？应当如何清洗、规范和再利用历史产品数据？应当如何简化产品设计过程、降低产品设计难度、缩短产品设计周期?

解决思路：基于PLM，配置产品参数，提炼产品知识规则，清洗和规范产品数据，智能搜索和适配历史产品数据，摸索并构建自动或半自动的产品数据适时生成能力，简化产品设计过程，降低产品设计难度，缩短产品设计周期。

业务问题3：如何高效管理个性化产品数据

面对大规模小批量个性化定制模式，企业应当如何高效规范和安全可靠地管理产品设计模型、零部件基本信息、物流清单、工艺路线、工时定额、材料定额、工序简图、工序加工图、工序工艺文件、工装设计图样、刀具组合图样、数控加工程序、外协粗加工图样、毛坯设计图样、砂铸件工艺图、精铸件工艺图、铸件模具图、砂铸件工艺卡片、熔模铸造工艺卡片等产品数据?应当如何始终保持产品数据版本、产品数据安全和产品数据追溯?

解决思路：基于PLM，拓展产品元数据管理、产品结构管理、产品图文档管理、研发工作流信息管理和产品数据版本管理等功能，集成防数据扩散系统（InteKey），在安全可控前提下，实现产品数据高效规范管理和可追溯。

业务问题4：如何最大化产品数据价值

面对大规模小批量个性化定制模式，企业应当如何彻底关闭打图室和纸质图文档库?应当如何安全可控地交付并保障上游业务和下游业务、内部业务和外部业务能够实时在线应用海量个性化产品数据?应当如何在全生产过程实现产品数据全要素网络化应用?应当如何在产品全生产过程中快速响应客户需求变更和产品数据变更?应当如何从全生产过程快速收集各类产品数据异常信息?应当如何快速受理、处置并向生产现场发布产品数据异常处理结果?

解决思路：基于PLM和防数据扩散系统，开发产品数据查询接口和Web产品图文档在线浏览功能，供上下游业务信息系统集成调用，在集成权限、防数据扩散机制和集成访问日志的多重管理下，安全可控地实现产品数据网络化应用，保障上游业务和下游业务、内部业务和外部业务都能根据即时需求实时在线应用个性化产品数据。

通过 MES 与 PLM 双向集成应用，搭建产品数据异常在线沟通处置渠道，形成产品数据异常在线闭环管理。从 MES 实时在线采集生产现场发现的异常产品数据发送到 PLM，自动追溯产品设计人并将其指定为产品数据异常受理人，在产品数据异常受理工作流发布时，再将产品数据异常处理结果自动交付给 MES 应用。

通过 MES 与 PLM 双向集成应用，搭建产品数据升版管理机制，形成产品数据升版闭环管理。当 PLM 端发起产品数据升版流程时，MES 端保持实时联动响应，自动向生产现场提示产品数据版本升级消息并控制旧版产品数据的继续使用，防止产品数据升级阶段的不确定性引起更多材料消耗和产能浪费。

总的来说，解决上述业务问题的思路如下：

1）要梳理、分析、设计、论证和优化产品研发工作流程，保证产品研发工作流程能够适应并持续满足大规模小批量个性化定制研发管理模式，同时要适当调整研发部门组织结构和岗位职责。

2）要规划、论证、构建、应用和优化 PLM，将面向个性化定制的产品研发工作流程完全嵌入 PLM，保证 PLM 能够适应并持续满足大规模小批量个性化定制研发管理模式。

3）要设计、开发、验证和应用信息系统集成接口，以 PLM 为中心，集成产品设计系统（CAD、CAE、CAPP、CAM、检测规划系统等）和防数据扩散系统，构建以 PLM 为管理核心和服务核心的产品数据服务平台，进而以产品数据服务平台为核心抓手，管理产品研发全过程、产品生命全周期，服务产品生产全过程、订单履约全周期。

4）要从大量个性化产品研发过程中总结、提炼和应用产品知识规则，清洗、规范和再利用历史产品数据，通过产品知识规则、历史产品数据和计算机智能算法，全方位多角度简化产品设计和审核过程，降低产品设计难度，缩短产品设计周期，通过信息技术持续降低产品研发人员的重复工作量，让技术人员有更多的精力转移到高附加值的产品研发工作中。

5）要通过向 ERP、MES、制造服务系统（Manufacturing Service System，MSS）中集成 PLM，实现产品数据全要素在企业全业务过程的实时在线网络化应用，扩大产品数据应用范围，深化产品数据应用程度，简化产品数据应用方式方法，挖掘并最大化利用产品数据。

产品数据因应用而产生价值。产品数据获取方式越便捷、获取路径越短、应用范围越广、应用程度越深，产生的价值就越大。企业应当借助信息技术致力于产品数据的泛化应用和深化应用，争取最大化产品数据价值。

当然，所有解决问题的行动都必须始终保持与企业战略目标的一致性。

5.2.2 主要系统

技术维度主要系统如表 5-1 所示。

表 5-1 技术维度主要系统

主要系统	主要用户	主要用途
CAD	产品研发人员	产品研发和设计
CAE	产品研发人员	产品设计仿真优化
CAM	工艺设计人员	数控加工程序编制和加工仿真优化
CAPP	工艺设计人员	产品加工和装配工艺设计
IPS	工艺设计人员或质量保证人员	产品检验试验规划和方案设计
PLM	产品研发人员、工艺设计人员、质量保证人员	产品数据管理

5.2.3 主要集成

技术维度的集成以PLM为核心，分别向周边业务信息系统延展和集成。PLM主要集成于项目计划管理系统、合同管理系统、产品选型系统、CAD、CAE、CAPP、CAM、IPS、生产计划系统、采购管理系统、铸造管理系统、MES。

1. PLM集成项目计划管理系统

PLM集成项目计划管理系统如图5-1所示。

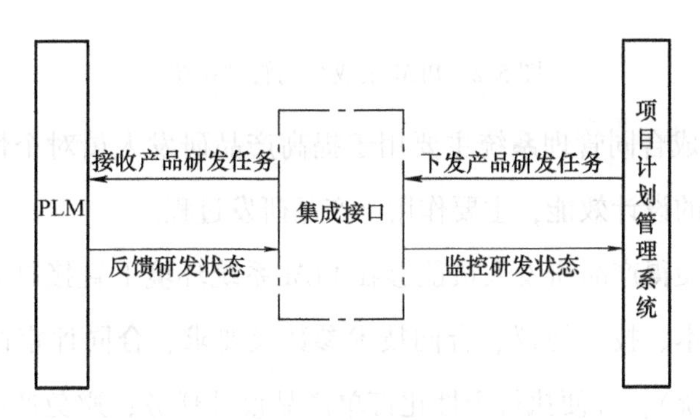

图5-1 PLM集成项目计划管理系统

PLM集成项目计划管理系统主要用于解决项目经理对个性化订单产品设计任务的监控和管理问题，主要作用于项目计划管理过程。

本集成使得项目经理能够在项目计划管理系统环境下直接向PLM下发个性化订单的产品设计任务，直接从PLM中读取个性化订单产品设计任务的执行状态，从而实现对所有个性化订单产品设计任务的实时在线监控，包括设计进度、产出物、质量状态、评审内容、完成时间、设计人员等信息。本集成提高了个性化订单项目计划的执行能力和跟踪能力，提高了研发部门人力资源的协同能力和利用能力，提高了项目管理效率，缩短了项目管理周期，降低了项目管理成本。

2. PLM 集成合同管理系统

PLM 集成合同管理系统如图 5-2 所示。

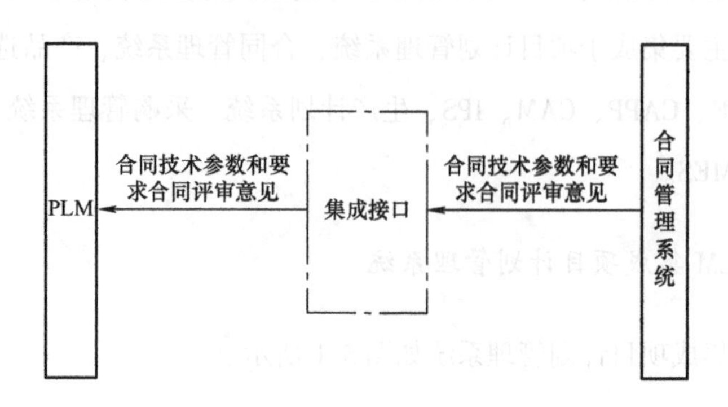

图 5-2 PLM 集成合同管理系统

PLM 集成合同管理系统主要用于提高产品研发人员对个性化订单产品设计任务的设计效能，主要作用于产品研发过程。

本集成使得产品研发人员能够在 PLM 系统环境下直接打开个性化订单的合同文本、技术协议、合同技术参数及要求、合同评审内容（源自合同管理系统），方便执行个性化订单产品设计任务；避免产品研发人员在 PLM 工作界面和合同管理系统工作界面之间频繁切换，使产品研发人员能够更集中精力于个性化产品研发过程，而不是忙于合同文本查询、技术协议查询、合同技术参数及要求查询、合同评审内容查询等人机交互过程。本集成提高了产品研发效率，缩短了产品研发周期，降低了产品研发成本。

3. PLM 集成产品选型系统

PLM 集成产品选型系统如图 5-3 所示。

PLM 集成产品选型系统主要用于提高产品研发人员对个性化订单产品设计任务的设计效能，主要作用于产品研发过程。

本集成使得产品研发人员能够在 PLM 系统环境下直接打开个性化订

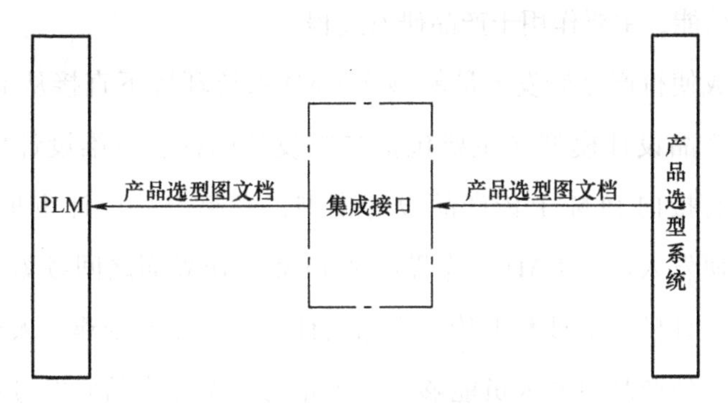

图 5-3　PLM 集成产品选型系统

单的产品选型图文档［主要包括控制阀数据表、控制阀计算书、控制阀总表、控制阀清单、控制阀外形尺寸图、控制阀产品气路图、控制阀澄清记录表、控制阀推力计算书、控制阀扭矩计算书（源自产品选型系统）］，方便执行个性化订单产品设计任务；避免产品研发人员在 PLM 工作界面和产品选型系统工作界面之间频繁切换，使产品研发人员能够更集中精力于个性产品研发过程，而不是忙于产品选型数据查询等人机交互过程。本集成提高了产品研发效率，缩短了产品研发周期，降低了产品研发成本。

4. PLM 集成 CAD

PLM 集成 CAD 如图 5-4 所示。

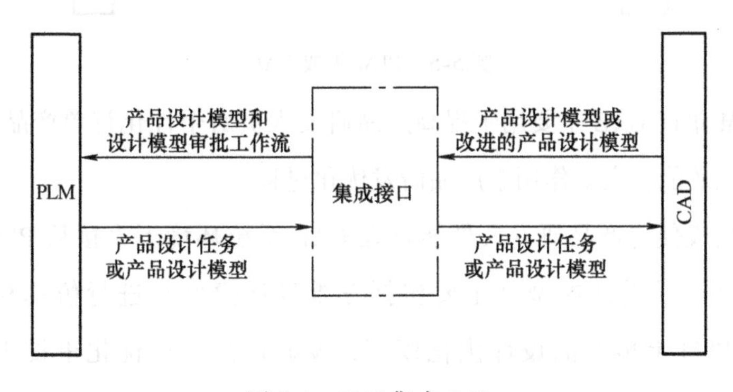

图 5-4　PLM 集成 CAD

PLM 集成 CAD 主要用于提高产品研发人员对个性化订单产品设计任

务的设计效能，主要作用于产品研发过程。

本集成使得产品研发人员能够在 CAD 系统环境下直接从 PLM 中下载并打开产品设计模型（主要包括二维设计图样、三维设计模型）进行编辑，直接向 PLM 上传产品设计模型，发起产品设计审批工作流；避免产品研发人员在 CAD 工作界面和 PLM 工作界面之间频繁切换，减少了产品设计模型下载和上传、产品设计审批工作流创建等人机操作过程和次数，使产品研发人员能够更集中精力于个性产品研发过程，而不是忙于产品设计模型下载和上传、产品设计审批工作流创建等人机交互过程。本集成提高了产品研发效率，缩短了产品研发周期，降低了产品研发成本。

5. PLM 集成 CAE

PLM 集成 CAE 如图 5-5 所示。

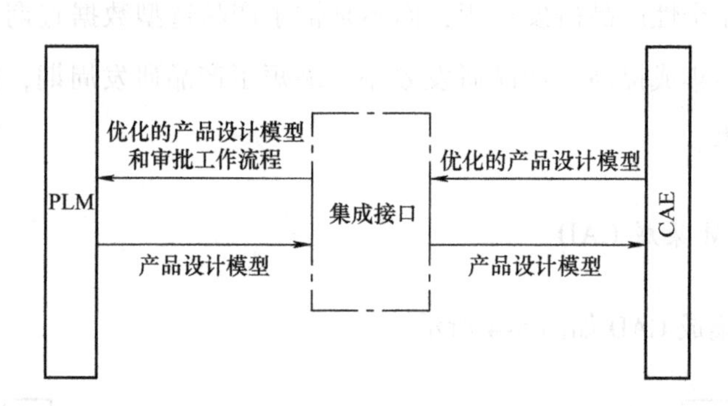

图 5-5　PLM 集成 CAE

PLM 集成 CAE 主要用于提高产品研发人员对个性化订单产品设计模型的优化效能，主要作用于产品研发优化过程。

本集成使得产品研发人员能够在 CAE 系统环境下直接从 PLM 中下载并打开产品设计模型（主要包括三维设计模型）进行仿真和优化，直接向 PLM 上传产品设计优化模型，发起产品设计优化审批工作流；避免产品研发人员在 CAE 工作界面和 PLM 工作界面之间频繁切换，减少了产品设计模型下载、产品设计优化模型上传、产品设计优化审批工作流创建等人机操作过程和次数，使产品研发人员能够更集中精力于个性产品设计优化过程，而不是忙于产品设计模型下载、产品设计优化模型上传、产品设计优化审批工作流创建等人机交互过程。本集成提高了产品设计优化效率，缩短了产品设计优化周期，降低了产品设计优化成本。

6. PLM 集成 CAPP

PLM 集成 CAPP 如图 5-6 所示。

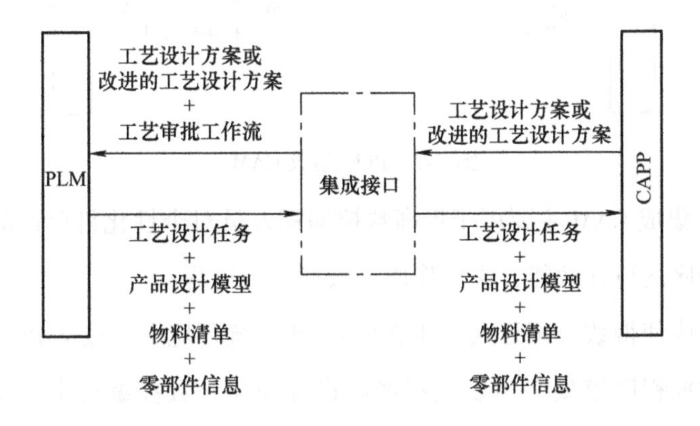

图 5-6　PLM 集成 CAPP

PLM 集成 CAPP 主要用于提高工艺设计人员对个性化订单产品工艺设计任务的设计效能，主要作用于工艺设计过程。

本集成使得工艺设计人员能够在 CAPP 系统环境下直接从 PLM 中下载并打开工艺设计模型进行编辑，直接向 PLM 上传工艺设计方案（主要包括工艺路线、工时定额、材料定额、工序简图、工序加工图、工序工艺文件、工装设计图、刀具组合图等），直接向 PLM 发起工艺设计审批工作流；避免工艺设计人员在 CAPP 工作界面和 PLM 工作界面之间频繁切换，减少了工艺设计模型下载和上传、工艺设计审批工作流创建等人机操作过程和次数，使工艺设计人员能够更集中精力于个性产品工艺设计过程，而不是忙于工艺设计模型下载和上传、工艺设计审批工作流创建等人机交互过程。本集成提高了工艺设计效率，缩短了工艺设计周期，降低了工艺设计成本。

7. PLM 集成 CAM

PLM 集成 CAM 如图 5-7 所示。

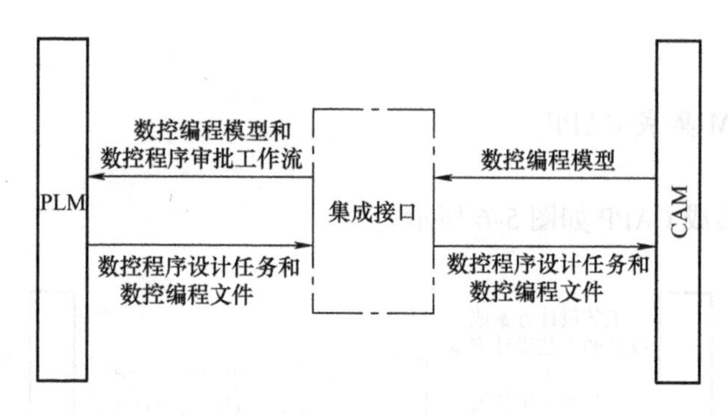

图 5-7 PLM 集成 CAM

PLM 集成 CAM 主要用于提高数控编程人员对个性化订单产品零件数控加工程序的设计效能，主要作用于数控编程过程。

本集成使得数控编程人员能够在 CAM 系统环境下直接从 PLM 中下载并打开数控程序模型（主要包括产品设计模型、数控编程中间文件、后置处理程序、数控加工程序）进行编辑，直接向 PLM 上传数控程序模型，发起数控程序设计审批工作流；避免数控编程人员在 CAM 工作界面和 PLM 工作界面之间频繁切换，减少了数控程序模型下载和上传、数控程序审批工作流创建等人机操作过程和次数，使数控编程人员能够更集中精力于个性产品零件数控编程过程，而不是忙于数控程序模型下载和上传、数控程序审批工作流创建等人机交互过程。本集成提高了数控编程效率，缩短了数控编程周期，降低了数控编程成本。

8. PLM 集成 IPS

PLM 集成 IPS 如图 5-8 所示。

PLM 集成 IPS 主要用于提高质量保证人员对个性化订单产品检测任务的规划效能，主要作用于质量保证过程。

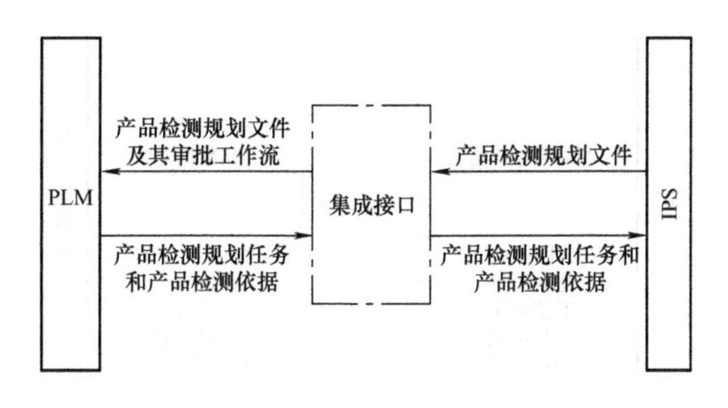

图 5-8 PLM 集成 IPS

注：产品检测依据主要包括产品设计模型、工序图、工艺文件、执行标准等，产品检测规划文件主要包括检测规划图样。

本集成使得质量保证人员能够在 IPS 环境下直接从 PLM 中下载并打开检验规划模型进行编辑，直接向 PLM 上传检验规划模型，发起检验规划审批工作流；避免质量保证人员在 IPS 工作界面和 PLM 工作界面之间频繁切换，减少了检验规划模型下载和上传、检验规划审批工作流创建等人机操作过程和次数，使质量保证人员能够更集中精力于个性产品检验规划过程，而不是忙于检验规划模型下载和上传、检验规划审批工作流创建等人机交互过程。本集成提高了检验规划效率，缩短了检验规划周期，降低了检验规划成本。

9. PLM 集成生产计划系统

PLM 集成生产计划系统如图 5-9 所示。

PLM 集成生产计划系统主要用于提高生产计划人员对个性化订单产品生产计划的编制效能，主要作用于生产计划过程。

本集成使得生产计划人员能够在生产计划管理系统环境下直接从 PLM 中读取和使用以零部件基本信息、物料清单、工艺路线、工时定额、材料定额、毛坯质量为代表的产品数据，能够在线自动比对和分析物料清单版本差异，快速响应设计变更，更新生产计划。本集成提高了生产计划过程的产品数据获取应用能力，降低了生产计划人员的脑力劳动，

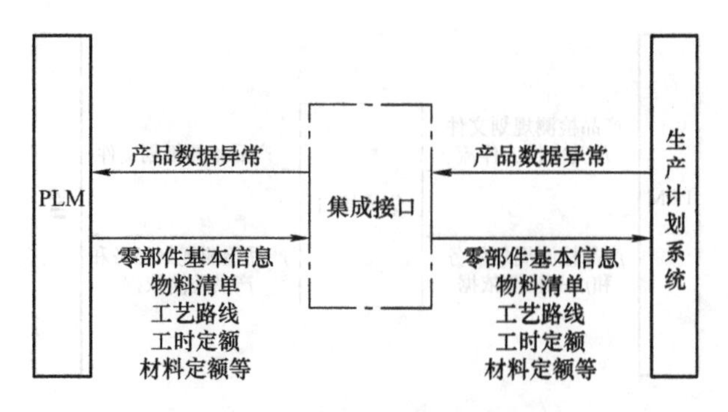

图 5-9 PLM 集成生产计划系统

将生产计划过程的产品数据获取时间缩短到毫秒级，应用成本减少到最低，直接减少了生产计划编制成本和计划编制周期，同时提高了生产计划质量。

10. PLM 集成采购管理系统

PLM 集成采购管理系统如图 5-10 所示。

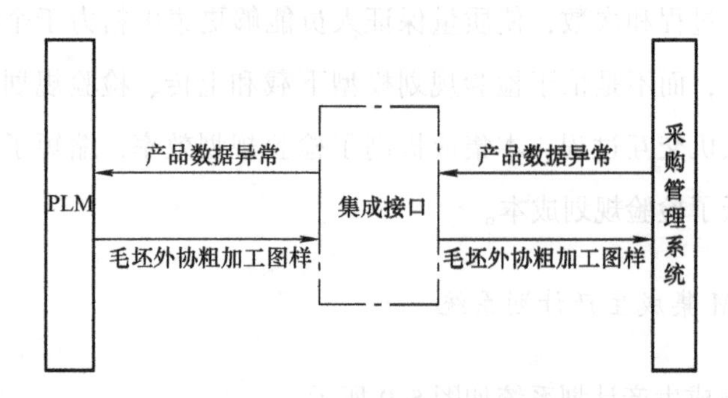

图 5-10 PLM 集成采购管理系统

PLM 集成采购管理系统主要用于提高物资采购人员对个性化订单产品原材料外购计划的编制效能，主要作用于采购计划过程。

本集成使得物资采购人员能够在采购管理系统环境下直接从 PLM 中调阅和使用以毛坯外协粗加工图样为代表的产品外采数据模型，使物资采购过程不依赖于纸质图文档，减少了图文档耗材消耗和人工成本，提高了采购过程的产品数据获取应用能力，将物资采购过程的产品数据获取时间缩短到秒级，应用成本减少到最低，减少了产品采购成本和采购周期，提高了物资采购质量。

11. PLM集成铸造管理系统

PLM集成铸造管理系统如图5-11所示。

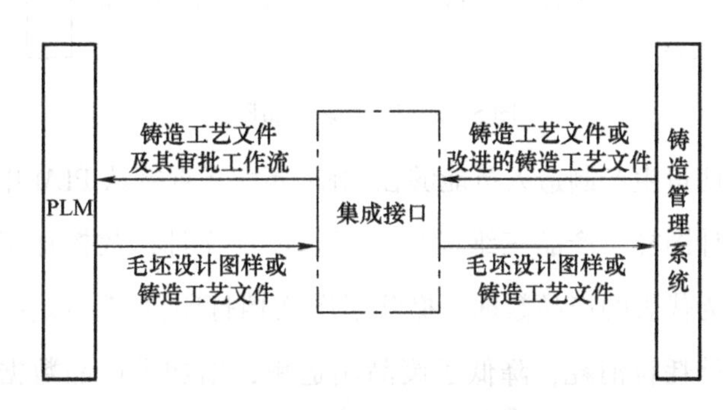

图5-11 PLM集成铸造管理系统

PLM集成铸造管理系统主要用于提高毛坯铸造人员对个性化订单产品毛坯的铸造效能，主要作用于毛坯铸造过程。

本集成使得毛坯铸造人员能够在铸造管理系统环境下直接从PLM中调阅和使用以毛坯设计图样、砂铸件工艺图、精铸件工艺图、铸件模具图、砂铸件工艺卡片、熔模铸造工艺卡片为代表的铸造工艺文件，使毛坯铸造过程不依赖于纸质图文档，减少了毛坯铸造过程图文档耗材消耗和人工成本，提高了毛坯铸造过程的产品数据获取应用能力，将毛坯铸造过程的产品数据获取时间缩短到秒级，应用成本减少到最低，直接减少了产品毛坯铸造成本和铸造周期，提高了毛坯铸造质量。

12. PLM集成MES

PLM集成MES如图5-12所示。

PLM集成MES主要用于提高生产制造人员对个性化订单产品的生产制造效能，主要作用于生产制造过程。

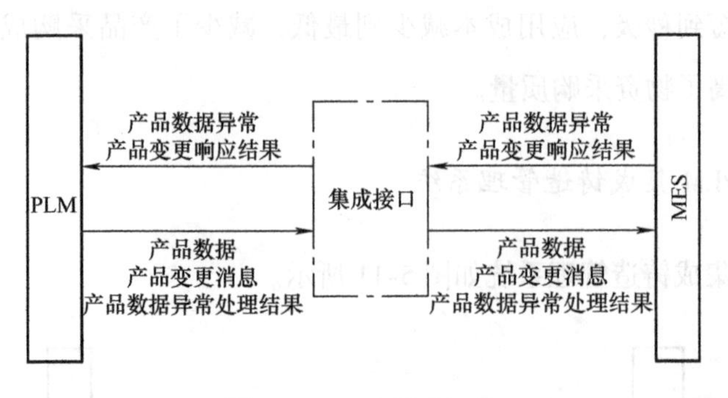

图 5-12　PLM 集成 MES

本集成使得生产制造人员能够在 MES 环境下直接从 PLM 中调阅和使用以产品设计图样、产品三维模型、工艺设计文件、数控加工程序、检测规划图样为代表的产品数据，撤除了图文档打印科室、纸质图文档库，减少了图文档耗材消耗，降低了废品制造率，增加了产品数据获取应用便捷性，精简了组织结构和产品数据管理流程，使产品制造全过程实现无纸化，大幅度提高了生产制造过程对产品数据的获取应用能力。本集成能够形成产品数据异常在线闭环管理。当生产现场发现产品数据异常时，可直接从 MES 实时在线采集生产现场发现的产品数据异常到 PLM，自动追溯产品设计人并将其指定为产品数据异常受理人，在产品数据异常受理工作流发布时，再将产品数据异常处理结果自动交付给 MES 应用。本集成还能够形成产品数据变更闭环管理。当 PLM 端发起产品数据升版流程时，MES 端保持实时联动响应，自动向生产现场提示产品数据版本升级消息并控制旧版产品数据的继续使用，防止产品数据升级阶段的不确定性引起更多材料消耗和产能浪费。本集成提升了产品制造合格率，提高了产品生产效率，缩短了产品生产周期，降低了产品生产成本。

本集成示例如图 5-13 和图 5-14 所示。

在上述集成示例中，生产现场的各类人员可以基于 MES，通过扫描个性定制产品零件的生产批次号条码，直接在线打开与之相关的产品数据（源自 PLM），包括零件基本信息、材料定额、工时定额、工艺路

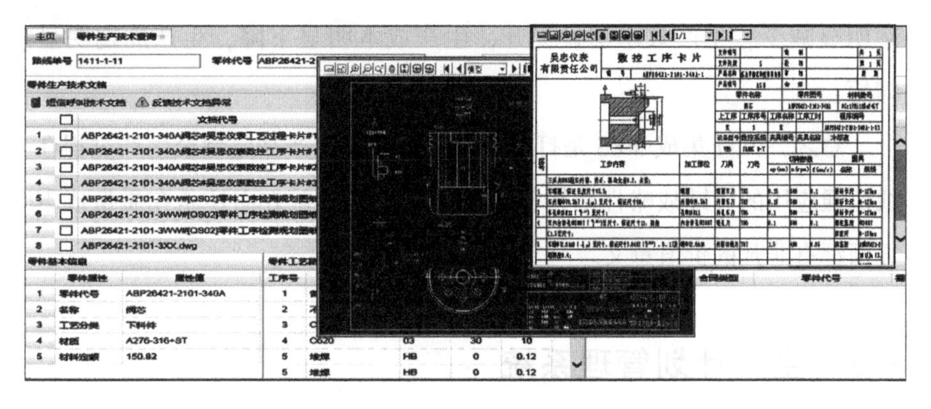

图 5-13　PLM 集成 MES 示例

材料定额: Φ90X100　　工艺分类: 下料件　　切制件数: 1　　计划类型: 正常计划　　毛坯图号:

1411-1-11	图号(名称)	ABP26421-2101-340A(阀芯)					材质	A276-316+ST	
	本批次领用量	1	累计领用量	1	计划数量	1	部门	0709	打印人	王江帆
	计划开始日期		计划结束日期		计划投料日期			打印日期	2020/02/20

合同号:

序号	工序	工时	操作者	合格	工废/料废	序号	工序	工时	操作者	合格	工废/料废
1	备料	0.0				12	标记	0.0			
2	热处理	5.0				13	清洁	0.0			
3	C620	25.0				14	检验	0.0			

图 5-14　个性产品定制——零件生产批次号条码示例

线、产品设计图样、产品三维模型、工艺过程卡、数控工序卡、数控加工程序、检测规划图样，直接在线反馈产品数据异常，呼叫缺项产品数据。

产品数据在全生产过程的网络化应用方式彻底替代了以纸质媒介为载体的传统应用方式，消除了纸质产品数据管理环境下的图文档打印、装订、成套、下发、签收、借去、登记、规划等过程，不再需要设置图文档打印科室和人员，不再需要打印设备和特规纸张，也不存在图文档争用、等待情况。生产人员和产品研发人员在线零距离沟通，产品数据管理和应用能力都得到提升。生产现场没有了脏乱的纸质产品图文档，可视化环境和精神面貌焕然一新。生产人员配置更精简，文档查阅更方便，版本控制更有力，质量成本在减少，生产废品率明显减少，生产效率明显提升，生产成本明显下降，生产周期明显缩短。

总之，PLM 集成 MES 是打通产品数据在个性产品定制全生产过程在线流通应用的关键战略性举措，无论是在效率效益方面还是在质量成本方面都有非凡的价值意义。

5.3 生产计划管理系统

5.3.1 业务问题及解决思路

业务问题 1：怎么解决手工计划繁重的工作，让计划排产更高效、准确？

解决思路：基于“多小型”生产模式，种类繁多的产品在生产过程中仅仅依靠人工来进行计划的编制与安排，同时还要考虑企业产能、库存情况等多方面的因素，给计划编制人员带来了繁重的工作，同时对计划编制人员的素质要求很高。即使是这样，人工排产的计划仍然存在很多问题，造成生产设备利用率偏低，甚至计划的变更不会被考虑在生产过程中，产品的准时交付存在很大的问题。基于以上问题，生产管理信息化已经成为必然，借助现在高速发展的计算机技术，通过计算机辅助，能够更加准确、合理、高效地安排计划，生产计划的合理性也影响着企业的生产能力。对于一个企业来讲，在不增加企业本身设备以及人员的前提下，仍然要提高企业的产能，只能提升企业的管理能力，同时借助计算机技术辅助，提出更优化的计划，达到更合理、高效的计划排程。生产计划管理系统的使用已经成为一种必然，尤其是基于“多小型”生产模式的企业。

业务问题 2：生产计划管理系统的核心设计思路是什么？

解决思路：此处所描述的生产计划管理系统主要是在“多小型”生产模式下基于吴忠仪表的生产计划管理系统。该系统主要分为生产计划准备、主生产计划和计划运行与修订三个基础单元，同时与质量管理系统、采购供应链管理系统、产品数据全生命周期管理系统、计算机辅助工艺设计系统、项目计划管理系统、制造执行系统、库存管理系统等集成。现在我们更侧重于计划排程的准确性与可执行性。

业务问题 3：怎么做到计划排产后，执行过程效率、效益最大化？

解决思路：生产计划管理系统依据项目计划管理系统下发的节点要求进行排产。在订单执行过程中，一个单独的订单被定义为一个单独的项目，在生产过程中，同时有多个项目在进行。在计划排产过程中，既要关注单独项目的执行节点要求，也要关注多个项目同时执行中相同点的合并执行，达到生产过程效率最大化。在产品结构分解过程中，以单独项目中单独产品进行逐个分解，在计划下达过程中，尤其是零部件计划下达过程中，以项目为基点，将项目中涉及的相同零部件进行合并下达。针对外采的零部件，由于“多小型”的离散型生产模式，以项目合并后，仍然存在大量的记录项，采用批次内相同零件合并下达采购任务，同时记录合并记录与其对应的项目之间的关系，做到可追溯。

5.3.2 主要系统

基于平行管理的原理，吴忠仪表生产计划管理系统解决方案自左向右为生产计划准备、主生产计划（面向交付计划）和计划运行与修订，如图 5-15 所示。

吴忠仪表生产计划管理系统由生产计划准备、主生产计划和计划运行与修订三个业务模块构成。

1. 生产计划准备

该业务模块主要是数据的准备阶段，要充分考虑订单约定、客户需求以及效率提升，为主生产计划的编制提供依据。生产计划准备主要分

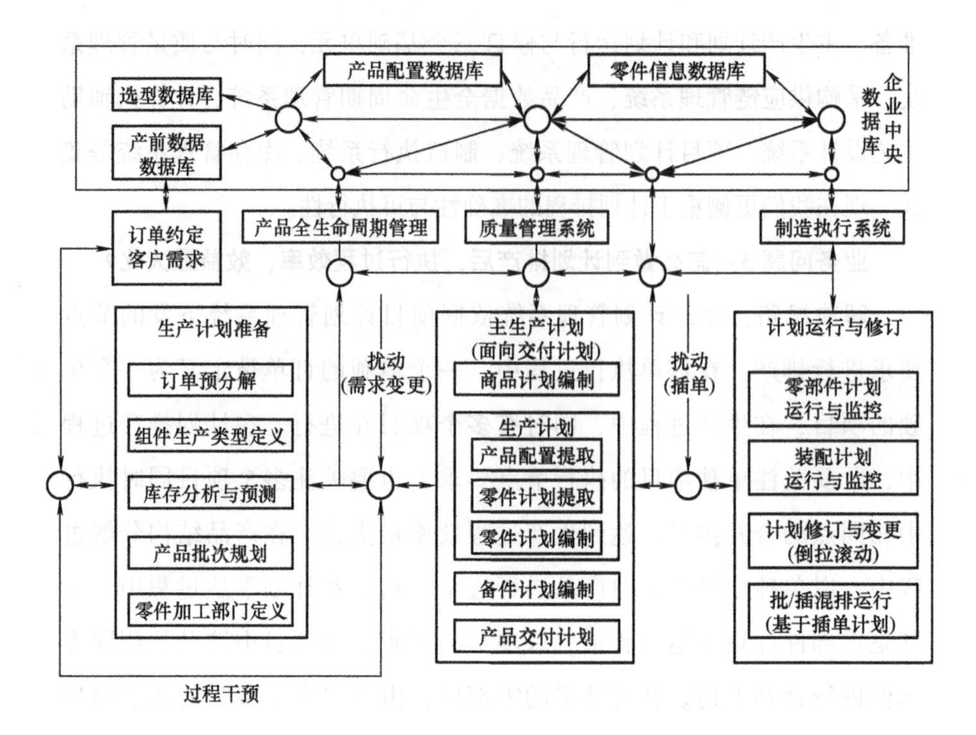

图 5-15　生产计划管理系统基础结构

为订单预分解、组件生产类型定义、库存分析与预测、产品批次规划以及零件加工部门定义五部分。

1）订单预分解主要是对订单进行预分解，提前预制设计、采购的瓶颈，为后续的订单排产提前开始准备。

2）组件生产类型定义主要是提前定义订单中各个标准模块组件的基础信息，如生产部门、制造方式等。

3）库存分析与预测主要是针对毛坯库、半成品库以及成品库库存量进行分析，考虑库存的情况与新订单需求的均衡问题，保证库存占用达到最低，但又能满足现有生产和未来一段时间的订单生产，输出库存情况分析报告。

4）产品批次规划是根据企业产能分析报告、库存情况分析报告和供应商能力分析报告确定订单的生产批次，满足主生产计划的编制。

5）零件加工部门定义主要是在设计完成后，提前定义零件的加工部门等信息，为后续的计划排产做数据准备。

2. 主生产计划

主生产计划是面向交付的计划，基于订单的交付，然后采取倒拉的计划模式进行计划的排产，保证准时、准确地向用户交付产品，同时保证公司内部最小的库存积压。该业务模块是整个生产过程的核心，是后期主导生产的依据，同时需要与其他业务系统做对接。主生产计划主要分为商品计划编制、生产计划及产品交付计划三部分。

1）商品计划编制主要是针对规划好批次的订单，开始进入计划排产阶段，抽取生产计划需要的数据，同时对产品进行组件级分解，将完整的产品分解到组件级，而且只是单纯的产品分解而不是按照批次进行分解。对于“多小型”制造企业的产品特点，不是直接由产品分解到零件，而是产品分解到组件级，然后由组件级分解到零件级，如图 5-16 所示。

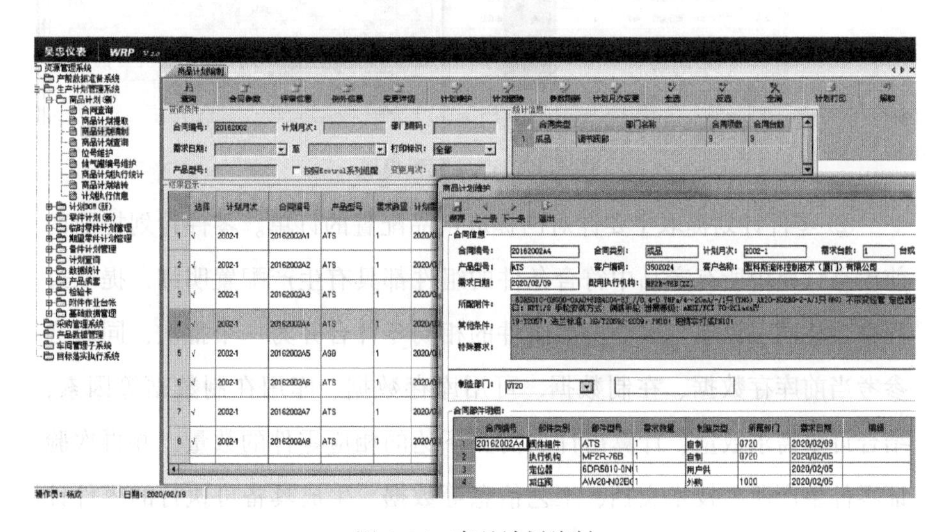

图 5-16　商品计划编制

2）生产计划包含产品配置提取、零件计划提取以及零件计划编制三部分，具体如下：

① 产品配置提取是根据商品计划编制生成的组件信息列表，根据制

造类型判断出公司自主生产的组件，按照组件的分类以及对应组件构成的必须参数，从产品全生命周期管理系统中调取产品各个组件的产品配置明细清单。此处不会根据批次等信息对产品进行合并，而是根据订单中产品明细以及符合条件的组件明细逐个对组件的配置明细进行提取，形成产品生产配置明细。产品配置提取的前提是单份订单中的所有产品都有对应的配置信息，可对该订单下的所有产品的组件进行配置信息提取，如图 5-17 所示。

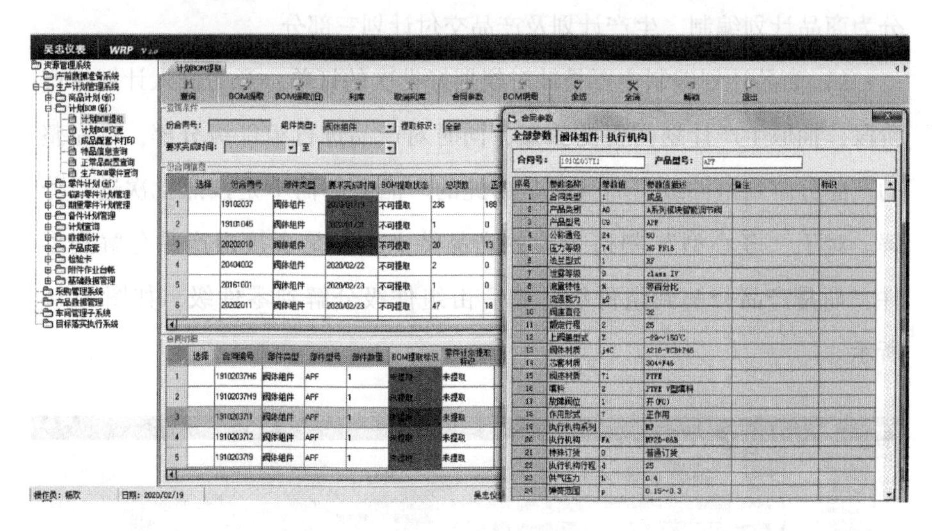

图 5-17　产品配置提取

② 零件计划提取主要针对已提取产品配置的订单。零件计划提取的前提是订单中所有产品中符合条件的组件都具有生产配置明细，提取过程中会将同一订单内多个产品组件的相同零件合并为一个批次，同时会参考当前库存数据、在制数据、可用库存数据、库用在制数据等因素，结合订单需求数量，计算出计划需要下达的相应零件的数量，并再次验证零件生产所需技术文档、工艺信息等数据，生成具备可执行的零件计划清单，如图 5-18 所示。

③ 零件计划编制主要是对上述提取的零件计划进行再次确认后，下达相应的零件计划，自制零件计划下达后直接转到制造执行系统，由制

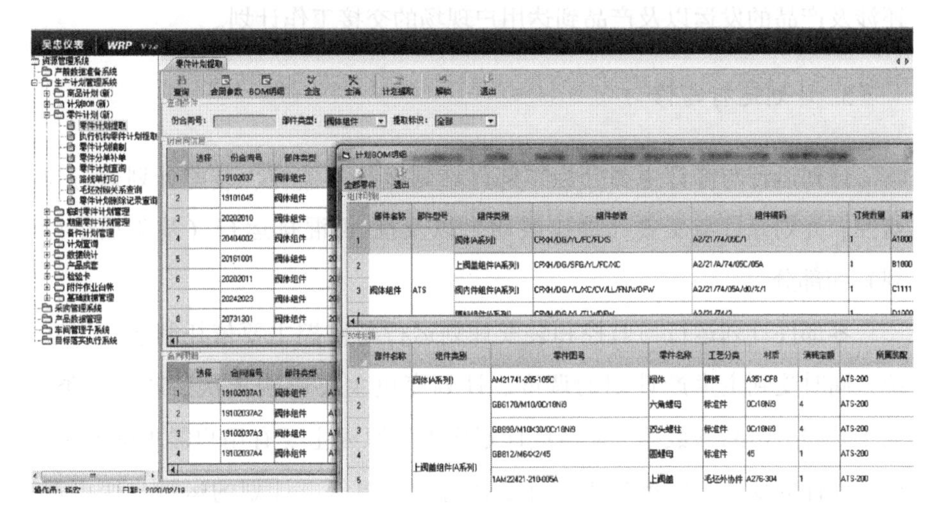

图 5-18　零件计划提取

造执行系统接收，组织生产；外购零件下达后会转到采购供应链管理系统，由采购供应链管理系统根据每个零件的要求安排采购任务，如图 5-19所示。

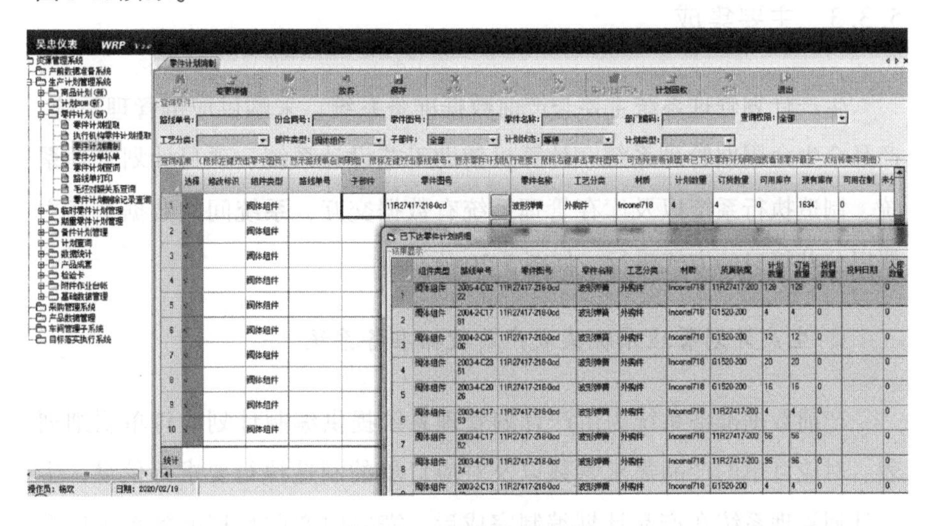

图 5-19　零件计划编制

3）产品交付计划主要是针对产品，将生产出来的零件以及部件进行最后的组装。产品交付计划需要考虑产品的交货，合理安排装配计划，保证订单按时交货，同时要做到成品库库存最小。另外，产品交付计划还涉及产品的发运以及产品到达用户现场的交接工作计划。

3. 计划运行与修订

计划运行与修订主要分为零部件计划运行与监控、装配计划运行与监控、计划修订与变更（倒拉滚动）以及批/插混排运行（基于插单计划）四部分。

零部件计划运行与监控和装配计划运行与监控主要依托制造执行系统，同时受到主生产计划的调度。计划变更主要影响批次、产品种类、完工时间、产品参数等，而造成计划变更的原因主要有用户需求的变更、产品设计的变更、生产过程中计划执行的变更等。计划的运行与变更都需要参考企业产能、订单的交货期以及计划变更后对批次计划交付的影响程度，采取倒拉滚动的排产模式。针对插单计划，采取插单计划与正常计划混合编排的模式，提高计划的执行效率。

5.3.3　主要集成

生产计划管理系统主要与产前数据准备系统、采购供应链管理系统、产品全生命周期管理系统、计算机辅助工艺设计系统、项目计划管理系统、制造执行系统以及库存管理系统有数据交互，系统间的数据交互主要以公共接口的方式进行，如图 5-20 所示。

1. 生产计划管理系统集成产前数据准备系统

产前数据准备系统为生产计划管理系统提供编制计划的订单明细列表、对应订单的产品需求参数以及对应订单的制造执行要求等信息；生产计划管理系统在产品计划编制完成后，需要向产前数据准备系统反馈计划的排产情况。

2. 生产计划管理系统集成项目计划管理系统

项目计划管理系统作为计划执行的纲领，为生产计划管理系统提供

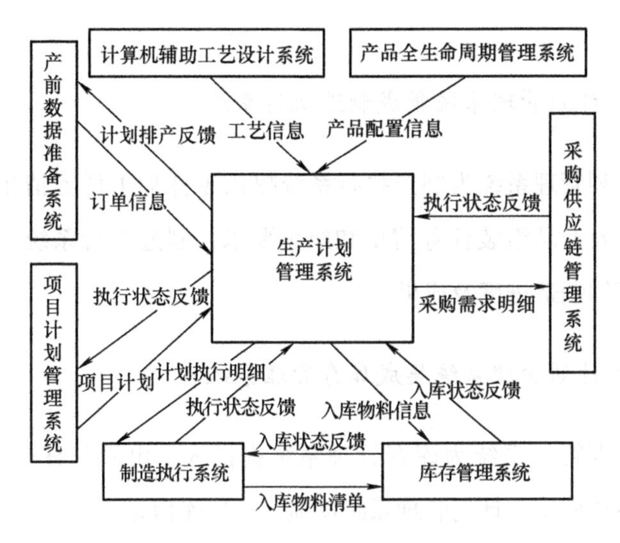

图 5-20　系统集成交互方式

项目计划执行进度列表以及执行过程中每一个环节的要求，为计划编制提供依据和要求；生产计划管理系统向项目计划管理系统反馈计划执行的进度信息。

3. 生产计划管理系统集成产品全生命周期管理系统

产品全生命周期管理系统为生产计划管理系统提供产品的组件配置明细信息以及零件配置信息，为生产计划管理系统下达组件计划以及零件计划提供数据支持。

4. 生产计划管理系统集成计算机辅助工艺设计系统

计算机辅助工艺设计系统为生产计划管理系统提供零件加工过程中材料定额数据及零件加工工艺、产品组装工艺信息。

5. 生产计划管理系统集成采购供应链管理系统

生产计划管理系统为采购供应链管理系统提供采购需求明细及采购要求，采购供应链管理系统向生产计划管理系统反馈采购执行进度信息。

6. 生产计划管理系统集成制造执行系统

生产计划管理系统为制造执行系统提供零件加工任务清单和加工要求信息，以及产品组装任务清单和组装要求；制造执行系统向生产计划管理系统反馈制造进度及成果。

7. 生产计划管理系统集成库存管理系统

生产计划管理系统为库存管理系统提供入、出库的任务明细清单，库存管理系统向生产计划管理系统反馈入、出库信息。

5.4 采购供应链管理系统

5.4.1 业务问题及解决思路

业务问题1：如何实现繁杂的采购业务向规范、标准的采购流程转化？

解决思路：在企业中，采购对象主要分为生产性物料和非生产性物料。生产性物料是生产需要直接使用到的原材料以及半成品、产成品，非生产性物料如办公用计算机、各种耗材、辅料。在离散行业，尤其是以单件小批量组织生产的企业，各种采购物料批次多、种类杂、单批次需求数量少，给采购业务带来很多难题。企业生产的瓶颈往往集中在采购环节。面对这些问题，传统的手工统计已经无法满足采购业务的需求，而信息化技术的运用可以有效协调供应链，降低采购成本，缩短提前期，合理有效地管理采购过程，进而使供应与需求更加协调一致，提高企业的主要绩效指标。利用信息化技术，构建采购供应链管理系统，将采购的业务过程固化为标准的执行流程，将采购业务执行环节中的输入信息、执行标准、输出信息进行量化，保证采购物料准时、准确地进入生产环节。

业务问题 2：如何对繁杂的采购业务进行高效且精细化的管理？

解决思路：针对品种繁多的采购物料，需要根据这些物料的相似特性对物料进行分类，分类采购会使采购业务具有条理化，同时也对供应商的管理与评估起到辅助作用。规范的采购业务流程能够使采购业务更加高效，通常将整个采购环节划分为采购计划、采购订单、采购合同、付款管理、到货管控以及发票管理。而在实际的采购过程中存在两种执行路径，如图 5-21 所示。

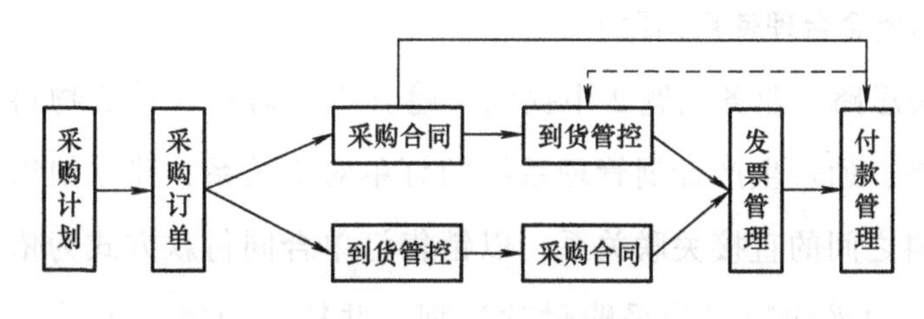

图 5-21　采购业务执行路径

采购业务数据的源头来源于生产计划管理系统，而生产计划管理系统的计划任务在不停地叠加，不同类型的物料应采取不同的采购方式。一定时间段内，对于具备特殊性的物料，按照物料的需求，采取按需采购原则；而对于具有相同属性的物料，采取合并下单、按需到货采购原则。在采购过程中，建立采购物料与生产需求之间的对应关系，可以解决物料的漏买、错买、多买、提前到货、延期到货等问题，能高契合度地满足生产需求，在不影响生产部门正常生产的同时不额外增加库存压力。

业务问题 3：如何实现企业采购部门与采购供应商业务一体化？

解决思路：建立采购部门与采购供应商之间的良性互动，有助于采购业务的精准执行。采购部门与供应商之间不再只是单纯地通过电话、邮件以及纸质文件进行沟通，而是通过系统实时地进行采购信息的传递。建立健全的采购供应链管理平台，不仅将采购员的业务精简化、标准化、高效化，同时将供应商也纳入这张管理网。有信息化基础的供应商，可以通过统一的接口实现供应商生产进度与采购供应链管理平台对接，做到采购进度可追溯、可监控；而信息化基础薄弱的供应商，采购供应商管理平台中提供供应商生产重点环节线上反馈功能，以便对采购业务可追溯、可监控。这样，不但为采购部门提供了采购过程控制的有力抓手，也为供应商执行过程提供了简易计划执行系统，既能保证采购过程的时间要求，也能保证采购过程的质量控制。

业务问题 4：如何解决销售订单回款与采购业务付款同步问题，以便解决公司资金合理使用问题？

解决思路： 业务问题 2 中提到，建立生产需求与采购物料之间的对应关系，通过生产计划管理系统的订单对应关系，建立销售订单与采购物料之间的直接关联关系，以销售订单合同付款方式为依据，建立相对应的采购物料的采购付款计划，并按照销售订单付款执行情况，对相应采购物料的付款计划执行进行管控。一方面可以解决公司流动资金不良占用问题；另一方面可以保证销售订单的准确执行，避免生产完成后，客户不接货的问题产生。同时，也可以避免大量采购物料到货后，生产部门暂时不需要而导致大量采购物料库存积压，占用流动资金。

5.4.2 主要系统

基于平行管理的原理，吴忠仪表采购供应链管理系统解决方案自左向右为采购计划管理、采购计划执行与采购过程管理和采购收尾管理，如图 5-22 所示。

采购计划执行与采购过程管理是采购环节中不可或缺也是最重要的内容，采购过程中对采购过程的跟踪检查，尤其是对供应商制造过程的追溯是保证采购质量的关键环节，同时也是保证采购顺利完成的重要节点。

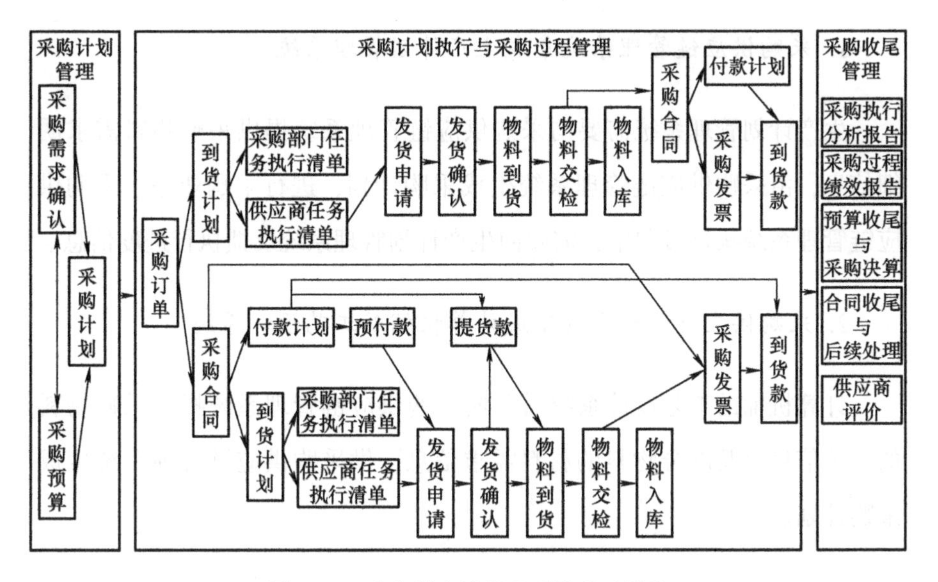

图 5-22　采购供应链管理系统基础结构

5.4.3　主要集成

采购供应链管理系统主要与生产计划管理系统、供应商管理系统、财务系统、网上签字系统以及计算机辅助工艺设计系统有数据交互，系统间的数据交互主要以公共接口的方式进行，如图 5-23 所示。

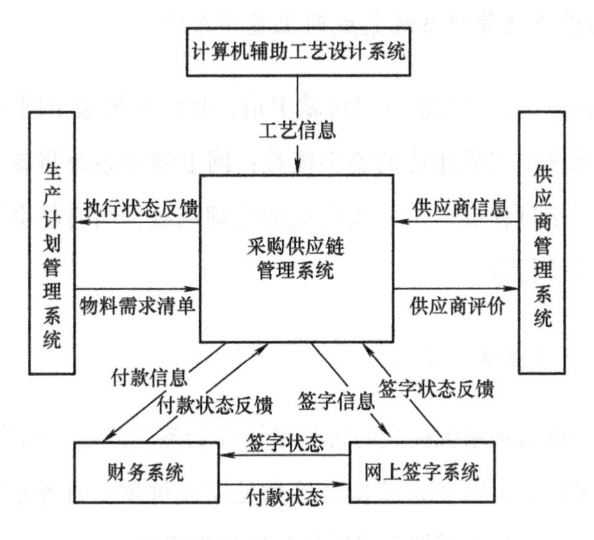

图 5-23　系统集成交互方式

1. 采购供应链管理系统集成生产计划管理系统

生产计划管理系统需要向采购供应链管理系统提供采购物料需求明细信息，由采购供应链管理系统生成采购计划，进行采购业务；采购供应链管理系统执行过程中，需要向生产计划管理系统反馈执行进度信息。

2. 采购供应链管理系统集成计算机辅助工艺设计系统

计算机辅助工艺设计系统需要向采购供应链管理系统提供采购物料的工艺信息以及部分物料的材料需求信息，供采购供应链管理系统生成采购计划。

3. 采购供应链管理系统集成供应商管理系统

采购供应链管理系统涉及供应商的信息，如供应商付款信息、供应商基础信息、供应商评价信息等，需要从供应商管理系统中获取；当采购业务完成后，供应商管理系统获取执行信息，丰富供应商管理系统对供应商的评价信息，对供应商做出更客观的评价，为下一次采购提供依据。

4. 采购供应链管理系统集成网上签字系统

由采购供应链管理系统发起付款申请，将信息传递至网上签字系统，在网上签字系统中完成相应的签字流程；网上签字系统将签完的付款申请结果以及签字过程反馈给采购供应链管理系统，同时将会签结果转入财务系统，等待付款。

5. 采购供应链管理系统集成财务系统

采购供应链管理系统提交的付款申请在会签完成后，结合会签结果，提交至财务系统，由财务系统按会签意见完成付款；财务系统需要将付款结果反馈至网上签字系统和采购供应链管理系统。

5.5 项目计划管理系统

5.5.1 业务问题及解决思路

一般项目采用目标管理法，严格遵守合同规定，不折不扣地按时完成合同规定的所有任务。在项目执行过程中如出现任何变化，应在保障用户利益的前提下，双方磋商，达成一致，确保合同完成，让用户满意。所以，需要对整个项目工作进展有一个宏观的把握，同时对于具体问题开展分析时，又需要各种细节的支持。

传统制造业在完成目标时，存在以下业务问题。

业务问题 1：生产和采购计划批量执行，没有订单的概念。

制造业在生产和采购上的传统做法是以大于经济批量以上的批量投产或者根据一个周期内的订单去计算一个数量范围进行批量投产，从而期望达到备有足够存量，可以随时满足订单需求。然而，由于订单信息与批量没有强关联性，后续订单源源不断地加入（形成新的批次），加之有存在插单补单现象，在装配环节往往会因为某些产品标准化好、齐套率高，导致关键零部件被优先占用，甚至将交货期晚的订单提前作业，从而致使关键零部件供应不上，造成交期紧急，重要的订单未得到及时装配成套，不能按时交付。

解决思路：实现对所有项目计划集中管控，基于订单的视角，建立以订单为生命周期管理的信息链条。

业务问题 2：进度失控，执行过程不透明。

在信息化流转过程中，由于订单属性的缺失，想要针对一份订单监控其执行环节、发生的异常，变得尤为困难。

各业务环节往往拥有自己的业务系统，如设计工艺环节有 PLM 系统，采购计划、生产计划有 ERP 系统，生产执行有 MES，各业务系统有自己的唯一标识属性，却与订单没有较强的关联，不仅追溯链条长，还有脱节的情况，各环节的执行情况只有当事执行人最为了解，管理层和决策层难以第一时间获得准确的执行过程。

解决思路：从管理的角度，所有环节建立与订单的关联关系，通过订单维度可以查询各个环节的执行情况。建立质量监督、人员沟通、风险上报的管控体系。

业务问题 3：项目超期严重，责任人没有时间意识。

由于订单信息属性弱（甚至各执行人只有批量任务的概念，没有订单的概念和意识），各执行人只是机械地完成指派的任务，不关心订单的交期。虽然他们作业饱和，但是往往“眉毛胡子一把抓”，挑拣容易做的优先做，造成紧急的订单延期，未到交期的订单先做完，库存积压。

解决思路：基于项目的订单组织管理模式，将一份合同视为一个项目，运用项目管理的核心思想，对人和时间节点进行监控，有计划的地方就必然紧跟着控制。控制主要体现在对计划工期进度的控制。项目（订单）贯穿各个环节业务系统，并反向督促业务系统信息化完善，关注信息细节，梳理细节关键点。建立项目管理协同工作平台，实现计划管理闭环控制，形成科学有效的项目管理体系，为公司高层领导至一线项目团队提供统一的业务沟通平台；覆盖计划各管理环节，包括计划多级编制、审批发布、分解下发、执行反馈、计划调整、监控考核等；保证责任明确，项目信息顺畅地上传下达。

业务问题 4：变更通知不到位，未按变更执行，变更与执行脱节。

当发生变更时，如设计图样变更、交货期变更等，变更通知没有全部落实到位，造成某些环节还按照变更前的内容继续作业，造成不可挽回的损失。

解决思路：建立统一完善的变更机制，当发生变更时，所有业务环节能及时响应变更，推送变更消息的手段也要多元化，形成通知—反馈确认的信息闭环。

业务问题5：缺少全流程监控手段。

要实行精细化管控模式，就必须以流程为切入点，从流程的角度来审视企业的各项活动，把隐藏在部门后面的流程置于管理工作的前台。从管理和决策的角度来看，传统制造业在完成订单过程中缺少以下监控手段：

1）缺少以订单为主题的监控措施。

2）缺失资金、成本、库存实时监控。

3）缺少预警、异常等提醒。

4）缺少变更提醒。

5）缺少运营内容、业务运营、专项内容一体化管控。

解决思路：加强信息互通，解决孤岛问题，建立多维度管控。对项目计划全流程（包括计划编制、审批、发布、执行、反馈、确认）进行管理，实现对项目进行动态跟踪与监控，并逐步完善考核机制。强化计划过程管理，提高计划执行能力，有效推进项目按期、按预算完成。从进度、成本、沟通等各方面综合管控，最终形成满足管理需要的、覆盖全企业的项目管理协同平台。

业务问题6：生产准备不到位，生产阶段不能有效组织生产。

组织生产过程中，由于采购原材料、零部件不到位，图样设计不到位，工艺不到位等原因，导致生产阶段不能正常进行，或者组织混乱，不仅导致产品不能按时交付，还存在物资占用和库存积压等现象。

解决思路：采用两段计划法，将设计、工艺、采购、铸造等环节归纳为生产准备阶段，将生产执行的后续如加工、装配、包装、发运等作为生产阶段。通过信息化手段定义两段计划，对项目计划、任务分解、计划进度跟踪与控制及相关文档等进行实时控制与管理。避免由于缺乏实时性和信息遗漏而导致信息失真和不完整，造成项目进度失控。当生产准备阶段具备向下进行的条件时，由相关人员进行评审，进入生产阶段，提高计划流转效率。

综上分析，得出最终的解决办法：基于项目的订单组织管理模式，将一份合同视为一个项目，运用项目管理的核心思想，对人和时间节点进行监控，计划按照两段计划法执行，即分为生产准备阶段和生产阶段，基于交货期推算各业务环节要求完成时间，形成计划进度跟踪、质量监督、风险上报、变更通知一体化管控，从订单维度建立考核机制。

5.5.2 主要系统及功能

项目计划管理系统功能架构如图 5-24 所示。

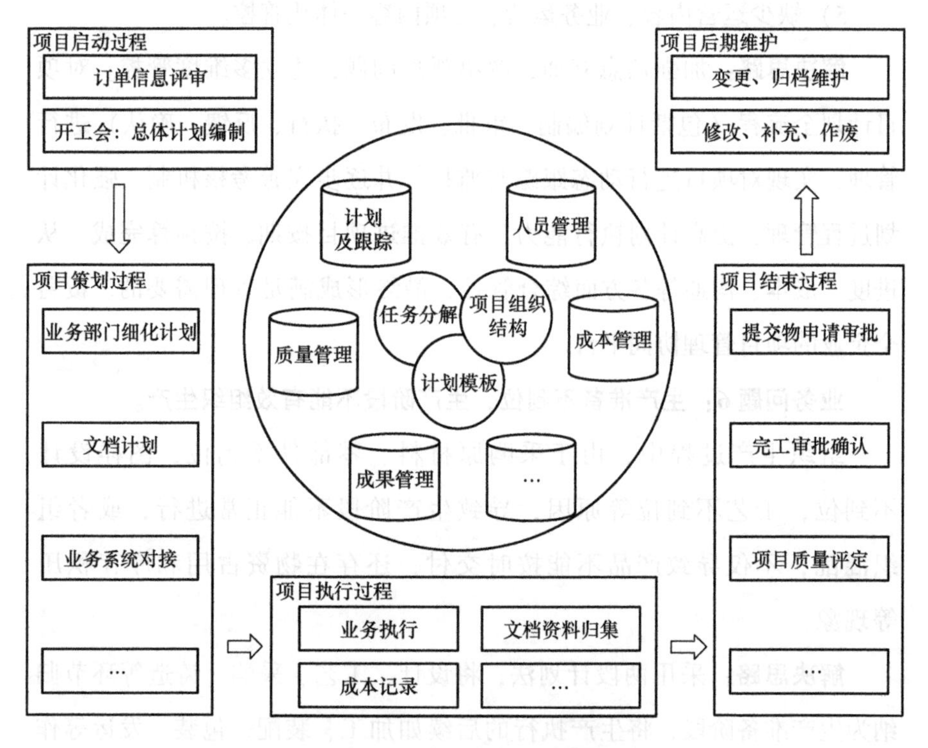

图 5-24 项目计划管理系统功能架构

利用项目计划管理系统，实现全生命周期的过程管理的目的。项目计划管理系统覆盖公司的项目管理过程和相关部门；重点突出计划管理各环节，包括计划的多级编制、审批、发布、执行与反馈、监控与调整、考核评价等全过程；通过信息化手段提供初步集成的面向全员的项目管理工作环境；强化项目执行过程的监控，提高项目执行能力；通过 WBS 规范化，促使管理数据真实、精确，支撑项目的分析决策；分析资源饱和度，协助管理者进行有效的分析。

为了达到全生命周期的过程管理的目的，需要与公司已有的业务系统进行集成，达到业务系统自动执行计划，并将计划执行状态和节点成果物提交到项目计划管理系统中，便于公司统一监控进度、完成度、人力资源等。

5.5.3 主要集成

项目计划管理系统集成如图 5-25 所示。

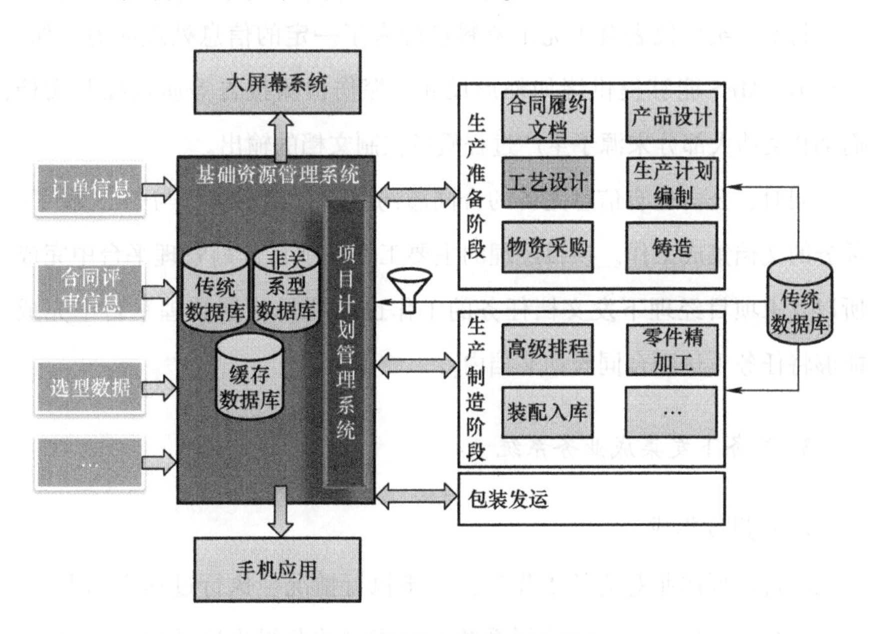

图 5-25　项目计划管理系统集成

1. 项目计划管理系统集成销售系统

订单原始信息、合同评审信息、产品参数信息等往往在单独的系统中，而这些信息均与销售活动有关（销售系统），其作为项目数据和任务的来源，需要与项目计划管理系统进行集成，打通从订单相关信息到计划任务下达的信息链。

在订单到计划的过程中，需要对销售系统中的订单数据进一步分解，形成具有指导项目计划编制的依据、指导各环节作业的规范、标准和生产要素等。

2. 项目计划管理系统集成成果物

在产品制造的各个环节，都要按照企业标准、行业标准以及客户要求提供相应的检验报告、质量控制文档、相关说明（或图样、工艺资料）等。该工作根据目前公司的职责流程，需要由项目经理将任务统一下发，各部门协同完成。

目前，吴忠仪表对于完工资料已经有了一定的信息处理能力，如生产环节，MES 能够提供诸如外形尺寸、探伤检测报告等质量控制文档，而 ITP 文档大部分来源于生产过程质量控制文档的输出。

同时，公司也有信息完备的合同履约文档管理系统，与 MES 做了一部分的文档集成工作。项目经理的主要工作在项目计划管理平台中完成，所以要求项目经理下发文档任务的工作也在项目计划管理平台中完成，能够将任务下达到合同履约文档内。

3. 任务下发集成业务系统

（1）进度集成

项目计划作业对应的工作项，由于执行情况、执行过程实际上在各业务系统中体现，为了在计划系统中能实时的获得进度情况，掌握完成度，根据业务系统的完成情况，计算进度百分比，集成在项目计划相关作业节点上。

通过集成，当制订的项目计划下达时，对于那些集成了业务系统的任务，业务系统能够自动提交状态，计划编制人员和相关人员能够知道任务完成与否。

（2）业务明细集成

与进度集成类似，虽然各业务系统有自己的数据分析、任务详情等，但其分散在各业务系统，不利于实时掌握详细情况，不满足决策层对于数据实时性的需求，所以通过与业务系统集成，对于业务系统的数据进行二次加工、整理，形成更直观、更具有关联性的明细数据，集成在项目计划相关作业节点上。

通过集成，当制定的项目计划下达时，对于那些集成了业务系统的任务，单击相关作业节点，能够呈现出关键的业务明细数据、甚至图标数据。

（3）进度考核

基于项目计划作业的计划结束时间，形成关键作业环节（里程碑节点、里程碑业务）的日任务考核、周任务考核、月任务考核，同时可以根据项目计划系统中的任务总数、超时数量、进行中数量、已完成数量等数据钻取到业务系统查看具体业务完成情况。

5.6 制造系统

5.6.1 业务问题及解决思路

制造过程主要包括毛坯备料过程、零件加工过程、整机装配过程、包装发运过程和生产质量管理过程。

面向大规模小批量个性化定制模式，客户需求日益多样，产品结构日趋复杂，企业制造工艺、检测方法、原材料、零部件、整机、设备加工能力、人员操作技能和生产管理方法的通用性正在逐步缩小，而需要个性化采购、制造、协同、装配和检测的市场订单却越来越多，由此产生的反向差距也正在拉大。另外，市场个性化定制程度越深，客户定制批量越小，企业定制规模越大，这种反向差距就越大、越突出，也成了新常态。客户需求的个性和多变，使得产品数据、计划指令的变更频率呈上升态势，制造材料、制造装备和装配部件的采购越来越全球化，进而使得产前准备业务更加离散、更加广泛、更加长期，导致企业生产过程的组织和执行不得不面对更多的不确定性、多样性和复杂性。企业物资采购部门、生产技术部门、质量保证部门、生产部门的管理压力和执行压力随之快速倍增。

面对短期交货要求、客户需求多样、产品结构复杂、制造工艺个性、产品数据多变、物资采购离散、设备能力不足、人员技能不够和计划模式陈旧等新型现状，企业生产部门如何更好地协同研发部门、工艺部门、采购部门、铸造部门、质量保证部门、财务部门、人力资源部门和外部协同单位，灵活调度人力、财力、物力和信息资源，高效组织毛坯备料、零件加工、整机装配、检验试验、包装发运等生产过程，确保按合同交货日期准时交付满足客户个性要求的高质量定制产品，同时保持个性化定制产品生产成本的相对稳定，是对企业生产部门和所有管理人员的一项巨大挑战。面对这一挑战，企业在制造维度主要有如下几个核心业务问题：一是如何确保生产全过程可视，二是如何确保生产全过程有序，三是如何确保全生产过程受控。

业务问题 1：如何确保生产全过程可视？

可视就是看得见，即以一种简单实用、通俗易懂的模块化方式，让各类原本看不见或难以看见的生产过程信息通过友好的计算机软件界面展示出来，以便于生产人员直观地、清楚地、毫不费力地理解和掌握生产状态，从而更加实时、更加科学地做出管理决策或操作行为，进而降低生产管理难度，简化生产管理过程，减少制造执行成本，提高制造执行效率。

从生产过程角度，企业如何基于信息系统实现毛坯备料、零件加工、整机装配、检验试验和包装发运等业务过程的可视？

从设备管理角度，企业如何基于信息系统实现生产设备、检测设备、物流设备等设备状态的可视？

从生产物料角度，企业如何基于信息系统实现生产物料进度状态、质量状态、位置状态的可视？

从产品数据角度，企业如何基于信息系统实现零部件信息、物料清单、设计图样、工艺文件、材料定额、数控程序、检测规划等产品数据的可视？

从绩效管理角度，企业如何基于信息系统实现操作者工时、外部协同加工费用、内部协同加工费用、生产成本、质量合格率等绩效数据的可视？

从生产管理角度，企业如何基于信息系统实现设备排班、人员排班、工位作业负载、质量异常、物料异常、设备异常、进度异常、产品数据异常等管理要素的可视？

解决思路：从生产过程角度来看，要基于 MES 构建适用于毛坯备料、零件加工、整机装配、检验试验和包装发运等生产过程的各级作业单，通过开发友好的软件功能界面实现各级作业任务的可视。

从设备管理角度来看，要借助设备监控系统全面实现生产设备联网，通过开发友好的软件功能界面实现生产、检测、物流、仓储等设备状态的可视。

从生产物料角度来看，要基于 MES 全面采集生产过程数据，通过开发友好的软件功能界面实现生产物料进度状态、质量状态、位置状态的可视。

从产品数据角度来看，要做好 MES 与产品全生命周期管理系统的集成应用，通过开发友好的软件功能界面实现零部件信息、物料清单、设计图样、工艺文件、材料定额、数控程序、检测规划等产品数据的可视。

从绩效管理角度来看，要基于 MES，通过构建各类适用的统计分析模块，实现操作者工时、外部协同加工费用、内部协同加工费用、生产成本、质量合格率等绩效数据的可视。

从生产管理角度来看，要基于 MES 采集生产过程数据，通过开发友好的软件功能界面实现设备排班、人员排班、工位作业负载、质量异常、物料异常、设备异常、进度异常、产品数据异常等管理要素的可视。

业务问题 2：如何确保生产全过程有序？

有序就是有顺序，就是要在可视的基础上，以一种简单实用、直观有效的模块化方式，让各类原本没有顺序或难以有序化的生产任务通过友好的软件功能界面有序地展示出来，以便生产人员直观地、清楚地、轻松地理解、掌握和执行有序化的生产指令，从而提高订单在部门之间、车间之间、班组之间、工位之间的协同执行能力，提高生产资源、生产资金、产能利用的合理性，缩短个性定制产品制造周期，确保合同有序履约、产品有序交付。

从生产过程角度，企业如何基于信息系统实现毛坯备料、零件加工、整机装配、检验试验和包装发运等业务过程整体有序？

从部门协同角度，企业如何基于信息系统实现采购部门、财务部门、毛坯铸造部门、机加部门、装配部门、质量保证部门、外协加工单位、生产技术部门以及产品研发部门之间协同有序？

从生产班组角度，企业如何基于信息系统实现生产班组之间协同有序？

从生产工位角度，企业如何基于信息系统实现工位协同有序？

从物料投放角度，企业如何基于信息系统实现物料投放有序？

从设备利用角度，企业如何基于信息系统实现生产设备利用有序？

从资金使用角度，企业如何基于信息系统实现资金使用有序？

解决思路：要确保生产全过程整体有序，就是要开发、完善和持续优化 MES 的各级作业单（软件功能模块），包括部门级作业单、车间级作业单、班组级作业单、工位级作业单。各级作业单要始终以生产计划为中心，依据计划开始时间或计划完成时间自动排定作业任务的优先顺序，作为各级执行者的带有优先顺序的作业指令。

通过全面统一应用各级作业单功能，确保毛坯备料过程、零件加工过程、整机装配过程、外协加工过程、物料转运过程、质量检测过程和包装发运过程整体有序，确保部门之间、车间之间、班组之间、工位之间整体有序，确保物料投放、设备利用、资金使用和人员利用整体有序。

业务问题3：如何确保全生产过程受控？

受控就是所有生产活动都要受控于生产管理中心，就是要在可视和有序的基础上，让高级生产管理人员能够在宏观层面上根据交期临近和实际生产进度，以一种简约灵活、富有弹性的模块化方式，有的放矢地暂停、放行或调控各级作业任务，灵活调控订单生产优先级，进而使各类原本无法控制或难以控制的生产任务都能够自动受控于MES的各级作业单。所有部门级、车间级、班组级、工位级作业任务，以及平行协同、上下协同和内外协同，都要统一受控于生产宏观调控措施。调控措施要张弛有度，调控指令要直达工位、全面自动响应，以此控制生产活动向计划进度回归。这是在生产管理上进一步进行“质”的提升。

从生产过程角度，企业如何基于信息系统实现毛坯备料、零件加工、整机装配、检验试验和包装发运等业务过程整体受控？

从部门协同角度，企业如何基于信息系统实现采购部门、财务部门、毛坯铸造部门、机加部门、装配部门、质量保证部门、外协加工单位、生产技术部门以及产品研发部门之间协同受控？

从生产班组角度，企业如何基于信息系统实现生产班组之间协同受控？

从生产工位角度，企业如何基于信息系统实现工位协同受控？

从变更管理角度，企业如何基于信息系统实现产品设计、制造工艺、检测方法、生产计划等业务变更在全生产过程受控？

从物料投放角度，企业如何基于信息系统实现物料投放受控？

从设备利用角度，企业如何基于信息系统实现生产设备利用受控？

从资金使用角度，企业如何基于信息系统实现资金使用受控？

解决思路：通过MES宏观调控“当日可开工任务窗口”大小，将每日可开工任务调控在特定范围之内，保证部门级、车间级、班组级、工位级在特定时间段内执行指定的作业任务，保证平行协同、上下协同和内外协同的一致性，防止过早开工和滞后开工；避免不合理占用和消耗物料、人员、机器、场地、器具、时间等生产资源，高级别规避生产资源争用，盘活并有效利用可用产能和生产资金；进一步优化作业任务有序性、提升生产过程协同性，进一步提高生产资源、生产资金、产能利用的合理性，进一步降低生产成本、缩短制造周期、提高产品质量。

通过统一的、柔性的宏观调控措施和有序的、受控的各级作业单，确保毛坯备料、零件加工、整机装配、检验试验和包装发运等业务过程整体受控，确保采购部门、财务部门、毛坯铸造部门、机加部门、装配部门、质量保证部门、外协加工单位、生产技术部门、产品研发部门之间协同受控，确保产品设计、制造工艺、检测方法、生产计划等业务变更在全生产过程受控，确保物料投放、生产设备利用和生产资金使用受控。

总的来说，解决方法如下：

1）要实现生产工位全员计算机化。通过设计、定制并向制造工位集成工业计算机（工位数字化看板）或手持终端，确保毛坯备料、零件加工、整机装配、检验试验和包装发运等所有制造工位都有计算机系统可用。确保在全生产过程人人都有计算机可用，是操作者和信息系统交互的硬件基础，也是实现智能制造的立足点。

2）要实现生产车间全范围网络化。以工位、车间、厂房为单位，依次构建工业计算机网络，确保每个工位、每个车间、每个厂房都有计算机网络可用。网络形式可包括有线网络、无线网络、移动网络。以各类信息系统为工具，将所有生产设备接入计算机网络，将所有工业计算机接入计算机网络，确保全生产过程处处都有计算机网络，实现生产车间全员网络化，为企业实施和应用MES奠定网络基础。

3）要实现生产过程全要素数字化。面向生产工位、生产班组、生产车间、生产部门，研究、分析、规划、开发、实施和持续优化集成的，确保全生产过程、全生产要素都能享受MES带来的工作便利和效率提升。通过MES全面呈现作业任务、产品数据、制造工艺、检测方法和时限要求。通过MES全面采集生产过程数据，监控任务状态、设备状态、物流状态和质量状态。通过MES实时在线跟踪订单生产进度，追溯产品制造过程和调度生产资源。用MES全面替代人力，在线统计和分析生产绩效、自动汇编和输出产品报告。

4）要实现生产过程管理智能化。始终以生产计划为中心，结合产品制造工艺和车间实际产能，有节制地自动生成各级作业任务序列（部门级、车间级、班组级、工位级），弹性调控各级作业任务有序执行。通过MES实时监控各级作业任务的执行状态，自动预警进度异常、设备异常、质量异常、物流异常、仓储异常、设计异常、工艺异常和资金异常，在线受理和处置各类生产异常，监督并使异常处理结果按原路返回生产现场。以MES为生产管理核心抓手，降低生产管理难度，简化生产管理过程，提高生产管理技能，增强生产状态感知，提升生产调度时效，提高生产资源利用率。

5.6.2 主要系统

制造维度主要信息系统如表5-2所示。

表5-2 制造维度主要信息系统

主要信息系统	主要用户	主要用途
制造执行系统	生产人员和生产管理人员	个性化订单制造执行与管理
分布式数控系统	生产人员和工艺设计人员	数控加工程序上传、下载和共享

（续）

主要信息系统	主要用户	主要用途
数控机床监控系统	生产人员和生产管理人员	数控机床数据采集和状态监控
热处理炉监控系统	生产人员和生产管理人员	热处理炉温数据采集和监控
生产质量管理系统	生产人员、生产管理人员和质量管理人员	管理个性化订单生产质量
工装管理系统	工艺设计人员、生产人员和工装管理人员	管理工装台账、生命周期、检维修、申领、报废等
刀具管理系统	工艺设计人员、生产人员和刀具管理人员	管理刀具台账、生命周期、检维修、申领、报废等
计量器具管理系统	工艺设计人员、生产人员和量具管理人员	管理量具台账、生命周期、检维修、申领、检定、报废等
外协加工管理系统	生产管理人员和外协单位	管理整机或零部件外部协同加工过程

5.6.3 主要集成

1. MES 集成生产计划管理系统

MES 集成生产计划管理系统如图 5-26 所示。

MES 集成生产计划管理系统主要用于提高生产制造人员对个性化订单产品生产计划的获取效能，主要作用于制造执行过程。

本集成使得生产人员能够在 MES 环境下直接打开个性化订单产品的毛坯铸造计划、零件加工计划、整机装配计划、包装发运计划、质量见证督查控制点以及合同技术参数和要求（源自生产计划系统），方便

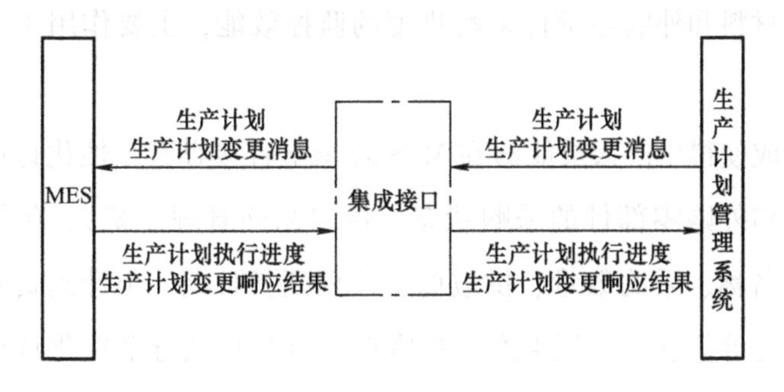

图 5-26　MES 集成生产计划管理系统

注：生产计划主要包括零件加工计划、整机装配计划。

生产人员组织和执行个性化订单产品生产任务；避免生产制造人员在MES 工作界面和生产计划管理系统工作界面之间频繁切换，减少了生产制造人员与生产计划人员之间的沟通工作量，使生产制造人员能够更加致力于个性产品生产过程，而不是忙于生产指令查询、生产进度反馈等人机或人人交互过程；同时，使得 MES 能够直接向生产计划管理系统反馈产品生产状态，直接接收来自生产计划管理系统的计划变更。本集成提高了产品生产效率，缩短了产品生产周期，降低了产品生产成本。

2. MES 集成采购管理系统

MES 集成采购管理系统如图 5-27 所示。

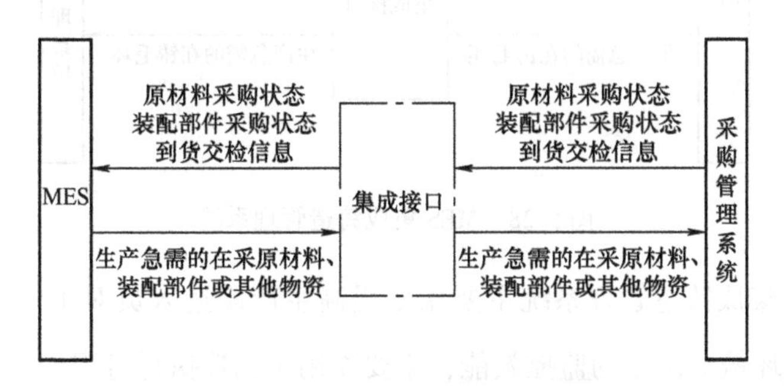

图 5-27　MES 集成采购管理系统

MES 集成采购管理系统主要用于提高生产制造人员对个性化订单产

品制造原材料和外购零部件采购进度的监控效能，主要作用于制造执行过程。

本集成使得生产人员能够在 MES 环境下直接查看个性化订单产品制造原材料和外购零部件的采购状态（源自采购管理系统），包括物资编码、物资名称、采购数量、供应商、计划到货日期、预计到货日期、当前采购状态等信息，方便生产人员掌握、组织和执行个性化订单产品生产任务；避免生产制造人员在 MES 工作界面和采购管理系统工作界面之间频繁切换，减少了生产制造人员与物资采购人员之间的沟通工作量，使生产制造人员能够更加致力于个性产品生产过程，而不是忙于采购状态查询、采购进度沟通等人机或人人交互过程；同时，使得 MES 能够直接向采购管理系统反馈产品生产急需物资，直接接收来自采购管理系统的到货交检信息。本集成提高了产品生产效率，缩短了产品生产周期，降低了产品生产成本。

3. MES 集成铸造管理系统

MES 集成铸造管理系统如图 5-28 所示。

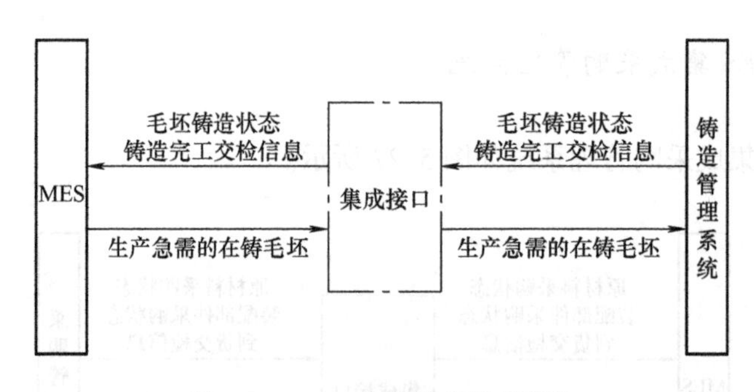

图 5-28　MES 集成铸造管理系统

MES 集成铸造管理系统主要用于提高生产制造人员对个性化订单产品零件毛坯铸造进度的监控效能，主要作用于制造执行过程。

本集成使得生产人员能够在 MES 环境下直接查看个性化订单产品零件毛坯的铸造状态（源自铸造管理系统），包括铸造批次号、毛坯图号、毛坯材质、工艺分类、计划数量、计划入库日期、预计入库日期、当前铸造状态等信息，方便生产人员掌握、组织和执行个性化订单产品零部件生产任务；避免生产制造人员在 MES 工作界面和铸造管理系统工作界面之间频繁切换，减少了生产制造人员与毛坯铸造人员之间的沟通工作量，使生产制造人员能够更加致力于个性产品生产过程，而不是忙于铸造状态查询、铸造进度沟通等人机或人人交互过程；同时，使得 MES 能够直接向铸造管理系统反馈产品生产急需毛坯，直接接收来自铸造管理系统的毛坯交检信息。本集成提高了产品生产效率，缩短了产品生产周期，降低了产品生产成本。

4. MES 集成库存管理系统

MES 集成库存管理系统如图 5-29 所示。

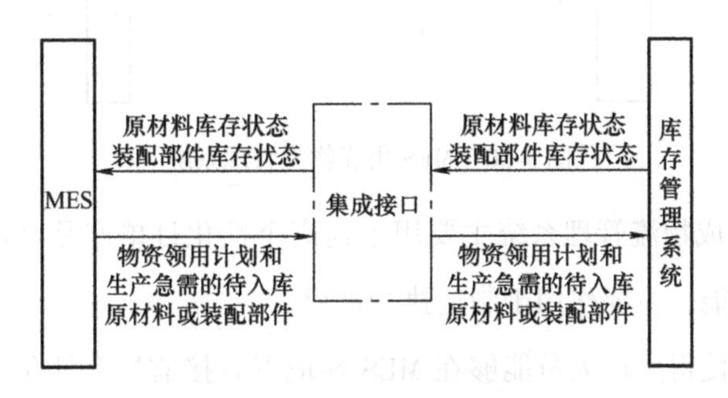

图 5-29　MES 集成库存管理系统

MES 集成库存管理系统主要用于提高生产制造人员对个性化订单产品制造原材料和零部件库存状态的监控效能，主要作用于制造执行过程。

本集成使得生产人员能够在 MES 环境下直接查看个性化订单产品制造原材料和零部件库存状态（源自库存管理系统），包括零件图号、名称、材质、工艺分类、库存数量、入库日期等信息，方便生产人员掌握、组织和执行个性化订单产品生产任务；避免生产制造人员在 MES 工作界面和库存管理系统工作界面之间频繁切换，减少了生产制造人员与库存管理人员之间的沟通工作量，使生产制造人员能够更加致力于个性产品生产过程，而不是忙于库存状态查询等人机或人人交互过程；同时，使得MES能够直接向库存管理系统反馈后续产品生产任务（方便库存管理人员提前齐套，提高出库效率），直接接收来自库存管理系统的紧急资源入库信息。本集成提高了产品生产效率，缩短了产品生产周期，降低了产品生产成本。

5. MES 集成物流管理系统

MES集成物流管理系统如图5-30所示。

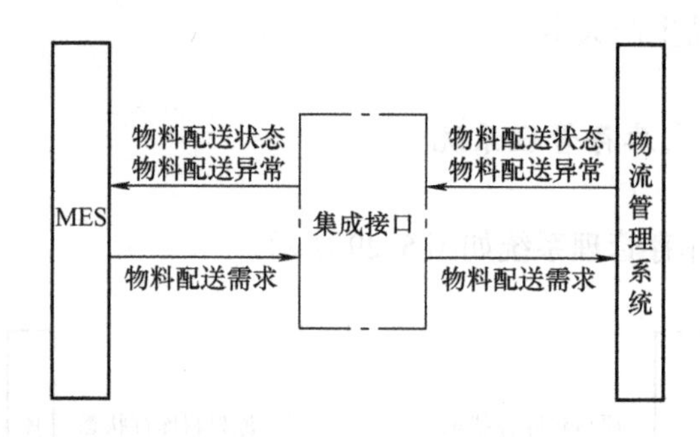

图5-30　MES集成物流管理系统

MES集成物流管理系统主要用于提高个性化订单产品制造过程中的物料流动效能，主要作用于制造执行过程。

本集成使得生产人员能够在MES环境下直接监控个性化订单产品制造物流状态（源自物流管理系统），包括物资编码、名称、材质、工艺分类、数量、出发地、计划出发时间、实际出发时间、目的地、计划到达时间、实际到达时间、配送人员、配送车辆等信息，方便生产人员掌握、组织和执行个性化订单产品生产任务；避免生产制造人员在MES工作界面和物流管理系统工作界面之间频繁切换，减少了生产制造人员与物流配送人员之间的沟通工作量，使生产制造人员能够更加致力于个性产品生产过程，而不是忙于物流状态信息获取等人机或人人交互过程；同时，使得MES能够直接向物流管理系统下发后续物流配送需求（方便物流管理人员调度物流，提高物流配送效率），直接接收来自物流管理系统的物流配送异常信息。本集成提高了产品生产效率，缩短了产品生产周期，降低了产品生产成本。

6. MES 集成设备管理系统

MES 集成设备管理系统如图 5-31 所示。

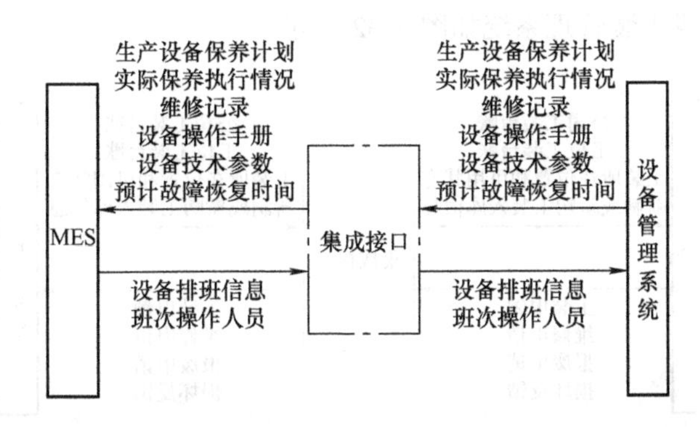

图 5-31 MES 集成设备管理系统

MES 集成设备管理系统主要用于提高生产制造人员对生产设备保养计划、实际保养执行情况、维修记录的监控效能，也用于提高生产制造人员对生产设备状态（关键、空闲、运行、报警）的监控效能，主要作用于制造执行过程。

本集成使得生产人员能够在 MES 环境下直接查看生产设备保养计划、实际保养执行情况、维修记录、设备操作手册、设备技术参数和设备状态（源自设备管理系统），包括设备编号、设备名称、设备型号、下次计划保养日期、最近保养日期、保养人员、保养内容等信息，方便生产人员监督落实全面设备保养计划，了解掌握设备利用状态；避免生产制造人员在 MES 工作界面和设备管理系统工作界面之间频繁切换，减少了生产制造人员与设备管理人员、设备维修保养人员之间的沟通工作量，使生产制造人员能够更加致力于个性产品生产过程，而不是忙于设备状态获取、设备保养计划查询等人机或人人交互过程；同时，使得 MES 能够直接向设备管理系统反馈设备排班信息、设备班次操作人员信息，直接读取来自设备管理系统的预计故障恢复时间。本集成提高了产品生产效率，缩短了产品生产周期，降低了产品生产成本。

7. MES 集成工装管理系统

MES 集成工装管理系统如图 5-32 所示。

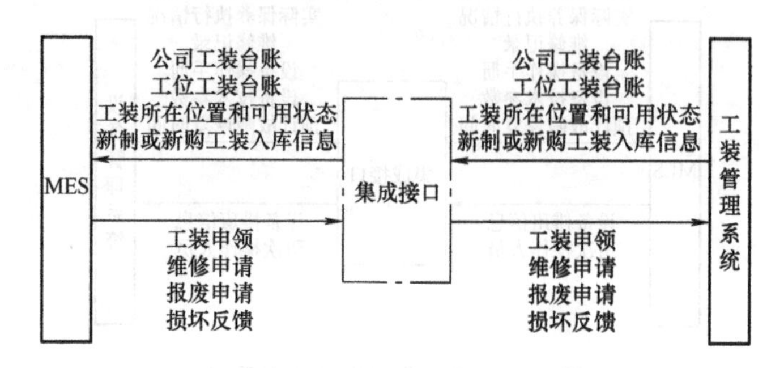

图 5-32　MES 集成工装管理系统

MES 集成工装管理系统主要用于提高生产制造人员对生产工装的管理和使用效能，主要作用于制造执行过程。

本集成使得生产人员能够在 MES 环境下直接查看执行生产任务所需的工装信息（源自工装管理系统），包括工装编号、工装型号、工装名称、可用数量、健康状态、所在位置、当前使用人、预计释放时间、工装设计图样等信息；能够在 MES 环境下直接查看公司工装台账、工位工装台账，直接发起工装申领流程、维修申请流程、报废申请流程，方便生产人员掌握工装状态；避免生产制造人员在 MES 工作界面和工装管理系统工作界面之间频繁切换，减少了生产制造人员与工装管理人员、工艺设计人员、工装占用人员之间的沟通工作量，使生产制造人员能够更加致力于个性产品生产过程，而不是忙于工装状态获取、申请领用、申请维修、申请报废等人机或人人交互过程；同时，使得 MES 能够直接向工装管理系统反馈工装损坏信息，直接读取来自工装管理系统的新制或新购工装入库信息。本集成提高了产品生产效率，缩短了产品生产周期，降低了产品生产成本。

8. MES 集成刀具管理系统

MES 集成刀具管理系统如图 5-33 所示。

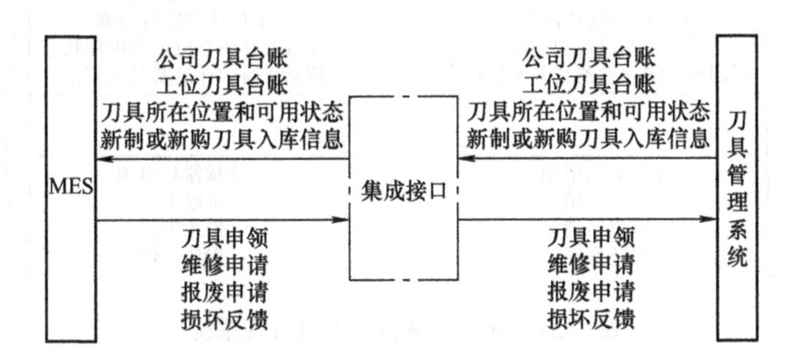

图 5-33 MES 集成刀具管理系统

MES 集成刀具管理系统主要用于提高生产制造人员对生产刀具的管理和使用效能，主要作用于制造执行过程。

本集成使得生产人员能够在 MES 环境下直接查看执行生产任务所需的刀具信息（源自刀具管理系统），包括刀具编号、品牌、型号、名称、可用数量、健康状态、所在位置、当前使用人、预计释放时间、刀具组合图样等信息；能够在 MES 环境下直接查看公司刀具台账、工位刀具台账，直接发起刀具申领流程、维修申请流程、报废申请流程，方便生产人员掌握刀具状态；避免生产制造人员在 MES 工作界面和刀具管理系统工作界面之间频繁切换，减少了生产制造人员与刀具管理人员、工艺设计人员、刀具占用人员之间的沟通工作量，使生产制造人员能够更加致力于个性产品生产过程，而不是忙于刀具状态获取、申请领用、申请维修、申请报废等人机或人人交互过程；同时，使得 MES 能够直接向刀具管理系统反馈刀具损坏信息，直接读取来自刀具管理系统的新制或新购刀具入库信息。本系统提高了产品生产效率，缩短了产品生产周期，降低了产品生产成本。

9. MES 集成计量器具管理系统

MES 集成计量器具管理系统如图 5-34 所示。

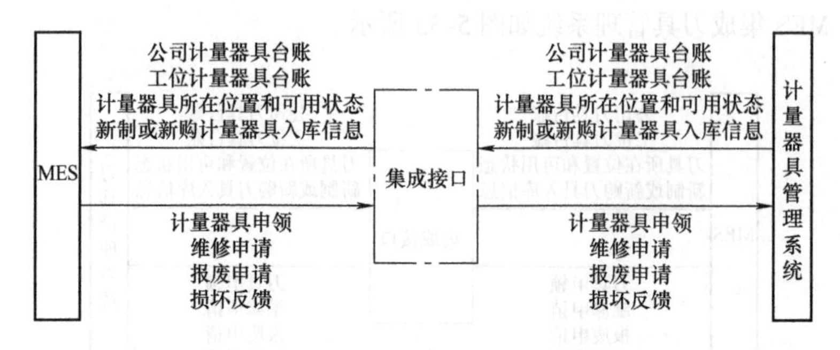

图 5-34　MES 集成计量器具管理系统

MES 集成计量器具管理系统主要用于提高生产制造人员对计量设备的管理和使用效能，主要作用于制造执行过程。

本集成使得生产人员能够在 MES 环境下直接查看监视和计量产品质量所需的计量设备信息（源自计量器具管理系统），包括计量器具编号、品牌、型号、名称、可用数量、健康状态、所在位置、当前使用人、预计释放时间、生命周期状态、操作说明书、技术参数等信息；能够在 MES 环境下直接查看公司计量器具台账、工位计量器具台账，直接发起计量器具申领流程、维修申请流程、报废申请流程，方便生产人员掌握计量器具状态；避免生产制造人员在 MES 工作界面和计量器具管理系统工作界面之间频繁切换，减少了生产制造人员与计量器具管理人员、工艺设计人员、计量器具占用人员之间的沟通工作量，使生产制造人员能够更加致力于个性产品生产过程，而不是忙于计量器具状态获取、申请领用、申请维修、申请报废等人机或人人交互过程；同时，使得 MES 能够直接向计量器具管理系统反馈计量器具损坏信息，直接读取来自计量器具管理系统的新制或新购计量器具入库信息。本集成提高了产品生产效率，缩短了产品生产周期，降低了产品生产成本。

本集成示例如图 5-35 所示。

制造执行系统

主页　量具台账查询

扫码　量具名称　使用者　编号　出厂编号　查询　清空

	量具名称	规格型号	测量范围	准确度	编号	出厂编号	生产厂家	管理等级	使用者名称	标识	上次检验时间	量具状态
1	游标卡尺		(0-150)mm	0.02mm	1-2220	628073	成量	B	杜立忠	Z	2017-02-01 00:00:00.0	合格
2	游标卡尺		(0-200)mm	0.02mm	1-1761	1121112230	德国	B	杜立忠	Z	2017-06-01 00:00:00.0	合格
3	游标卡尺		(0-300)mm	0.02mm	1-1574	412-1089	上量	B	杜立忠	Z	2017-05-01 00:00:00.0	合格
4	长爪游标卡尺		(16-150)mm	0.02mm	22-34	C1211060434	桂林	B	杜立忠	Z	2017-03-01 00:00:00.0	合格
5	内径量表		(50-160)mm	0.01mm	17-168	1103128	哈量	B	杜立忠	Z	2017-04-01 00:00:00.0	合格
6	外径千分尺		(0-25)mm	0.01mm	6-2118		北量	B	杜立忠	Z	2017-06-01 00:00:00.0	合格
7	外径千分尺		(50-75)mm	0.01mm	6-723	9176	成量	B	杜立忠	Z	2017-01-01 00:00:00.0	合格
8	外径千分尺		(100-125)mm	0.01mm	6-727	1071524	哈量	B	杜立忠	Z	2017-05-01 00:00:00.0	合格
9	外径千分尺		(25-50)mm	0.01mm	6-730	97074	成量	B	杜立忠	Z	2017-04-01 00:00:00.0	合格
10	外径千分尺		(75-100)mm	0.01mm	6-747	91695	成量	B	杜立忠	Z	2017-01-01 00:00:00.0	合格
11	公法线千分尺		(25-50)mm	0.02mm	12-2040	7031	哈量	B	杜立忠	Z	2017-04-01 00:00:00.0	合格
12	数显深度尺		(0-300)mm	0.01mm	36-09	511006052JC	德国马尔	B	杜立忠	Z	2016-06-30 00:00:00.0	合格
13	内径量表		(0-5,18-35)mm	0.01mm	17-185	122886,1202016	哈量	B	杜立忠	Z	2017-02-01 00:00:00.0	合格
14	外径千分尺		(125-150)mm	0.01mm	6-760	146207	哈量	B	杜立忠	Z	2017-05-01 00:00:00.0	合格
15	外径千分尺		(200-225)mm	0.01mm	6-2092		瑞士	B	杜立忠	Z	2017-06-01 00:00:00.0	合格
16	外径千分尺		(175-200)mm	0.01mm	6-752	86267	成量	B	杜立忠	Z	2017-02-01 00:00:00.0	合格
17	外径千分尺		(150-175)mm	0.01mm	6-691	7102913	青量	B	杜立忠	Z	2017-06-01 00:00:00.0	合格
18	深游标卡尺		(0-200)mm	0.02mm	3-2041	891237	北量	B	杜立忠	Z	2017-08-12 00:00:00.0	合格
19	百分表		0-10		15-487	2062612	成量	B	杜立忠	Z	2017-02-01 00:00:00.0	合格

图 5-35　MES 集成计量器具管理系统示例

在上述集成示例中，生产现场的各类人员可以基于 MES，多条件在线查询计量器具的台账信息。

10. MES 集成热处理炉温监控系统

MES 集成热处理炉温监控系统如图 5-36 所示。

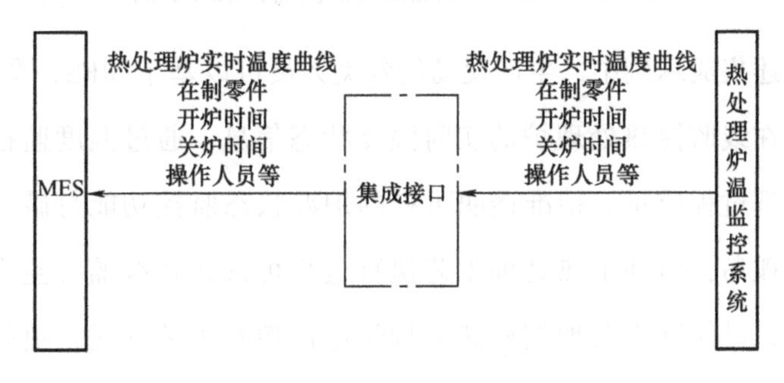

图 5-36　MES 集成热处理炉温监控系统

MES 集成热处理炉温监控系统主要用于提高生产制造人员对零部件热处理过程的管理效能，主要作用于制造执行过程。

本集成使得生产人员能够在 MES 环境下直接监视零部件在热处理过程中的炉温变化情况信息（源自热处理炉温监控系统），包括零件名称、材质、数量、设备编号、装炉时间、装炉温度、到保温温度、保温开始时间、保温时长、出炉时间、出炉温度等信息；能够在 MES 环境下直接查看零部件热处理开工信息和完工信息，方便生产人员掌握热处理进度状态，促进实物生产流动，输出零部件热处理报告。本集成提高了产品生产效率，缩短了产品生产周期，降低了产品生产成本。

本集成示例如图 5-37 所示。

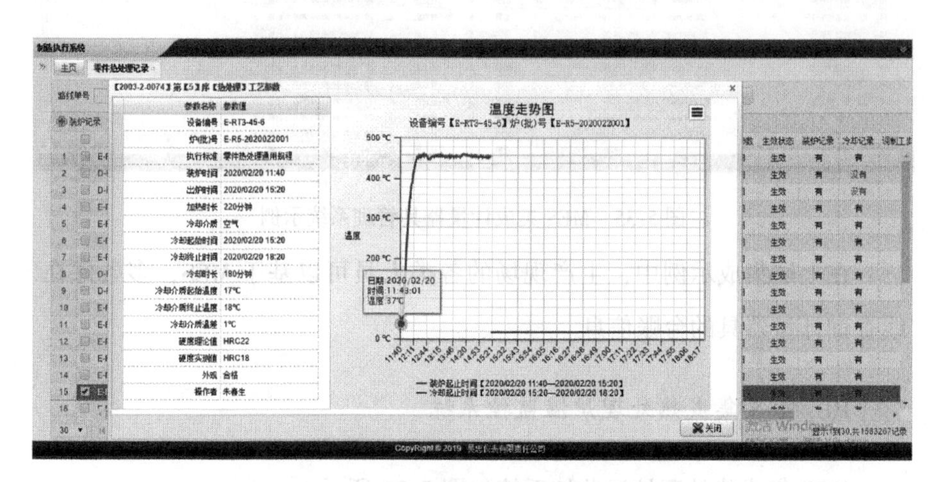

图 5-37　MES 集成热处理炉温监控系统示例

在上述集成示例中，生产现场的各类人员可以基于 MES，全天 24 小时不间断在线监控热处理炉的实时温度状态信息，通过温度监控控制零部件热处理过程质量。精准透明可视的炉温状态监控功能打破了热处理设备信息孤岛，填补了热处理工艺执行过程可视化在线监控空白，使得生产管理人员能够直观地洞察热处理炉温调控和工艺问题，更好地管理零部件热处理过程，更好地优化零部件处理工艺，是对热处理过程管理能力的重大提升。

11. MES 集成产品全生命周期管理系统

MES 集成产品全生命周期管理系统如图 5-38 所示。

MES 集成产品全生命周期管理系统主要用于提高生产制造人员对个

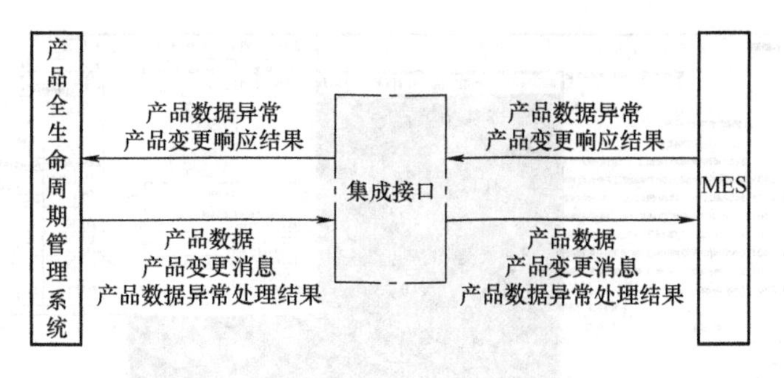

图 5-38 MES 集成产品全生命周期管理系统

性化订单产品的生产制造效能，主要作用于生产制造过程。

本集成使得生产制造人员能够在 MES 环境下直接从 PLM 中调阅和使用以产品设计图样、产品三维模型、工艺设计文件、数控加工程序、检测规划图样为代表的产品数据，撤除了图文档打印科室、纸质图文档库，减少了图文档耗材消耗，降低了废品制造率，增加了产品数据获取应用便捷性，精简了组织结构和产品数据管理流程，使产品制造全过程实现无纸化，大幅度提高了生产制造过程对产品数据的获取应用能力。本集成能够形成产品数据异常在线闭环管理。当生产现场发现产品数据异常时，可直接从 MES 实时在线采集生产现场发现的产品数据异常到产品全生命周期管理系统，自动追溯产品设计人并将其指定为产品数据异常受理人，在产品数据异常受理工作流发布时，再将产品数据异常处理结果自动交付给 MES 应用。本集成还能够形成产品数据变更闭环管理。当产品全生命周期管理系统端发起产品数据升版流程时，MES 端保持实时联动响应，自动向生产现场提示产品数据版本升级消息并控制旧版产品数据的继续使用，防止产品数据升级阶段的不确定性引起更多材料消耗和产能浪费。本集成提升了产品制造合格率，提高了产品生产效率，缩短了产品生产周期，降低了产品生产成本。

本集成示例如图 5-39 和图 5-40 所示。

在上述集成示例中，生产现场的各类人员可以基于 MES，通过扫描个性定制产品零件的生产批次号条码，直接在线打开与之相关的产品数

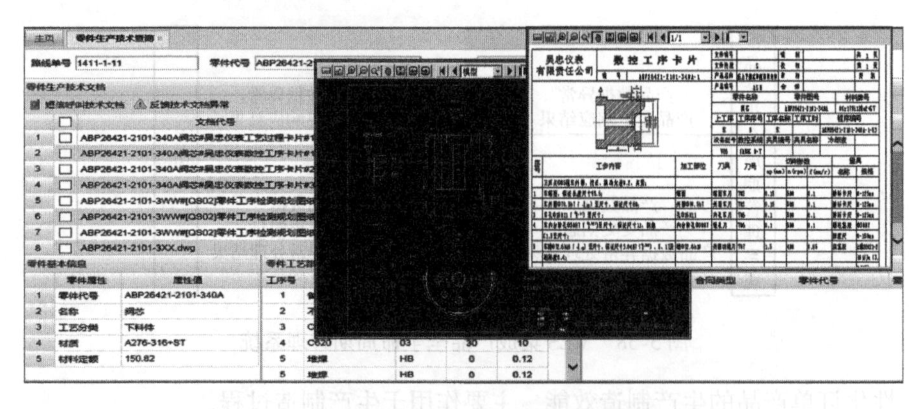

图 5-39　MES 集成产品全生命周期管理系统示例

材料定额：Φ90X100　工艺分类：下料件　切制件数：1　计划类型：正常计划　毛坯图号：

1411-1-11	图号(名称)	ABP26421-2101-340A(阀芯)					材质	A276-316+ST	
	本批次领用量	1	累计领用量	1	计划数量	1	部门 0709	打印人	王江帆
	计划开始日期		计划结束日期		计划投料日期			打印日期	2020/02/20

合同号：

序号	工序	工时	操作者	合格	工废/料废	序号	工序	工时	操作者	合格	工废/料废
1	备料	0.0				12	标记	0.0			
2	热处理	5.0				13	清洁	0.0			
3	C620	25.0				14	检验	0.0			

图 5-40　个性产品定制——零件生产批次号条码示例

据（源自产品全生命周期管理系统），包括零件基本信息、材料定额、工时定额、工艺路线、产品设计图样、产品三维模型、工艺过程卡、数控工序卡、数控加工程序、检测规划图样，直接在线反馈产品数据异常、呼叫缺项产品数据。

产品数据在全生产过程的网络化应用方式彻底替代了以纸质媒介为载体的传统应用方式，消除了纸质产品数据管理环境下的图文档打印、装订、成套、下发、签收、借去、登记、规划等过程，不再需要设置图文档打印科室和人员，不再需要打印设备和特规纸张，也不存在图文档争用、等待情况。生产人员和产品研发人员在线零距离沟通，产品数据管理和应用能力都得到提升。生产现场没有了脏乱的纸质产品图文档，可视化环境和精神面貌焕然一新。生产人员配置更精简，文档查阅更方便，版本控制更有力，质量成本在减少，生产废品率明显减少，生产效率明显提升，生产成本明显下降，生产周期明显缩短。

总之，MES 集成产品全生命周期管理系统是打通产品数据在个性产品定制全生产过程在线流通应用的关键战略性举措，无论是在效率效益方面还是在质量成本方面都有非凡的价值意义。

12. MES 集成项目计划管理系统

MES 集成项目计划管理系统如图 5-41 所示。

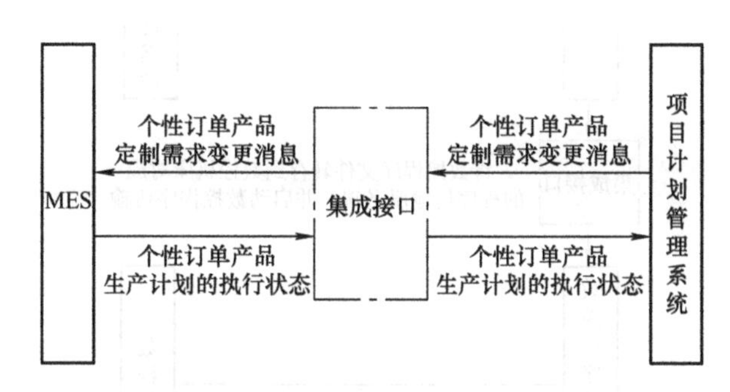

图 5-41　MES 集成项目计划管理系统

MES 集成项目计划管理系统主要用于提高项目经理对个性化订单产品生产进度的监控和管理效能，主要作用于项目计划管理过程。

本集成使得项目经理能够在项目计划管理系统环境下直接从 MES 中读取个性化订单产品生产任务的执行状态，从而实现对所有个性化订单产品生产任务的实时在线监控，包括毛坯铸造进度、零件加工进度、产品组装进度、质量检测结果、包装发运进度等信息；能够在 MES 环境下自动响应个性化订单项目计划的变更，如当项目计划暂停时，MES 自动停滞并冻结所有与该项目相关的零件生产任务的执行，全面控制相关零件生产计划暂停在当前状态，直到新的项目计划指令到达，降低项目计划变更风险，防止不确定性带来更多损失。本集成提升了项目经理对个性化订单项目生产过程的监控能力，提升了生产过程对项目计划变更的适应能力和反应能力，提高了项目管理效率，缩短了项目管理周期，降低了项目管理成本。

13. MES 集成数控程序传输系统

MES 集成数控程序传输系统如图 5-42 所示。

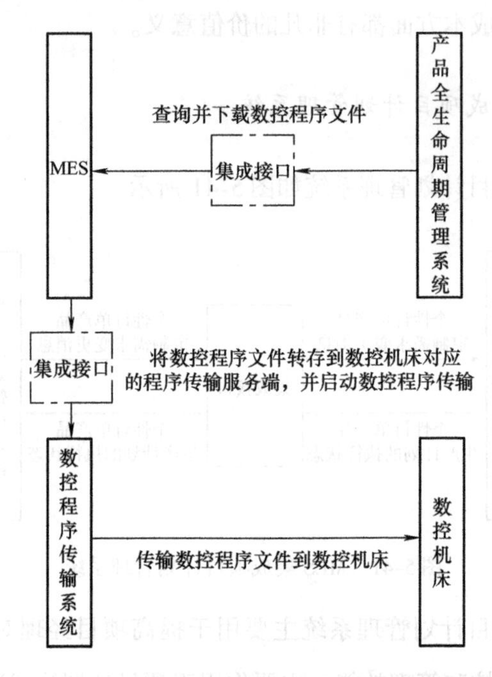

图 5-42　MES 集成数控程序传输系统（数控程序下载过程）

MES 集成数控程序传输系统主要用于提高生产制造人员对个性化订单产品数控加工程序的上传、下载和共享利用效能，主要作用于生产制造过程。

本集成使得生产制造人员能够在 MES 环境下直接从 PLM 中调取数控加工程序，进而通过数控程序传输系统将目标数控程序传送给目标数控机床，或者通过数控程序传输系统将最新的经过改进的数控加工程序上传到产品全生命周期管理系统归档，或者通过数控程序传输系统将数控加工程序共享给其他同类数控机床。本集成有利于固化、存储、传播零部件数控加工经验，从而大幅度发挥数控加工程序的作用，提高了产品生产效率、设备利用率和加工质量稳定性，减少了制造成本和生产周期。

本集成示例如图 5-43 所示。

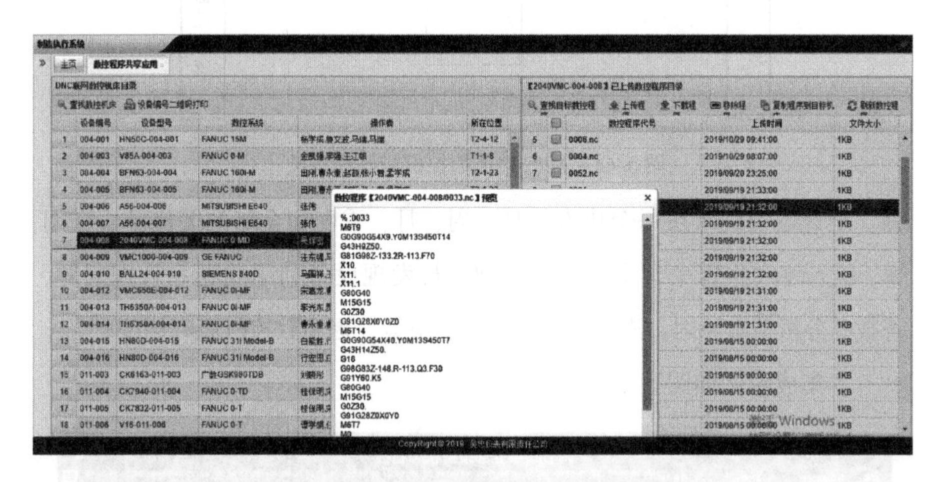

图 5-43　MES 集成数控程序传输系统示例

在上述集成示例中，生产现场的各类人员可以基于 MES，全天 24 小时随时上传、下载和共享应用数控加工程序。便捷易操作的数控程序传输应用功能将全体数控机床互联在一起，打破了数控机床加工程序孤岛，使数控机床之间、数控操作者之间能够通过网络交换和共享数控加工程序，大幅度提升了既有数控加工程序的再利用能力。在发挥数控程序价值作用的同时，提高了数控机床利用率，增强了零件加工质量稳定性，缩短了零件生产周期，降低了零件生产成本。

14. MES 集成数控机床监控系统

MES 集成数控机床监控系统如图 5-44 所示。

MES 集成数控机床监控系统主要用于提高生产制造人员对数控机床状态的监控效能，主要作用于生产制造过程。

本集成使得生产制造人员能够在 MES 环境下直接从数控机床监控系统中读取数控机床的当前状态和历史状态，包括关机、空闲、运行和报

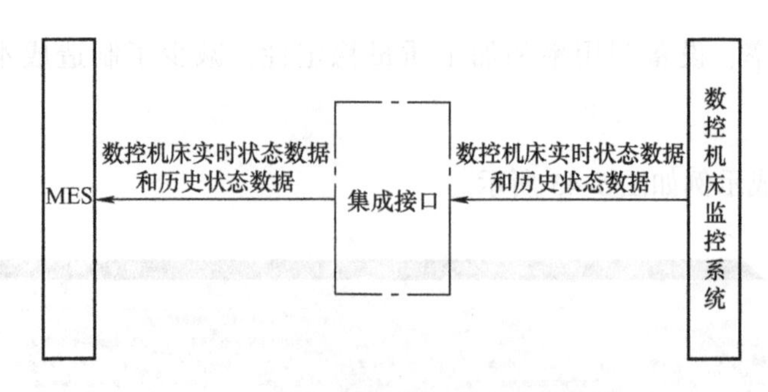

图 5-44　MES 集成数控机床监控系统

警。统计数控机床在每个班次、日、周、月、季度和全年的关机率、空闲率、运行率和报警率，支持生产管理人员发现设备利用问题和管理问题，查找并分析根本原因，进而做出科学管理决策，提高数控机床利用率。

本集成示例如图 5-45 所示。

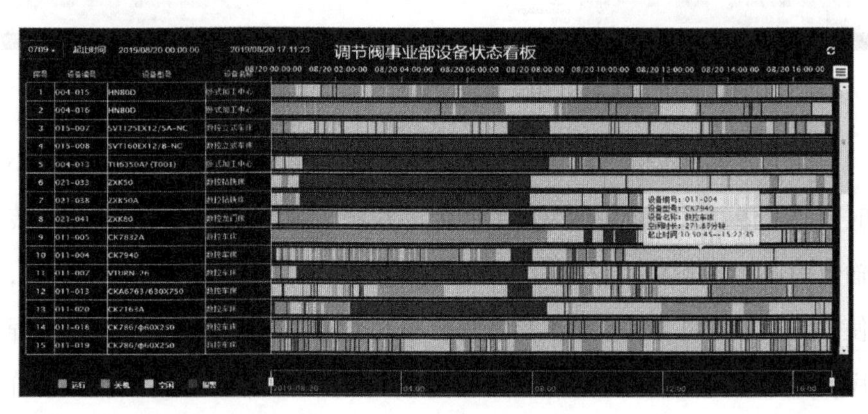

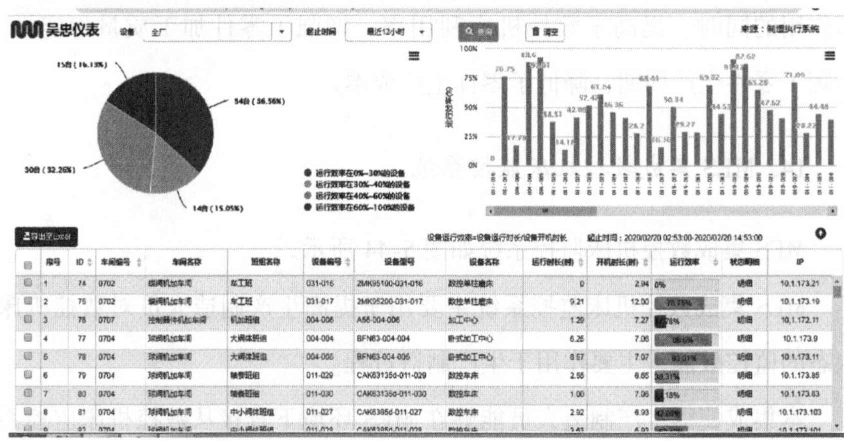

图 5-45　MES 集成数控机床监控系统示例

在上述集成示例中，生产现场的各类人员可以基于MES，全天24小时不间断在线监控数控机床、自动产线、自动仓储设备、自动物流设备、数字检测设备等主要设备的空闲、报警、运行、关机状态信息。精准透明可视的设备状态监控功能，使得生产管理人员能够直观地洞察设备调度管理应用问题，支撑设备全面统筹、统一配给、合理调度、管理决策，挖掘整体效能，发挥1+1>2叠加效应。

5.7 设备管理系统

在生产的机械化、自动化程度不断提高的今天，设备管理的好坏对企业的生产经营具有现实的和深远的影响。传统的单元制造系统因设备资源固定而使组织模式存在以下问题：①设备负荷的不平衡使得某些资源的利用率下降，造成生产成本的上升；②设备负荷的不平衡又使得某些资源特别紧张，造成生产率下降；③由于设备资源是固定的，不能适应因为生产任务的变化而调整的工艺路线，从而造成工件跨单元的加工，导致辅助资源（如自动导向车、托盘、夹具等）的紧张，使得生产能力下降，交货期拖延。

5.7.1 业务问题及解决思路

对于一个企业来讲，特别是制造企业，设备利用率是一个很重要的指标，企业的设备利用率越高，企业生产能力的发挥程度越高，单位产品的固定成本相对就低，即提高设备利用率能够有效降低产品的成本。保持高的、稳定的设备可利用率，是保障设备利用率的必要条件之一。在设备维度，高的设备可利用率是设备管理的主要目标，如何提高可利用率是需要设备管理系统解决的主要问题。

设备管理的业务思路如图 5-46 所示。

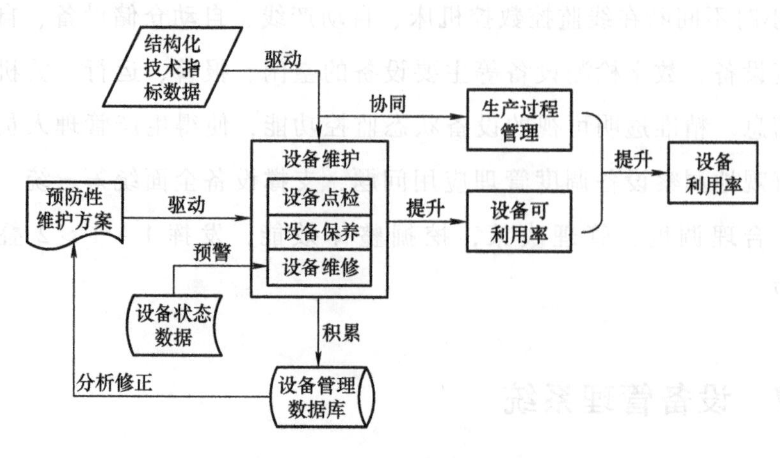

图 5-46 设备管理业务思路

设备管理系统主要包括企业对设备的维修、保养、运行等管理。该系统以提高设备利用率、降低企业运行维护成本为目标，优化企业维护资源，通过信息化手段，合理安排维修计划及相关资源，从而提高企业的经济效益和市场竞争力。设备管理信息化的内容主要包括以下几点。

1. 利用信息化手段，规范设备维护业务管理

设备的维护业务主要有点检、保养与维修，利用信息化手段，使设备点检、保养、维修等工作严格按照设备技术要求执行，并且定时、定点、定人，将维护工作落到实处；保存完整的设备点检和保养记录，为设备劣化倾向分析提供支撑性数据；设备管理系统还要涵盖设备及量刃具工装维护工时、设备备品备件、设备维护预算等多项信息化管理。

2. 结构化设备技术指标，以规则驱动业务

将设备技术指标结构化，量化设备状态，形成设备维护知识库。基于设备维护规则，实现设备点检计划、保养计划的自动化提取，以及协

助设备维护人员进行设备故障诊断，提高维修计划的准确性、维修决策的科学性，减小维修任务执行的主观随意性。

3. 实时监测设备状态，实现设备故障预警

随着电子信息技术的发展，世界机床业已进入了以数字化制造技术为核心的机电一体化时代，其中数控机床就是代表产品之一。通过网络技术，将计算机与具有数控装置的机床群相连，即可实现设备状态的适时监测。设备管理系统应充分利用设备状态的实时数据，与其维护的结构化的设备技术指标匹配、对比，根据设备维护知识库的规则判定故障，实现设备故障预警。

4. 分析设备管理的业务数据，实现闭环管理

在设备维护过程中，必然形成设备点检、保养、维修、设备状态等大量的维护数据。设备管理系统应对这些业务数据进行加工，协助设备维护人员进行分析，得出设备的维护报告，为设备决策者提供可参考的决策支撑，使其能够客观地提出设备管理的优化方案，优化系统的知识库与维护规则，形成设备管理的信息闭环。此外，设备管理系统也应能为生产系统提供设备可利用率、利用率、设备状态等数据，使生产计划与制造执行等系统能根据设备的实际情况及时做出任务调整。

5. 加强预防性维修，提高设备可靠性

信息化条件下，维修的目的不仅仅是排除故障与修复，还要通过维修提高可靠性和可用度，一切维修活动应围绕设备的可靠性和可用性需求来展开。为此，综合考虑设备维修相关的所有因素，以最小的资源消耗，确定合适的维修项目和维修类型，实现精确维修。相应地，主导的维修策略应从传统的事后修复性维修、周期预防性维修向预防性维修为

主的、包括各种主动维修（预测性维修、健康管理等）在内的综合维修策略转型，开展有针对性的维修。

6. 集成生产系统，实现设备管理的协同与精细化

明确设备管理业务与生产过程管理之间的关系，集成生产计划管理、制造执行管理、产品质量管理等生产系统，这也属于设备管理信息化工作范畴。设备管理信息系统与生产系统进行信息交换，形成一体化的信息环境，实现以生产需求与质量需求驱动设备维护工作，有助于设备管理的协同化与精细化。

5.7.2 主要系统

设备管理系统是以生产过程设备为管理对象，以设备维护为核心业务，以提高生产过程条件保障能力为目标的信息系统。吴忠仪表全面生产设备管理信息化解决方案从信息系统过程、人的行为过程、物理变化过程三个方面着手，使之规范化。另外，吴忠仪表在多年的信息化建设成果之上，实现了设备管理与企业资源管理、制造执行、质量管理等系统的综合集成，为生产过程提供了可靠、持续的加工能力。图5-47为设备管理系统信息化原理。

设备管理系统主要有设备管理、设备维护计划、设备维护作业执行三大核心模块。

1）设备管理：是站在较为宏观的角度对设备维护工作的规划，包含用于管理设备年度维护的设备管理计划、用于管理设备维护支出的设备维护预算、用于评估设备状态的产能分析－指标计算、用于评价设备维护成效的设备维护决策支持，以及支撑设备保养与设备点检业务的设备管理知识库维护。

2）设备维护计划：是站在设备管理层面对设备维护计划的编制，包含设备的点检计划、保养计划、维修计划、备件计划。在设备点

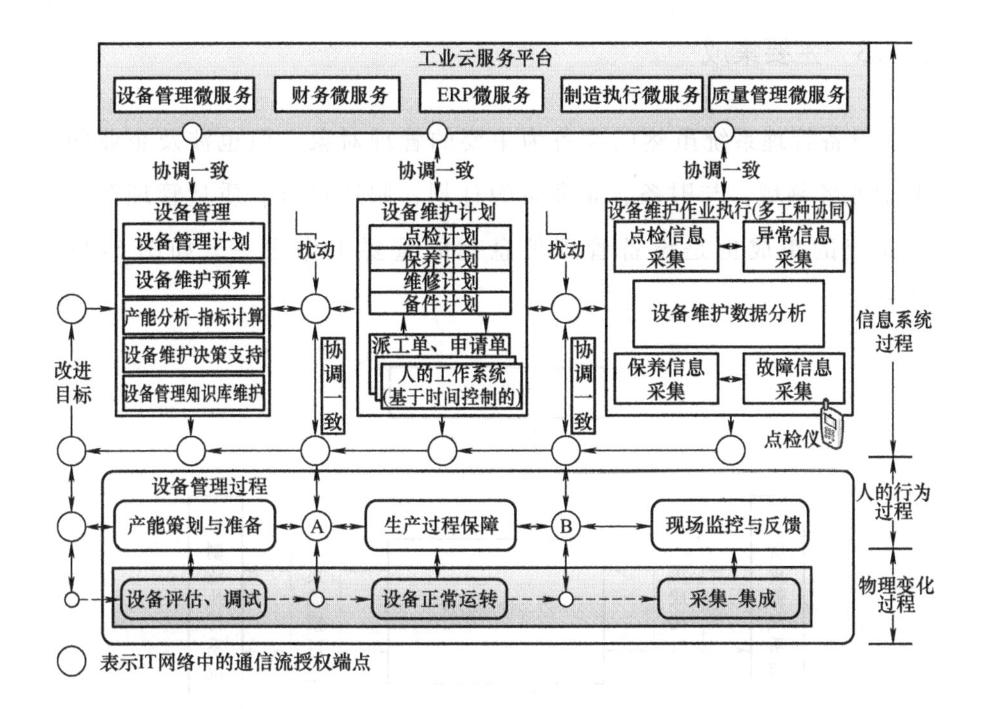

图 5-47　设备管理系统信息化原理

检、保养、维修计划的编制工作中，系统为计划人员提供了设备的性能指标、维护规则、作业规范、备件需求，以及当前设备的生产压力等信息，使计划人员能够结合生产情况，编制科学、合理的设备维护计划。

3）设备维护作业执行：是站在作业执行层面对设备维护工作的落实，包含设备点检信息、保养信息、故障信息的离线采集，以及设备异常信息的在线采集。设备点检、保养、故障的信息采集，是以维护人员在作业执行过程中，对设备状态的观测和评估为主要方法，为设备性能与劣化倾向分析积累原始数据，也是对设备维护作业执行情况的监督手段。设备异常信息是由实时采集的设备状态与设备性能参数对比而获得的，这种对比也可以使设备维护人员能够及时发现异常设备，尽早采取措施。

5.7.3 主要集成

设备管理系统虽然以设备为主要的管理对象，但也涉及企业的其他业务领域，与财务、企业资源计划、制造执行、质量管理等信息系统的集成也是设备管理信息化的重要工作之一，如图 5-48 所示。

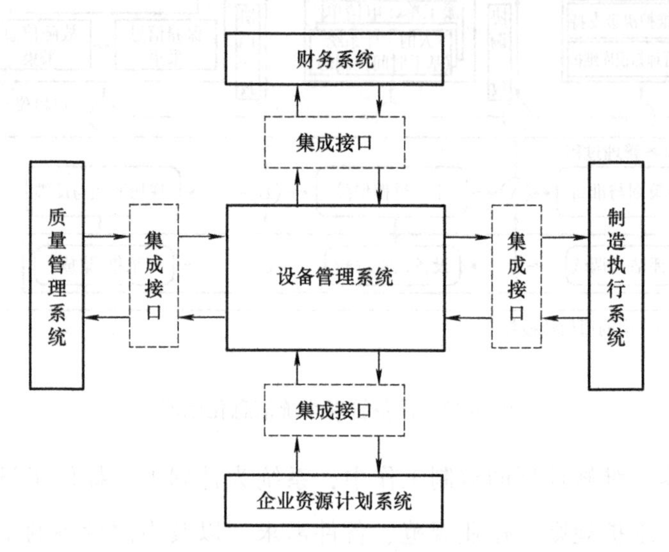

图 5-48 设备管理集成逻辑图

1. 设备管理系统集成财务系统

设备管理是对设备寿命周期全过程的管理，设备的规划、设计、选型、购置、安装、验收、使用、保养、维修、改造、更新直至报废，每个环节都会产生相应的费用，这些费用通过数据接口传入财务系统。此外，设备作为固定资产的一部分，它的折旧也会作为成本，利用财务系统分摊在产品上。

2. 设备管理系统集成企业资源计划系统

设备的点检、保养、维修等工作涉及备件、耗材等物料的使用，设备管理的信息系统需要与企业的企业资源计划的库存系统集成。设备维护人员根据设备的点检、保养、维修等计划或工单生成领料单，领取备件或耗材。此外，设备管理系统也根据保养、维修计划提取备件的需求计划，然后传入企业资源计划的采购供应链系统，由采购人员及时补充备件与耗材。所以，一般情况下，设备管理系统集成企业资源计划系统会调用如下接口：企业资源计划的物料查询接口、企业资源计划的领料单传入接口、企业资源计划的采购计划插入接口。

3. 设备管理系统集成质量管理系统

设备的功能与性能决定了设备的加工范围、速度与精度。产品的质量标准，对设备的性能与状态有一定的要求。设备管理需要向质量管理系统提供以下接口：设备功能信息推送接口、设备性能参数推送接口、设备完好状态的推送接口。

4. 设备管理系统集成制造执行系统

设备管理系统是以提高生产过程条件保障能力为目标的信息系统，它的业务开展既要参考历史的生产任务，又要为未来的生产任务服务。设备的保养内容与周期和维修时机既要参考设备本身特性，又要结合企业生产情况，否则可能会走向两种极端：一种情况是保养缺失、维修的延时，在繁重的生产任务执行时，出现严重的设备故障，从而影响生产；另一种情况是过度保养，设备状态良好、设备部件未出现任何缺陷时，设备的保养与部件更换不但会产生不必要的维护费用，而且会影响生产的正常进行，特别是在生产任务繁重，对设备的加工能力需求旺盛的情况下。所以，设备的保养与维修需要结合实际生产情况。设备管理系统通过以下接口与制造执行系统实现协同工作：制造执行系统的历史任务查询接口、制造执行系统的执行中的任务查询接口、制造执行系统的待执行的任务查询接口。

5.8 仓储库存系统

5.8.1 业务问题及解决思路

1. 业务问题

企业的仓储物资管理是维持企业日常生产经营活动所需储备的各类原材料、半成品、产成品以及生产辅料和办公用品等物资的管控活动，是“现金流→物流→现金流”整个量变和质变过程的集中体现。它为企业的相关环节提供必要的物资保障和物流凭证，成为连接计划、采购、生产、销售的中转站，对提高企业的生产效率起着重要作用，越来越被企业管理者所关注。

但对企业而言，既要满足用户对产品的个性化需求，又要盘活资金、降低成本、扩大市场、增加收入，而企业的仓储物资却往往占用了大量流动资金，会不同程度地影响企业的生产经营。因此，多数企业，特别是制造型企业，不同程度地存在着如何转变思想观念和管理模式、降低管理成本、提高工作效率、减少存储量和积压量、加速流转率、追求零库存等问题。部分人员在库房仓储管理上仍然存在老旧的思想理念，需要逐步转变，由管好账、物、卡，一个不能多，一个不能少，向不但管好账、物、卡，而且要做好物流供给与配餐服务。

目前，国内外对商业领域的仓储物流研究与实践应用层出不穷，特别是在国内，以德邦、顺丰为代表的物流公司发展迅猛，已深入千家万户，其服务便捷、高效是我们都能感受到的。但其在制造业内的仓储物流方面的研究与应用则较少，随着企业信息化的深入发展和物流运载设备（包括机器人）的自动化、智能化，企业仓储物流的实践应用将具有很大的发展空间。

对于制造型企业，基本上存在“合同签订→计划下达→原料采购→零件加工→零件入库（或标准件采购入库）→零件领用→产品组装→包装发运”等全过程或部分过程节点。其中，很需要物料的按时到位和数据信息的准确传递。但很多企业，特别是产品构成复杂、零件多的企业，都存在产品配套物料不同步、过程数据缺失、人工操作或干预过多等问题。

2. 解决思路

1）领导重视，管理到位。吴忠仪表的高层管理者对仓储物流管理工作非常注重，他们已深刻意识到仓储物流对企业流动资金占用和生产过程管理的重要性，本着“能短则短，能省则省”的物流管理思路和指导原则，缩短工序间（或业务节点间）的物流转运距离，甚至调整一些关联关系较大的设备位置，形成加工岛，从而省掉了一些不必要的物流转运工作。通过理顺和优化物流过程，逐步从业务流程、数据管控以及物流设备等方面向服务型仓储物流管理模式转变，并在不同层面、不同场合，有针对性地向相关人员讲解或共同探讨一些仓储物流管理方面的新思路、新办法，使得大家统一思想、齐心协力，共同推动各项工作的顺利开展。

2）合理规划，加强基建。为了降低物资存储和物流的管理成本，提升为生产过程服务的效能，减少人工干预，避免因产能大幅增加而形成的瓶颈问题，吴忠仪表借助建设新厂之际，重新规划和设计仓储物流的管理模式，加大投资力度，强化仓储物流硬件方面的基础环境资源建设。例如，构建智能化立体仓库、悬挂输送线以及产品配餐线，购置条码采集终端、产品配餐车、无人驾驶的自动导航运输车及其物流路线中的反光板和立柱等。

3）双管齐下，软硬兼施。对于想实现智能制造的企业来说，硬件环境很重要，是根本，但这样还是不够的，还需利用信息技术，将硬件环境与融入管理思想的软件系统相结合，才能相得益彰，才有“灵性”实现智能化，真正、更好地发挥作用。多年来，吴忠仪表的仓储管理系统已历经三代，以往的系统只管物资的账务信息，且物资入库和出库的账务管理方式老旧、效率低，而本期边研发边应用的第四代仓储物流系统注重物流管理，不仅有软件功能和使用方式的创新改进，更是新思想、新技术和新设备的融合应用，是跨越式的升级换代。本系统充分利用信息技术和硬件资源，将物资管理范畴扩展到其上游待入库材料的物流转运和实物核查，以及其下游已申领物资的取料分拣和配送服务，并将上下游相关数据链高度集成，全程做好业务数据采集与验证记录，实现了融入智能化元素的仓储物流管理模式。

5.8.2 主要系统

为了进一步提升企业的仓储管理水平和物流转运效率，优化物流管理模式和账务处理方式，吴忠仪表自主研发了一套智能仓储与物流管理系统，将仓储物资的物流过程由“待取”向“配送”方式转变，使得仓储业务规范、高效，数据准确、实时，配餐过程中取料分拣和配送下账等业务有序、可控。经与物资转运设备、仓储设备及配餐设备内置控制系统的集成应用，将一些智能算法元素融入软件系统中，实现了仓储物流工作的信息化、科学化和智能化管理。

由于本系统中的物流主要是以物资配餐作业流程方式体现的，因此称为智能仓储与配餐管理系统，其功能结构如图 5-49 所示。

5.8.3 主要集成

智能仓储物流管理系统与其他相关业务系统的集成如图 5-50 所示。

① 仓储物流系统根据生产计划系统的零件计划号，按物资要求进行自制件机加入库操作，根据串号标签扫码即可查询物资信息，且入库数

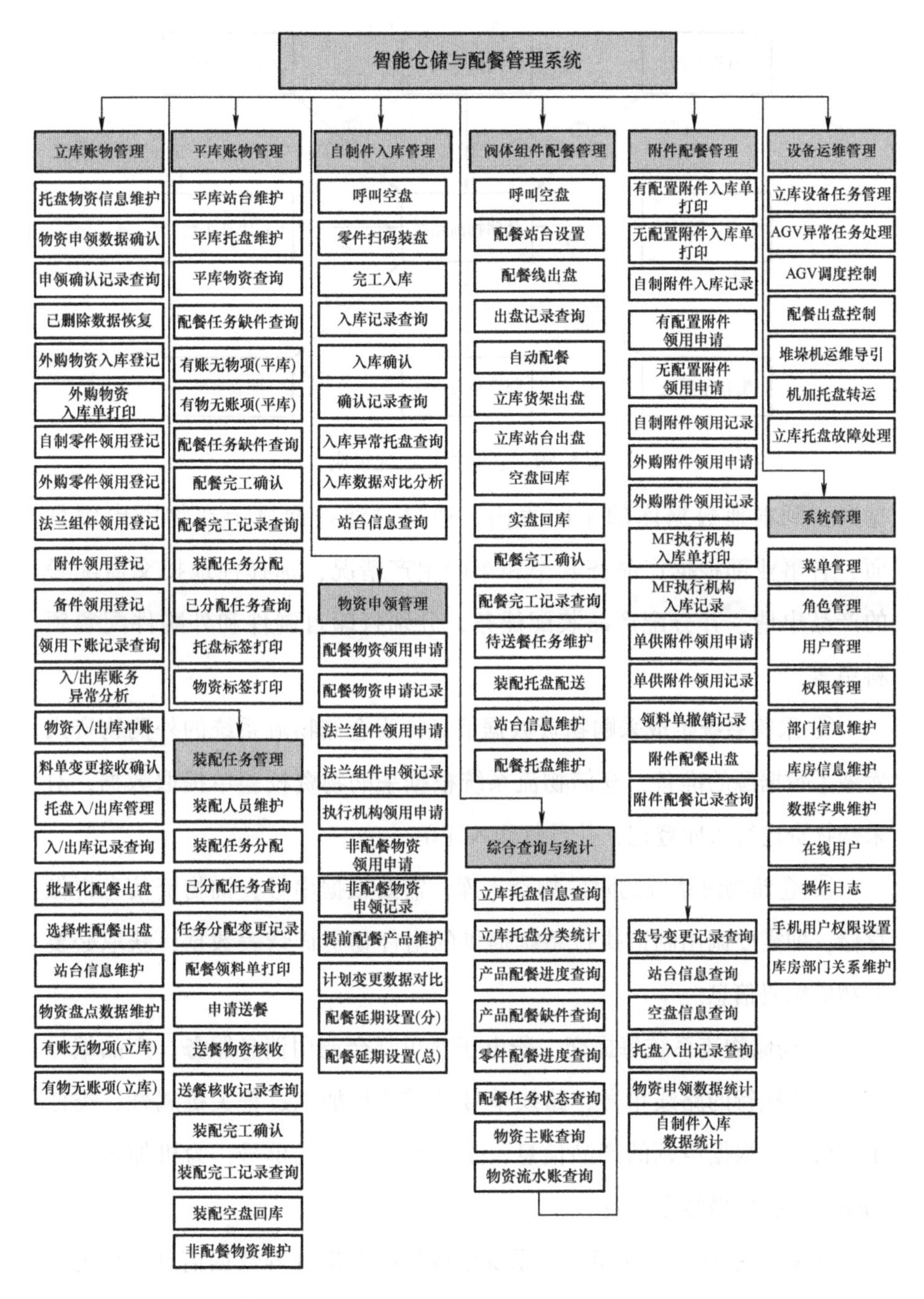

图 5-49　智能仓储与配餐管理系统功能结构

量不得多于生产计划数，为机加入库做好检查工作。

② 云计算平台根据相关数据计算出各合同的齐套率，把合并的数

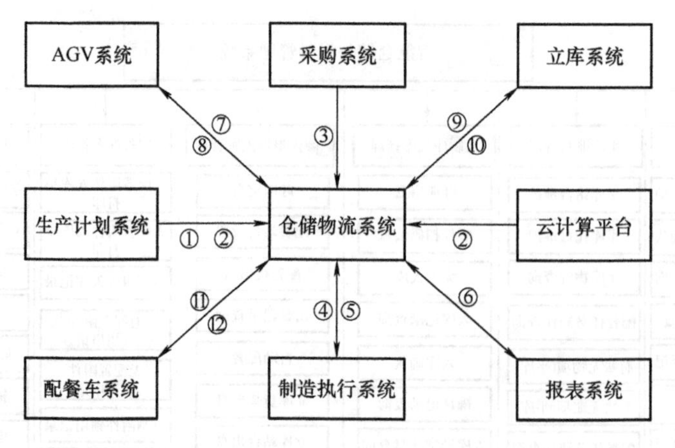

图 5-50　仓储物流系统集成

据同步到本地数据库的中间表内，通过过滤查询显示在物资申领页面，各事业部根据产品齐套率和车间生产情况，选择性地提交需配餐的产品申请，并分配产品装配任务，分别打印自制件和外购件配餐领料单等。

③ 采购系统生成采购物资数据信息，为仓储物流系统的外购物资入库做了数据源的准备，仓储物流系统根据采购物资校验单提取数据，对采购物资进行入库登记，并且打印入库单。

④ 仓储物流系统的附件物资入库，需要根据串号查询物资信息再做存储，即需要调用制造执行系统提供的附件物资详情表数据，获取必要的物资编码信息。

⑤ 仓储物流系统每提交一份电子料单都会调用消息服务，产品编号绑定制造执行的路线单号，路线单号是零件机加工过程关键属性，类似于身份证。根据申领的产品信息，生成唯一的路线单号，为机加工入库的路线单扫码做数据准备。

⑥ 报表系统查询仓储物流系统生成的配餐进度等数据信息，作为报表考核依据的一部分。

⑦ 仓储物流系统根据实际需求托盘的转运，对 AGV 系统进行传送参数，以达到托盘转运目的。

⑧ AGV 系统收到仓储物流系统指令后，根据获取的参数数据，命令小车将指定位置的托盘转运到目的位置，并将结果反馈到仓储物流系统。

⑨ 仓储物流系统通过调用立库系统接口的方式，获取托盘信息和状态及托盘内物资具体信息。

⑩ 立库系统存储着立库物资数据、托盘数据，它根据仓储物流系统需求进行操作及数据处理。

仓储物流系统在配餐线上对配餐线的托盘进行操作后，对配餐车下达命令，使其将托盘移动到指定配餐线位置，便于配餐作业。

配餐车系统收到仓储物流系统下达的命令（坐标位置），将配餐车根据命令移动到目的地后，反馈信息给仓储物流系统，等待下次命令。

5.9 产品标识解析系统

5.9.1 概述

产品标识解析系统（Product Identification Analysis System，PLAS）通过条码、二维码、无线射频识别标签等信息技术赋予产品唯一身份信息，并提供实时的产品身份信息在线解析服务。产品标识解析系统的标识对象主要包括物料、装备、图文档三大类。其中，物料类标识对象包括外购物资、铸件毛坯、零件、部件、整机、包装箱等，装备类标识对象包括工位、设备、工装、刀具、量具、托盘、工具柜等，图文档类标识对象包括质量报告、设计文档、选型图文档、合同文档、产品手册等。

产品标识解析系统的核心包括标识编码和标识解析。其中，标识编码主要用于按统一规范的编码规则，生成用于标识物品唯一身份的标记标签；而标识解析则通过扫码、感应等方式，在线查询物品的标记标签信息，用以识别、表明或证明物品的合法身份、属性、来源及其生命周期内的更多信息。产品标识解析系统与企业制造执行系统相生相伴、相互作用，同是企业智能制造系统的重要组成部分，也是实现全球供应链系统、产品全生命周期管理和智能化制造服务的前提和基础。

产品标识解析系统通过建立统一的标识体系、完整的产品生产过程数据链、全面的产品生产过程数据元、可靠的产品标识解析算法、简洁的产品标识界面，将企业中的物料、装备、人员、产品和数据等一切生产要素连接起来，通过在线解析异构、离散、多态的产品生命周期数据，实现对产品来源、生产过程、流动过程、设计过程、实际用途等信息的快速掌握。

5.9.2 编码技术应用

编码技术作为一种全新的信息存储、传递和识别技术，因其便捷易用，已经广泛应用于各行各业物流节点的身份识别。吴忠仪表已较早、较多地使用了编码技术来更好地为企业生产服务，目前主要有以下几个方面的应用：

1）采购物资入库单上采用二维码，用来存储单据信息，通过扫描入库单上的编码，即可查询出此单据号的具体信息，也可在单据字迹模糊或因其他原因看不清数据时通过扫码来查看。

2）物资标签上面的编码可以在物资入库录入物资信息时发挥非常重要的作用，通过扫描物资标签上的二维码即可查询出此物资的具体信息，并加载到列表里，省去了操作员手动输入带来的麻烦和失误，节省了大量时间，提高了工作效率。

3）托盘标签上的托盘号条码，工作人员在配餐时扫码后可直接查询出此托盘内的所有物资信息，减少了手动输入的麻烦；另外，在托盘物资维护时，通过扫码能够准确地确定托盘号，避免人为失误。

4）物资领料单上的二维码，配餐员扫码之后直接查询出此单号需要配餐的物资和产品信息，减少了配餐的工作事项，明确配餐任务，提高配餐效率；库管员通过扫描二维码可直接查询出此领料单需要下账的物资信息，准确又便捷。

编码应用表如表5-3所示。

表5-3 编码应用表

序号	单据名称	来源和主要用途
1	配管栓母垫片领料单	由车间提交电子料单后打印，作为库房交接实物和处理账务的书面凭证
2	MF执行机构入库单	由车间办理执行机构入库前打印，作为库房交接实物和处理账务的书面凭证
3	法兰组件配套明细	由车间提交电子料单后打印，便于车间核对法兰组件配套零件
4	产品装配任务清单	由事业部在分配产品装配任务后打印，作为装配人员的书面任务清单
5	配对法兰领料单	由车间提交电子料单后打印，作为库房交接实物和处理账务的书面凭证
6	采购物资冲账单	在库管员由于客观原因需要冲账后打印，作为冲账的书面凭证
7	采购物资检验交库单	由质检员完成物资检验且合格后打印，作为物资入库和财务做账的书面凭证
8	采购物资验收入库单	由库管员完成物资入库核查验收后打印，作为财务做账的书面凭证

（续）

序号	单据名称	来源和主要用途
9	自制附件领料单	由事业部提交电子料单后打印，作为库房交接实物和处理账务的书面凭证
10	备件领料单	由计调部提交电子料单后打印，作为库房交接实物和处理账务的书面凭证
11	无配置附件领料单	由事业部提交电子料单后打印，作为库房交接实物和处理账务的书面凭证
12	单供附件领料单	由事业部提交电子料单后打印，作为库房交接实物和处理账务的书面凭证
13	外购附件领料单	由事业部提交电子料单后打印，作为库房交接实物和处理账务的书面凭证
14	外购附件领料汇总表	在事业部打印上一单据后且统计数据时打印，作为实物分拣核查的书面凭证
15	朗盛公司锻件入库单	由采购员办理锻件实物入库前打印，作为锻件入库和财务做账的书面凭证
16	非产品配餐物资领料单	由各部门提交电子料单后打印，作为库房交接实物和处理账务的书面凭证
17	机加工车间零件入库单	由车间刻标员完成自制件装盘后打印，作为与库房交接实物的书面凭证
18	外购零件配餐领料单	在事业部任务分配后打印，作为配餐实物核查与账务处理的书面依据

（续）

序号	单据名称	来源和主要用途
19	附件产品入库单	由事业部办理附件入库前打印，作为库房交接实物和处理账务的书面凭证
20	自制零件配餐领料单	在事业部任务分配后打印，作为配餐实物核查与账务处理的书面依据
21	自制零件标签	在车间办理自制件入库前打印，并挂载或粘贴于每个零件上用于唯一识别
22	外购零件标签	在采购部办理物资入库前打印，并粘贴于每个物资或包装物上用于唯一识别
23	托盘标签	由库管员打印，由六位数字组成且不可重复，作为每个托盘的唯一标识

5.9.3 应用场景

企业构建产品标识解析系统是促进自身工业互联网发展的战略性布局，能够促进企业转型升级，推动企业数字化发展，让生产过程人机物互联更便捷高效，更好地实现智能的个性化定制，能够从销售到设计、到生产、到流通、再到服务，助力个性定制产品全生命周期管理。

主要应用：产品身份识别、产品质量追溯、供应链管理、产品全生命周期管理。

1. 工业控制阀产品信息在线查询服务

标识对象：工业控制阀整机。

标识编码：企业制造执行系统依据工业互联网标识解析二级节点（仪器仪表行业应用服务平台）的编码规则，对工业控制阀整机唯一标识码进行编码。

赋码方式：工业控制阀整机唯一标识码采用二维码技术，以激光雕刻的方式直接赋码于工业控制阀铭牌上，支持离线或在线扫码。

标识注册方法：企业制造执行系统在工业控制阀订单签订后，自动调用工业互联网标识解析二级节点（仪器仪表行业应用服务平台）标识注册接口，将工业控制阀标识码注册到工业互联网标识解析二级节点（仪器仪表行业应用服务平台）数据库。

注册时机：工业控制阀订单签订后、计划排产前。

在工业控制阀销售、安装、调校、使用、检定和故障维修等生命阶段，制造商、供应商或用户方出于设备巡检、资产管理、仪表溯源等需要，必须对工业控制阀产品信息进行在线查询，快速直接获取工业控制阀信息，实现企业信息链管理能力和融合能力的提升。

工业控制阀用户登录工业互联网标识解析二级节点（仪器仪表行业应用服务平台），扫描工业控制阀标识二维码，从企业制造执行系统中在线查询和解析工业控制阀产品信息，或者采集工业控制阀基础数据到企业设备管理系统，构建和维护企业设备数据库，如图5-51所示。

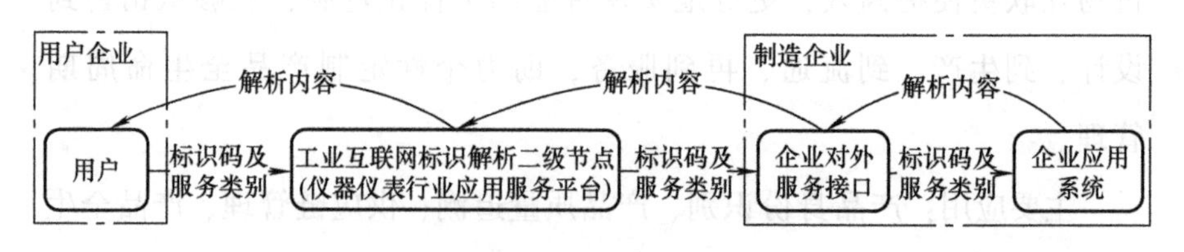

图5-51　标识解析过程

工业控制阀产品信息在线查询服务能够较为高效地在线采集设备基础数据，能够较好地解决用户手动逐台摘抄、录入和维护设备基础数据的低效率、易出错问题，在大规模采集工业设备互联基础数据、构建和应用工业设备管理系统等过程中具有应用价值；同时，也是一种新的产品技术参数获得渠道，对于工业控制阀设备检定、故障维修、更新替换、安装调试和设备操控等业务过程具有重要的技术支撑作用。实时在线的技术参数查询和预览功能作为一种设备技术服务手段，将不断延展和提升工程师在野外场所安装实施和管理维修工业控制阀的能力。

工业控制阀产品信息查询服务内容示例1（基础数据）如下：

位　　号：0208 - FCV - 0501B；
编　　号：18111747；
产品型号：A2000；
公称通径：400mm；
公称压力：Class600/RF；
行　　程：140mm；
阀体材质：A352 - LCC；
内件材质：316 + N；
流量系数：3500；
流量特性：%；
设计标准：
最大允许工作温度：
最大允许工作压力：
最大允许工作压差：

工业控制阀产品信息查询服务内容示例2（数据表）如图5-52所示。

工业控制阀产品信息查询服务内容示例3（外形尺寸图）如图5-53所示。

工业控制阀产品信息查询服务内容示例4（气路图）如图5-54所示。

2. 工业控制阀生产过程远程监造

标识对象：工业控制阀整机。

标识编码：企业制造执行系统依据工业互联网标识解析二级节点

本软件所有计算是基于IEC60534中的相关标准规定的要求，表格格式符合IEC60534相关要求

All the calculation complied with related specification in IEC60534 standards, the format for calculation sheet complied with

WY-ZNXX-001

吴忠仪表有限责任公司 WUZHONG INSTRUMENT 中国自動化 控制阀数据表 SPECIFICATION FOR CONTROL	项目名称 Project Name	WHY_测试数据持久化9			
	装置名称 Device Name				
	合同号 CONT. NO		版次 Versio	9	页码 Page 1/15

		项目							
概述 General	1	位号 Tag Numbe	57100-FV-20702					数量 Quantity	1
	2	用途 Service						区域 Area	
	3	管道编号 Line No.	57102LLS001-200		管道等级 Pipe Class				
	4	管道材质 Line Mate	20#		P&ID No.				
	5	尺寸 Line Size(IN|Ot	DN200	DN200	环境温度 Ambient Tempe		常温：-30～60℃		
工况条件 Process Conditions	6	流体名称 Fluid Nam	低低压蒸汽		阀门允许压差 Max. Valve Press. Drop			4.89	MPa.g
	7	流体状态 Fluid Sta	气体		关闭压差 Max DP for Shut-off			1	MPa.g
	8	设计温度 Design Temperature			设计压力 Design Pressure				MPa.g
	9	-	单位	Max.Flow	Nor.Flow	Min.Flow	Flow	Flow	Flow
	10	流量 Flow Rate	Nm^3/h	9000	6000	2700			
	11	入口压力 Inlet Pressure	MPa.g	0.45	0.45	0.45			
	12	出口压力 Outlet Pressure	MPa.g	0.3	0.3	0.3			
	13	压差 Pressure drop ΔP	MPa.a	0.15	0.15	0.15			
	14	进口温度 Inlet Temperature	°C	159	159	159			
	15	操作密度 Opera Density		3.166	3.166	3.166			
	16	标准密度 ST Density			58	比重 SP.Gr.			
	17	入口黏度 Inlet Viscosity @ Operating	mm^2/s		59	分子量 Molecular Weight			
	18	入口汽化压力 Inlet Vapor Pressure	MPa.a		60	比热容比 Inlet Specific Heats Ratio (Cp			
	19	临界压力 Critical pressure	MPa.a		61	气体压缩系数 Inlet Compressibility Fa			
算 lation	20	流体流动状态 Flow Condition	-	亚临界流	亚临界流	亚临界流			
	21	计算流通能力 Flow Coefficient Cv	-	158.498	105.246	47.085			

图 5-52　工业控制阀产品信息查询服务内容示例 2（数据表）

（仪器仪表行业应用服务平台）的编码规则，对工业控制阀整机唯一标识码进行编码。

赋码方式：工业控制阀整机唯一标识码采用二维码技术，以激光雕刻的方式直接赋码于工业控制阀铭牌上，支持离线或在线扫码。

标识注册方法：企业制造执行系统在工业控制阀订单签订后，自动调用工业互联网标识解析二级节点（仪器仪表行业应用服务平台）标识注册接口，将工业控制阀标识码注册到工业互联网标识解析二级节点（仪器仪表行业应用服

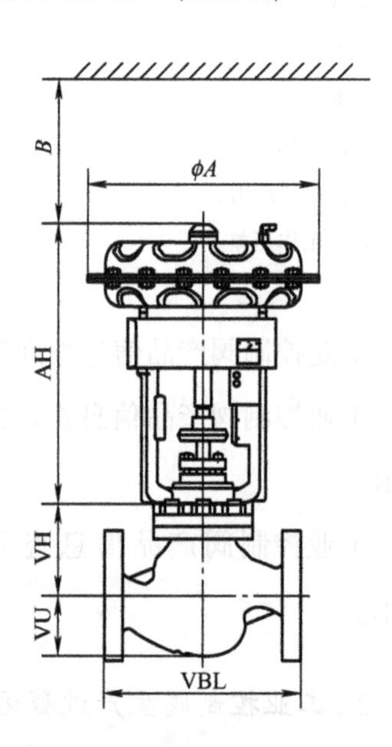

图 5-53　工业控制阀产品信息查询服务内容示例 3（外形尺寸图）

吴忠仪表有限责任公司
WUZHONG INSTRUMENT
中国自动化
控制阀数据表
SPECIFICATION FOR CONTROL VALVE

项目名称 Project Name：乌兹别克斯坦项目
装置名称 Device Name：
合同号 CONT NO.：　版次 Version：5　页码 Page：6/10

分类	序号	项目	单位 Units	Max. Flow	Nor. Flow	Min. Flow	Flow	Flow	Flow
概述 General	1	位号 Tag Number	230TV-11001					数量 Quantity	1
	2	用途 Service						区域 Area	
	3	管道编号 Line No.			管道等级 Pipe Class				
	4	管道材质 Line Material	20G		P&ID No.				
	5	尺寸 Line Size(IN|OUT)	DN200	DN200	环境温度 Ambient Temperature				
工况条件 Process Conditions	6	流体名称 Fluid Name	循环水		阀门允许压差 Max. Valve Press. Drop			0.75	Mpa
	7	流体状态 Fluid State	液体		关闭压差 Max DP for Shut-off				MPa.g
	8	设计温度 Design Temperature			设计压力 Design Pressure				MPa.g
	9	-	单位 Units	Max. Flow	Nor. Flow	Min. Flow	Flow	Flow	Flow
	10	流量 Flow Rate	m^3/h	194	161.7	48.5			
	11	入口压力 Inlet Pressure	MPa.g	0.4	0.4	0.4			
	12	出口压力 Outlet Pressure	MPa.g	0.35	0.35	0.35			
	13	压差 Pressure drop ΔP	Mpa	0.05	0.05	0.05			
	14	进口温度 Inlet Temperature	°C	30	30	30			
	15	操作密度 Opera Density	kg/m^3	1000.0	1000.0	1000.0			
	16	标准密度 ST Density	kg/m^3		58	比重 SP.Gr.			
	17	入口黏度 Inlet Viscosity @ Operating Temp.	mm^2/s	0.697	59	分子量 Molecular Weight			18.015
	18	入口汽化压力 Inlet Vapor Pressure	MPa.a	0.004	60	比热容比 Inlet Specific Heats Ratio (Cp/Cv)			
	19	临界压力 Critical pressure	MPa.a	22.118	61	气体压缩系数 Inlet Compressibility Factor			
计算 Calculation	20	流体流动状态 Flow Condition	-	亚临界流	亚临界流	亚临界流	-	-	-
	21	计算流通能力 Flow Coefficient Cv	-	317.157	264.352	79.289	-	-	-
	22	阀门开度 Estimate Travel (Valve Opening)	%	77.627	72.972	42.19	-	-	-
	23	计算预估噪声 Estimated Noise	dBA	43.614	41.647	27.72	-	-	-
	24	阀门型式 Body Type	GLOBE		定位器 Positioner	62	型号 Model No.	3730-310000	
	25	阀门型号 Model No.	ATS		定位器 Positioner	63	信号范围 Input|Output	4-20mADC	-
	26	公称通径 Body Size / 阀座尺寸 Port Size	200	172	定位器 Positioner	64	方式 Action / 类型 Style	正作用	智能阀门定位器
	27	流量特性 Characteristic / 额定 CV Rated Cv	EQ%	761	定位器 Positioner	65	防爆等级 EXP.Class	ExiaIICT6	
	28	公称压力 Rating	Class150		定位器 Positioner	66	制造品牌 Manufacturer	SAMSON	

图 5-54　工业控制阀产品信息查询服务内容示例 4（气路图）

务平台）数据库。

注册时机：工业控制阀订单签订后、计划排产前。

伴随工业控制阀大规模定制化生产模式深入应用，加之工业控制阀个性要求日益多样化、交期要求更加急迫，如何平稳实现个性化产品生产过程的质量管控、成本管控和交期管控，成为工业控制阀生产过程管理的新挑战。如何通过计算机互联网和工业互联网实时在线、全程跟踪、全程控制工业控制阀订单的合同评审、产品研发、工艺设计、生产计划、物资采购、毛坯铸造、零件加工、产品装配、包装发运等全过程，确保用户方个性化的需求都能被按期望如期满足，已成为工业控制阀用户方和制造方共同关注的重点管理课题。

生产管理人员和用户可以登录工业互联网标识解析二级节点（仪器仪表行业应用服务平台），扫描工业控制阀标识二维码，从企业制造执行系统中在线实时解析并跟踪工业控制阀订单合同评审、产品研发、工艺设计、生产计划、物资采购、毛坯铸造、零件加工、产品装配、包装发运过程，关注订单的个性化需求是否都被按期望满足，如图 5-55 所示。

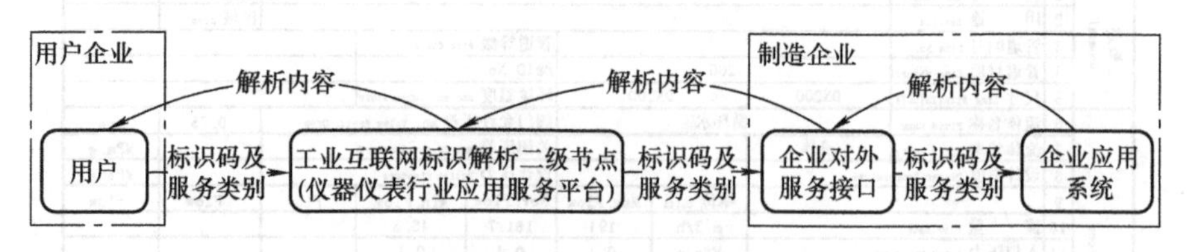

图 5-55　标识解析过程

工业控制阀生产过程远程监造解析的主要信息包括项目排产计划、生产进度跟踪、生产质量状态、生产异常管理。

工业控制阀生产过程远程监造内容示例 1（项目排产进度）如图 5-56所示。

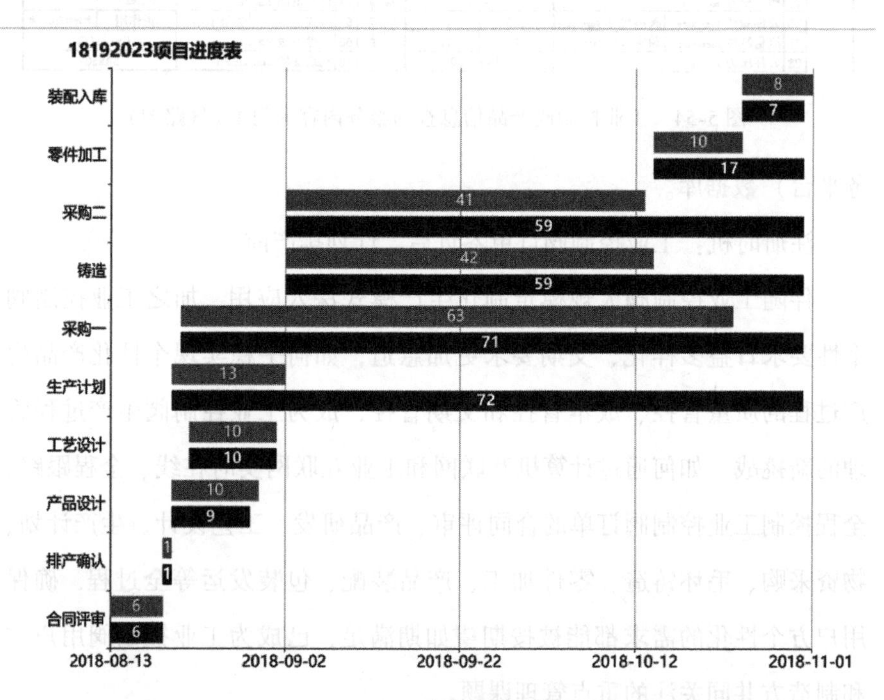

图 5-56　工业控制阀生产过程远程监造内容示例 1（项目排产进度）

工业控制阀生产过程远程监造内容示例 2（生产进度跟踪）如图 5-57所示。

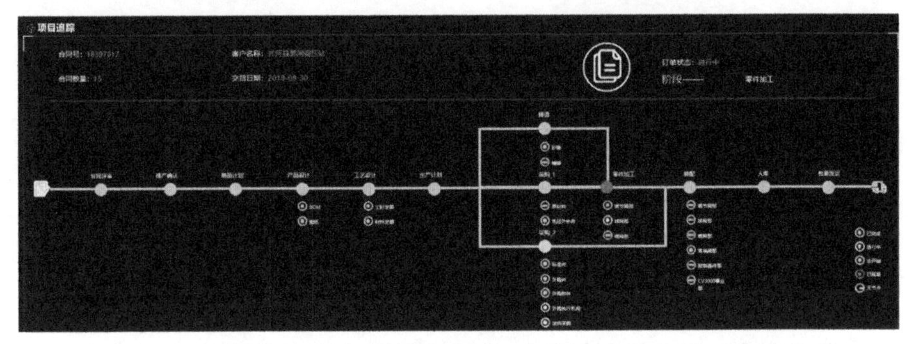

图 5-57　工业控制阀生产过程远程监造内容示例 2（生产进度跟踪）

工业控制阀生产过程远程监造内容示例 3（生产质量状态）如图 5-58 所示。

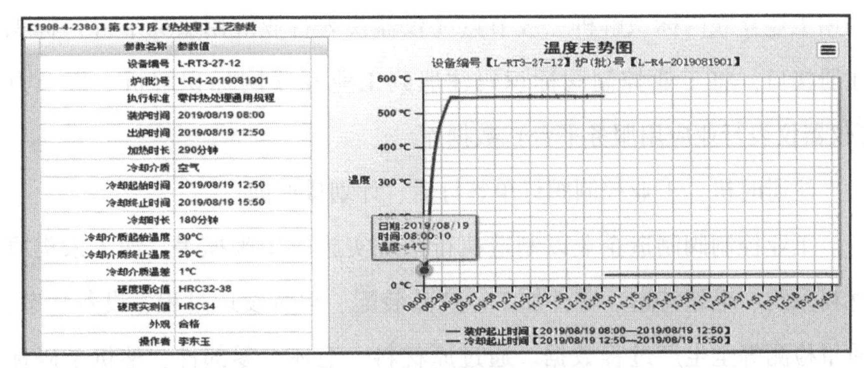

图 5-58　工业控制阀生产过程远程监造内容示例 3（生产质量状态）

工业控制阀生产过程远程监造内容示例 4（生产异常管理）如图 5-59 所示。

2018-10-30　984 项　87 份　异常反馈日报　2018年10月30日前

序号	合同号	合同号	装配计划结束时间	产品型号	计划月次	执行机构	附件	需求数量	入库数量	配套数量	配套时间	任务状态	原因	考核情况	申诉情况
2	18151007	18151007A2	2018-09-23	APN	1809-3	MF3R-46B(ZZ)	DVC6200HC/0.4-0.7MPa/4~20mA/dⅡCT6/1只(WG)/KZ02-3BY0/1只(ZZ)不带安装管NPT1/2手轮安装方式 不带手轮泄漏等级ANSI/FCI 70-2ClassⅣ	1	-	1	2018-10-25	延时	[illegible]	考核	[illegible]
3	18151007	18151007A1	2018-09-23	APTS-Z.2	1809-3		[illegible]	1	-	0	-	延时	[illegible]	考核	[illegible]
4	18211045	18211045C2	2018-09-36	ABBW	1809-4	MF5R-56(ZZ)	[illegible]	1	-	-	-	延时	[illegible]		[illegible]

图 5-59　工业控制阀生产过程远程监造内容示例 4（生产异常管理）

3. 工业控制阀在线质量追溯

标识对象：工业控制阀整机。

标识编码：企业制造执行系统依据工业互联网标识解析二级节点（仪器仪表行业应用服务平台）的编码规则，对工业控制阀整机唯一标识码进行编码。

赋码方式：工业控制阀整机唯一标识码采用二维码技术，以激光雕刻的方式直接赋码于工业控制阀铭牌上，支持离线或在线扫码。

标识注册方法：企业制造执行系统在工业控制阀订单签订后，自动调用工业互联网标识解析二级节点（仪器仪表行业应用服务平台）标识注册接口，将工业控制阀标识码注册到工业互联网标识解析二级节点（仪器仪表行业应用服务平台）数据库。

注册时机：工业控制阀订单签订后、计划排产前。

工业控制阀制造企业以制造执行系统实施应用为抓手，深入采集原材料采购、毛坯铸造、零件加工、产品装配、包装发运过程、设备状态、质量检测等全生产过程数据。通过原材料、毛坯、零部件、整机条码标识，构建工业控制阀生产过程质量数据链，结构化、系统化管理原材料采购质检数据（含供应商信息）、毛坯质检数据、零部件质检数据、整机测试数据、操作者、设备和技术文档，从前向后继承工业控制阀生产各阶段质量数据。

工业控制阀制造企业开发并对外开放产品质量追溯接口（受控）。用户可以登录工业互联网标识解析二级节点（仪器仪表行业应用服务平台），扫描工业控制阀标识二维码，从制造企业产品质量追溯接口中实时在线解析并追溯工业控制阀生产物资采购、毛坯铸造、零件加工、产品装配和包装发运过程的质量数据，进而分析产品质量问题。例如，查看整机调试参数是否达标、验证零部件加工尺寸是否达到图样要求、毛坯热处理温度控制阀是否在合理区间、原材料化学元素含量是否达到国家标准等。

工业互联网标识解析二级节点（仪器仪表行业应用服务平台）通过整合企业质量追溯接口，向用户企业提供统一质量追溯平台，提升了制造企业与供应商之间的信息整合能力。标识解析过程如图5-60所示。

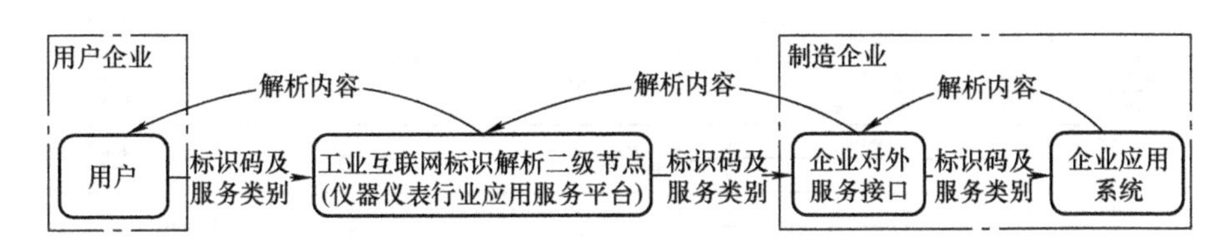

图5-60　标识解析过程

工业控制阀在线质量追溯示例1（产品合格证）如图5－61所示。

产品名称 快换式单座调节阀
Product Name
产品型号 ATS
Product Model
适用介质 气体 产品编号 18011001
Application medium Product Series
产品位号 741-FV-10401
Product TAG No
温度范围 -46～200℃
Temperature range
耐压试验压力 7.50 MPa 检验日期 2018/03/02
Pressure test Date
检验员 宋燕 质量保证工程师 张海波
Inspector QA Engineer
18011001

图5-61　工业控制阀在线质量追溯示例1（产品合格证）

追溯要素主要包括产品名称、产品型号、适用介质、产品编号、温度范围、耐压试验压力、检验日期、检验员、质量保证工程师、制造商。

工业控制阀在线质量追溯示例2（整机质量检验报告）如图5-62所示。

追溯要素主要包括产品编号、产品名称、产品型号、产品技术参数、(适用介质、温度范围、耐压试验压力)、阀体材质化学成分分析记录、整机性能检验记录、检验日期、检测设备、检测人员、执行标准。

WY/C(ZB)-046

吴忠仪表有限责任公司
产品质量检验报告
中國自動化
WUZHONG INSTRUMENT REPORT ON PRODUCT QUALITY TE

部门代码 Dept. Code	0720	部门名称 Dept. Name	调节阀事业部
需求日期 Demand Date	2020/04/05	计划月次 Plan No.	2004-2
产品编号 Product ID	20020041	产品型号 Product Model	APN
合同编号 Contract ID	20404002A2	产品位号 Product Tag	

产品技术参数(Product Technical Parameters)

参数名称 Parameter Name	参数值 Parameter Values	确认 Conf.
上阀盖型式 Bonnet Type	-29～200℃	√
调节型式 Regulate Type	调节式	√
公称通径 Rated Size	25	√
阀体材质 Body Material	A216 WCB	√
阀座材质 Seat Material	9Cr18MoV硬化处理	√
芯套材质 Trim Material	9Cr18MoV硬化处理	√
压力等级 Pressure Class	SH PN110	√
法兰型式 Flange Type	RF	√
流量特性 Flow Characteristics	%	√
流通能力 Flow Capacity	4.7	√
填料 Packing	纯石墨(1.6)	√
介质 Medium	液体	√
作用形式 Function	气开	√
执行机构 Actuator	MF3R-39B	√
弹簧范围 Spring range	0.24-0.37MPa	√
供气压力 Air Supply	0.45MPa	√
额定行程 Rated Travel(mm/°)	20	√
手轮 Handwheel	侧装手轮	√
定位器 Positioner	外购	√
减压阀 Reducing Valve	外购	√
电气接口 Electrical Interface	NPT1/2"	√
配对法兰 Companion Flange	不带	√

阀体材质化学成份分析
BODY MATERIAL CHEMCAL COMPOSITION ANALYSIS

	化学成份 Comp.	标准值(%) Standard Value	实测值(%) Act. Value	确认 Conf.
炉号 Heat No 39L37	C	≤0.30	0.1340	√
	S	≤0.035	0.0160	√
	Si	≤0.60	0.2550	√
执行标准 Standard 美国标准	Mn	≤1.00	0.4500	√
	P	≤0.035	0.0180	
	Cr	≤0.50	0.0300	
	Ni	≤0.50	0.1600	√
标准号 Standard No ASTMA216/A216M	Mo	≤0.20	0.0000	√
	Ti			
	Cu	≤0.30	0.0200	
	V	≤0.030	0.0000	√

检测 Inspected	了春燕	复核 Reviewed	高维喜

整机性能检验(Machine Performance Test)

序号 No	检验项目 Test Items	检验标准 Test Standard	测试结果 Test Result	结论 Conclusion
1	基本误差限 Intrinsic Error	≤±1.5%	0.5%	合格 Good
2	回差 Hysteresis Error	≤1.5%	0.1%	合格 Good
3	始终点偏差 Start-Stop-Point Error	≤±2.5%	2.0%	合格 Good
4	额定行程偏差 Rated Travel Error	≤+2.5%	0.3%	合格 Good
5	死区 Dead Band	≤0.6%	0.3%	合格 Good
6	执行机构气密性 Air Leakage Test for Actuator	输入0.6MPa气源，耐压5min，在执行机构各密封处涂起泡剂，应无渗漏 Input gas with 0.6 MPa, and spread blowing agency on sealing surface of the actuator, leakage should not occur within 5 minutes	无渗漏 No Leakage	合格 Good
7	填料函及其它连接处密封性 Leakage test of stuffing box and other Jointing	在1.1倍公称压力下，时间3min，应无渗漏 No leakage under 1.1 times the nominal pressure within 3 minutes	无渗漏 No Leakage	合格 Good
8	整机耐压试验 Pressure test for whole Machine	在1.5倍公称压力下，耐压10min，应无渗漏 No leakage under 1.5 times the nominal pressure within 10 minutes	无渗漏 No Leakage	合格 Good
9	泄漏量 Leakage Rate FCI 70-2 Ⅳ	≤0.0126L/min	试验压力(Pressure):0.35Mpa 试验介质(Medium):水 实测泄漏量(Measured Leakage Rate):0L/min	合格 Good
10	全转角偏差 Full-angle Deviation	—	—	—
[illegible]	[illegible]换时间 [illegible]ing Time	—	—	—
[illegible]	[illegible]ance	符合产品及合同要求 Meets The requirements stipulated Product and contract.		合格 Good
13	其它附件 Other Attachment	动作灵活、自如，满足其它相关要求 The flexible motion freely, Meets the other related requirements		合格 Good

检验结论 Test Conclusion	符合产品及合同要求 Meets The requirements stipulated Product and contract. 检验员(Checker)：张楚丹 检验日期(Date)：2020-04-29

图 5-62　工业控制阀在线质量追溯示例 2（整机质量检验报告）

工业控制阀在线质量追溯示例 3（关键零部件尺寸检验报告）如图 5-63 所示。

追溯要素主要包括送检批号、零件代号、零件名称、零件材质、工艺分类、工序号、检测部位、图样要求、实测值（min）、实测值（max）、检验结论、检验员、操作者、加工设备编号、检验时间、结论、编制人、审核人。

WY/C(ZB)-192

吴忠仪表有限责任公司 中国自动化 Wuzhong Instrument Co.,Ltd.

零部件检验报告
Parts Inspection Report

送检批号 Batch Number	1906-2-0396	零件代号 Part No	1ABM27451-2101-3028	零件名称 Part Name	阀芯
零件材质 Part Material	9Cr18MoV	计划数量 Plan Quantity	2	检测数量 Test Quantity	2

检测情况 Test result

工序号 Process No	检测部位 Measuring Position	图样要求 Technical Requirements	实测值(min) Measured Value	实测值(max) Measured Value	结论 Conclusion	检验员 Inspector	检验时间 Inspect Time
3	内孔	Φ_{60}	Φ_{58}	Φ_{58}	合格	赵风贤	2019/05/13 22:06:06
3	外圆	Φ_{94}	Φ_{96}	Φ_{96}	合格	赵风贤	2019/05/13 22:06:06
3	总长	150	152	152	合格	赵风贤	2019/05/13 22:06:06
5	内孔	Φ_{20}	$\Phi_{19.6}$	$\Phi_{19.7}$	合格	成育德	2019/05/13 20:43:23
5	外圆	$\Phi_{89.5}$	$\Phi_{90.5}$	$\Phi_{90.6}$	合格	成育德	2019/05/13 20:43:23
5	总长	143	143.5	143.5	合格	成育德	2019/05/13 20:43:23
6	钻孔	$8\text{x}\Phi_{10}$	$8\text{x}\Phi_{10}$	$8\text{x}\Phi_{10}$	合格	金凯强	2019/05/14 17:05:22
6	中心距	Φ_{48}	Φ_{48}	Φ_{48}	合格	金凯强	2019/05/14 17:05:22
7	钻孔	$8\text{x}\Phi_{10}$	$8\text{x}\Phi_{10}$	$8\text{x}\Phi_{10}$	合格	金凯强	2019/05/14 17:04:18
7	中心距	Φ_{48}	Φ_{48}	Φ_{48}	合格	金凯强	2019/05/14 17:04:18
9	孔	$15\text{x}\Phi_{8}$	$15\text{x}\Phi_{8}$	$15\text{x}\Phi_{8}$	合格	吴卫龙	2019/05/14 20:11:03
9	孔	$21\text{x}\Phi_{6}$	$21\text{x}\Phi_{6}$	$21\text{x}\Phi_{6}$	合格	吴卫龙	2019/05/14 20:11:03
9	孔	$8\text{x}\Phi_{3}$	$8\text{x}\Phi_{3}$	$8\text{x}\Phi_{3}$	合格	吴卫龙	2019/05/14 20:11:03
9	孔	$8\text{x}\Phi_{4}$	$8\text{x}\Phi_{4}$	$8\text{x}\Phi_{4}$	合格	吴卫龙	2019/05/14 20:11:03
11	1-长度标注	55	55	55	合格	成育德	2019/05/16 17:06:37
11	3-粗糙度	[illegible]	[illegible]	[illegible]	合格	成育德	2019/05/16 17:06:37
11	4-形位公差	// 0.05 A	// 0.05 A	// 0.05 A	合格	成育德	2019/05/16 17:06:37
11	5-长度标注	57±0.3	57.0	57.0	合格	成育德	2019/05/16 17:06:37
11	6-半径标注	R2	R2	R2	合格	成育德	2019/05/16 17:06:37
11	7-长度标注	ø80±0.3	80.0	80.0	合格	成育德	2019/05/16 17:06:37
11	9-角度标注	15°	15°	15°	合格	成育德	2019/05/16 17:06:37
11	10-长度标注	ø94±0.3	94.0	94.0	合格	成育德	2019/05/16 17:06:37

【第1页 共2页】

图 5-63　工业控制阀在线质量追溯示例 3（关键零部件尺寸检验报告）

工业控制阀在线质量追溯示例 4（铸件热处理报告）如图 5-64 所示。追溯要素主要包括炉号、批号、零件图号、零件名称、材质、工艺分类、操作规程、炉号、设备型号、热处理温度变化曲线、操作者、日期、结论、报告编制、报告审核。

WY/质 (LS) -044

中國自動化

铸件热处理报告
Heat Treatment Report

公司名称 Company name	宁夏朗盛精密制造技术有限公司 Ningxia Lang Sheng Precision Manufacturing Technology Co.,Ltd.				
炉号 Heat No.	39L33	批号 Batch No.	190514	路线单号 Route Sheet No.	1906-3-Z217
零件图号 Part item	AM24841-205-103C	零件名称 Part name	阀体	材质 Material	WCB

热处理温度变化曲线
Heat Treatment Cycle Curve

温度℃

1500
1200
900
600
300
0

25
880
880
45

12:00
14:00
16:00
18:00

时间

升温起始时间 Temperature start time	12:00	升温起始温度 Temperature start temperature	25℃	执行标准 Executive standard	铸件热处理工艺守则
保温起始时间 Insulation starting time	14:00	保温起始温度 Insulation starting temperature	880℃	设备型号 Unit type	821/18
保温终止时间 Insulation finish time	16:00	保温终止温度 Insulation finish temperature	880℃	操作者 Handlers	李建兵
出炉时间 Tapping time	16:00	出炉温度 Tapping temperature	880℃	热处理日期 Heat treatment date	2019/05/18 15:00:15
冷却起始时间 Cooling starting time	16:00	冷却起始温度 Cooling starting temperature	880℃	冷却介质 Cooling medium	空气
冷却终止时间 Cooling finish time	18:00	冷却终止温度 Cooling starting temperature	45℃	-	-
结论 Conclusions	合格 Qualified				
报告编制 Report preparation	[signature]	报告日期 Report date	2019/05/22		
报告审核 Report for approval	[signature]	审核日期 Approval date	2019/05/22		

Information source: Manufacturing execution system of Wuzhong Instrument Co.,Ltd.　　Print date 2019/05/22

1/1

图 5-64　工业控制阀在线质量追溯示例 4（铸件热处理报告）

工业控制阀在线质量追溯示例 5（原材料化学成分分析报告）如图 5-65

所示。

追溯要素主要包括产品编号、炉批（次）号、零件名称、零件材质、工艺分类、执行标准、化学元素、标准值、实测值、检测结果、报告日期、报告编制、报告审核。

WY/C(ZB)-056

吴忠仪表有限责任公司
中国自动化 Wuzhong Instrument Co.,Ltd.

化学成分分析报告
Chemical Composition Analysis Report

产品编号 Product number	17060055	位号 Tag Number	2XV-2002A	零件名称 Part name	
送检单位 Entruster		炉批(次)号 Heat Number	1722255	零件材质 Part Material	

检测结果 Test result

化学元素 (%)	1	2	3	4	5	6	7	8	9	10	11	12	13	14	15	16	17	18	19	20	21	22	23
	C	Mn	P	S	Si	Ni	Cr	Mo	Cu	V	Nb	C	Mn	P	S	Si	Ni	Cr	Mo	Cu	V	Nb	C
实测值 Test Values	0.18	0.95	0.012	0.003	0.23	0.01	0.04	0.003	0.01	0.002	0.007	0.18	0.95	0.012	0.003	0.23	0.01	0.04	0.003	0.01	0.002	0.007	0.18
标准值 Standard Values	≤0.30	0.60-1.35	≤0.035	≤0.040	0.15-0.30	≤0.40	≤0.30	≤0.12	≤0.40	≤0.08	≤0.02	≤0.30	0.60-1.35	≤0.035	≤0.040	0.15-0.30	≤0.40	≤0.30	≤0.12	≤0.40	≤0.08	≤0.02	≤0.30
执行标准 Standard	ASTM A350/350M																						
材料牌号 Material designation	LF2																						
检测结果 Examination results	合格																						

报告编制 Report preparation	[签名]	报告审核 Report for approval	[签名]	报告日期 Report date	2019/05/22

声明：该报告无检测单位公章或检测业务专用章无效，复印件未重新加盖检测单位公章或检测业务专用章无效；送检单位如对该测试报告有异议，请于收到报告起10天内向检测单位提出，逾期不予受理；该报告只对来样负责；送检样品保存90天，报告保存1年，超期后样品及报告都不再保存。

Information source: Manufacturing execution system of Wuzhong Instrument Co.,Ltd.　　Print date: 2019/05/22

1/1

图 5-65　工业控制阀在线质量追溯示例 5（原材料化学成分分析报告）

4. 工业控制阀产品储存库管理

标识对象：工业控制阀整机。

标识编码：企业制造执行系统依据工业互联网标识解析二级节点（仪器仪表行业应用服务平台）的编码规则，对工业控制阀整机唯一标识码进行编码。

赋码方式：工业控制阀整机唯一标识码采用二维码技术，以激光雕刻的方式直接赋码于工业控制阀铭牌上，支持离线或在线扫码。

标识注册方法：企业制造执行系统在工业控制阀订单签订后，自动调用工业互联网标识解析二级节点（仪器仪表行业应用服务平台）标识注册接口，将工业控制阀标识码注册到工业互联网标识解析二级节点（仪器仪表行业应用服务平台）数据库。

注册时机：工业控制阀订单签订后、计划排产前。

在工业控制阀需求沟通、销售、检维修、定制生产等业务环节，销售人员、大区经理、代理商、检维修人员和用户各自需要实时掌握特定产品的库存情况和可用数量，进而决定在何时何地以何种方式定制、购买或替换工业控制阀到用户生产线，最大限度地降低用户方设备维修替换成本，提供更加精准实时的产品服务。

工业控制阀销售人员、大区经理、代理商、检维修人员和用户可以登录工业互联网标识解析二级节点（仪器仪表行业应用服务平台），扫描工业控制阀标识二维码，从企业产品库存管理系统中在线查询和解析相同工业控制阀的库存数量、可用数量、所在库房、所在位置，保障工业控制阀快速上线应用、日常点检和更新替代。

工业控制阀制造方需要开发并对外开放产品库存信息查询接口（受控），供工业互联网标识解析二级节点（仪器仪表行业应用服务平台）集成整合。标识解析过程如图 5-66 所示。

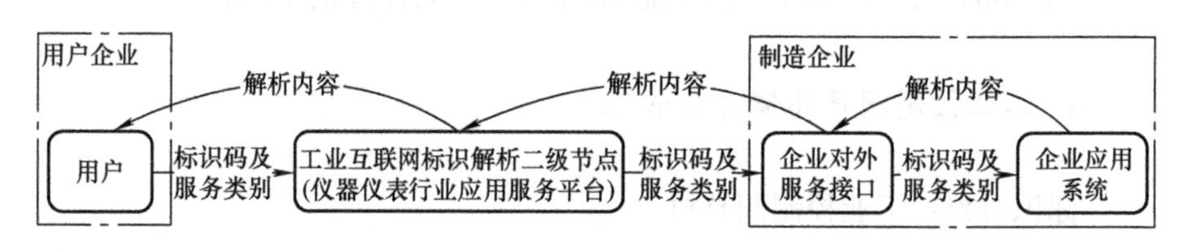

图 5-66 标识解析过程

5. 标识解析

产品用户方可以使用第三方软件（如微信、支付宝等）或者条码扫描设备扫描产品标识标签上的二维码，直接读取产品信息。二维码存储内容与铭牌上的明文一致。用户也可以采集 RFID 电子标签存储的数据和二维码存储的数据，将其一起导入数据库，并绑定两者之间的对应关系，从而快速构建设备管理基础数据库，以备其他信息系统集成应用这些数据。

5.10 IT 基础环境

5.10.1 云平台

1. 私有云

（1）什么是私有云

私有云是将云基础设施与软、硬件资源部署在内网之中，供机构或企业内各部门使用的云计算部署模式。企业能够按需访问共享的可配置计算资源池（如网络、服务器、存储器、应用程序和服务）。它包括按需自助服务、资源池化、快速伸缩、按使用量收费的服务、广泛的网络访问五个重要特征，由 IaaS（Infrastructure as a Service，基础设施即服务）、PaaS（Platform as a Service，平台即服务）、SaaS（Software as a Service，软件即服务）三层服务模型组成。

另外，“云”实质上就是一个网络，狭义上讲，云计算就是一种提供资源的网络，使用者可以随时获取“云”上的资源，按需求量使用，并且可以看成是无限扩展的。

（2）私有云解决的问题

在传统的企业私有计算环境中，服务器专门用于特定的一个应用，而且需要对每台服务器进行重复的相同配置，以支持应用系统增长和高峰需要。但是这种模式会造成物理服务器的利用率下降，并限制快速供应新服务器容量的能力。此外，由于需要手动收集配置等信息，针对新 IT 计划的容量规划非常复杂。然而，企业私有云这种新模式改变了这一局面。私有云构建在高效、自动化和虚拟化基础设施上，支持多租户环境、提供的标准化应用平台服务，允许业务团队自助请求应用容量。优势包括：

1）提高灵活性，包括显著缩短供应时间、服务响应时间。

2）充分利用增强的工业标准硬件和软件，在提升可靠性、可用性的同时，最大限度地减少成本投入。

3）利用完善、智能的业务工具来改进容量管理。

这些优势解决了以下问题：

1）数据动态式拓展。企业每天都会新增体量庞大的数据，这些数据的类型不同、大小不一，不同类型的数据对底层存储的I/O要求、数据安全性的需求和对存储的利用率也不尽相同。企业私有云平台针对各种差异分别适配不同层级的优化，以适应企业数据对存储系统的容错性、安全性、高效性、可扩展性的需求。

2）融合存储。融合式的存储与计算设备可以在保证系统稳定性的前提之下，实现服务器存储和计算资源利用最大化，在保证数据安全的情况下提供性能远优于传统SAN（Storage Area Network，存储区域网络）架构的扩展性和数据吞吐。根据数据热度动态调整数据分布介质，充分利用底层物理资源从而实现性能最大化。

3）提高灵活性。企业建立私有云的目标是快速满足业务需求。私有云可帮助业务部门和开发人员快速获得和管理其自身的云容量（在预先定义的限制范围内），从而动态扩展资源以满足其应用需求。

4）提高基础设施利用率。私有云的基础是共享的虚拟基础设施：对计算资源进行集中虚拟化，并通过多租户模式为所有业务团队提供服务。预计这将有助于提升每个资源池的利用率，进而提升总体效率。通过将工作负载从较老且低效的物理服务器整合到物理位置集中（维护方便）且更高效的新服务器上，能够显著降低总体功耗。

5）实时报警，运维便捷。云平台对主机、虚拟机资源（CPU、内存、磁盘、网络）的运行状态进行实时监控，任何故障和警告（如

CPU 运行临近满负荷）都会及时通知提醒管理员处理，免受故障带来的困扰。

6）高可用性和安全性。通过构建私有云，我们能够提供公共云的优势，同时规避了在防火墙之外托管重要应用和数据带来的风险。预计私有云有助于针对所有应用实现更高级别的可用性，而且无须借助昂贵的专用硬件和软件。这是因为，随着时间的推移，虚拟化软件将支持全新的高可用性能力，并在高端工业标准服务器中提供关键任务特性。

7）虚拟化计算。云平台的虚拟化处理让多种物理硬件资源进行重新整合，最大限度地提高整体运算能力和资源利用率，辅以深度优化和定制的 Linux 操作系统底层环境，确保虚拟化平台稳定、高效运行。

（3）私有云的技术架构

私有云涉及虚拟化、云平台、分布式资源管理、海量分布式存储、云安全等核心技术。在技术层面上，私有云通过网络使用各种 IT 资源与服务的方式将改变传统 IT 的资源提供与管理模式，实现 IT 资源的集约共享，降低能源消耗；在产业层面上，私有云将推动传统设备提供商进入服务领域，带动软件企业向服务化转型，催生跨行业融合的新型服务业态，支撑物联网、智能制造等新兴产业发展，加速制造业、服务业的转型。

私有云的关键技术有以下三方面。

1）虚拟化技术。云计算的虚拟化技术不同于传统的单一虚拟化，它是涵盖整个 IT 架构的，包括资源、网络、应用和桌面在内的全系统虚拟化。其优势在于能够把所有硬件设备、软件应用和数据隔离开来，打破硬件配置、软件部署和数据分布的界限，实现 IT 架构的动态化，实现资源集中管理，使应用能够动态地使用虚拟资源和物理资源，提高系统适应需求和环境的能力。

对于信息系统仿真，云计算虚拟化技术的应用意义并不仅仅在于提高资源利用率并降低成本，更大的意义是提供强大的计算能力。众所周知，信息系统仿真系统是一种具有超大计算量的复杂系统，其计算能力对于系统运行效率、精度和可靠性影响很大，而虚拟化技术可以将大量分散的、没有得到充分利用的计算能力整合到计算高负荷的计算机或服务器上，实现全网资源统一调度使用，从而在存储、传输、运算等多个计算方面达到高效。

2）分布式资源管理技术。信息系统仿真在大多数情况下会处在多节点并发执行环境中，要保证系统状态的正确性，就必须保证分布数据的一致性。为了解决分布的一致性问题，计算机行业的很多公司和研究人员提出了各种各样的协议，这些协议是一些需要遵循的规则，即在云计算出现之前，解决分布的一致性问题是靠众多协议的。但对于大规模，甚至超大规模的分布式系统来说，无法保证各个分系统、子系统都使用同样的协议，也就无法保证分布的一致性问题得到解决。云计算中的分布式资源管理技术圆满解决了这一问题。Google 公司的 Chubby 是最著名的分布式资源管理系统，该系统实现了 Chubby 服务锁机制，使得解决分布一致性问题时不再仅仅依赖一个协议或者是一个算法，而是有了一个统一的服务。

3）并行编程技术。云计算采用并行编程模式。在并行编程模式下，并发处理、容错、数据分布、负载均衡等细节都被抽象到一个函数库中，通过统一接口，用户大尺度的计算任务被自动并发和分布执行，即将一个任务自动分成多个子任务，并行地处理海量数据。

私有云的架构服务有以下三方面。

在 IaaS 层，主要包括以下几个部分：

1）虚拟化控制器（Hypervisor）：底层物理设备与虚拟机之间的控制层，实现底层物理资源的抽象化和资源隔离，并对上层虚拟机运行进行控制。在虚拟机运行过程中，Hypervisor 将对虚拟机的磁盘映象进行读写操作。

2）虚拟机（Virtual Machine，VM）：对通过各种虚拟化技术，为用户提供的与原有物理服务器不同的操作系统和应用程序运行环境的统称。虚拟机通常使用物理服务器的部分资源，在用户看来它与物理服务器的使用完全相同。

3）物理存储：虚拟化环境中支持不同存储设备和存储协议组成的物理存储，通常包括 FC-SAN、iSCSI、NAS 等集中存储方式、分布式存储系统以及物理服务器本地磁盘存储。

4）虚拟化管理系统（VMS）：由运行在虚拟化管理服务器上的管理软件和对应的管理客户端、外部 Web 门户等部分构成。其对系统中的各类物理或虚拟资源进行统一管理，实现资源发现、资源调配、批量部署、HA（Highly Available，双机集群系统）和自动迁移以及其他基于策略的高级控制功能，并对外提供管理接口。

5）物理设备（Server）：x86 服务器为虚拟机提供物理资源，主要包含用于支撑计算的 CPU 和内存、支撑存储的硬盘和支撑网络的网络接口。

在 PaaS 层，企业私有云 PaaS 平台所涉及的核心技术内容如下所述。

1）数据库和存储。首先要意识到数据库的集中包括两个方面的内容，一是数据库服务器硬件的集中化，二是数据本身的集中化。对于类似 oralce rac 集群数据库实现的是数据库硬件、软件和数据的全部集中，但是数据库集群算不上真正的分布式数据库。

云架构下的数据库集中化，是通过数据逻辑的集中，通过 PaaS 平台提供公共的数据服务，物理数据库本身还是处于分离状态。从而对 PaaS 平台的要求相对较高，主要表现在 sql 解析，异构数据库的语法层屏蔽，底层分布式事务的事务协调等方面。

对于数据库层面，还有就是 nosql 数据库的使用问题，至少现在看来，企业内的业务系统本身能够迁移到完全的 nosql 数据库是不现实的。主要原因还是复杂的业务规则和一致性要求，开发的复杂度和成本、性能问题等。现在来看可以用 nosql 数据库的场景往往并不多，只有少量的业务功能和场景可以转换为 key-value 模式进行存储和解析，比如类似日志、文件等技术服务和组件，可以先考虑使用 nosql 数据库。对于简单的业务对象，包括对象本身简单，对象关系也简单，事务也简单场景可以超 nosql 数据库进行迁移。

再到存储层面，基于 hdfs 分布式文件系统架构的分布式存储已经相当成熟，企业内的非结构化文件存储，文件的读取和访问完全可以统一到分布式文件存储架构上。基于 hadoop 开源框架来构建分布式存储服务是完全可行的技术方案，但是要注意到对于分布式存储服务构建中仍然存在结构化的元数据，这些元数据的存储可以采用传统的结构化数据库，也可以采用 nosql 数据库。

2）中间件资源池和资源调度。对于中间件资源池的构建，可以说是企业私有云中 PaaS 的核心内容。具体的功能前面文章已经谈到过，包括自动部署、应用托管、应用虚拟化的中间件资源池、资源根据应用符合动态调度等方面的内容。

对分布式调度有两种方案，第一种是基于传统虚拟机 + 高层负载均衡的调度模式，在该模式下需要解决的问题是负载均衡设备 API 的完全开放，能够通过程序来实现计算单元的挂接和卸载，而对于虚拟化本身的动态创建、安装、启动激活则属于传统的 IaaS 层需要考虑的问题。第二种调度方案即我们说的应用虚拟化，调度的单元为各个轻量的中间件容器，这个容器可以是应用服务器中间件容器，也可以是更加轻量的 web 容器，要明白调度单元越轻量则调度效率越高，但是各个调度单元之间的隔离性会很差。在这种调度策略下要解决的问题主要是各个调度单元的隔离，已有的 cpu 和内存资源在各个调度单元之间的分配不会出现资源抢占情况，中间件实例的自动创建、启动、程序部署包的自动部署等。

不论是哪种调度策略和方案，PaaS 里面都涉及另外两个方面的内容，即管控平台和各个调度单元之间的消息通信机制，现在各家的方案都需要依赖高效的消息中间件技术，一个是实现消息事件的快速传递，一个是实现各个单元之间的彻底解耦。第二个方面技术是对于各个调度单元的健康信息采集，这个采集通过 ssh 或其他底层 api 技术来实现不难，但是难的地方确是采集的高效性和性能。要实现高效调度，数据的采集频率会很高，如何保证采集程序本身性能和低能耗就必须考虑。

如果我们把数据库和中间件都实现了分布式，那么整个应用可以算得上是完全的分布式架构系统，在传统的集群系统架构下可以看到，数据库和中间件分布实现集群技术形成一个完整的大集群可扩展应用。

SaaS 定义了一种新的交付方式，也使得软件进一步回归服务本质。企业部署信息化软件的本质是为了自身的运营管理服务，软件的表象是一种业务流程的信息化，本质还是第一种服务模式，SaaS 改变了传统软件服务的提供方式，减少本地部署所需的大量前期投入，进一步突出信息化软件的服务属性，或成为未来信息化软件市场的主流交付模式。其优势在于不必投入任何硬件费用，也不用请专业的系统维护人员就能上网，有浏览器就可以进行 ERP、CRM 系统的使用。快速的实施、便捷的使用、低廉的价格都有赖于 SaaS 产品的互联网特性。

2. 混合云

(1) 什么是混合云

混合云指同时部署公有云和私有云的云计算部署模式。混合云模式如图 5-67 所示。

企业在考虑选择云平台部署其应用的过程中，总会面临私有云和公有云之间的选择问题，此时混合云部署模式应运而生，并且成为一个不错的选择。混合云是公有云、私有云、社区云等多种部署模式的结合，兼具公有云可扩展、节约成本和私有云安全、可控的优势，有效弥补了私有云和公有云的不足，具有较多的适用场景。

(2) 混合云解决的问题

企业同时拥有私有云和公有云，在其拥有的私有云和公有云上，同

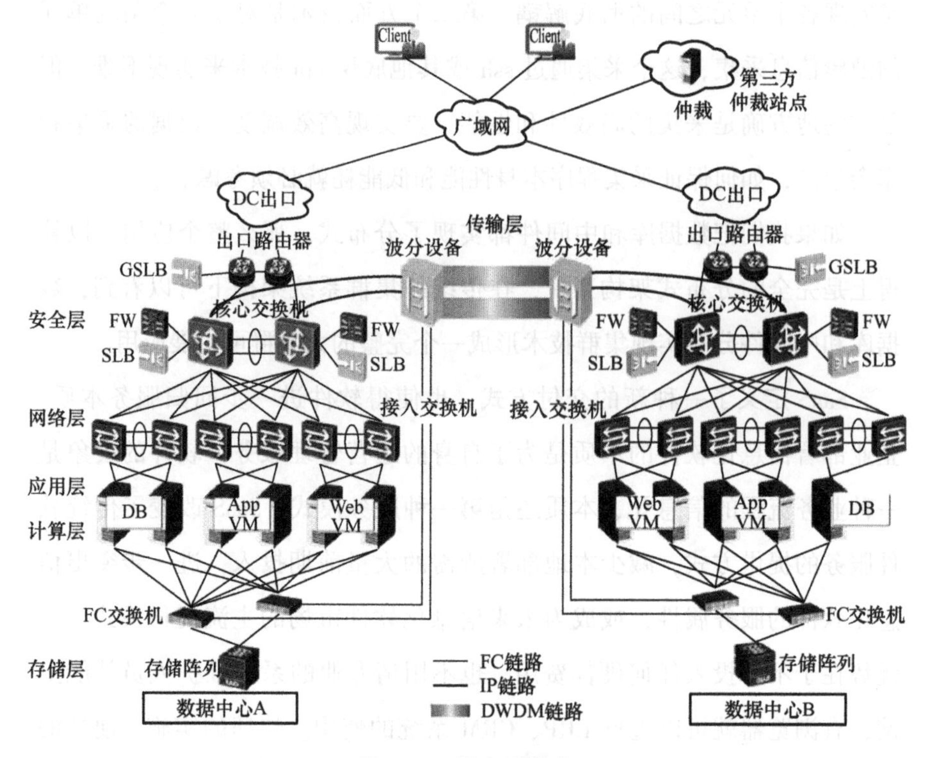

图 5-67　混合云模式

时部署企业的前端服务和后端系统，既可以保证私有云的利用率，又可以通过公有云多线（DGP）、负载均衡（SLB）、智能云解析、云操作系统等这些公有云产品提高互联网访问的总量，并且还可以具备较好的弹性伸缩和强大的业务防护能力，快速扩展满足业务发展需求。

混合云具备以下优势：

1）成本优势：保护已有资产，享受云计算成本红利。既可以保证私有云利用率，又可以通过云计算多种按量付费方式实现节流。

2）弹性伸缩优势：作为超大计算、网络、存储池，混合云可随时扩容减容，满足业务需求。

3）多地域服务优势：提供分钟级构建全球多中心网络，客户就近接入，提高网络质量。

4）容灾优势：提供城域级容灾，这是自建私有云无法比拟的。

这些优势解决了以下问题：

1）研发与测试环境。基于公有云的弹性环境进行研发、测试，有助于降低企业研发成本和新产品早日投入市场。

2）容灾。企业应用系统和数据备份在云端，遇到突发情况时，数据不会丢失，应用系统能够在云端启用，从而有效节省企业自建灾备环境带来的额外成本和管理投入。

3）敏捷性和灵活性。混合云解决了将资源和工作负载从私有云迁移到公有云，反之亦然。对于开发和测试而言，混合云使开发人员能够轻松应用新的虚拟机和应用程序，而无须 IT 运维人员的协助。可以利用公有云的弹性伸缩机制，将部分私有云应用程序扩展到公有云中，从而应对高并发访问造成的资源瓶颈。公有云还提供了各种各样的服务，如 BI、分析、物联网等，用户可以随时使用这些服务，而不是自己构建。

（3）混合云的技术架构

混合云架构中的关键技术主要包括云应用架构、混合云网络、混合云管控（资源、业务、计费）、混合云负载迁移、混合云灾备、混合云安全以及一些附加的性能优化技术等。

1）云应用架构。应用架构及各个组件的部署位置是构建混合云前首先需要考虑的问题。传统非云环境下，应用系统一般采用三层（多层）架构，包括前端会话层、中间业务逻辑层（可细化为多层）、后端数据存储层。服务器虚拟化技术引入后，应用组件从物理服务器迁移至虚拟机，实现了基于虚拟化的资源灵活扩展。但是，单纯的 P2V（Physical to Virtual，物理到虚拟）转换仍未改变原有架构本质，即假设底层基础设施可用，这与云环境丰富的高可用特性不符。因此，有必要向传统三层架构中增加故障应对和处理机制。总体而言，云应用架构以简化、容错、模块化为设计宗旨，以实现在虚拟化、弹性、多租户云环境中的完美适配。

2）混合云网络。混合云网络需求主要包括以下几点：

① 云间互联及性能需求：私有云和公有云互联互通是混合云架构的基础，如图 5-68 所示。

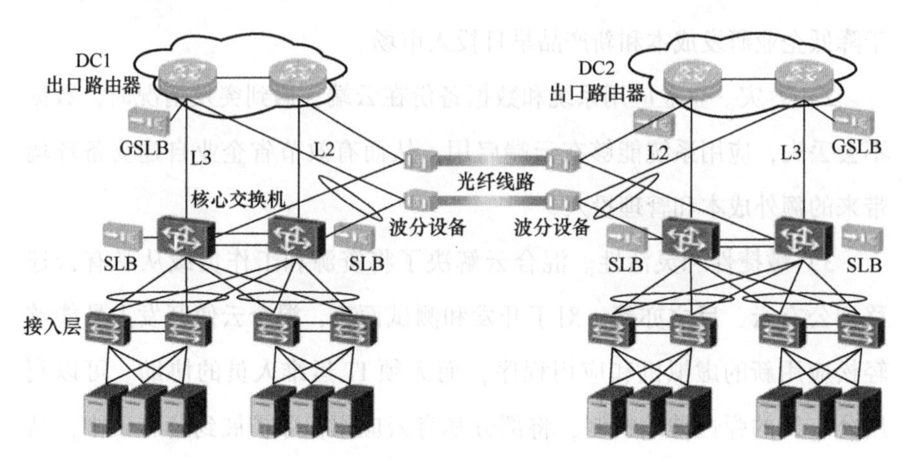

图 5-68　混合云网络架构

② 应用和负载迁移需求：主要包括虚拟机集群构建和迁移等带来的大二层网络架构需求、虚拟机迁移前后网络配置的一致性和自动化问题、虚拟 IP 地址分配和管理问题等。如图 5-69 所示，私有云与公有云之间实现应用及负载迁移的示意图。

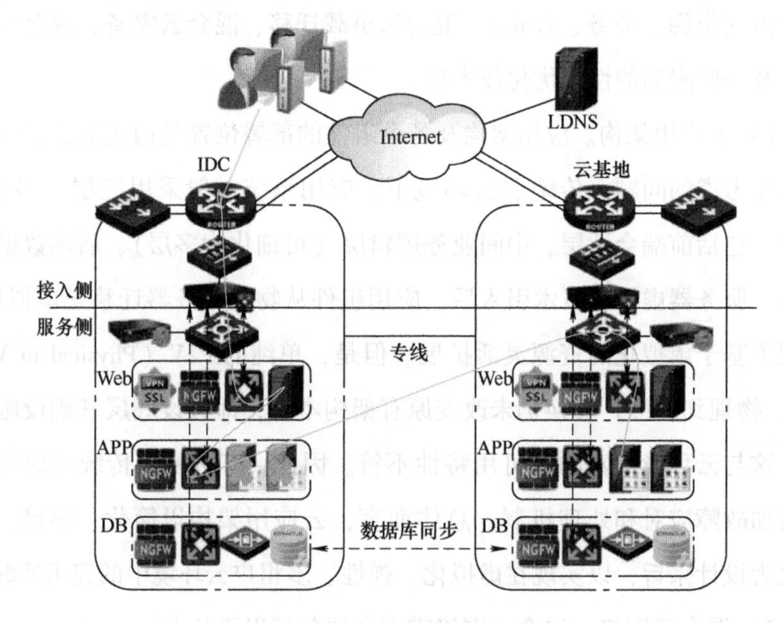

图 5-69　业务系统切换样本

③ 网络应用和业务需求：公有云一般仅提供简单的网络功能，混合云环境下租户需要实现与私有云一致、丰富的网络配置和业务能力，包括防火墙、缓存、应用加速器、负载均衡、入侵检测系统（Intrusion Detection System，IDS）等。

3）混合云管控。在整个复杂的信息系统架构中，混合云管控平台可对本地IDC与云数据中心的数据资源池、安全资源池、网络设备资源池等做出合理化整合，实现硬件资源和软件资源的统一管理、统一分配、统一部署、统一备份和统一监控，如图5-70所示。

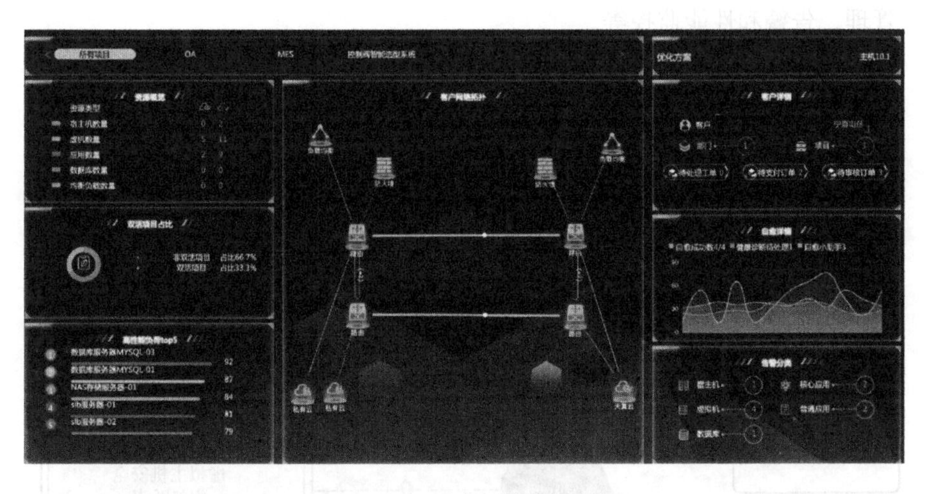

图5-70　混合云管控平台

混合云管控至少涵盖以下层：

① 设备管理层：提供物理设备接入及管理功能，包括设备发现、配置部署、告警上报等。

② 虚拟适配层：提供不同虚拟层的适配、集成能力。例如，VMware、Xen、KVM、Hyper-V等对上层屏蔽不同虚拟层差异，提供统一的虚拟化管理接口。

③ 云适配层：提供对不同云资源的适应能力，实现私有云和公有云资源的统一管理能力（不同云平台对数据的交互）。

④ 虚拟化资源池层：实现计算、存储和网络虚拟化等资源的统一

管理。

⑤ 资源池调度层：提供资源动态分配、调度策略、资源池高可用和备份恢复等功能的管理。

⑥ 资源池服务层：对外提供基础资源池服务能力，如动态伸缩、负载均衡等。

⑦ 对外接口层：对外提供标准的接口和能力，供上层业务或解决方案集成。

⑧ 管理平台层：云资源池的统一管理维护功能，如用户管理、日志管理、告警和性能监控等。

（4）混合云安全

云计算环境是一个由虚拟化服务器组成的动态工作的环境，其核心安全坚持最小授权原则，保证云计算环境在管理、应用、项目部署、项目开发过程中的安全，以及虚拟化应用环境的系统安全、通信安全、接入安全与认证安全。混合云安全架构如图 5-71 所示。

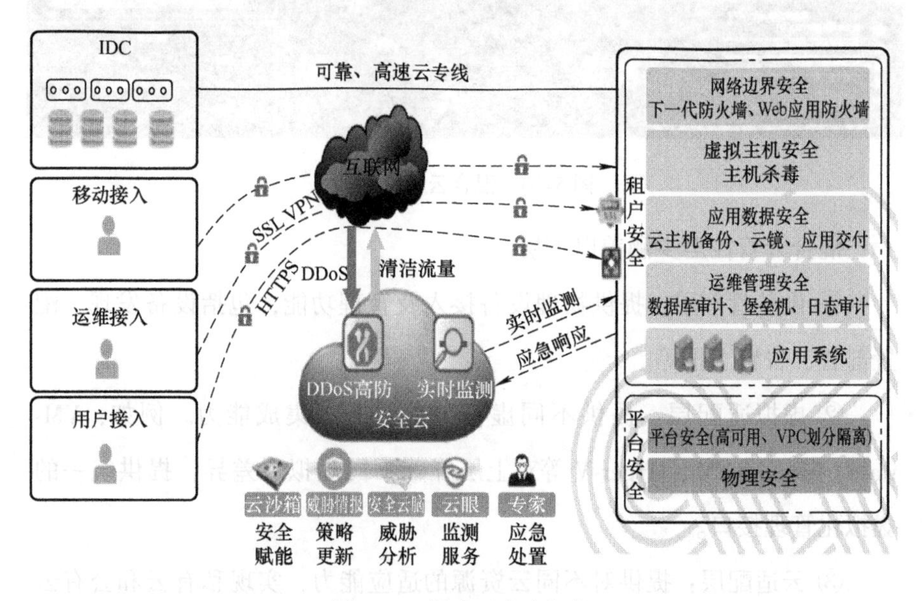

图 5-71　混合云安全架构

5.10.2 业务中台

1. 业务问题及解决思路

随着企业的发展壮大，企业的信息化系统也跟随企业的业务发展，逐步上线服务于不同业务领域，例如，要规范化管理的时候，实施ERP系统；要将客户管理起来，实施CRM系统；仓储管理到一定规模又实施WMS。为了更好地进行物流管理，实施TMS……整个公司各个系统功能有重叠、有交叉，内部协同成了重大问题，需要解决以下问题：

1）旧系统适配或者改造替换，要与现有系统互联互通。

2）新业务需求催生新平台、新系统上线，需并入现有系统群中。

3）统一管理企业内的各种管理系统。

4）避免出现数据孤岛。

5）系统之间的互联互通。

6）通过标准的协议接口集成企业外部的系统，实现异构系统之间互联互通。

7）统一权限控制、流程流转和统计分析。

8）统一的消息、文档检索及上传下载等通用基础IT组件，避免功能和硬件实施浪费等。

在一个企业烟囱式林立的业务系统中，在系统的开发、维护方面呈现出了如下业务问题。

业务问题1：自我繁衍。由于不同的业务，不同的项目经理组队，各项目经理及开发团队的技术能力、技术背景不同，甚至于引进第三方公司产品背景不同，造成企业应用系统的技术路线不统一。

解决思路：维持现有系统现状，建设统一的业务中台，打通各个信息孤岛。

业务问题 2：管控壁垒。某一团队决策者希望尽量减少对外项目组的依赖，无论是技术选型、规范建立、组件选取，还是运行环境都能够自行掌控。但从整个团队共享业务层面看，这不是一件容易的事。

解决思路：在维持业务正常运行的前提下，逐步替换一些陈旧的技术选型，建立统一的技术规范、开发环境，所有团队共享成果。

业务问题 3：断崖效应。软件开发技术选型过于个性化，没有统一的管理和规划，关键开发技术被个别核心员工掌控，核心人员的波动对项目和产品的影响很大，甚至由于人员的离职，导致产品的开发难以继续，被迫重新组织人员开发。

解决思路：重点技术、重点组件统一到业务中台上，实现基础能力共享、技术共享。

业务问题 4：资源浪费。当每个团队都在试图构建自己完整的研发流程时，中间的技术研究、产品研发、运维管理就会出现非常多的资源浪费。

解决思路：中间件、通用模块纳入统一的业务中台上。

业务问题 5：难以考核。当每个团队都采用不同技术栈、不同的技术组件、不同的维护方式和规范时，无法从产出效率来判断一个团队的绩效，KPI 指标也非常难设立。

解决思路：借助“大中台小前台”的思想，统一技术栈，同时也支持针对软件应用场景的特殊性，有个性化的技术栈。

通过以上分析，给出的总的解决方案是：建立企业级统一的业务中台，抽象共性业务，将其变成公司级各部门都可以使用的底层能力。严格意义上来讲，业务中台不是一种架构，也不是一种系统，而是一种战略。如果整个系统管理冗杂又有资源浪费现象，就需要将原有的系统规范化、一体化，通过数据总线进行深度的整合，打通各个信息孤岛，降低重复建设，减少烟囱式协作，形成前后贯通的信息化建设。

2. 主要系统

“中台”这一系统架构相关的概念起源于芬兰 Supercell 公司。Supercell 公司只有 200 多名员工，却连续打造了《部落冲突》《皇室战争》《卡通农场》《荒野乱斗》等多个全球热门游戏。其成功的因素之一就是强大的技术平台服务内部众多的小团队研发，使得各个团队可以专心创新，不用担心基础却又至关重要的技术支撑问题。建造企业管理和运营一体化管理平台，能降低重复建设，减少烟囱式协作。由于每一个具体的业务团队都很小，因此能够突出优势、快速迭代，试错成本很低，在团队能力之外的部分则由强大的中台提供有力的支持。

通过对人员、技术和流程的有效整合，将各业务系统核心业务进行标准化和精简化，抽象出各种业务模型和通用数据服务，如用户中心、订单中心、生产中心等，也包括非业务类服务，如日志分析中心、配置中心、消息中心等。通过这些业务模型和数据服务，组装形成各种独立的业务应用，从而为多系统提供服务支撑，统一标准、统一调用、统一服务、统一产品。图 5-72 为业务中台的通用架构。

1）大中台 + 小前台的架构思路。

2）业务中台采用领域驱动设计（Domain Driven Design，DDD），在其上构建业务能力 SaaS，持续不断地进行迭代演进。

3）平台化定位，进行了业务隔离设计，方便一套系统支撑不同的业务类型和便于定制化扩展。

4）前后端分离，通过服务接入层进行路由适配转发。

5）基于微服务理念，将业务逻辑封装为微服务，中台提供流程编排能力，以服务能力的形式开放给前台应用，如计划下达、交期变更等。

6）常用的业务组件，如上传下载、单击登录、可视化服务等，引擎化可以支持多系统调用。

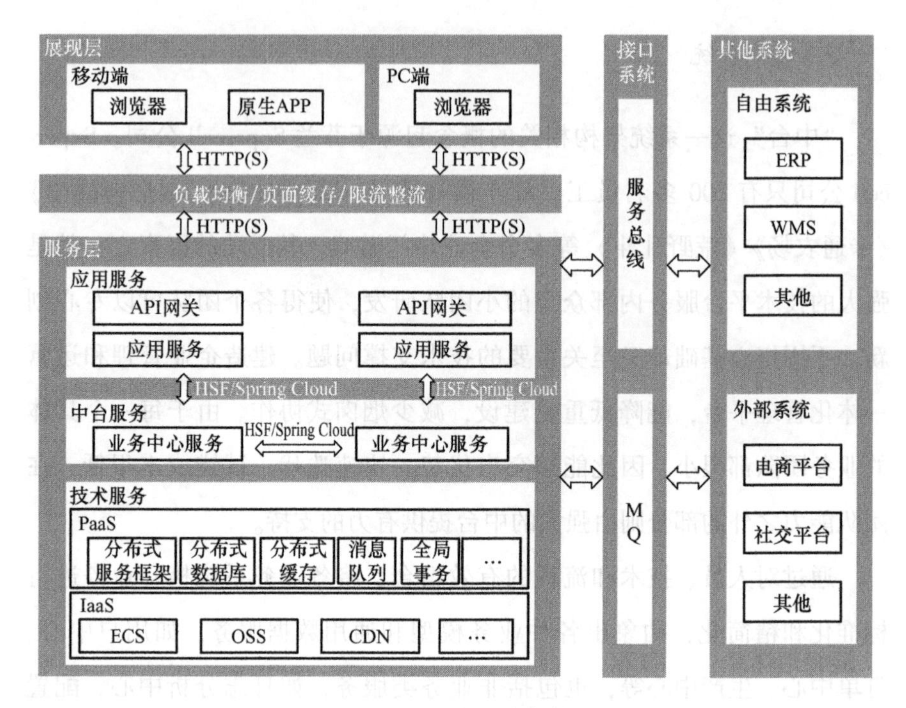

图 5-72　业务中台架构

7）提供各种通用消息发送通道，如短信、邮件、微信等，进行消息的发送。

8）提供各种基础业务能力支撑，如用户管理、搜索、计算、移动业务、内容管理服务（Content Management Service，CMS）等。

服务层的架构采用分布式的微服务架构（见图 5-73），微服务架构去中心化加强终端的特点，让服务免去了雪崩效应等容灾上的风险。同时，整体技术架构具备易于扩展、组合、部署，可支持动态伸缩、精准监控，并且可以提供灰度发布等优点。

1）标识解析引擎：针对标识载体（条码、二维码、RFID 电子标签、智能 IC 卡、芯片等）可以存储产品标识以及其他更加丰富的产品信息的实体，提供标识注册、标识解析、标识搜索、标识认证等服务。

2）工作流引擎：提供业务流程活动定义，将工作分解成定义良好

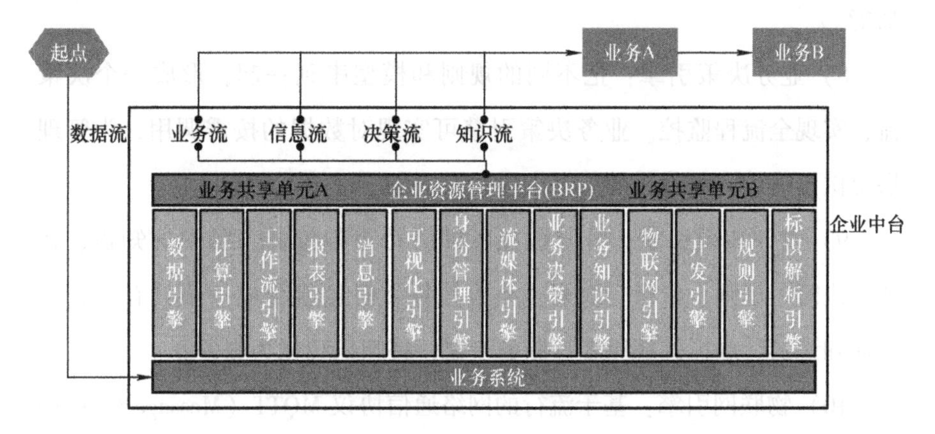

图 5-73 微服务架构

的任务或角色，根据一定的原则和过程来实施这些任务并加以监控，从而达到提高效率、控制过程、提升客户服务、有效管理业务流程等目的。

3）报表引擎：在原始数据的基础上定义报表的格式、算法，根据定义的算法自动执行计算，并输出计算后的结果，再根据定义的报表格式显示报表内容。

4）消息引擎：利用开源的消息中间件定义规范的消息传递模式，企业利用这组规范在不同系统之间传递语义准确的消息，实现松耦合的异步式数据传递。

5）可视化引擎：将数据可视化，提供日常监管、专项项目需求，通过数据融合、渠道联动，实现精准化的信息研判，为开发提供可视化通用工具。

6）身份管理引擎：平台下所有系统的账户管理、身份认证、用户授权、权限控制等行为都必须经由该系统处理，提供账号密码管理、基本资料管理、角色权限管理等功能。

7）流媒体引擎：集中了多种服务功能于一体的多协议、多媒体格式的业务服务引擎，它可以支持包括 WMV、REAL、MPEG、FTP、HTTP 等多种服务，并统一实现了各种流服务器中的多种特性和增强功能。

8）业务决策引擎：把不同的规则和模型串到一起，形成一个决策流，实现全流程监控。业务决策引擎可实现对数据的按需调用，为管理层提供可决策、可分析的数据指导。

9）业务知识引擎：将分散在各部门乃至各位员工脑中的知识、技能、诀窍、规则、价格、政策、经验等各类信息组合成一个具有本企业全面知识的、虚拟的超级客户服务专家，将知识转化为服务。

10）物联网引擎：基于流行的网络通信协议 MQTT（Message Queuing Telemetry Transport）以及开发的接口能力，将设备上的信息实时或定时采集到平台上，并对设备进行远程控制、监视等。

11）开发引擎：代码生成器，一键自动生成业务代码，全面支持 PC、移动端系统快速开发。

12）规则引擎：基于开源 Drools 规则引擎工具，实现了将业务决策从应用程序代码中分离出来，并使用预定义的语义模块编写业务决策。规则引擎可接受数据输入，解释业务规则，并根据业务规则做出业务决策。

13）数据引擎：通过 ETL（Extract-Transform-Load）工具，将数据从来源端经过抽取（extract）、转换（transform）、加载（load）至目的端，形成数据仓库。

14）计算引擎：专为大规模数据处理而设计的快速通用的计算架构。负责计算中数据的来源、数据的操作、数据的管理并将合适的计算结果根据要求给予返回。

15）业务共享单元：各业务系统核心服务标准化和精简化，形成具有业务特色的服务，如消息推送、交期变更业务等。

3. 主要集成

（1）移动应用集成

传统移动门户产品以业务系统为单位呈现相应栏目模块，不能及时反映某业务系统内容更新，造成用户浏览信息不及时。基于此原因，在传统的基础上，进一步以消息为主题，以消息的形式将各业务系统的内容推送给移动端，用户只需重点关心自己关注的信息，无须访问具体网站即可查看。业务中台可以提供移动应用所需的各种基础服务，如图5-74所示。

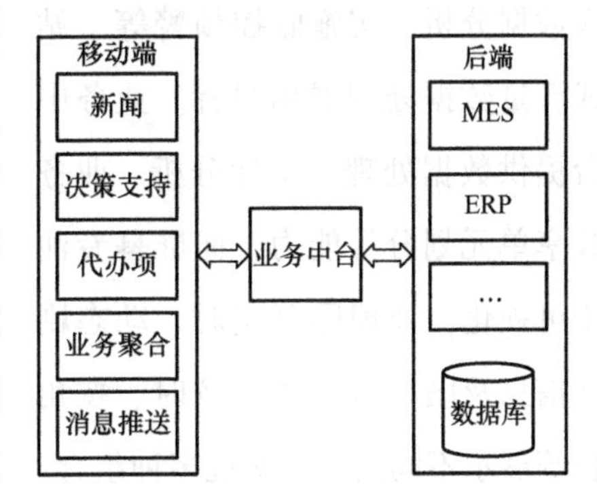

图5-74 业务中台集成逻辑1

移动应用与业务中台集成，实现了以下能力：

1）与已有业务系统的集成提供API和工具支持。

2）为移动应用的开发、调试、测试、编译、部署提供全生命周期支持。

3）跨平台，一次编写即可运行于各平台。

4）有效实现多个移动平台支持。

5）HTML + CSS + JS实现原生界面体验。

6）移动门户无须重新安装，以增量更新方式扩展功能。

7）异步事件处理框架。

8）消息推送数据缓存。

9）客户端本地数据存储加密，客户端与服务器安全通信。

10）设备管理与安全控制。

11）用户行为跟踪与统计分析。

（2）大屏集成

液晶拼接屏、看板可集中显示，分散控制。用户或决策管理层可以把对监控演示中心的情况控制、突发事件的处理、事件查看、信息发布、监控调用、设备控制等功能直接做到拼接屏显示器上，实现对上述功能事件、功能系统、设备系统进行最直接、最有效的点对点控制。

大屏、看板作为显示端与业务中台集成，可达到可视化重组展示、大数据分析、实施监控预警等一站式海量数据处理展示目标。业务中台提供数据处理、指标分析、业务共享单元划分等能力，而屏幕专注于可视化，处理屏幕实时、动态刷新信息及图标数据等，按时、按角色等展示不同内容，实现多种组合，使用户和管理决策者可以实时了解项目生产情况、各个设备的运行状态，大大提升了数据的质量和决策的效率，成功实现了作业可视、风险预警、信息共享、快速响应和决策的目标，如图 5-75 所示。

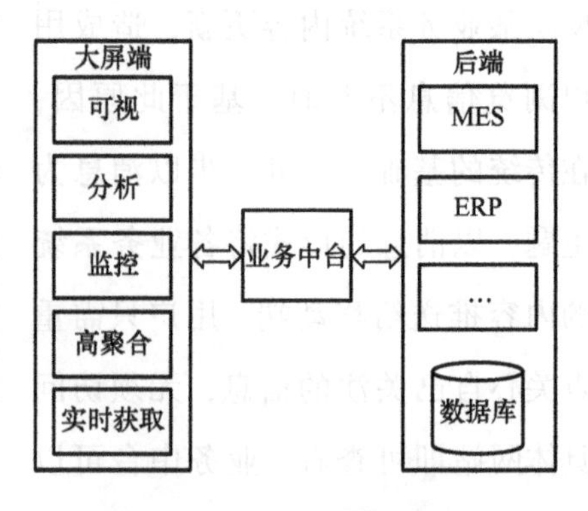

图 5-75　业务中台集成逻辑 2

(3) 业务系统集成

业务中台可以提供对外集成第三方系统的能力。这里以与某工业品电商平台的集成为例进行说明。

在此次集成过程中，依据企业系统现状，汲取工业品电商平台的集成经验，结合企业采购供应链系统的业务采购模式，分别在企业采购供应链系统的采购申请上传、订单下载、订单收货等业务环节设计集成数据同步接口和数据对照关系，为电商平台和被集成企业间的采购业务互联互通提供数据传输服务。

本次与电商平台的集成，主要完成了采购申请、回传 Log 日志、回传审批、消息删除、收货接口、回传付款信息等数据和信息集成。实现企业采购供应链中每一个步骤和工业品电商平台的对接，整个过程包括下单、供应商确认、审批、待付款、付款、待发货、发货、收货等。

5.10.3　数据中台

2019 年被称为数据中台元年。数据中台是一种新生概念，目前业界还没有统一的定义。从其作用方式来看，数据中台将共性需求抽象化，通过解耦和组件化方式，保证整个系统的分布式，各种业务应用以微服务方式进行交互处理，可保障业务随着场景发展而迭代，支撑用户全新体验与个性化服务。数据中台模式避免了重复功能建设和维护带来的资源浪费，集合了技术和产品能力的业务中台能快速、低成本地完成业务创新，同时可以实现数据资源共享。

“中台”这个概念早期是由美军的作战体系演化而来的，技术上说的“中台”主要是指学习这种高效、灵活和强大的指挥作战体系。2015 年，阿里巴巴高层提出“大中台小前台”的战略思想，“中台战略”开始启动，到 2018 年各大互联网公司开始“跟风”，打造不同类型的中台。阿里巴巴的“大中台小前台”与美军的“中台”思想异曲同工，其核心是企业前方市场瞬息万变，而企业内部支撑总归要趋于稳定有序，前台和后台发生冲突，需要中台来缓冲衔接。企业通过中台，运用后台技术手段，为前台提供复用的能力。

“数据上云”已经从一个技术词汇慢慢转变成为企业界的共识：如果想要在信息商业中拥有一席之地，就必须要借助云计算的力量，完成企业的数字化转型。

今天处理数据绝大部分都不是单纯靠算力，算力虽是基础，但主要是靠上面的智能化算法，而算法与各行各业的业务有密切相关。所以，阿里巴巴通过与各行各业合作，沉淀了一个完整的智能化平台。我们认为在基础设施的云化、核心技术的互联网化以及在之上叠加大数据 + 智能化的平台和能力，完整地组成了云智能的整体能力框架。

数据中台就是一系列解决方案的基础设施。数据中台不是一套软件系统，也不是一个标准化产品，只能说，站在企业的角度上，数据中台更多地指向企业的业务目标，即帮助企业沉淀业务能力，提升业务效率，最终完成数字化转型。要做好数据中台，只做云或者只做端都不可靠，需要把两者合起来做。智能端负责数据的收集，云负责数据的存储、计算、赋能。端能够丰富云，云能够赋能端。

关于中台的作用，各个专家有不同的看法。例如，赛迪顾问软件与信息服务业研究中心高丹认为，中台的作用是为了解决效率问题，降低创新成本，在制造企业软件产品从标准化向定制化转变的过程中，可以通过业务中台和数据中台的合作，满足推动定制化和个性化的业务，适应产品快速创新。PTC 中国区售前技术总监秦成认为，中台可以总结为是一种思想、一种体系，其可以快速聚合后台的数据与能力，通过平台的快速开发、分析、服务编排等，提供前台更多的创新能力、试错能力。中台的本质是对后台系统功能和数据的解耦、重构与复用。

1. 业务问题及解决思路

1）数据重复的问题。企业在全产业链条的生产中，有统一标识体系，如订单号、路线单号、产品编号等。这些编号在各个业务系统中也作为唯一标识进行识别及关联，并在各自业务系统中产生各种业务数据，记录生产状态、生产行为等变化信息。每个业务系统均记录了大量重复信息，如合同履约系统中记录合同号相关的合同信息，这些信息也会被智能选型系统重复记录，被采购供应链系统重复记录。再如零件信息，几乎重复存储在所有业务中。

2）数据未标准化、数据质量低的问题。大家都要用到这些数据，无论是基础数据还是业务流转的过程数据，或是订单合同的技术数据。每个业务系统用到什么类型数据，就本能从上游系统中获取，从周边配套系统中拿过来，再按各自业务的实际需要组合成不同的数据结构存储。在数据存储时，可能对数据进行个性化的清洗、加工等工作。站在各自系统的角度看这都是必要和必需的，但站在更高的层面全局性的分析，这就造成了数据不标准，数据不统一。举个真实的例子：图号。在早期设计的系统中，图号是加密后保存的，而与它对接的系统均要解密后才能使用；并且因早期系统设计上的缺陷，图号保存了非法字符（如回车符、换行符），下游业务系统在使用前均要清洗处理，处理后的图号与之前的图号就无法直接简单的配对了。我们可以想象出，如此重复的图号在每个系统中均不能匹配，一旦出现问题，每个业务系统均要依次修改是多么麻烦的事儿，各系统的数据在关联查询时，也要再次转换是多么低效的事儿。

3）数据孤岛的问题。吴忠仪表到2019年年底约有40多个系统，核对业务也有10个系统。这么多的系统每天都在产生各自有价值的数据信息，很可惜的是：数据信息被圈定在业务系统内，没有最大化地发挥出它的价值。你不知道我业务中的数据是什么样的，我也不知道你的业务中的数据变化。无法数据碰撞，没有新的组合机会，就很难创造新的价值。

4）资源浪费、创新成本高的问题。因为数据重复、数据未标准化，对于新成立的项目，须从众多系统中对接数据需求，并且这是每个新成立项目都要重复建设的事，浪费人力成本，浪费资源空间，造成新项目开发周期越来越长。再加上数据质量低、获取到数据还要二次清洗、加工处理，进一步加大了创新成本。当需求特定的数据信息时，因数据孤岛的问题，获取数据的沟通成本及开发成本再次增加。

5）数据接口不统一、容易系统雪崩的问题。数据存在每个业务系统中，而每个业务系统在建立时，所用的技术开发语言多种多样，提供的数据接口方式也是多种多样的，有WebService的、有Json的、有XML的、有RESTful的、有文档的、有文本的，还要让你直接从他业务数据库中取的，不可想象。有的业务数据库是Oracle的，就要用Oracle数据库连接驱动，有的业务数据库是SQL Server的，就要用SQL Server数据库连接驱动，MYSQL、Access等都有。数据获取的方式多、种类多，要连接的服务器也多。连接众多的数据库，本身就会造成数据库的压力。还要造成更严重的问题：容易造成雪崩。

2. 主要系统

建立数据中台，应统一管理数据、统一对外开放接口、统一数据治理、统一数据存储、统一数据安全、统一数据标准。

我们从三个方面将数据中台落实到实处：

第一是数据技术。没有数据中台时，各公司都有自己的数据中心、机房、小数据库。但当数据积累到一定体量后，这方面的成本会非常高，而且数据之间的质量和标准不一样，会导致效率不高等问题。因此，需要通过数据技术对海量数据进行采集、计算、存储、加工，同时统一标准和口径。

第二是数据资产。形成标准数据，并进行存储，形成大数据资产层，进而保证为企业各业务和应用提供高效服务。

第三是数据服务。通过数据交换、数据存储、数据计算、数据分析等，可视化地提供数据决策、趋势走向的信息技术驱动服务。

数据中台的功能如图 5-76 所示。

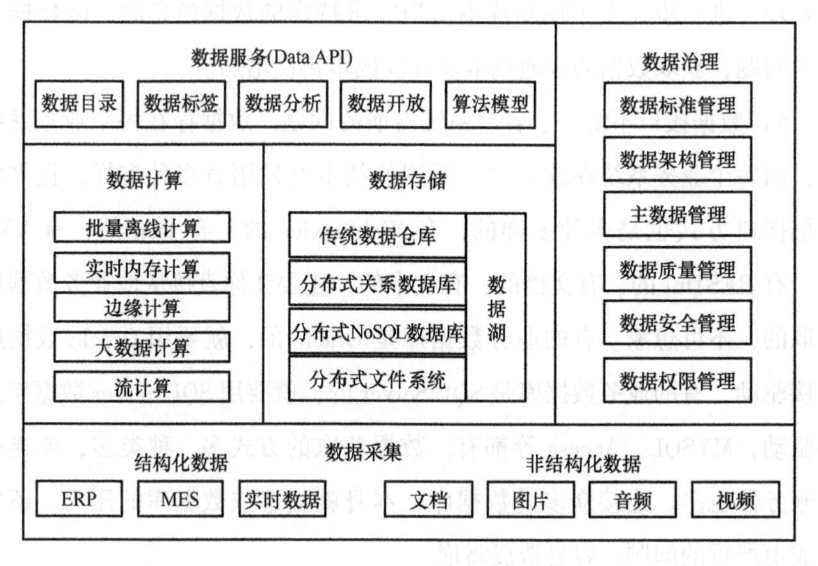

图 5-76　数据中台的功能

从图 5-76 可以看出，数据中台主要由五大部分组成，分别是数据采集、数据存储、数据计算、数据治理和数据服务。下面对这五大组成部分进行说明。

（1）数据采集

数据采集又称数据获取，是利用传感技术和感知装置，从系统外部采集数据并输入系统内部的一个过程。数据采集技术广泛应用在各个领域。采集设备有视频采集的摄像头、音频采集的麦克风等。采集参数有温度、压力、流量、电量、电压、电流等，可以是模拟量，也可以是数字量。数据采集一般采用采样方式，即间隔一定时间对同一点数据重复采集。

在智能技术进一步迭代升级，智能制造大行其道，以及互联网快速发展的今天，数据采集在工业领域已发生了重要的变化。适用于各种场合的智能数据采集装置、智能数据采集插件、智能数据采集系统不断增多增强，国内外各种数据采集传感器先后问世，将数据采集带入了一个全新的时代。

（2）数据存储

当今世界是一个充满数据的互联网世界，数据一般保存在数据库中。数据库种类很多，如层次数据库、网状数据库和关系数据库等。从数据库发展历史看，关系数据库已经成为目前数据库中最重要的一员，它比较好地解决了管理结构化数据和存储关系型数据的问题。关系数据库中的数据以表、行、列的形式存储，可存放百万条、千万条，甚至上亿条数据。

随着人类文明的进步，更多非结构数据也需要积极有效地管理起来，以前这些数据大多用文件形式独立存储，如视频文件、音频文件、图像文件等。伴随互联网云计算的发展和大数据时代的到来，关系型数据库越来越无法满足需要，同时分布式等新技术的出现也对数据库提出了新的要求，于是越来越多的非关系型数据库开始涌现，它们更强调高并发地读写和存储海量数据。此类数据库一般被称为 NoSQL 数据库，NoSQL 不仅代表 No SQL，还代表 Not only SQL，SQL 代表传统关系数据库，NoSQL 显然是对传统关系数据库的补充和升级。

绝大多数的企业面临着管理数据量、速度和种类的挑战。Hadoop/MapReduce 技术在复杂数据分析能力以及按相对低廉的成本实现最大数据扩展性方面具有一些优势。Hadoop 在以后取代 DBMS（Database Management System，数据库管理系统）的可能性不大，这两项技术更有可能并存，因为它们各有独到之处。虽然用于管理和分析数据的技术可能不同，但元数据管理和数据治理的目标应始终保持不变：为支持良好的业务决策提供可信、及时且相关的信息。不存在所谓的“大数据治理”或“大数据元数据管理”，相反，这是一个将全局企业数据治理和元数据管理活动加以扩展来包容全新数据类型和数据源的问题。

Hadoop 带来的挑战之一就是元数据管理。如果没有良好的元数据管理和数据治理，Hadoop 将会缺乏透明度、可审计性以及数据的标准化与重复利用能力。在该领域涌现的 HCatalog 和 Hive /HiveQL 等新技术将使得从非结构化数据和半结构化数据中收集元数据变得更加简易，从而实现 Hadoop 上的数据沿袭。这些功能对于将 Hadoop 集成入总体数据集成框架，以防止大数据在企业中遭到孤立隔绝，可如同任何其他数据源一样进行治理至关重要。

（3）数据计算

数据计算的基本目的是从大量的、可能是杂乱无章的、难以理解的数据中抽取并推导出对于某些特定的人们来说是有价值、有意义的数据。它是系统工程和自动控制的基本环节。数据计算贯穿于企业生产和社会生活的各个领域。数据计算技术的发展及其应用的广度和深度极大地影响了人类社会发展的进程。

Google 公司的三篇论文开启了大数据处理的篇章，其中 MapReduce 被各大公司作为数据处理的主要方案。MapReduce 是批量离线计算的代表，采用移动计算优于移动数据的理念，计算任务通常直接在 HDFS 的 DataNode 上运行，这样避免了数据的移动，并且采用并行计算的方式，大大减少了数据处理时间。

对于常用的计算机来说，存储器可分为内部存储器和外部存储器。内部存储器即内存，是计算机的主存储器。它的存取速度快，但只能储存临时或少量的数据和程序。外部存储器通常称为外存，包括硬盘、U 盘等，通常可永久存储大量数据，如操作系统、应用程序等。通常情况下，内存只能存储少量数据，计算机中大部分数据都存储在外存中。当 CPU 运行程序时，需要调取数据，若调取存储在内存中的数据，则用时较少；若调取存储在外存中的数据，则用时稍长。内存计算技术是伴随着大数据处理技术的兴起而兴盛起来的。在处理大数据过程中，由于数据量极大，处理数据时频繁访问硬盘这些外存会降低运算速度。随着大容量内存技术的兴起，人们提出在初始阶段就把数据全部加载到内存中，而后可直接把数据从内存中调取出来，再由处理器进行计算。这样可以省去外存与内存之间的数据调入/调出过程，从而大大提升计算速度。

边缘计算在工业领域的应用场景包括能源分析、物流规划、工艺优化分析等。就生产任务分配而言，需根据生产订单为生产进行最优的设备排产排程，这是广义 MES 的基本任务单元，需要大量计算。这些计算是靠具体 MES 厂商的软件平台，还是"边缘计算"平台——基于 Web 技术构建的分析平台，在未来并不会有太多差别。从某种意义上说，MES 本身是一种传统的架构，而其核心既可以在专用的软件系统中，也可以在云或者边缘侧。

工业大数据也是一个全新的概念，是指在工业领域信息化应用中产生的大数据。随着信息化与工业化的深度融合，信息技术渗透到了工业企业产业链的各个环节，条码、二维码、RFID、工业传感器、工业自动控制系统、工业物联网、ERP、CAD、CAM、CAE、CAI 等技术在工业企业中得到广泛应用，尤其是互联网、移动互联网、物联网等新一代信息技术在工业领域的应用，使工业企业进入了互联网工业的新的发展阶段，工业企业拥有的数据也日益丰富。

在日常生活中，我们通常会先把数据存储在一张表中，然后进行加工、分析，这里就涉及一个时效性的问题。如果处理以年、月为单位的数据，那么多数据的实时性要求并不高；但如果处理的是以天、小时，甚至分钟为单位的数据，那么对数据的时效性要求就比较高。另外，如果仍旧采用传统的数据处理方式，统一收集数据，存储到数据库中，之后进行分析，就可能无法满足时效性的要求。流式计算的价值在于业务方可在更短的时间内挖掘业务数据中的价值，并将这种低延迟转化为竞争优势。例如，在使用流式计算的推荐引擎中，用户的行为偏好，可以在更短的时间内反映在推荐模型中，推荐模型能够以更低的延迟捕捉用户的行为偏好，以提供更精准、及时的推荐。流式计算能做到这一点的原因在于，传统的批量计算需要进行数据积累，在积累到一定量的数据后再进行批量处理；而流式计算能做到数据随到随处理，有效降低了处理延时。

（4）数据治理

数据治理是组织中涉及数据使用的一整套管理行为，由企业数据治理部门发起并推行，制定和实施针对整个企业内部数据的商业应用和技术管理的一系列政策和流程。从范围来讲，数据治理涵盖了从前端事务处理系统、后端业务数据库到终端的数据分析，从源头到终端再回到源头形成一个闭环负反馈系统；从目的来讲，数据治理就是要对数据的获取、处理、使用进行监管，而监管的职能主要通过以下五个方面的执行力来保证——发现、监督、控制、沟通、整合。

主动数据治理的第一个优势是可在源头获得主数据，具有严格的“搜索后再创建”功能和强大的业务规则，确保关键字段的值填入时是经过第三方数据验证的，确保初始数据是高质量的。

主数据的治理还可有效消除数据同步带来的时延。由友好的前端支持的主动数据治理可将数据直接录入多领域的系统中，可应用所有典型的业务规则，以整理、匹配和合并数据。当初始数据录入经过整理、匹配和合并流程后，此方法还允许数据管理员通过企业总线将更新发布到组织的其他领域。

数据治理的问题并不能在企业的单一部门得到解决，这需要 IT 与业务部门进行协作，而且必须始终如一地进行协作，以改善数据的可靠性和质量，从而为关键业务方案提供支持，并确保遵守法规。

（5）数据服务

数据服务是提供数据采集、数据存储、数据治理与数据计算多态整合，驱动各种数据形态演变的一种技术服务。数据服务对内、对外统一地提供 API 服务，数据服务将更安全稳定、低成本、易上手的数据开放共享服务。通过底层可伸缩的数据平台和上层各种数据应用，支撑对海量、异构、快速变化数据采集、传输、存储、处理（包括计算、分析、可视化等）、交换、销毁等覆盖数据生命周期相关活动的各种数据服务。

数据即服务，数据的价值体现在服务上。数据以多种形式提供更多彩的服务，如数据目录、数据标签、数据分析、数据开放、算法模型等都是常用的服务形式。

数据目录即海量数据的目录，用更少时间查找数据，用更多时间从数据获取价值，发现数据资产并释放其潜能，弥合 IT 与业务之间的差别，让数据更易于理解。

数据标签是一种用来描述业务实体特征的数据形式。通过标签可以有效扩充业务实体的分析角度，且通过对不同标签的简单操作，便可进行数据筛选和分析。数据标签的产生大致可分为手工产出和自动产出两类。手工产出就是通过手写 SQL 或建模依次产出每个标签；自动产出是一种更高效的方式，通过逻辑配置或者数据挖掘一次性产生多个标签。要获得能给业务带来实际帮助的标签体系，需要在标签体系中引入“假设—测试—验证—定义”的迭代过程，通过不断地迭代挖掘与试验，才会找到可以准确刻画用户的标签体系，找到更多的业务增长点。

除了少数专用型标签可能仅使用一次之外，其他绝大部分标签上线后必须持续进行更新，否则便成了“僵尸”标签。按照标签更新方式，标签大致可以分为批量更新标签和实时更新标签两类。对于实时更新标签，一旦产生标签的数据发生了变化，就需立即更新该标签。例如最后一次登录 APP 的时间这个实时标签，只要用户登录了 APP，就把标签值更新为此次登录时间。对于批量更新标签，不管是每天、每周，还是每月更新，都通过跑批方式进行。这里需要注意的有两点，一是为了更新方便，尽量把更新周期相同的标签放在同一个表中；二是标签更新会有先后顺序，对于特别强调逻辑一致性的业务来说，如果该业务相关的部分标签已经更新了，但另一部分还未更新，这时产出的数据结果是不准确的。

数据分析指用适当的统计、分析方法对收集来的大量数据进行分析，将它们加以汇总和理解并消化，以求最大化地开发数据的功能，发挥数据的作用。数据分析是为了提取有用信息和形成结论而对数据加以详细研究和概括总结的过程，目的是把隐藏在一大批看来杂乱无章的数据中的信息集中和提炼出来，从而找出所研究对象的内在规律。在实际应用中，数据分析可帮助人们做出判断，以便采取适当行动。数据分析是有组织有目的地收集数据、分析数据，并使之成为信息的过程。在产品的整个生命周期，包括从市场调研到售后服务和最终处置的各个过程都需要适当运用数据分析，以提升有效性。例如，设计人员在开始一个新的设计以前，要通过广泛的设计调查，分析所得数据以判定设计方向，因此数据分析在工业设计中具有极其重要的地位。

大数据思维中，企业希望加快建设平台，投资相关的硬件和软件，但是如何存储、处理并结合云对企业来说是一个挑战。因此，基础设置的开放对很多无力建设自己平台的中小企业来说就非常重要。一些拥有庞大平台的企业，如Google、亚马逊已经开始积极尝试，如提供基础数据处理和分析平台。当在挖掘数据时，最主要的是在业务中体现其价值。但大数据具有非常明显的两面性，某些大数据是十分重要且有价值的，但绝大部分离散的数据是无用的。这让挖掘大数据一方面可以产生高价值，但也可能给企业带来沉重的负担。所以，开放价值挖掘能力对降低数据应用的门槛非常重要，可让数据价值平民化和市场化。

算法和模型是大数据分析系统中的两个问题，很多时候人们无法将这两个概念准确地区分开来，或者在某些场景下经常把算法和模型当作同一个概念。实际上，算法和模型是有紧密联系的。模型是一类问题的解题步骤，即一类问题的算法。如果问题的算法不具有一般性，就没有必要为算法建立模型，因为此时个体和整体的对立不明显，模型的抽象性质也体现不出来。

3. 主要集成

数据中台的主要集成体现在数据存储的集成。传统的数据库存储结构是关系数据库和文件存储，随着大数据时代的到来，分布式关系数据库及分布式文件系统也都得到了应用。无固定结构的数据和其他复杂数据也要得到合理的规划、计算和存储，需要通过非关系型数据库，即No-SQL数据库。图5-77所示为数据存储集成。

关于数据中台在企业数据层的集成，这里以吴忠仪表为例进行说明。从销售开始，以合同号为标识串连起一整套数据，传递给合同系统生成与合同相关的业务数据。接着传递到选型系统选型出最合适的产品，这些是以产品位号为标识的业务数据。在合同确定后，转给项目计划管理系统，将项目信息传递到后续的业务系统中，逐步产生项目数据、计划编制数据、产品设计数据、工艺数据、机加数据、采购数据、铸造数据、计划下达数据、装配数据、打压数据、附件连接数据、入库数据、物流数据等。串连上述业务系统数据的主要标示有合同号（份合同号）、合同小号、位号、产品编号、批次号、图号等，如图 5-78 所示。

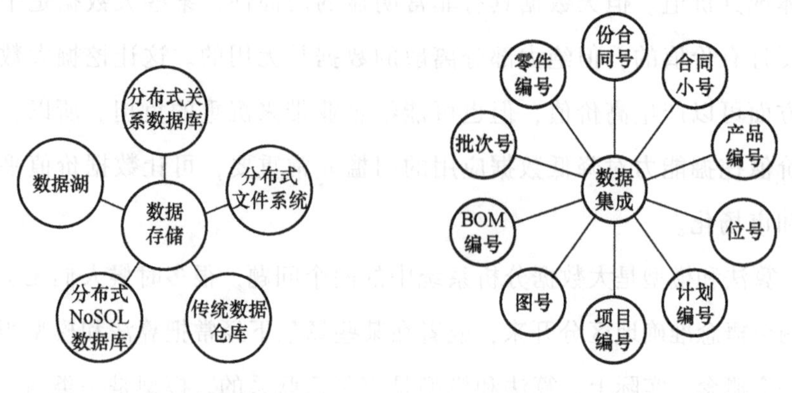

图 5-77　数据存储集成

图 5-78　数据中台集成

数据中台在企业信息化管理系统上的关联集成有合同履约系统、客户关系管理系统、智能选型系统、项目管理系统、计划变更管理系统、装备制造业产前数据准备系统、网上签字管理系统、产品设计和仿真系统、工艺设计和仿真系统、产品数据服务系统、高级排程及仿真与优化系统、采购供应链管理系统、制造执行系统、生产过程三维可视化监控系统、仓储配餐系统、决策支持系统、协同制造系统、产品交付系统、备品备件管理系统、大检修服务系统、点巡检管理系统、故障申报管理系统、检维修管理系统、完好设备系统、远程监造系统等。

吴忠仪表正在从数字化走向智能化，在这一过程中需要进行大量的数据分析。但过去一年的实践证明，由于存在信息孤岛，吴忠仪表的业务数据的完整性、规范性还不足以支撑高质量分析。为了更好地对数据进行分析、提炼知识、获得智慧，建议建设以主数据管理为基础实施的数据中台。

主数据系统要管理数据的来源、数据的性质和数据的内容。

构建基础数据标签，产品的主数据、零件的主数据、组织架构的主数据、部门主数据等来源于不同的业务系统，由主数据进行统一的纳管、治理优化，并提交给其他业务系统使用。

主数据管理分为三个层面：一是基础数据，如数据字典、维度信息、组织机构、产品型号、零件基本信息等，保证基础数据的一致性；二是主数据链，其是对业务的数据化描述，从业务链衍生出来的数据链，高于各业务系统，与各业务系统的过程数据保持高度一致，反映当前生命周期的实时数据；三是各业务系统核心数据经过抽象提炼后，开放给其他业务系统统一读取使用。

第6章 智能制造实施成效评估

根据前面对设计、制造、管理、装备、物料等智能制造关键要素的分析，本书从企业经营管理能力、订单产前准备能力、订单生产组织能力、订单异常管控能力、远程监造服务能力、订单数字化交付能力、订单协同制造能力等维度对智能制造实施成效评估。

6.1 企业经营管理能力

1. 业财一体化

实现了财务与“产、供、销、存”等业务领域管理系统集成的财务核算系统，实现生产、采购、销售、库存等在业务数据与财务数据的同步、统一，实现成本数据三级核算。在业务数据生成的同时，产生相对应的财务数据，财务结账时，可依据财务制度，分摊实际成本与定额成本差异，快速准确地计算出每份合同、每个产品、每个零部件的售价与成本价，从而解决财务数据不及时、不明确、不准确的问题。

（1）数据集成

1）与生产计划和MES集成：提取产品BOM、零件加工工序及工时、加工设备费率，以及装配环节的装配工时与费率、检验过程及费用等信息，计算出产品的定额加工费用。

2）与采购领域的业务系统集成：获取原材料价格、生产厂家、交检日期等信息，结合产品 BOM，计算出产品所需原材料的材料定额和部分部件的合同价格。

3）与销售领域的业务系统集成：获取产品售价、产品主要参数、产品交付期等合同信息，为计算每月主营业务收入做好数据准备。

4）与库存管理系统集成：获取各类物资出入库流水账与在库物资主账，用于结算各生产环节的费用，并确认物料、数据、价格的统一。

5）与财务管理系统、成本管理系统集成：核算当期主营业务成本，如人工成本、燃料动力成本等，与当期结算的产品对比，然后将其差异分摊在各产品上。

（2）解决问题

1）数据不及时：特别是产品多样、原材料繁杂、工序多、生产周期长的企业，该问题更为明显。每月结算时，财务部门需要收集各业务领域财务数据并结算；此外，还要为管理层提供用于分析企业经营状况的各类报表。各项工作一般需要几个甚至十几个工作日才能完成。

2）数据不明确：财务数据和业务数据是分开的，统计口径不一致。例如，收入与成本，业务部门总是把收入与成本一起分析，用于计算产品价值量的提升。但是，收入与成本的发生往往是不同步的，它们的核算确认也有延迟。无论是权责发生制还是收付实现制，都存在此类问题。

3）数据不准确：财务部门使用的数据以实际发生为准，但是此类数据往往是延后的。业务部门对此类数据的需求总是在前，所以有些数据是定额的或预估的。此外，在实际生产过程中，各类异常的消除也会发生超出预期的费用。所以，业务部门使用的数据与财务数据是有出入的。

(3) 达到成效

系统与“产、供、销、存”等业务领域管理系统集成，协助财务部门收集各业务领域的数据，并自动生产财务报表，不仅可以减少财务部门的工作量，而且为管理层的决策提供的数据更及时。

将财务数据与业务数据的统计口径统一，产品的成本计算更为准确。尽管统一工作比较滞后，但是产品的收入、成本，以及成本构成都具备可比性，公司能够从销售、设计、生产等不同方面分析经营绩效。

2. 统一报表与决策支持

为领导决策提供统一的报表服务，平台负责将分散在各业务系统中的报表和报表相关需求进行统一管理，采用统一加工、统一展现的形式，集中定义、集成访问。在提供报表展现的同时，提供数据分析和挖掘服务，如灵活查询、多维统计等。

(1) 主要实现报表

1) 考核类报表：基于项目计划和各业务部门执行情况形成各种考核报表，为管理层提供实时监控工具，追踪进度，如异常反馈报表、延期反馈报表、零件完工检测异常考核等。

2) 预警类报表：为决策部门（人员）以及执行部门（人员）提供预警类分析报表，如路线单打印异常汇总、员工考勤出入异常汇总、延期预警报告等。

3) 分析统计类报表：入库及时率统计、入库未发运合同统计、准时率分析、各部门完成情况分析、采购件缺件分析等，帮助决策部门（人员）掌握生产各种情况，提供分析依据。

4) 业务操作类报表：现有某种业务解决组织生产的某个痛点而附带产生的报表。例如，预分解业务解决长期以来人工判断特品不准确问题，进而基于此业务形成各种 BOM 明细报表和特品报表；再如齐套算法，通过齐套率指导配餐优先顺序，继而形成采购件齐套率、自制件齐套率和整机齐套率等各种报表。

5）大屏类报表：自定义的丰富炫彩的大屏统计类报表（包括折线图、饼图等图表类），给决策人员更直观的感受和体验，如发货全景地图、当月执行情况实时统计、各部门及时率排行榜等，不仅提高了工厂的科技感，同时具有现实的指导意义。

（2）解决问题

1）实现报表服务统一管理：统一的报表输出和报表风格带来了良好的使用体验，通过不同的权限，不同人员看到的报表不同。

2）减少报表重复开发：统一化管理、统一的报表输出标准减少了业务系统报表输出壁垒，不会因为不同业务部门提出相似需求而重复开发。

3）更好地管理维护报表：实现了报表属性动态扩展的需求，各业务部门同心同德，通过统一化报表，驱动数据完善，进一步打通数据链条，起到了积极作用。

（3）达到成效

1）统一报表服务平台的建立规范了客户信息体系架构，实现了报表的有效集成，规范了报表开发流程，提高了需求响应速度。

2）将分散在各系统的报表有效集成，形成统一的信息决策门户。

3）建立服务个性化、体验个性化、功能逻辑个性化的多权限决策支持体系。

6.2 订单产前准备能力

1. 订单项目化

订单项目化实现了订单全生命周期的过程管理。项目管理系统覆盖公司的项目管理过程和相关部门；重点突出计划管理各环节，包括计划的多级编制、审批、发布、执行与反馈、监控与调整、考核评价等全过程；通过信息化手段提供初步集成的面向全员的项目管理工作环境；强化项目执行过程的监控，提高项目执行能力；通过WBS规范化，促使管理数据真实、精确，支撑项目的分析决策；分析资源饱和度，协助管理者进行有效的分析。

（1）数据集成

1）与合同评审相关系统集成：获取订单任务，获取参数变更、交期变更、合同特品追加、撤销（恢复）等信息，实现数据来源的集成，完成计划编制。

2）与设计系统PLM集成：将计划任务信息、参数变更、交期变更及合同变更等信息传递给设计系统，同时动态跟踪任务完成进度，获取BOM、图样等详细信息，将任务完成百分比集成到项目管理新系统。

3）与工艺设计相关系统集成：将计划任务信息、参数变更、交期变更及合同变更等信息传递给工艺相关系统，同时动态跟踪任务完成进度，获取工时定额、材料定额、毛坯图样等详细信息，将任务完成百分比集成到项目管理新系统。

4）与生产计划相关系统集成：将计划任务信息、参数变更、交期变更及合同变更等信息传递给计划相关系统，获取商品计划、零件计划、采购计划、铸件计划等详细信息，将任务完成百分比集成到项目管理新系统。

5）与采购供应链系统集成：将计划时间节点推送给采购供应链系统，获取外购阀门、外购执行机构、外购附件、毛坯外协件、标准件、外购件、原材料等采购类型计划、订单、交检、到货进度，以及采购明细信息，将任务完成百分比集成到项目管理新系统。

6）与铸造相关系统集成：将计划时间节点推送给铸造系统，获取精铸、砂铸零件明细信息，将任务完成百分比集成到项目管理新系统。

7）与 MES 集成：将计划时间节点推送给 MES，获取零件加工明细信息和质量检验等过程文档成果物，将任务完成百分比集成到项目管理新系统。

8）与仓储配餐系统集成：将计划时间节点推送给仓储配餐系统，获取配餐进度，跟踪入库明细，将任务完成百分比集成到项目管理新系统。

9）与合同履约文档集成：与合同履约文档深度集成，将计划环节与过程文档绑定，形成文档计划编制，获取文档浏览明细，监控文档整理过程。

（2）解决问题

1）实现计划管理闭环：建立项目管理协同工作平台，实现计划管理闭环控制，形成科学有效的项目管理体系，为公司基于时间线提供统一的业务沟通平台。

2）实现环节全覆盖：覆盖计划各管理环节，包括计划多级编制、审批发布、分解下发、执行反馈、计划调整、监控考核等；保证责任明确，项目信息顺畅地上传下达。

3）解决信息孤岛问题：通过时间里程碑节点，集成公司各主要业务系统，基于订单实现全生命周期管理，打破数据壁垒，实现全流程管控。

（3）达到成效

以项目计划为计划总纲，从纵横两个方向上，统一产前准备、生产制造、提货发运和现场交付节拍。研发、工艺、计划、铸造、采购、生产、财务等所有部门都以项目计划为主线，按照项目计划的计划开始日期和计划完成日期，有序协同、同步工作。订单项目化管理手段保障零部件按期加工，整机按期成套，合同按需交付。它覆盖包括项目从启动、计划、执行、监控到结束的全过程。例如，就订单类项目而言，包括从生产准备、制造执行、包装发运、服务全过程节点，将管理过程体现在系统中，以便相关管理人员从全局进行控制与管理。同时提高了关键业务部门的执行效率，如采购、铸造等部门的延期现象减少了很多非客观因素，每月订单及时交付率由70%提高到94%以上。整体上使得工作协同更高效、交付过程更顺畅，且按需交付能力得到提升。

2. 采购供应链

采购供应链相关企业能力对最终产品整体产前准备非常重要：一条供应链内的各个企业具有共同的利益，只有当其最终产品能够满足顾客的需求，在市场上具有强劲的竞争力时，链内企业才能很好地生存和发展。

(1) 数据集成

1）与生产计划管理系统集成：生产计划管理系统需要向采购供应链系统提供采购物料需求明细信息，由采购供应链系统生成采购计划，进行采购业务；采购供应链系统执行过程中，需要向生产计划管理系统反馈执行进度信息。

2）与计算机辅助工艺设计系统集成：计算机辅助工艺设计系统需要向采购供应链系统提供采购物料的工艺信息以及部分物料的材料需求信息，供采购供应链系统生成采购计划。

3）与供应商管理系统集成：采购供应链系统涉及供应商的信息，如供应商付款信息、供应商基础信息、供应商评价信息等，需要从供应商管理系统中获取；当采购业务完成后，供应商管理系统获取执行信息，丰富供应商管理系统对供应商的评价信息，对供应商做出更客观的评价，为下一次采购提供依据。

4）与网上签字系统集成：由采购供应链系统发起的付款申请，会将信息传递至网上签字系统，在网上签字系统中完成相应的签字流程；网上签字系统将签完的付款申请的结果以及签字过程反馈采购供应链系统，同时将会签结果转入财务系统，等待付款。

5）与财务系统集成：采购供应链系统提交的付款申请，在会签完成后，结合会签结果，提交至财务系统，由财务系统按会签意见完成付款；财务系统需要将付款结果反馈至网上签字系统和采购供应链系统。

（2）解决问题

1）实现繁杂的采购业务向规范、标准的采购流程转化。

2）将繁杂的采购业务高效且精细化的管理。

3）实现企业采购部门与采购供应商业务一体化。

4）解决销售订单回款与采购业务付款同步问题。

（3）达到成效

采购供应链管理有效协调供应链，降低采购成本，缩短提前期，合理有效地管理采购过程，进而使供应与需求更加协调一致，提高了企业的主要绩效指标。

6.3 订单生产组织能力

1. 计划与调度

对智能制造涉及的人员、设备、物料、物流等资源进行计划与调度。

（1）设备/单元动态调整

1）设备/单元的利用率。

2）设备/单元的瓶颈生产率情况。

3）设备/单元的动态调整能力情况，包括平均转化周期、平均故障调试周期等。

4）设备/单元停机、故障的动态调整能力，如计划外停机次数、恢复周期等。

（2）人员动态调整

1）生产线人员的操作熟练程度。

2）生产线人员之间的协作能力。

3）生产线人员的动态调整情况，如熟悉新任务的平均周期。

（3）物料动态调整

1）物料配置基本情况，如物料供给效率、物料投放回收周期等。

2）物料动态调整情况，如物料动态调整改后的供给效率影响、物料投放回收周期影响等。

（4）物流动态调整

1）物流资源配置基本情况，如物流周转率、物流有效率、单位产品物流效率等。

2）物流动态调整情况，如物流动态调整后对物流周转率、物流效率、单位产品物流效率的影响等。

（5）敏捷生产

1）设备/单元、人员、物流、物料的动态调整响应时间。

2）设备/单元、人员、物流、物料的动态调整效率，如资源调整周期、调度时间等。

3）设备/单元、人员、物流、物料的动态配置能力，如各项资源可调整范围、调整程度等。

4）设备/单元、人员、物流、物料的动态配置协同性，即各项资源在动态配置过程中的同步性、换线生产或工序变更的协同能力，包括协同时差、协同覆盖率等。

2. 过程数据采集

生产组织过程最基础的就是基础数据。生产过程数据涵盖设备层的数字化控制、车间层的数字化制造执行、企业层的数字化集成管理等方面。硬件采集数据主要包括数字化加工及装配设备数据采集、物料存储与输送设备数据采集、检测与检测设备数据采集；软件数据主要采集 CAPP、PDM、ERP、MES、DNC 等系统的数据。此外，还可以对资源管理、工序调度、单元管理、生产跟踪、性能分析、文档管理、人力资源管理、设备维护管理、过程管理、质量管理和现场数据进行采集。

(1) 质量检测数字化

通过构建质量检测标准数据库，联合定制数字化检测装备，整合应用数字化检测系统，在原材料化学成分检测、机械性能检测、零部件加工尺寸检测、热处理、无损探伤、整机压力试验、调试校对等关键质量控制过程形成数字化检测常态。

应用成效：质量保证更得力，质量控制变精细，质量成本减少，整体质量提高。

(2) 质量报告可实时在线输出

构建一整套符合质量管理体系要求的信息化质量报告模板。在控制阀整机完工检验通过后，MES 自动提取、关联并聚合不同生产阶段的产品质量数据，自动灌入质量报告模板，按用户需求有序输出产品质量报告，彻底替代人力检索质量数据、编制质量报告的工作模式。

应用成效：报告生成省时又省力，报告内容精细又可靠。

3. 生产进度跟踪

(1) 偏差

通过自动识别生产任务的进度偏差，实时在线生成和更新进度超前预警、进度滞后预警、停滞过久预警、产前准备滞后预警、投产滞后预警等可视化报表，时刻警示生产管理人员重点关注并处置预警信息，或适当放缓执行进度超前的任务，或适当加速执行进度滞后的任务，或重点关注产前准备滞后的任务，或立即开始投产滞后的任务。

应用成效：偏差识别更准确，偏差感知更及时，偏差处置更有效，管理责任不“扯皮”。

（2）跟踪

通过全面采集生产任务的实际开工时间、实际完工时间、操作人员、加工设备、质量测量等绩效数据，实时在线跟踪订单的原材料采购进度、毛坯铸造进度、零部件生产进度、物料配送、整机装配、打压调试、包装发运等进度，也可以实时在线跟踪每个人机作业工位的任务完成情况、质量合格情况、变更执行情况和异常处置情况。

应用成效：全过程全要素可在线跟踪，远程监造有基础，调度管理有依据。

（3）追溯

采用条码、RFID等信息技术，对原材料、毛坯、零部件、整机、包装箱等实物实行全过程“一物一码、一序一标”，赋予产品零件唯一的“电子身份证”，采集、移植、继承不同阶段的产品质量数据，保持信息流与实物流一致，自动形成产品质量数字档案；支持按合同编号、产品编号、批次号等关键字在线追溯单台产品全部生产过程；质量数据永久性存储，终身保持原始状态，为用户建立长期的产品档案。

应用成效：物料、产成品实物关系清楚，一键追溯，数据齐全高效。

（4）生产过程可调控

通过宏观调控“当日可开工任务窗口”大小，将每日可开工任务调控在特定范围之内，防止车间过早开工；避免不合理占用和消耗物料、人员、机器、场地、器具等生产资源，高级别规避资源争用，盘活和有效利用可用产能。项目计划调度中心根据交期临近和实际生产进度灵活调控订单生产优先级，控制生产活动向计划进度回归。调控措施张弛有度，调控指令直达工位，全面自动响应。

应用成效：生产调控更有力，指令执行更彻底，产能利用有节制，资源利用更合理。

4. 进度偏差分析

通过挖掘生产过程大数据，自动计算生产进度偏差天数，自动分析生产进度偏差原因，自动呈现受生产偏差影响的订单信息，自动触发生产管理人员关注偏差和订单交期，支撑生产管理人员实施偏差补救和制定偏差预防措施。

应用成效：偏差程度可量化（定量分析），偏差成因易查找（定性分析），影响范围很清晰（影响评估），补救预防有目标（采取行动）。

6.4 订单异常管控能力

执行生产过程中，各个环节都会产生变更和异常，其原因可能为市场及客户的突发需求、产品性能改进的需要、设计存在差错、降低成本、生产执行异常等。由于变更和异常干扰企业部门之间正常的信息传递，影响企业的正常生产环节，因此工程变更是企业信息化中着重解决的问题。对于公司项目订单异常管理，希望平台可以自动侦查提交的异常和变更，并把异常和变更与项目的各个阶段关联，以此提醒用户，让用户更好地了解变更异常带来的影响。

1. 数据集成

1）与合同评审集成：获取参数变更，交期变更，特品追加、撤销、恢复等变更信息，驱动变更流程，并通过流程对设计、工艺、铸造、计划、采购、生产执行、配餐、入库等系统的数据进行相应的通知和数据修正。

2）与 MES 集成：获取 MES 各种业务异常执行数据，根据不同类型形成不同流程，可进行转派、审批等操作。

3）与手机业务集成：将代办信息和消息推送到手机端，以手机为信息载体，提高信息传达效率。

2. 解决问题

1）解决追溯困难问题：通过变更管理，集中管理变更，有效遏制随意变更、偷偷变更无法感知的问题。

2）解决变更传达不畅问题：变更系统根据流程不同会及时传达给涉及的部门和人员，让他们能够第一时间获取变更消息，同时形成代办项，减少忽视。

3）解决沟通不畅问题：因为工程变更要跟踪多个环节，所以需要不同部门对相关状态的问题给予回答。过去都是在会议上由主持人问、各部门回答，然后记录，由于提问和回答的语言不够精简，一个流程的所有节点问答需要大量时间，而且不准确，效率低下，也容易造成误会。通过变更系统及时收集问题答案，减少中间环节的人为失误，并提高了效率。

3. 达到成效

结合项目计划管理，真正实现了信息的闭环，监控信息链的异常和变更，对于信息链的正确执行起到了保驾护航的作用，进一步提高了生产率和准确率。同时，将所有变更和异常进行集中管控，可基于订单形成变更图谱，达到可追溯、可追责的目的，全面提高了沟通效率并减少了误会，侧面提高了生产力并降低了成本。

6.5 远程监造服务能力

通过远程监造平台为用户开放制造“后厨”，“明厨亮灶”，以文档、数据、视频等多种形式，将生产计划、制造过程、原材料来源等与进度和质量相关的信息呈现给用户，使用户通过网络全程参与订单产品设计、原材料采购铸造、零部件加工、产品组装发运和质量控制过程等节点，实现控制阀质量全方位跨越提升，更好地满足用户需求。

1. 数据

1）与销售管理系统集成：获取项目名称、项目经理、商品信息及其参数等订单基本信息。

2）与项目管理系统集成：获取订单中商品的生产计划及执行情况，如合同评审、排产确认、产品设计、物资采购、机械加工、装配等各生产环节的计划开始时间、计划完工时间、实际开始时间、实际完工时间，以及综合进度等。

3）与合同履约文档管理系统集成：获取各生产环节生成的与质量相关的过程文档与记录。

4）与安全监控系统集成：获取生产现场的监控画面。

5）与包装发运管理系统集成：获取产品出库、发货，直到用户现场期间的运输信息。

6）与质量管理系统集成：对用户公布企业的质量方针与质量目标；发布企业产品质量管理体系与流程、质量控制文件与质量控制关键点；实现产品远程在线监造（代替驻厂监造）和控制点监造；结合企业质量管理人员及其职责，建立与客户共同实施产品质量流程控制的沟通与协调机制，并实现重要产品质量的协同管理与评审控制；客户可在线查询本单位的合同执行情况及其主要控制点的见证物等。

2. 应用成效

远程监造服务的应用成效主要体现在用户参与研发和设计、用户参与进度控制、用户参与质量检测方面。

6.6 订单数字化交付能力

1. 产品电子身份标签

围绕互联网+制造，率先革新控制阀身份标记方法，针对用户不同需求，以二维码铭牌、无线射频电子标签、二维码唛头标签等多种形式，赋予每台（箱）产品电子身份信息。支持客户通过扫描二维码，直接导入控制阀身份数据到自家设备管理系统，协助客户高效构建和维护设备数据库。

应用成效：按客户需求赋予产品电子身份信息，支撑客户高效创建设备管理数据库。

2. 产品包装扫码检查

在产品包装环节，形成单台扫码验证检查常态。通过 MES-APP（移动端）逐台扫描产品电子标签，实时在线核对合同参数是否与实物一致，确保产品实物参数与最终合同参数一致，确保随机文件和合同备件配带无误，并提供包装档案管理，可供随时调阅查询。

应用成效：有效确保包装产品与用户需求一致，有效控制质量成本，包装档案可调阅查询。

3. 产品装车扫码验证

在产品装车环节，形成单台扫码验证检查常态。通过 MES-APP（移动端）对每箱产品进行扫码（箱号），自动识别和校验产品身份，自动记录已装车箱数并核对台数，替代了手工登记和人工核对的低效率工作。

应用成效：订单提货更高效，发货质量有提升。

4. 运输过程定位跟踪

MES能够实时在线定位承运车辆的地理位置，跟踪在途产品物流路线，估算到达时间；可在线查询始发地、目的地、承运公司、车辆牌号、司机姓名、司机手机号、承运产品明细、车辆外包装等信息，确保产品发运全过程透明化，向客户提供精准可靠的交付服务。

应用成效：运输全程可监控，物流信息更透明，交付能力有提升。

6.7 订单协同制造能力

1. 合同交付全流程统一管理

引入先进项目管理思想，优化生产组织结构，强化计划调度职能，自主研发和集成应用项目管理系统。项目计划调度中心以项目的形式统一指挥和调度合同交付全过程。每份合同的所有流程节点都有明确的管理计划和绩效指标。各级计划直观可视，实际进度可在线监控，异常可实时感知，偏差可在线分析，决策可及时下达和监控落实。

应用成效：组织结构更精简，管理权力更集中，管理计划更精细，生产调度更得力。

2. 部门间高效协同

以项目计划为计划总纲，从纵横两个方向上，统一产前准备、生产制造、提货发运和现场交付节拍。研发、工艺、计划、铸造、采购、生产、财务等所有部门都以项目计划为主线，按照项目计划的计划开始日期和计划完成日期，有序协同、同步工作，保障零部件按期加工，整机按期成套，合同按需交付。

应用成效：工作协同更高效，交付过程更顺畅，按需交付能力得到提升。

3. 人机有序生产

通过项目计划管理系统（AvPlan）、PLM 和 MES 的集成应用，以及业务流程优化和生产组织结构优化，实现全业务流程协调统一和集中调度，所有人员和设备按计划指令有序生产。

应用成效：工作任务清晰可视，先后顺序自动排列，生产节奏协调统一，生产信息实时透明。

第7章

展　　望

智能制造发展到一定程度，综合竞争力将从单个企业的竞争力转移至产业链协作之间的竞争力，因此智能制造发展的下一阶段是网络协同制造。

7.1　协同制造需重点解决的问题

协同制造重点解决网络协同自组织机制及演进动力、全生命周期集成管控及反馈模式、产业链协作资源调配与动态整合机制等。

1. 网络协同制造自组织机制及演进动力

融合了互联网、大数据等新一代信息技术的先进制造业对传统制造模式提出挑战，基于网络协同制造发展模式，打破了传统制造简单物理聚集的限制，信息技术的引入为分布式、敏捷化、精益化制造提供了条件。研究网络协同制造的自组织机制及演进发展动力模型，建立网络协同制造关键要素体系，提出符合宁夏地区产业特点的智能控制阀网络协同制造发展模型，制定可量化、可实施的网络协同发展战略，为产业制造供应链、服务链的延伸和产业协同发展提供了理论基础和落地措施。

2. 智能控制阀产品设计、制造、服务全生命周期集成管控及反馈模式

控制阀的生命周期由设计、生产、运行、维修保养、回收这几个阶段构成，不同阶段的信息分散在产业链的不同企业中，这些信息孤立存在的现象非常普遍，而信息的断层给产品质量的分析造成了困难。本项目研究控制阀全生命周期多维多系统数据融合方法，研究各制造资源的关联规则、聚类、复杂数据类型挖掘等技术，研究深度学习模型的超参数优化算法，进行数据质量评估，建立产品健康影响指标体系，提出控制阀健康状态分析模型和优化策略，为产品设计、制造工艺、制造装备等方面改进提升提供支撑。

3. 智能控制阀制造产业链协作资源调配与动态整合机制

随着制造能力和服务能力的提升，控制阀从传统的大规模批量生产逐步向小规模个性化定制的制造模式转变，对生产的柔性化、产业链的协作能力提出了挑战，目前生产活动中出现了资源重利用率低、计划调整的及时性及科学性难以达到优化平衡等问题。本项目研究基于产业链的精益制造模式和协同机制，研究产业链各环节协同制造、协同设计、精益物流、同步节拍等关键技术，提出闭环的良性资源管控模式，提高生产过程中的计划调度和决策的科学性和合理性。

7.2 协同制造的关键技术

1. 基于深度学习的产品全生命周期数据建模及管理技术

面向产品设计、制造、应用等全生命周期多元多维融合数据，研究基于神经网络的深度学习算法，设计建立适量的神经元计算节

点和多层运算层次结构，构建控制阀全生命周期健康模型，并通过训练样本学习和迭代调优，实现从输入到输出对复杂函数模型的无限逼近，提升模型的准确性和计算效率，并建立以数据资源共享为目的、逻辑统一的全生命周期多源数据管理机制，指导产品升级和质量提升。

2. 产业链协作资源整合与产业链协作战略管控集成技术

面对生产全过程呈现出规模大、目标多、约束复杂、任务动态更新等问题，提出优化的产业链资源整合计划，设计行之有效的群体智能优化算法来构建复杂的产业链资源整合优化模型。为了更好地完成控制阀生产需求，产业链应适时、视情况调整，调控厂家之间的协作关系，考虑用户与商家之间的信息反馈，利用高级排程系统和控制阀产品全生命周期健康信息感知等技术，建立控制阀生产全过程数据信息库，进行相关产业链管控匹配推荐，形成战略管控策略。

3. 面向产品快速设计的知识分析与数字表示方法

面对产品设计效率低、智能化程度低等问题，通过特征选择技术提取产品各组成部件的特性参数，对每一特性参数进行合理化特征编码，研究相对应的解码策略，从而实现产品和工艺设计的数字化表示。数字化过程采用深度学习预测方法，建立产品和工艺设计堆栈式自编码器基础模型，利用编码过程学习还原高维参数的低维复合特征；对比高维参数与编码后的低维复合特征，以产品和工艺设计为输出，构建微调预测网络，修正网络参数，完成控制阀产品和工艺设计的精确预测。

4. 面向跨组织系统功能封装、重用和协同集成技术

基于微服务技术架构、云原生技术、DevOps 技术、分布式技术实现

独立的组织服务和业务共享服务，实现面向跨组织系统功能封装、重用和协同集成，将企业核心能力下沉共享，协助协同；利用 ETL（Extraction-Transformation-Loading，抽取、转换、加载）相关技术，通过数据集成（交换）引擎、大数据计算引擎，建设数据仓库、数据治理、数据服务、指标管理、敏捷 BI 等一系列数据生态体系，实现数据标准化，质量保证化。打破组织壁垒、行业壁垒、信息壁垒和数据壁垒，形成完整的业务产业链和数据产业链。

5. 基于多租户模式的应用资源网络一体化服务供给技术

通过逻辑上耦合各类应用资源，以及一致的共享和访问控制策略，实现多租户统一的访问，屏蔽租户对资源访问的细节问题，有效地提高资源利用率。采用应用调度策略对平台中的自研应用及第三方应用进行统一管理，满足用户自定义选择或直接订购需求。

7.3 研发网络协同制造公共服务平台

网络协同制造公共服务平台研发与应用研究内容如图 7-1 所示。

1. 关于工业现场设备与平台之间的协同技术研究

构建工业智能网关平台，通过 SDK（Software Development Kit，软件开发工具包）的方式，编写 Java、. Net、C、Python、ios 和 Android 的连接组件，将整个设备模型、模板、资源库、脚本函数和控件扩展到平台，并通过网络连接、协议转换等功能连接物理和数字世界，完成 OT 和 ICT 的跨界协作，实现工业现场智能资产接入、智能资产本地管理。同时，通过协议转换技术实现多源异构数据的归一化和边缘集成，进而促进底层数据的汇聚处理，并实现数据向云端平台的集成。通过集成 SDK 的方式，将各种设备的通信协议转换成平台的 Restful API 或者 HT-

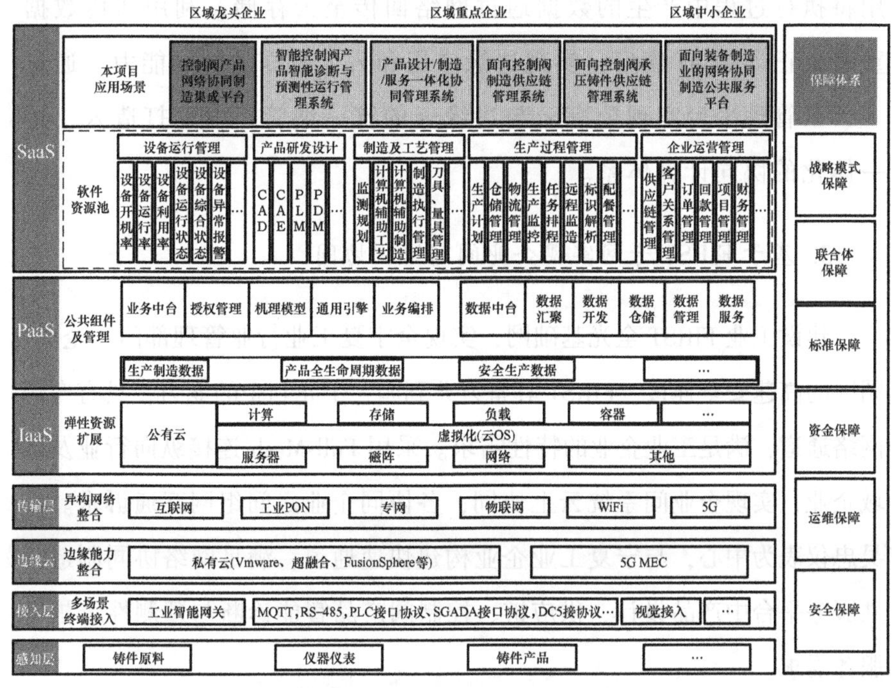

图7-1　网络协同制造公共服务平台研发与应用研究内容

TP 接口协议，实现轻量化的连接管理、实时数据分析及应用管理功能，完成平台和设备之间的连接，满足装备制造企业间的设备及平台协同需求。

2. 关于公有云及边缘云的一体化协同计算体系建设

基于 5G MEC 资源部署边缘云，将公有云计算能力延伸到靠近终端设备的边缘节点处，将云计算、大数据、人工智能的优势延伸至更靠近设备的边缘计算上，实现公有云计算能力延伸。通过在边缘云中引入容器、函数计算实现对边缘应用的统一化运维管理，并将实时业务需求在本地完成处理，将非实时数据聚合后送到云端处理，实现边、云协同。利用大数据、人工智能技术，在公有云中进行大规模的 AI 训练、大数据分析等计算存储服务，将完成训练的

AI模型保存到镜像仓库，最终下发至边缘侧进行推理执行；边缘应用将执行过程中产生的数据通过网络回传至云存储，利用回传数据重新校正训练AI模型，实现边缘应用和云上数据的协同能力。通过多云云管理平台实现公有云与边缘云的统一纳管，由此打造云、边一体化的协同计算体系。

3. 基于FIRST专网实现企业间网络化协同

建设工业FIRST全光基础网，实现全宁夏工业行业管理部门、企业、园区的高速安全连接。FIRST具备万兆到园、千兆到企的能力，具有专用网络通道，满足工业企业的特性需求。采用Full-Mesh连接纵向行业及区域企业，实现企业间系统云上协同，各协同企业之间组网互通诉求。以吴忠仪表为中心，与宁夏工业企业构建快速通道，满足网络协同制造公共服务平台中产品设计、供应链、控制阀产品智能诊断与预测性维护等服务需求。

4. 面向装备制造业打造云应用服务体系

通过自我研发和第三方引入的方式，打造面向装备制造业的网络协同制造公共服务应用，基于K8s架构提供容器编排技术，采用多租户模式使用平台应用超市中的异构服务，包括设备运行管理、产品研发设计、供应链管理等应用。平台服务于企业内人、机、料、法、环的全面管控，并延伸至企业外，实现企业外网应用协同。

7.4 区域网络协同制造技术服务支撑体系建设

1. 网络协同制造服务体系建设

开展网络协同制造服务体系的研究，分别从产业链层面和区域层面进行，研究协同主体与主体之间的关系、协同服务的组织模式、具体的协同方式、协同的内容、业务过程和运营体系的建设，构建网络协同制造服务体系，如图 7-2 所示。

1）构建网络协同制造服务联盟。全面分析网络协同制造中的主体（需求方、提供方、服务方、平台方、组织方）、主体与主体的关系、平台中各方主体的工作边界和工作内容，签署各方认可的协同合约，在平台支持下完成约定的服务任务。

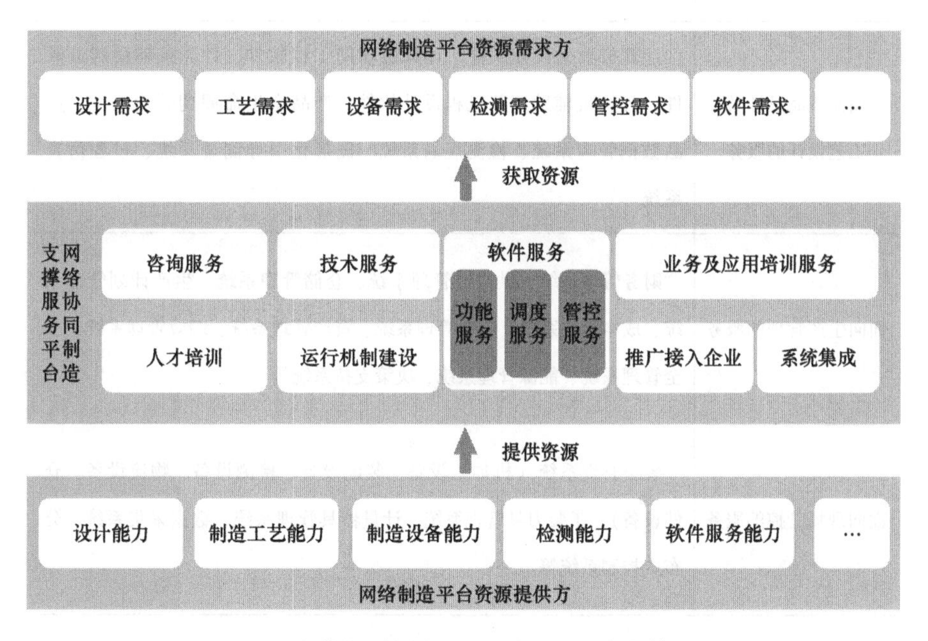

图 7-2　网络协同制造服务平台——服务主体交互

2）建设网络协同制造服务资源池。调研集聚区域内企业的设计、工艺、制造、检测、服务等资源及能力，将各类资源接入平台，包括机加工设备、装配设备、检测设备、物流设备、仓储设备等。同时，整合电信公司、吴忠仪表以及第三方提供商，如 SAP、用友、阿里、华为等公司的软件服务资源能力；对资源类型、层次、粒度等要素，服务的强度和深度等因素进行分析；建立服务资源准入标准和遴选流程；设计服务资源池的资源描述结构和数据结构，设计多维度的服务资源分类组织体系；

建立协同服务资源服务能力评估指标，建立与需求对应的动态服务资源匹配评估方案；设计分布资源池的运营、更新和退出机制。网络协同制造服务资源池如表 7-1 所示。

表 7-1 网络协同制造服务资源池

服务类别	资源池
面向售前管理的服务	产品智能选型系统、产品报价系统、客户关系管理系统、合同评审系统、客户需求结构化分解系统等
面向产品设计及工艺设计的服务	计算机辅助设计软件、计算机辅助工程软件、计算机辅助制造软件、计算机辅助工艺过程设计软件、产品全生命周期管理系统、产品数据管理系统、检测规划系统、图形化引导测量系统、过程仿真系统
面向生产管理的服务	财务管理系统、供应链管理系统、仓储管理系统、生产计划管理系统、成本管理系统、项目管理系统、资产管理系统、绩效管理系统、安全管理系统、能源管理系统、决策支持系统等
面向现场管控的服务	装备管理系统（机加工设备、装配设备、检测设备、物流设备、仓储设备）、工装刀具管理系统、计量器具管理系统、数据采集系统、分布式控制系统等
面向产品制造的服务	制造执行系统、高级计划与排程、配餐管理系统、齐套管理系统、包装发运管理系统、看板管理系统、现场管理系统
面向质量检测的服务	物料管理系统、条码管理系统、标识解析系统、产品数字压力试验系统、产品数字调校系统
面向售后的服务	设备基础数据管理、点巡检作业管理、故障申报管理、检维修管理、大检修管理、备品备件管理、运行采集管理、点巡检作业服务、检维修服务等系统

2. 构建网络协同服务平台技术支撑体系

1）基础运行环境。利用虚拟机技术如 VMware、虚拟化技术如 Docker 容器技术，从操作系统到运行环境，再到应用配置，利用模板形成标准化的解决方案。通过对应用组件的封装、分发、部署、运行等生命周期的管理，使用用户的 APP（可以是一个 Web 应用或者是一个数据库应用）及其运行环境能够做到"一次封装，到处运行"。

2）数据资源中心。数据资源中心从数据生命周期、数据应用质量、数据聚合、数据存储等多方面建设，利用 ETL 技术、大数据计算技术等提高对业务应用的支撑能力。统一整合管理专项数据资源池、数据模型、数据处理过程、数据运行状态、数据增量等资源，并对各类数据资源进行分析，提供可视化并实现共享。

3）运行支撑。基于云技术，提供对基础运行环境的全方位监控，如资源使用情况、资源占用率（内存监控、CPU 峰值预警、硬盘使用量、I/O 读写等），并针对运行环境中的应用程序提供健康检查、审计、指标收集、HTTP 跟踪等服务，提供各种日志级别的输出。

4）安全支撑。在安全方面，通过综合应用物理安全防护（防火、防水、防雷击、防辐射等）、防火墙、访问控制、入侵检测、入侵防护、线路备份、传输加密、安全审计、操作系统安全策略、数据库安全策略、数据加密服务、数据防扩散系统、用户身份认证、用户权限控制、用户角色和级别定义、版本控制机制、配置管理机制、备份与恢复、数据级别管理、数据访问权限管理、日志和审计等技术，保障物理安全、网络安全、操作系统安全、数据库安全、应用系统安全、应用数据安全。

参考文献

[1] 沈烈初．再论“新一代智能制造发展战略研究”：读“制造的数字化网络化智能化的思考与建议”的启示［J］．仪器仪表标准化与计量，2018（2）：7-8.

[2] 黄培，孙亚婷．智能工厂的发展现状与成功之道［J］．国内外机电一体化技术，2017，20（6）：25-30，32.

[3] 黄培．推进智能制造的七大难点与六大对策［J/OL］．（2018-09-07）［2020-09-20］. https：//blog. e-works. net. cn/6399/articles/1363765. html.

[4] 苏珊．探访西门子安贝格工厂：最接近工业 4.0 的智能制造是怎样的？［N］第一财经日报，2016-05-05（5）．

[5] 欧阳劲松，刘丹，杜晓辉．制造的数字化网络化智能化的思考与建议［J］．仪器仪表标准化与计量，2018（2）：1-6.

[6] 庞国锋，徐静，沈旭昆．离散型制造模式［M］．北京：电子工业出版社，2019.

[7] 刘敏，严隽薇．智能制造：理念、系统与建模方法［M］．北京：清华大学出版社，2019.

[8] 谭建荣．智能制造：关键技术与企业应用［M］．北京：机械工业出版社，2017.

[9] 王芳，赵中宁．智能制造基础与应用［M］．北京：机械工业出版社，2018.

[10] 李培根，张洁．敏捷化智能制造系统的重构与控制［M］．北京：机械工业出版社，2003.

[11] 赵聪，王秋生，陈正学，等．2019 年第九届全国地方机械工程学会学术年会论文集［C］. 2019.

[12] 郭朝晖．智能制造涉及的若干概念及相互关系［J］．今日制造与升级，2019（5）：62-63.

[13] 何宁．全球技术进步背景下中国装备制造业产业升级问题研究［D］．北京：对外经济贸易大学，2017.

[14] 工信部装备工业司．智能制造探索与实践 46 项试点示范项目汇编［M］．北京电子工业出版社，2016.

[15] 杨丽君，邵军．新常态下德国工业 4.0 对我国供给侧改革的启示［J］．现代经

济探讨，2016（4）：10-14.

[16] 原磊．私人定制，引领商业模式创新［N］．人民日报，2014-06-18（23）．

[17] 孙丽霞，卢晨光，范久臣．JIT生产方式在制造业中的应用［J］．吉林化工学院学报，2004（3）：86-89.

[18] 龚素霞，黄勇，李晶，等．ERP原理与应用［M］．北京：清华大学出版社，2016.

[19] 谭晓超．探讨机械设备的维护和管理［J］．大科技，2017（27）：211.

[20] 王泳．设备管理的创新［J］．中国质量，2003（7）49，54.

[21] 刘嵩．企业设备管理信息系统［D］．成都：电子科技大学，2010.

[22] 张妍蕊．敏捷制造：现代生产管理模式的最新发展［J］．技术经济与管理研究，2005（3）：119.

[23] 赵捧未．基于敏捷制造模式的制造信息系统的研究［D］．西安：西安电子科技大学，2004.

[24] 仇泮静．成本控制对企业经济效益的影响分析［J］．企业改革与管理，2020（18）：171-172.

[25] 施炜．中国制造业企业国际化战略的痛点与难点［J］．中国工业评论，2018（1）：46-50.

[26] 工业和信息化部办公厅．工业和信息化部办公厅关于开展2017年智能制造试点示范项目推荐的通知：工信厅发［2017］215号［A/OL］．（2017-04-25）［2020-09-20］. http：//www. ipcm. com. cn/yjdt/2017425164436. htm.

[27] 杨海成．解读“两甩”技术内涵［J］．中国制造业信息化，2007（2）：30-31.

[28] 王志刚．两化融合对企业发展的重要意义［J］．电子技术与软件工程，2019（1）：253.

[29] 张燕芳，李海君．企业产品生产成本控制的现状及解决对策［J］．产业与科技论坛，2010，9（6）：215-216.

[30] 岳望芸．成本管理在企业管理中的地位和作用分析［J］．财经界（学术版），2015（5）：119.

[31] 白金龙．略论企业经济效益及与社会效益的关系［J］．商场现代化，2013（17）：192-193.

[32] 华静一. 2016 构建智能工厂示范项目，看 MES 系统在智能工厂建设中的位置 [J/OL].（2016-04-19）[2020-09-20]. https://gongkong.ofweek.com/2016-04/ART-310000-8500-29088188.html.
[33] 金蝶软件有限公司. 金蝶 K3V12.3 基础资料用户手册 [Z]. 2009.
[34] 周本海. 基于大数据的现代商业模式研究 [J]. 现代商贸工业，2015，36（3）：17-18.
[35] 张俊，胡其登. 利用大数据进行产品研发决策 [J]. CAD/CAM 与制造业信息化，2013（11）：19-21.
[36] 高婴劢. 工业大数据价值挖掘路径 [J]. 中国工业评论，2015（21）：21-27.
[37] 吕勇兵. 精益生产 让企业降本增效 [J]. 印刷工业，2008，13（1）：52-54.
[38] 安筱鹏. 工业 4.0 与制造业的未来 [J]. 浙江经济，2015（5）：19-21.
[39] 智慧工厂编辑部. 中国制造的最大短板 工业软件如何破局？[J]. 智慧工厂，2020（6）：6-11.
[40] 李颖，尹丽波，虚实之间：工业互联网平台兴起 [M]. 北京：电子工业出版社，2019.
[41] 李培根. 2018—2019 中国制造业及智能制造十大热点 [J]. 工业工程，2019，22（2）：56，66.
[42] 王玉峰，张江. 工业软件：智能制造的大脑 [J]. 中国工业评论，2018（Z1）：34-41.
[43] 李春花. 基于工业企业的智能制造需求分析 [J]. 铜业工程，2019（1）：70-73.
[44] 李晓莹，鲁建厦，董巧英. 面向项目型制造企业的客户需求分析方法 [J]. 轻工机械，2015，33（4）：100-105.
[45] 卜建国. 面向项目制造型企业的管理模式研究及信息系统设计 [D]. 北京：机械科学研究总院，2013.
[46] 刘莹. 项目型制造解决方案之一：解析 ETO 企业的管理特点 [J]. 中国机电工业，2013（12）：108-109.